全国高职高专规划教材

环 境 规 划

（第二版）

主　编　刘建秋

副主编　渠开跃　陈喜红　裴　青

主　审　崔建生　万宝春

中国环境出版集团·北京

图书在版编目（CIP）数据

环境规划/刘建秋主编. —2 版. —北京：中国环境
出版集团，2014.7（2021.7 重印）
ISBN 978-7-5111-1787-8

Ⅰ. ①环… Ⅱ. ①刘… Ⅲ. ①环境规划—高等
职业教育—教材 Ⅳ. ①X32

中国版本图书馆 CIP 数据核字（2014）第 059998 号

出 版 人	武德凯	
责任编辑	黄晓燕	
责任校对	任 丽	
封面设计	宋 瑞	

出版发行	中国环境出版集团
	（100062 北京市东城区广渠门内大街 16 号）
	网 址：http://www.cesp.com.cn
	电子邮箱：bjgl@cesp.com.cn
	联系电话：010-67112765（编辑管理部）
	010-67112735（第一分社）
	发行热线：010-67125803，010-67113405（传真）
印 刷	北京市联华印刷厂
经 销	各地新华书店
版 次	2014 年 7 月第 2 版
印 次	2021 年 7 月第 2 次印刷
开 本	787×960 1/16
印 张	24
字 数	458 千字
定 价	48.00 元

【版权所有。未经许可，请勿翻印、转载，违者必究。】
如有缺页、破损、倒装等印装质量问题，请寄回本集团更换

中国环境出版集团郑重承诺：
中国环境出版集团合作的印刷单位、材料单位均具有中国环境标志产品认证；
中国环境出版集团所有图书"禁塑"。

前　言

环境规划是人类为使环境与经济协调发展而对自身活动和环境所作的时间和空间的合理安排和规定，是环境科学与系统学、预测学、社会学、经济学、技术科学、工程学及计算机科学有机结合的产物，是预防环境问题产生的有效手段，是建设资源节约型、环境友好型和谐社会以及实现可持续发展的重要保证。本教材可用于环境监测与治理技术、资源环境与城市管理等专业教学，满足 50 学时左右的教学安排。

本教材在提供环境规划学最基本的思维方式、理论基础、技术方法的基础上，以培养环境规划技能为目标，以城镇环境规划为重点，采用项目教学要求进行内容编排。课程设立三个教学项目，分别是项目一"认识环境规划"、项目二"实施环境规划"和项目三"编写环境规划报告书"。在了解环境规划概念、理论和技术方法的基础上，重点掌握水环境规划、大气环境规划、城市环境规划和小城镇环境规划的具体程序、内容和要求，最终达到能完成城镇环境规划编制工作的教学目的。

本教材紧跟时代发展步伐，考虑到高等职业教育特点和学生就业岗位要求，融知识、能力、素质为一体，注重教材内容的针对性和实用性。本书继承了《环境规划》教材第一版的优秀成果，并吸收了环境规划领域的最新研究成果和规范要求，由河北工业职业技术学院渠开跃博士对教材内容进行了项目化设计，案例部分得到了河北省环境科学研究院环境规划研究所万宝春所长和河北省科学院地理研究所裴青副研究员的大力支持，在此一并表示感谢。由于编写人员知识和水平所限，本教材难免存在纰漏和不足，敬请专家、同仁和读者提出批评和建议。

编者

2014 年 1 月

目　录

项目一
认识环境规划

知识目标： 了解环境规划的概念、指导思想、原则、特征、任务、作用、分类、性质和发展历史，熟悉与环境规划相关各类规划的主要内容。理解环境承载力、可持续发展理论、复合生态系统、空间结构理论等作为环境规划理论基础的基本内容。初步了解水、大气、小城镇、城市环境规划的基础知识。

能力目标： 能够解释环境规划的概念、特征、任务和作用，能够描述环境规划的分类和发展历史及趋势，能够论述环境规划与相关规划的关系。能够利用环境承载力、可持续发展理论、复合生态系统、空间结构理论等理论分析规划区环境特点，能够运用规划基本理论指导区域环境规划工作，能够区分环境规划中的各单项规划，并能够叙述各单项规划的基本内容。

任务 1　环境规划概述

一、环境规划的概念与内涵

（一）环境规划的概念

环境规划是指为使环境与社会经济协调发展，把"社会—经济—环境"看作一个复合生态系统，依据社会经济规律、生态规律和地学原理，对其发展变化趋势进行研究，而对人类自身活动和环境所做的时间和空间的合理安排。

1970 年《东京宣言》提出的环境权、1987 年提出的可持续发展理论、1992 年联合国环境与发展大会通过的《21 世纪议程》都提出需要采取相应措施，约束人类的经济社会活动，以保证资源环境的可持续利用，保护生态系统的良好运行。环境规划就是在这种形势下产生和发展的，它要求我们在行动前对行动可能产生的后果进行分析，确定达到的目标，制定系统的控制措施，采取必要的行为，以期达到目标要求，保证环境处于良好状态。

（二）环境规划的内涵

综合分析环境规划的对象、任务、依据、目的和要求，其内涵包括：

1. 环境规划的对象是"社会—经济—环境"组成的复合生态系统

这个系统可大可小，大到一个区域、一个国家、一个地区、一个城市，小到一个县域或一个乡镇。系统内部结构复杂，涉及面广，处于不断变化之中。因此，环境规划涉及面广，内容丰富。

2. 环境规划的任务是促进经济、社会与环境的协调发展

通过前期预测，提前采取相应措施，维护系统良性运行，谋求规划系统的协调、和谐和发展。

3. 环境规划具有系统的科学依据

包括经济原理、生态原理、地学原理、系统理论和可持续发展理论等，环境规划需要交叉利用各种学科为其服务。

4. 环境规划的内容明确具体

主要工作是合理安排人类自身活动和环境，包括对人类经济社会活动的约束，对经济社会发展方向和速度的限制，对资源环境采取的保护措施等。

5. 环境规划具有发展性

环境规划是动态变化的，要因地制宜，与时俱进，保持与一定时期的技术、经济条件相一致。

二、环境规划的指导思想与原则

（一）指导思想

以邓小平理论和"三个代表"重要思想为指导，全面落实科学发展观，坚持以经济建设为中心，坚持用发展和改革的办法解决前进中的问题。坚持以人为本，转变发展观念，创新发展模式，提高发展质量，落实"五个统筹"（统筹城乡发展、统筹区域发展、统筹经济社会发展、统筹人与自然和谐发展、统筹国内发展和对外开放），切实把经济社会发展转入全面协调可持续发展的轨道，谋求经济、社会和环境的协调发展，保护人民健康，促进生产力持续发展及资源和环境的永续利用，在发展经济的同时改善生态环境。

（二）规划原则

1. 经济建设、城乡建设和环境建设相同步的原则

坚持经济建设、城乡建设和环境建设同步规划、同步实施、同步发展的方针，实现经济效益、社会效益和环境效益的统一，这是第二次全国环境保护会议上提出的中国环境保护工作的基本方针。使环境建设以国民经济发展战略为指导，综合考虑人口、资源、发展、环境之间的辩证关系，实现经济与环境的协调发展。它标志着中国的发展战略，从传统的只重发展速度与规模忽视环境保护，向环境与经济社会持续、协调地发展的战略思想的转变。

2．遵循经济规律，符合国民经济计划总要求的原则

环境与经济存在着互相依赖、互相制约的密切联系，经济发展要消耗环境资源，向环境中排放污染物，并产生环境问题。自然生态环境的保护和污染防治需要的资金、人力、技术、资源和能源，受到经济发展水平和国力的制约，在经济与环境的双向关系中，经济起着主导的作用。因此环境问题也是一个经济问题，环境规划必须遵循经济规律，符合国民经济计划的总要求。

3．遵循生态规律，合理利用环境资源的原则

区域自然环境结构和自然资源的特点不同，人类利用自然环境发展经济的方向、方式也不一样，引起的环境问题也各不相同。因此，保护和改善环境的方向、途径和措施也有明显的差异。所以进行环境规划时必须充分考虑自然环境结构和自然资源的特征。遵循生态规律，防止开发过度造成恶性循环。对环境承载力的利用要根据环境功能的要求，适度利用、合理布局，减轻污染防治对经济投资的需求；坚持以提高经济效益、社会效益、环境效益为核心的原则，促进生态系统良性循环，使有限的资金发挥更大的效益。

4．预防为主，防治结合的原则

"防患于未然"是环境规划的根本目的之一。在环境污染和生态破坏发生之前，予以杜绝和防范，减少其带来的危害和损失是环境保护的宗旨。同时鉴于我国环境污染和生态破坏现状已较为严重，环境保护方面的欠账太多，新账不能再欠，老账也要逐步积极地还。因此，预防为主、防治结合是环境规划的重要原则。

5．系统规划，综合考虑的原则

环境规划的对象是一个综合体，用系统论方法进行环境规划具有更强的实用性，只有把环境规划研究作为一个子系统，与更高层次大系统建立广泛联系和协调关系，即用系统的观点才能对系统进行调控，才能达到保护和改善环境质量的目的。

6．坚持依靠科技进步的原则

大力发展清洁生产和推广"三废"综合利用，将污染消灭在生产过程之中，必须采用适宜规模的、先进的、经济的治理技术。同时，环境规划还必须寻求支持系统，包括数据收集、统计、处理和信息整理等，这些都必须借助科技的力量。

7. 强化管理的原则

经过多年的探索，我国环境保护工作形成了一条具有中国特色的环境保护道路，其核心是强化环境管理，运用法律的、经济的和行政的手段保证和促进环境保护事业的发展，因而环境规划要体现出这一特点，必须使经济发展与环境相协调，才能起到环境规划的先导作用，为环境管理服务。

8. 实事求是，因地制宜的原则

环境规划受到地域和经济发展条件的影响非常大，在进行环境规划时，必须充分考虑这一点，作出的规划才符合实际，才能真正得到落实，才能达到规划的目标。

三、环境规划的基本特征

环境规划的基本特征概括为：整体性、区域性、综合性、动态性、信息密集性、政策性、可操作性、目标性和科学性。

（一）整体性

环境要素和环境规划的各组成部分之间构成一个独立和相互联系的有机整体。环境的各个要素有其独立性和运行规律，但各要素之间又相互联系、相互作用，形成完整的体系，因此我们需要研究各要素之间的相互关系，用整体的观念考虑问题，照顾到各要素的变化和影响。

同时，环境规划的各个环节有其独立性，又相互联系形成整体，一个环节的成败关系到系统的整体成败，因此在处理环境规划的问题时，每个环节都必须认真对待，还要整体划一、综合考虑。

（二）区域性

区域性是指区域差异性，即不同地区的自然、地理、经济、社会的特殊性。环境问题的地域特征十分明显，因此环境规划必须因地制宜，根据不同地区、不同环境、不同经济社会发展状况、不同意识形态等情况，认真研究社会经济发展的方向、规模和速度，确定合适的环境控制目标，提出合理的控制措施，达到环境保护的目标要求。

（三）综合性

环境规划集经济、社会、自然于一体，是一项复杂的系统工程。环境规划又是生态经济学、人类生态学、环境化学、环境物理学、环境工程学、环境经济学、环境法学以及系统工程学等多学科知识、理论和技术的综合运用。

（四）动态性

环境规划具有很强的时效性，随着影响因素的不断变化，环境问题也随之变化，基于一定条件制定的环境规划，当经济社会条件发生变化后会随之变化，因此环境规划是动态的，要伴随着各种变化，从理论、方法、原则、工程程序、支撑手段、工具等方面及时调整，满足不断变化的需要。

（五）信息密集性

环境规划的成功与否在于是否收集和处理了大量正确的数据和资料。目前环境规划的主要精力，大都耗费在收集和处理信息上，因为信息量大、涵盖面广、获取不易、处理较难，稍有疏忽就容易造成规划出现偏差。因此，我们必须综合考虑信息的来源，掌握信息处理的技术和方法，借鉴 GIS 系统辅助环境规划的开展。

（六）政策性

环境规划涉及人口、能源结构、工业布局、发展战略、重大项目建设、投资方向等方面，与国家、地方、行业的政策密切相关，因此作为环境规划者必须熟悉掌握和灵活运用国家、地方的法律法规、条例制度、办法标准等。

（七）可操作性

环境规划必须做到目标可行，易分解执行，方案具有弹性，措施得到落实，与现行管理制度相结合，充分利用科技进步，与经济社会规划密切结合，才能使环境规划得到落实。

（八）目标性和科学性

环境规划是为实现一定的目标而制定的，因此环境规划必须提出明确的环境要求，还要做到目标有预见性、长期性、宏观指导性、相对稳定性、全面性和可分解性。为实现环境规划与经济社会协调发展的目标，必须利用最新科技成果进行科学规划、科学决策，使科学技术成为促进科学规划的有力武器。

四、环境规划的任务

（一）环境规划的总任务

解决和协调经济发展和环境保护之间的矛盾，通过规划经济发展的规模和结构，恢复和协调各个生态系统的动态平衡，促进人类生态系统向更高级、更科学、更合理的方向发展。

（二）环境规划的基本任务

1．全面掌握地区经济和社会发展的基础技术资料，编制地区的发展规划纲要

通过调查研究，搜集有关地区经济和社会发展的基础技术资料，并对本地区的资源（自然资源、社会资源和经济资源）作全面分析与评价，以便进一步了解地区经济和社会发展的性质、任务和方向，确定地区工农业生产发展的内容与途径，编制地区的发展规划纲要。

2．搞好地区内工农业生产力的合理布局，促进区域经济社会的协调发展

环境规划的内容之一是进行工业布局、农业布局、土地利用和资源利用的规划，促进区域产业的协调发展。工业合理布局是区域环境规划中的主要任务之一，在对工业分布现状进行分析的基础上，发现和解决存在的问题。并结合地区经济、社会、历史以及地理条件，将各类工业门类合理地组合，布置在适宜的位置，使工业布局与资源、环境以及城镇居民点、基础设施等建设布局相协调。农业是国民经济的基础，农业的发展与土地的利用和开发关系密切，区域规划要结合农业发展现状，分析土地利用潜力，因地制宜地安排农、林、牧、副、渔等各项生产用地。还要综合考虑工农业生产对水资源、能源和其他资源的依赖程度，做到资源利用配置合理，形成区域生产力合理布局。

3．合理布局工业体系，形成生态化的"工业生产链"

工业的合理布局是区域环境规划中需要承担的重要任务。首先对区域内工业的分布现状进行分析，为合理布局打下基础；其次对区域环境容量进行分析，确定发展的主要工业门类；再次对各种工业门类进行设计，减少资源的损耗和污染的产生；然后在进行环境影响评价的基础上，合理确定各企业的位置；最后提出区域工业发展的规划，确定污染防治和资源保护的措施，减少工业发展带来的不利影响，以期达到规定的环境目标。

4．充分合理地利用自然资源，提高资源的利用率

自然资源主要是指如水、气候、生物、土地、矿物和天然风景等，环境规划的基础、主要内容和落脚点主要是自然资源，因此规划时必须对规划区域的资源结构进行全面分析和评价，分析本地区资源方面的长处和短处、有利条件和限制因素，以便因地制宜，扬长避短，最大限度地利用资源，防止资源成为经济发展和减少环境的限制因素。

5．搞好环境保护，建立区域生态系统的良性循环

由于社会化大工业生产和资源的大量开发，引起了生态环境的变化和环境的污染，环境保护已成为人们普遍关心的问题。防止水源地、城镇居民点与风景旅游区的污染，加强自然保护区和历史文物古迹的保护，建设环境幽雅、洁净的休闲场地，已成为人们普遍的愿望。区域环境规划应力求减轻或免除对自然的威胁，恢复已被破坏的生态平衡，使自然生态系统向良性循环发展，规划还应考虑进一步改善和美化环境，对局部被人类活动改造过的地表进行适当修饰，搞好绿化和园林绿地建设，丰富文化设施，增加休憩和旅游的活动场所。

6. 制定有利于环境保护的政策，推进环保工作的开展

环境保护政策，涉及国民经济和社会发展的方方面面，也影响到资源、能源合理开发利用的程度，生态环境影响人体健康，而且还与环境质量的背景、现状和未来发展直接相关。因此，环境规划要求制定有利于环境保护的政策，用以指导制定环境规划，协调国民经济各行业的发展，统筹环境保护战略的全局，提高经济社会发展的效益，保持良好的环境质量。

（三）当前我国环境规划需要解决的主要问题

目前，我国环境保护工作正在进入新的发展时期，新的形势对环境规划的任务提出了更高的要求。未来一段时期，我国环境规划主要解决以下几个主要问题。

1. 提高环境规划意识，减轻末端治理的压力

进一步落实环境保护基本国策就是要提高全社会对环境保护和可持续发展的重要性的认识，提高对环境规划重要性的认识。历史经验证明，在现代化建设中，必须把实现可持续发展作为发展战略，妥善处理发展与维持、近期利益与长远利益、局部利益与全局利益的关系，统筹考虑人口、环境、资源与发展的关系，使经济建设和资源环境相协调，实现生态环境良性循环。

2. 坚持污染防治，加强保护生态环境力度

污染防治要继续坚持从点到面，从局部到整体，从末端治理向源头和全过程控制的转变，从浓度控制向浓度和总量控制相结合的转变，从单纯治理向调整产业产品结构和合理布局的转变。促进企业采用原材料和能源利用效率高、污染物排放量少的清洁生产工艺；加强乡镇企业环境管理，控制污染向农村转移。环境规划在其中起着重要作用。

3. 真正落实总量控制要求，实现增产不增污

通过环境规划，切实控制污染物排放量，对污染物实行总量控制，督促企业采取必要措施。在总量控制指标的基础上组织生产，或改进生产工艺，实现"增产不增污"或"增产减污"。

4. 强化监督管理，提高管理效率

建立和完善综合决策、监管和共管制度，努力使环境与发展综合决策在决策层走向机制化；强化统一监管和齐抓共管制度，并督促落实部门责任制；按照"污染者付费"和"开发者保护"的原则，监督排污者和开发者履行环境责任；加大污染防治设施和城市基础设施建设的投入。

五、环境规划的作用

环境规划实施后，可以促进经济、社会与环境协调发展，达到污染的有效控制，提高环境效益，提升环境管理水平，其作用主要包括以下几项。

（一）促进环境与经济、社会可持续发展

解决环境问题的最有效措施是预防为主、防治结合。预防是环境保护的前期工作，是环境保护成败的关键，环境规划就起到协调经济、社会和环境的关系，预防环境问题的发生，在良好环境状况下，促进经济、社会的可持续发展。

（二）保障环境保护纳入国民经济和社会发展规划中

制定规划、实施宏观调控是政府的一项重要职能，中长期规划在国民经济建设与发展中起着十分重要的作用，只有列入规划，才可能制订详细的实施计划，才能达到规划的目标要求，因此，我们必须充分重视各种规划的制定。环境规划作为我国规划中的重要组成之一，它与经济、社会活动密切相关，只有将环境规划纳入国民经济和社会发展规划之中，才能得到资金、政策等的扶持，才能保证规划的顺利实施，保证环境保护目标的实现。

（三）合理分配排污削减量，约束排污者的行为

按照"谁污染谁治理，谁排放谁付费，谁开发谁保护"的环境保护基本原则，需要公平地分担排污者需要承担的责任和义务。通过规划，可以合理地分配排污者需要控制的排污量，约束其排放行为，为污染的总量控制提供参考。

（四）以最小的投入获取最佳的环境效益

污染的末端治理一般投入很大，效果也不理想，在目前资金有限的情况下，寻找控制效果好、经济效益显著的污染综合防治方法显得尤为重要。环境规划作为前期预防措施，投资少、见效快，起着越来越大的作用，受到普遍重视。

（五）实现环境目标管理的基本依据

目前环境管理多采用目标管理，即通过制定合理的环境保护目标，采取综合控制措施，达到环境保护的要求，实现经济、社会、环境的协调发展。环境规划

在现状分析和评价的基础上，可以确定环境规划的目标、指标体系，在实现这些目标的同时，保证环境处于良性运行状态。

六、环境规划的类型

（一）按规划期划分

按规划期可分为长远环境规划、中期环境规划以及年度环境保护规划等。长远环境规划一般跨越时间为 10 年以上，中期环境规划一般跨越时间为 5～10 年，因为五年环境规划与国民经济和社会发展规划同步，五年环境规划一般常见。年度环境保护规划实际上是五年环境规划的年度安排，它是五年环境规划分年度实施的具体部署，也是对五年环境规划进行的修正和补充。环境规划的内容随着年限的不同有所不同，一般跨越时间越长越宏观。长远环境规划着重于对长远环境目标和战略措施的制定，而年度环境保护规划则是具体的措施、工程、项目以及任务的具体安排。由于我国国民经济计划体系是以五年规划为核心的，所以五年环境规划也是各种环境规划的核心。

（二）按环境与经济的辩证关系划分

1. 经济制约型环境规划

经济制约型环境规划是为了满足经济发展的需要而制定的。环境保护服从于经济发展的需求，一般表现为在经济发展过程中出现了环境问题，为解决已发生的环境污染和生态破坏，制定相应的环境保护规划。这是早期发达国家已经走过的"先污染，后治理"的道路，是为了解决经济发展所带来的环境后果而作出的规划。

2. 协调型环境规划

协调型环境规划反映了促使经济与环境之间的协调发展，以提出经济和环境目标为出发点，以实现这一双重目标为终点。协调型环境规划是协调发展理论的产物，协调发展在今天已经被全世界公认为发展经济和保护环境之间关系的最佳选择。

3. 环境制约型环境规划

环境制约型环境规划是从充分、有效地利用环境资源出发，同时防止在经济发展中产生环境污染来建立环境保护目标，制定环境保护规划。这种环境规划充分体现经济发展服从环境保护的需要，经济发展目标是建立在环境基础上的，即经济发展受环境保护的制约。

（三）按环境要素划分

1．大气污染控制规划

大气污染控制规划，主要是在城市或城市中的区域进行。其主要内容是对规划区内的大气污染防治提出规划目标、基本任务和主要防治措施。

2．水污染控制规划

水污染控制规划包括区域、水系、城市的水污染控制。具体地讲，水域（河流、湖泊、地下水和海洋）环境保护规划的主要内容是对规划区内水域污染控制或水资源保护提出规划目标、基本任务和主要防治措施。

3．固体废物污染控制规划

固体废物污染控制规划是省、市、区及行业和企业等进行的固体废物处理处置、综合利用进行的合理安排。还包括危险固体废物的管理规划等。

4．噪声污染控制规划

噪声污染控制规划一般指对城市、小区、道路和企业的噪声污染防治提出的规划、目标、措施等。

另外，环境规划还包括土地利用规划、生物资源利用与保护规划等。

（四）按照行政区划和管理层次划分

环境规划按行政区划和管理层次可分为国家环境规划、省（区、市）环境规划、部门环境规划、县区环境规划、乡镇环境规划、自然保护区环境规划、城市综合整治环境规划和重点污染源（企业）污染防治规划等。其中：国家环境规划范围很大，涉及整个国家范围，其目的是协调全国经济社会发展与环境保护之间的关系。国家环境规划对全国的环境保护工作起指导性作用，各省（区）、市（地）、各级政府和环保部门都要依据国家环境规划提出的奋斗目标和要求，结合实际情况制定本地区的环境规划，并加以贯彻和落实。在制定中需要遵循的主要原则是下级规划服从上级规划（图1-1）。

区域环境规划是仅次于国家环境规划的经济协作区规划，范围可以是多个省市。区域环境规划的综合性和地区性很强，它是国家环境规划的基础，又是制定城市环境规划、工矿区环境规划的前提。

部门环境规划包括工业部门环境规划、农业部门环境规划和交通运输部门环境规划等，具有鲜明的行业特色。以上各类规划构成一个多层次结构。各层次的环境保护规划又可根据不同情况按环境要素分为水环境规划、大气环境规划、固体废物防治和管理环境规划、噪声污染控制环境规划和生态环境保护规划等。层次之间既有区别，又有密切联系。上一层次的规划是下一层次规划的依据和综合，下一层次规划是上一层次规划的条件和分解，因而下一层次规划的实现是上一次层次规划完成的基础，在制定规划中要上下联系、综合平衡，以实现整体上的一致和协调。

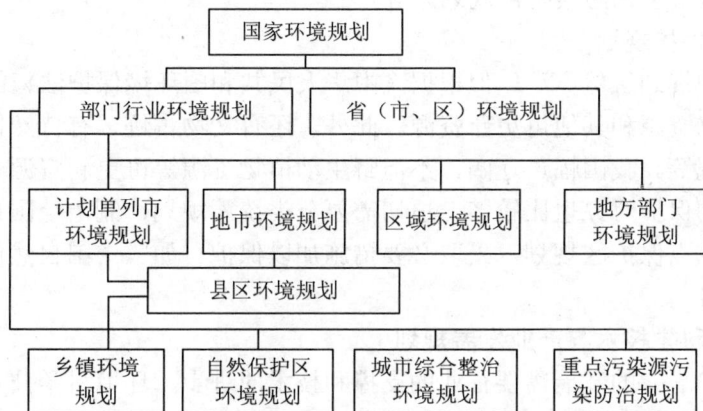

图 1-1　环境规划的层次图

（五）按规划的性质划分

环境规划按规划的性质划分，有生态规划、污染综合防治规划、自然保护规划和环境科学技术与产业发展规划等。

1. 生态规划

生态规划是在综合考虑当地的地球物理系统、生态系统和社会经济系统的前提下，按照经济社会发展的要求，遵循生态规律，既能促进和保证经济发展，又不使当地的生态系统遭到破坏，而对土地利用、生物保护、资源利用等作出的规定。其中土地利用规划是生态规划的重点。如《全国主体功能区规划》《全国生态保护"十二五"规划》等。

2. 污染综合防治规划

污染综合防治规划也称为污染控制规划，是当前环境规划的重点。按内容可分为工业污染控制规划、农业污染控制规划和城市污染控制规划等。根据范围和性质的不同又可分为区域污染综合防治规划和部门污染综合防治规划。

①区域污染综合防治规划：是对影响区域环境质量的污染源控制、综合防治的规划，包括经济协作区、能源基地、城市和水域等的污染综合防治规划。如《2006—2010 年碧海行动规划》《重点区域大气污染防治"十二五"规划》等。

②部门污染综合防治规划：包括工业系统污染综合防治规划、农业污染综合

防治规划、商业污染综合防治规划以及企业污染综合防治规划等。工业系统污染综合防治规划按行业还可以分为化工污染防治规划、石油污染防治规划、轻工污染防治规划和冶金工业污染防治规划等。如《重金属综合防治"十二五"规划》《"十二五"危险废物污染防治规划》等。

3．自然保护规划

自然保护规划虽然广泛，但根据《中华人民共和国环境保护法》的规定，主要是保护生物资源和其他可更新资源。此外，还有文物古迹、有特殊价值的水源地和地貌景观等。我国幅员辽阔，不但野生动植物资源等可更新资源非常丰富，有特殊价值的保护对象也比较多，迫切需要分类统筹规划，制定全国自然保护的发展规划和重点保护区规划，采取必要措施加以保护。如《中国自然保护区发展规划纲要》等。

4．环境科学技术与产业发展规划

环境保护事业的发展需要行业的支撑和技术的进步，环境科学技术与产业发展规划主要内容是为实现环境保护的规划目标，需要在科学技术研究、产业发展壮大、培养优秀人才、提高管理水平上进行规划，为环保事业的发展提供支持和发展的后劲。如《"十二五"国家战略性新兴产业发展规划》《"十二五"节能环保产业发展规划》等。

七、环境规划历史及发展趋势

（一）环境规划的发展历史

1．国际环境规划的发展和特征

全球经济社会的快速发展和人口的不断增长，带来了严重的环境污染和资源耗竭问题。环境污染不仅破坏了生态平衡，也危害了人体健康，从20世纪30年代至60年代，美国、英国、日本等发达国家先后发生了闻名世界的污染事件，使人们认识到人类在取得经济成就的同时，同样付出了巨大的环境代价。发达国家体会到了污染引起的疾病、死亡带来的痛苦，特别是近几十年来资源的耗竭速度不断向人类敲响警钟，"先污染、后治理"的路子，已经引起人们的普遍思考，因此可持续发展、循环经济、环境友好型社会的理念正普遍被人们所接受。

1987年在联合国环境规划署《我们共同的未来》研究报告中，提出了可持续发展的概念，1992年在巴西里约热内卢召开的联合国环境与发展大会后，可持续发展理论在全球形成共识，现如今已经成为时代的主题。为真正实现可持续发展的要求，各国相继作出了不懈的努力，采取了一些行之有效的措施，其中一个重要的措施就是制定环境保护规划，把环境保护纳入国民经济和社会发展规划（计划）之中，从而达到协调经济、社会、环境和资源的关系，促进社会生产力的持续发展和资源的永续利用，实现经济效益、社会效益和环境效益统一的目的。下面介绍几个国家在环境规划方面的历史及发展状况。

（1）美国环境规划研究概况

美国是最早开始环境规划的国家之一，目前美国的环境规划研究进行得十分广泛，每个州都设立了环境规划委员会，环境规划委员会主要为环境规划提供顾问咨询。美国的环境规划内容和特点可归纳如下：

1975 年美国联邦议会批准了美国环保局（EPA）提出的《大气清洁法案》及其修正案。为了实现环境立法规定的大气环境分阶段目标，各州纷纷开展环境规划研究，在研究中，都把 EPA 规定的各阶段环境目标确定为区域性大气环境目标，从此开始了普遍性的环境规划工作。

在研究经济增长、人口变化、城市规模扩大等对环境带来的影响、预测环境质量的动态变化时广泛采用了模型预测的方法。并以此为区域环境的目标，探讨环境污染控制费用及比较各种控制污染措施的方案，从中筛选出最优化方案。

为了控制能源对环境的影响，美国环境质量委员会于 1980 年提交了《2000年的世界》研究报告，报告中广泛讨论了人类所面临的环境问题，并对 2000 年的世界人口、资源、能源和环境进行了动态模拟和预测。该报告中提出美国应发展无害或低污染工业，并要开展清洁能源方面的研究，这已成为美国全国性环境规划研究的基础。

美国威斯康星大学麦迪逊学院所属的能量系统和政策研究小组，建立了威斯康星州区域能量模型，这为区域环境规划提供了科学依据。环境规划委员会在制定环境规划时，邀请政府官员参加，同时进行广泛的评议，并设有公众听取会，公众可发表不同意见，提出不同见解。

总之，美国的环境规划一般都以区域性的环境规划为主，健康和生态影响是环保局确定环境标准的基础，是制定环境法规的依据。近年提出的绿色社区规划已形成热点，以人类健康和生态影响规划、公共事业活动规划、工业过程规划及能源利用规划为主。其中公共事业活动规划的主要活动是预防、处理住宅或其他非工业活动产生的污染，研究饮用水中的污染物对人体健康的直接或间接影响，为地区、州和地方的各级环境管理人员提供有效控制环境问题的方法。

（2）英国环境规划研究概况

英国环境规划最早是从 20 世纪 60 年代末开始的，即英国西北部经济委员会组织的西北部经济规划中就开始考虑环境问题。曾提出一系列研究报告，如"烟气控制""废弃土地问题"等。他们所提出的环境目标是改善当地居民的生活质量，合理开发当地资源。

除西北部经济委员会外，约克郡和汉伯萨德经济规划委员会在经济发展规划中也特别强调环境问题。英国的环境规划是经济发展规划的一个有机组成部分，在国家的经济发展规划中，必须包括环境规划的内容，甚至分区规划中也必须包括环境规划的内容。英国在新市镇规划中，非常重视有关环境规划的研究。例如，当沃林顿开发新区时，公众根据该地严重的大气污染状况，提出它不适合作为新市镇的镇址。该地卫生部门提出了有关烟尘、二氧化硫、沉积物以及风向、风速等资料。地方当局组织了防止污染工作组来具体规划，合理解决当地污染问题，并提出控制环境污染方案。

（3）日本环境规划研究概况

日本环境规划开始于 20 世纪 70 年代初期，首先进行了福井工业区、鹿岛工业区等的环境规划，提出了环境目标，分析了开发和建设所造成的环境影响，提出了对未来的环境变化预测结果，采取了各种污染的防治对策和治理措施，形成了环境规划的方案。

日本环境省还推出了《区域环境管理规划编制手册》，手册把环境规划分成综合型、指导型、污染控制型和特定的环境目标型，明确了区域环境规划的基本观点，提出了经济发展与资源利用相互协调的观点，使日本的环境规划更加趋于成熟。

随着环境污染事件的不断出现和日本人民的生活水平和文化水平的普遍提高，使人们对环境规划更加重视。由于日本的经济实力雄厚，其制定的环境对策多不考虑费用，而重点考虑保护人体健康，因此日本的环境规划重点非常突出，主要集中在汞、镉、多氯联苯、二氧化硫和氮氧化物等对人体危害较大的物质上。近年来，环境规划开始转向对河流有机物污染问题的研究和防治对策上。日本防治污染的政策基本上是依靠行政指导来贯彻执行的，并将"标准"作为基本的规划目标和规划手段。由于日本较早地开展了环境规划工作，污染趋势得以严格控制，环境质量也有所改善。

（4）俄罗斯环境规划研究概况

苏联也是从 20 世纪 70 年代初开始进行系统的环境规划研究工作，并取得了一定的成就，使苏联的环境污染得到逐步控制，环境质量也有所改善。

俄罗斯的环境保护规划的制定原则是既要以社会发展规划为基础，又要使环境规划与经济发展规划有机地结合起来，并把环境规划纳入国民经济计划之中，属于协调型的环境规划。它们是以资源利用为前提，并根据"资源—环境—经济统一"的原则，制定国家环境规划，即环境目标纲要法。它是指将资源、重大科学技术、经济、社会和环境保护综合起来形成一个整体，根据当地的环境特点、自然资源情况和生产力布局，合理安排区域发展规划和环境规划，正确处理区域供给与需求结构之间、产业结构之间、经济发展与环境保护之间的关系，协调区域经济社会发展规划与环境规划。充分利用科学技术，最大限度地合理开发利用自然资源，在生态经济学理论指导下，提高自然资源的利用率，有效地解决环境问题。

俄罗斯解决环境污染的方法与其他国家有所不同。例如，日本是采用污染物排放总量控制的方法，美国是采用环境影响评价制度，而俄罗斯则是采用"目标纲要规划"的方法。这种规划方法是立足于最大限度地利用自然资源，尽可能减少环境污染的产生。

2．我国环境规划的发展历程

我国的环境规划是伴随着环境保护工作的开展而发展的，发展历程大体上可以按照全国环境保护会议的召开和确定的阶段任务分为五个阶段。

（1）探索阶段

第一阶段（1973—1983 年）为探索阶段，是我国环保工作开创初期。1973年第一次全国环境保护会议上提出的我国环保工作 32 字方针中，前八个字为"全面规划，合理布局"，对环境规划工作提出了具体要求。国家提出的环保工作奋斗目标是"五年控制，十年解决"。但实践证明这个目标是不切实际的，表明了当时我们对环境保护的客观规律缺乏全面深入的了解，对环境规划的认识还很肤浅。20 世纪 70 年代开展的北京东南郊、沈阳市及图们江流域环境质量评价和污染防治途径研究为环境规划做了有益的探索。80 年代初济南市环境规划和山西能源重化工基地综合经济规划中的环境专项规划是我国最早的区域环境规划。这两个规划的范围仅限于污染治理，分析了存在的环境问题，提出了治理措施，规划以定性为主。

（2）研究阶段

第二阶段（1983—1989 年）为研究阶段。1983 年第二次全国环境保护会议提出了"三同步"方针，表明我国对环境与经济建设、城市建设之间关系的认识有了一个飞跃，对环境规划有着深远影响。"七五"期间开展了国家科技攻关项目——大气和水环境容量研究，建立了我国自己的大气和水容量模型，并在鸭绿江、内江、湘江和深圳河以及太原市、沈阳市的环境规划中得到应用，为环境规划从定性分析向定量为主的跨越创造了条件。国家环境管理信息系统的研究在应用计算机建立数据库、模型库、模拟污染过程等方面取得了经验，推动了计算机在环境规划中的应用。对经济与环境综合规划方法做了有益的探索和研究。在科研工作的带动下，水利部和国家环境保护局联合开展了七大流域水污染防治规划；1984年全国环境管理、经济、法学学会在太原市召开了全国城市环境规划研讨会，对环境规划也起到了推动作用。"全国 2000 年环境预测与对策研究"项目，在"三同步"方针的指导下，从宏观经济发展目标出发，预测 2000 年可能发生的环境问题，提出了环境目标和对策建议，为国家和地区编制"七五""八五"环境保护计划提供了依据。在规划中开始应用环境经济计量模型、环境经济投入产出模型、系统动力学模型，并开展了环境污染和生态破坏经济损失估算的研究，为我国污染物排放宏观目标总量控制和环境经济损失计量打下了基础。

（3）发展阶段

第三阶段（1989—1996 年）为发展阶段。1989 年第三次全国环境保护会议进一步明确了环境与经济协调发展的指导思想。1992 年联合国环境与发展大会积极倡导可持续发展战略，会后我国率先编制并颁布了《中国 21 世纪议程》，明确宣布"走可持续发展之路是我国未来和 21 世纪发展的自身需要和必然选择"。因此，环境规划的指导思想上升到可持续发展的高度，技术路线从未端控制转向优化产业结构，生产合理布局，发展清洁生产和污染治理的全过程。1993 年国家环保局发文要求各城市编制城市环境综合整治规划，并下发了《城市环境综合整治规划编制技术大纲》，组织编制了《环境规划指南》。在这种环境下，我国广泛开展了环境规划的编制工作，如湄洲湾环境规划研究，秦皇岛市、广州市、南昌市、马鞍山市和济南市环境规划，通化市环境综合整治规划，桂林市大气环境规划和澜沧江流域生态环境规划等。在这一时期，环境规划方法的研究也得到进展，如北京大学在湄洲湾环境规划研究中，提出并应用了环境承载力的概念和方法解决合理布局问题；清华大学在济南市环境规划中，应用冲突论解决污染负荷公平分配问题；广州市环科所、北京大学、清华大学、云南省环科院在环境规划中，都应用了地理信息系统（GIS），使环境规划的空间分布可视性大为提高。

（4）深化阶段

第四阶段（1996—2002 年）为深化阶段。1996 年国务院召开了第四次全国环境保护会议，颁发了《关于环境保护若干问题的决定》，批准了《国家环境保护"九五"计划和 2010 年远景目标》。国家实施污染物排放总量控制和跨世纪绿色工程规划两大举措，确定"三河"（淮河、海河、辽河）、"三湖"（太湖、巢湖、滇池）、"两区"（酸雨控制区和二氧化硫控制区）为治理重点。因此，各级政府对环境规划都十分重视，并大力推进规划的实施，要求规划需落实到项目，大大提高了规划的可操作性，使环境规划真正成为环境决策和管理的重要环节，成为环境保护工作的主线。

（5）全面铺开阶段

第五阶段（2002—）为全面铺开阶段。2002 年 1 月 9 日召开的第五次全国环境保护会议提出：要明确重点任务，加大工作力度，有效控制污染物排放总量，大力推进重点地区的环境综合整治。凡是新建和技改项目，都要坚持环境影响评价制度，不折不扣地执行国务院关于建设项目必须实行环境保护污染治理设施与主体工程"三同时"的规定。要注意保护好城市和农村的饮用水水源。绝不允许再发生工厂污染江河、水库的事情。要切实搞好生态环境保护和建设,特别是加强以京津风沙源和水源为重点的治理和保护,建设环京津生态圈。要抓住当前有利时机,进一步扩大退耕还林规模,推进休牧还草,加快宜林荒山荒地造林步伐。环境规划已经涉及从城市到乡村,从工业到农业,从资源到生态的各个方面,规划所起的作用也越来越大。

在 2006 年 4 月 19 日召开的第六次全国环境保护会议上,提出了环境保护发展的"十一五"规划目标,"十一五"时期环境保护的主要目标是:到 2010 年,在保持国民经济平稳较快增长的同时,使重点地区和城市的环境质量得到改善,生态环境恶化趋势基本遏制。单位国内生产总值能源消耗比"十五"末期降低 20%左右;主要污染物排放总量减少 10%;森林覆盖率由 18.2%提高到 20%。为实现以上规划目标,需要着力做好四个方面的工作。第一,加大污染治理力度,切实解决突出的环境问题。重点是加强水污染、大气污染、土壤污染防治。第二,加强自然生态保护,努力扭转生态恶化趋势。一方面,控制不合理的资源开发活动;另一方面,坚持不懈地开展生态工程建设。第三,加快经济结构调整,从源头上减少对环境的破坏。大力推动产业结构优化升级,形成一个有利于资源节约和环境保护的产业体系。第四,加快发展环境科技和环保产业,提高环境保护的能力。从目前的环境保护形势看,环境规划越来越细、越来越科学,所起的作用也越来越大。

2011 年 12 月 20 日召开的第七次全国环境保护大会,是"十二五"开局之年国务院召开的一次重要会议。《国家环境保护"十二五"规划》的编制,体现了"坚持在发展中保护,在保护中发展"的战略思想,体现了以环境保护优化经济发展的历史定位,体现了国家对环境保护重大战略任务的统筹安排。在规划指导思想上,紧扣科学发展这个主题和加快转变经济发展方式这条主线,努力提高生态文明水平,切实解决影响科学发展和损害人民群众健康的突出环境问题。全面推进环境保护历史性转变,积极探索代价小、效益好、排放低、可持续的环境保护新道路,加快建设资源节约型、环境友好型社会。在规划编制机制上,更加注重开门编制规划,加强基础研究,公开选聘前期研究承担单位,开展网络征集意见和问卷调查,开展各地规划编制调研和座谈,广泛听取各行业各领域专家学者有关意见和建议。在规划内容上,提出深化主要污染物总量减排、努力改善环境质量、防范环境风险和保障城乡环境保护基本公共服务均等化四大战略任务。《国家环境保护"十二五"规划》的主要目标、主要指标、重点任务、政策措施和重点工程项目纳入了《国民经济和社会发展第十二个五年规划纲要》。

经过 40 多年来的不断探索,环境保护规划的理念和机制也发生了重大转变:

一是从污染治理型规划向环境保护与经济和社会协调发展型规划转变；二是从编制程序不规范、衔接协调不力的规划向科学化、民主化、规范化的规划转变；三是从宏观指导的预期性规划向可分解、可操作、可考核的约束性规划转变；四是从重编制、轻实施、缺评估的规划向注重实施过程的中期评估和终期考核的规划转变。但是，环境规划毕竟还是一门新兴学科，仍存在着不少问题有待解决，同时随着环保工作的深入和科技手段的现代化，还会出现新问题，环境规划必将不断向前发展。

（二）我国环境规划工作取得的进展

1．我国环境规划的战略思想已经得到确立

从《中国 21 世纪议程》和《全国生态环境建设规划》等政策方案的公布实施可以看出，我国的环境规划确立了以可持续发展和科教兴国为主的战略思想，即以达到经济、社会和环境的协调发展为目的，既保证资源的永续利用，又促进社会生产力的稳步快速增长，实现经济效益、社会效益和环境效益的统一。

2．我国环境规划正逐步走向规范化

环境规划的编制除主导思想外，还制定了全国统一的技术大纲，如《小城镇环境规划编制导则》等，有较为完整的法律法规、制度标准。规划的内容如指标体系、功能分区、保护措施、保障措施等也日臻完善。主要成果表现在：

（1）比较完善的指标体系

环境规划的不断完善和发展，使规划指标经历了一个由宏观到微观，由粗略到详细，由简单到复杂，由局部到整体的完善过程。

（2）初步形成了科学的规划方法

我国环境规划经过"六五""七五""八五"计划及《2000 年的中国》等规划的编制实践，已初步形成了包括评价方法、预测方法、区划方法、决策方法、优化方法及总量控制方法等许多内容在内的方法体系。目前来看，总量控制规划方法和污染综合防治规划方法应用较多。

（3）环境规划的内容日趋完善

目前，我国环境规划框架体系主要包括 7 个方面：环境调查与评价、环境预测、制定环境规划目标、建立环境规划指标体系、进行环境功能区划、确定环境规划方案设计与方案优化和规划方案的实施与管理等。环境规划的内容也更加全面、科学、合理。

3．环境规划已经纳入国民经济与社会发展规划中

我国环保工作开展多年，主要关注末端治理，成效一直不大。最主要原因是把环境与经济割裂，撇开经济发展搞环保，费力而又不讨好。随着可持续发展理

论的提出，强化了经济与环境的协调发展，从而将环境规划纳入国民经济与社会发展规划中，使环境规划的目标得到实现。

（三）我国环境规划中出现的问题

1. 环境与经济协调发展型的规划仍然缺乏

虽然我国已明确了可持续发展的思想作为环境规划乃至整个环保工作的指导思想，但目前协调发展型的环境规划还不是主流，大部分环境规划还属于经济制约型规划。造成这种状况的主要原因，与当前人们对经济的重视程度有关，也与环境规划人员缺乏经济规划的知识有关，更与环境规划的发展现状有关。这个问题的解决需要通过环境规划的不断完善和发展来完成。

2. 新经济开发区环境规划方法有待完善和发展

新经济开发区的迅速发展对环境规划提出了新的要求。10年来，改革开放的形势使新经济开发区如雨后春笋一般迅速发展。外资项目的引进要求政府快速作出反应。这样，编制具有污染物总量控制特征的新经济开发区环境规划就显得十分重要。近些年来，深圳、厦门、珠海和长春经济技术开发区对环境规划做了有益的探索，提出了一些规划方法，但仍需完善和发展。

3. 环境规划的管理还没有完全走上法制的轨道

《中华人民共和国环境保护法》中确定了环境规划的法律地位，但具体实施过程缺乏环境规划管理条例及其实施细则，所以环境规划仍未完全走上法制轨道。环境规划的报批、实施和检查仍无章可循。有的地方环境规划制定得很好，但由于缺乏必要的保障措施，规划措施得不到贯彻，造成规划目标不能实现。

4. 缺少一支素质好、技术力量强的环境规划专业队伍

我国地域广阔，环境规划本身又是一个需要不断完善的过程，因而，环境规划工作任务十分繁重，没有一支素质好、技术力量强、人数众多的规划队伍是难以胜任的。虽然，我国已初步形成了由科研院所、咨询机构、环保公司组成的规划力量，但队伍不稳定，人员不齐备，总体素质不高，严重影响到规划的质量，也影响到规划工作的开展。因而，我国环境规划队伍的建设迫在眉睫。

5. 规划决策支持系统（PDSS）的发展亟待加强

基于GIS的规划决策支持系统对于环境规划资料库的建立，各类数据的分析、表征和管理在环境规划领域具有明显的优越性，目前，我国已建立了省级环境决策支持系统，但其实用程度有待加强，环境统计的广度和深度都不尽如人意，影响了规划资料数据的获取，制约了环境规划的发展。

6. 作出的环境规划缺乏足够的可行性和可操作性

环境保护规划与国民经济和社会发展规划相互融合得还不够密切，规划目标

和任务的分解落实机制还需要优化，规划的投资保障机制还未有效形成，规划实施的环境监管机制还不够健全，规划实施的评估考核机制还有待完善。

（四）我国环境规划的发展趋势展望

随着我国经济体制改革、政府职能的转换及环境建设和环境管理的加强，环境规划的重要意义越来越得到认可。环境行政管理部门逐步把环境规划工作作为环境建设和管理工作的科学依据和先导，提出环境管理的主线就是环境规划的制定、实施和检查，环境目标管理的核心就是确定和达到环境规划目标。教育部门对环境规划越来越重视，不少高等院校环境科学专业均开设了环境规划课程，为培养环境规划人才打下了基础。这些情况表明，环境规划将会得到更快地发展。从环境规划的内容及方法论来看，由于"环境与发展"这一主题的呼声日益升高和环境管理工作的深入，对环境规划提出了新的要求，促进了环境规划的发展。今后，环境规划的发展将会出现以下发展趋势：

1．环境与经济协调型规划将是发展趋势

人们已认识到了环境与经济协调型规划的必要性和重要意义，在先后制定的《中国 21 世纪议程》等纲领性文件中，都对协调型规划的方针有明确的规定。在环境规划中，环境对经济的反馈要求，环境目标的权重都将有所提高，环境与经济协调型规划将会成为环境规划发展的一个重要方向。

2．环境规划的技术路线将从末端控制向全过程控制转变

过去很长一段时间，我国与世界各国一样，污染控制的技术路线遵循的是末端控制，实践表明，这是一条治标不治本、投入大、见效慢的路线。污染的产生，是工业过程浪费大量的资源和能源，生产率低下，管理控制落后造成的。因而，污染控制要实行生产全过程控制，通过清洁工艺的采用，充分利用资源、能源，将污染物消灭在生产过程之中，这才是污染控制的根本出路。今后的环境规划将更鲜明地贯彻这一路线，规划内容和污染控制对策将会更多地深入到生产的全过程。

3．环境规划的污染控制方式将更突出区域集中控制

多年的实践表明，点源治理方式是投资大、效益差、不易于管理的方式，而集中污染治理将发挥规模效益，投资省、效益好、管理方便。对于城市和区域都应尽量采用集中治理。为此，我国制定了集中控制的管理措施，并列入"八项管理制度"中，规划必须适应这种要求，污染集中处理的规划将得到广泛的应用和发展。

4．污染物总量控制规划将继续得到青睐

在环境规划方法论中，污染物总量控制一直是一条重要准则，特别是近年来

环境管理推行排污许可证制度以来，从污染物总量的角度，规划污染物的排放与治理成为环境规划的规范方法之一。另外，随着新经济开发区的崛起，规划新经济开发区的功能区划和项目布局，将成为一种有效的方法而得到广泛应用。

5．城市生态规划越来越被重视

随着我国城市化的发展和城市国际化的发展趋势，城市环境问题将更加突出（如北京严重的大气污染），对城市环境质量的要求将会更高。因此，如何规划好一个城市的经济、社会和环境使其协调发展将成为一个重要课题。特别是遵循城市生态学原理，从能源、物流、人流和信息流的角度研究城市功能、规模、结构和布局的城市生态规划，将是未来城市环境规划的发展方向。

6．环境规划决策支持系统将发挥作用

环境规划决策支持系统具有快速、灵活、人机对话和图形显示等功能，特别是对解决半结构化和非结构化问题更为适宜，是环境规划的一种现代化工具。环境规划利用其进行自身改进，观测和统计各种信息，运用微机和网络进行搜寻、处理和管理，最终实现规划中评价、预测、优化和决策的全方位的科学化。随着环境规划的动态性和多目标决策的要求，环境规划决策支持系统的建立就更显得迫切，它必然会成为今后环境规划发展的一个突出特征。

7．环境规划国际合作前景看好

地球是一个大的生态系统。各个国家和地区的相互关联和影响，决定了国际合作的必然性，而政策经济的日益全球化，则为环境方面的国际合作提供了可行性。从《保护臭氧层维也纳公约》《关于消耗臭氧层物质的蒙特利尔议定书》到《联合国气候变化框架公约》《生物多样性公约》等，已有多项国际环境公约签订并被多数国家认同、执行。国与国之间在环境领域也在加强双边合作，世界银行和亚洲银行也为我国提供了多项环保贷款。而且，各国环境规划有其自身的特点，加强相互交流有助于各自的发展与完善。因此，国际合作成为环境规划以至环境保护领域的又一重要方向。

任务2　各类规划简介

目前进行的规划类型很多，对国民经济和社会发展起主导作用的规划有国民经济和社会发展规划、区域经济区划、国土资源规划和城市总体规划等，以下在简单介绍这些规划主要内容的基础上，重点介绍环境规划与这几种主要规划的关系。

一、各类规划概述

（一）国民经济和社会发展规划

国民经济和社会发展规划指国家或区域（地方）在较长一段时间内对经济和社会发展的全局安排，主要阐明国家和区域的战略意图，明确政府的工作重点，引导市场主体行为，它规定了经济和社会发展的总目标、总任务、总政策及发展重点，所要经过的阶段，采取的战略部署和重大的政策与措施等，是未来几年经济社会发展的总体宏伟蓝图，是指导经济社会发展的行动纲领，是政府履行经济调节、市场监管、社会管理和公共服务职责的重要依据。

国民经济和社会发展的内容涉及指导思想、规划原则和发展目标，包含国民经济和社会发展的各个领域，以及保障措施等。如《国民经济和社会发展第十一个五年规划纲要》内容包括：第一篇，指导原则和发展目标；第二篇，建设社会主义新农村；第三篇，推进工业结构优化升级；第四篇，加快发展服务业；第五篇，促进区域协调发展；第六篇，建设资源节约型、环境友好型社会；第七篇，实施科教兴国战略和人才强国战略；第八篇，深化体制改革；第九篇，实施互利"共赢"的开放战略；第十篇，推进社会主义和谐社会建设；第十一篇，加强社会主义民主政治建设；第十二篇，加强社会主义文化建设；第十三篇，加强国防和军队建设；第十四篇，建立健全规划实施机制。

在环境保护方面提出的要求是：坚持开发节约并重、节约优先，按照减量化、再利用、资源化的原则，在资源开采、生产消耗、废物产生、消费等环节，逐步建立全社会的资源循环利用体系。生态保护和建设的重点要从事后治理向事前保护转变，从人工建设为主向自然恢复为主转变，从源头上扭转生态恶化趋势。坚持预防为主、综合治理，强化从源头防治污染，坚决改变"先污染后治理、边治理边污染"的状况。以解决影响经济社会发展特别是严重危害人民健康的突出问题为重点，有效地控制污染物排放，尽快改善重点流域、重点区域和重点城市的环境质量。实行有限开发、有序开发、有偿开发，加强对各种自然资源的保护和管理等。在进行环境规划时必须遵循以上要求。

（二）区域经济区划

区域经济区划是按照区域经济的相似性和差异性，对全国各地区进行战略划分和战略部署，划分为具有不同地域范围、不同内容、不同层次和各具特色的经济区，如农业区、林业区、城市关联区、流域、综合区等。内容包括：区划范围、区域特色、发展目标和保障措施等。经济区划的类型包括单一功能经济区划和部门经济区划两种。单一功能经济区划是指为达到某种特定经济发展目标而进行的经济区划。部门经济区划是指在大区域范围内合理规划某个经济部门而进行的经济区划。

按照自然分布情况，我国总体区划可以分为三大地带，即东部地带（包括沿海 12 省区市）、中部地带（包括黑龙江、吉林、内蒙古、山西、河南、河北、河南、江西、安徽 9 省区）和西部地带（包括陕西、甘肃、宁夏、青海、新疆、四川、云南、贵州、西藏、重庆 10 省区市）。按照经济结构和特点，我国总体区划情况是：西部——资源区；中部——工业区；沿海——商贸区；东北——林业区；华北、东北平原——农业区。按照"以点带面"原则重点发展的三大经济发展区是长江中下游地区、环渤海地区和珠江三角洲地区。进一步可以划分为七大经济区，即长江三角洲和沿江地区（江苏、浙江、上海三省市和三峡以下长江沿岸地区）、东南沿海地区（广东、福建和海南三省）、环渤海地区（北京、天津、河北、山东、山西、辽宁六省市和内蒙古自治区的中部）、东北地区（辽宁、吉林、黑龙江三省和内蒙古自治区东部三市一盟）、中部五省区（河南、湖北、湖南、安徽和江西）、西南和广西地区（四川、重庆、贵州、云南、广西和西藏六省区市）以及西北地区（陕西、甘肃、青海、宁夏、新疆五省区和内蒙古自治区的西部）。

进行合理的经济区划具有重大的现实意义和长远意义。构建特殊经济区（如泛珠三角、泛长三角和环渤海）可以直接带动和帮助内地广大落后地区的发展，内地与沿海共享沿海率先发展的成果；构建经济区，能够在国家的宏观和省区市中观层面之间，为改善和加强宏观调控增设一个新的调控平台，形成区域经济协调发展的自我协调机制，对改善和加强宏观调控十分有利；构建经济区，能比较实际地解决地区差距问题，既兼顾到了收入分配的社会公平，又不至于影响"效率优先"的原则，使缩小地区间的差距变得更加行之有效；构建经济区，能集中产业群体优势、企业规模优势和产品质量优势，促进内地资源、劳动力优势与沿海资金、技术优势的结合与互补，大大增强区域经济的综合实力和竞争力。

（三）国土资源规划

国土资源规划是根据国家社会经济发展总体战略方向和目标及规划地区自然、经济、社会、科学技术等条件制定的全国或一定地区范围内的国土开发利用与整治规划方案。

国土资源规划的基本任务是根据规划地区的特点和优势，从地域总体上协调国土资源开发、利用、治理、保护的关系，协调人口、资源、建设、环境的关系，促进生产力的合理分布和地域经济的综合发展。其主要内容为：确定本地区主要自然资源的开发规模、布局和步骤；确定人口、生产、城镇的合理布局，明确主要城镇的性质、规模及其相互关系；确定交通、通信、能源、水源等区域性重大基础设施的安排；确定环境治理的目标与对策。

在《国土资源"十一五"规划纲要》中提出了七个目标和七项主要任务，这七个主要预期目标是：① 全国耕地保有量不低于 1.2 亿 hm^2。② 年度供地总量中有偿供地的比例达到 60%以上，招标拍卖挂牌出让面积占出让面积的比例提高到35‰。③ 完成区域地质、地球物理、地球化学、航空遥感等基础调查 330 万 km^2。④ 新增石油探明地质储量 45 亿～50 亿 t、天然气 2 万亿～2.25 万亿 m^3、铁矿石50 亿 t、铜 2 000 万 t、铝土矿 2 亿 t、煤炭普查详查资源储量 1 000 亿 t。⑤ 矿产资源采选综合回收率达到 35%，矿山环境恢复治理率达到 35%以上。⑥ 海洋产业增加值占国内生产总值的比重达到 5%以上。⑦ 陆地国土 1∶5 万基础地理信息覆盖率达到 95%以上，年更新率争取达到 20%。1∶1 万基础地理信息实现必要的覆盖，年更新率争取超过 20%。内海与领海基础地理信息覆盖率达到 80%以上。七项主要任务是：① 切实巩固全面建设小康社会的资源基础。② 积极推进资源节约集约利用。③ 完善土地市场和矿业权市场体系建设。④ 改革完善土地产权管理制度。⑤ 提高地质灾害预警预报和防治能力。⑥ 建立国土资源科学技术支撑体系。⑦ 建立适应社会主义市场经济要求的国土资源管理体制。

（四）城市总体规划

城市总体规划是城市在一定时期内各项建设发展的综合部署，是指导城市建设的蓝图。《中华人民共和国城市规划法》中规定，城市人民政府负责组织编制城市规划，县城的规划由县级人民政府负责组织编制。

城市总体规划的内容包括：城市的性质、发展目标和规模，城市主要建设标准和定额指标，城市建设用地布局、功能分区和各项建设的总体部署，城市综合交通体系和河、湖、绿地系统，各项专业规划，近期建设规划等。

城市总体规划应当与国土规划、区域规划、江河流域规划、土地利用总体规划相协调和衔接。在建设用地上不得突破土地利用总体规划确定的规模和范围。

① 城市的发展建设，要按照经济、社会、人口、资源和环境相协调的可持续发展战略，不断增强城市功能，充分发挥中心城市作用，将城市逐步建设成为经济繁荣、社会文明、科教发达、设施完善、环境优美的经济、技术、科技、文化的中心；② 在城市规划区范围内实行城乡统筹规划，加强统一规划管理，要根据市域内不同地区的条件，按照统筹城乡发展、调整产业结构、合理安排基础设施、改善生态环境的要求，形成独具特色的市域空间布局结构；③ 城市发展要坚持集中紧凑的模式，强化集约用地和节约用地，充分重视岸线和城市地下空间的合理开发利用，采取切实措施保护好耕地特别是基本农田，防止水土流失、土壤沙化；

④ 规划建设要注意与地区发展规划的协调，加强区域性基础设施建设，促进产业结构的合理调整和资源优化配置；⑤ 规划建设若干特色鲜明的功能区，构建合理的空间布局；⑥ 坚持节流、开源、保护并重的原则，加强水资源、能源的节约，严格控制污染物排放总量，重点解决城市煤烟、汽车尾气、工业废气和烟尘污染问题；⑦ 要加快污水处理厂的建设，加强绿化建设，形成各类绿地有机结合的多功能绿地系统，不断改善城市环境质量；⑧ 加强与有关部门的协调，做好港口、机场、高速公路和高速铁路的规划建设，发挥交通枢纽作用；⑨ 要建立和形成完善的城市减灾体系；⑩ 要坚持以人为本，做好关系人民群众切身利益的交通、教育、医疗等公共服务设施的规划布局，切实满足人民群众的需要，创建宜居环境；⑪ 规划要注意严格保护历史文化遗产。

二、环境规划与其他各种规划的关系

以上介绍的各种规划的关系如图 1-2 所示。其中国民经济与社会发展规划是综合性规划，包含其他各规划的内容，其他各规划是国民经济和社会发展规划的补充。环境规划与其他各种规划互为基础，相互作用，相互依存，互为补充。

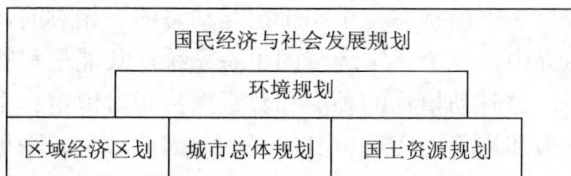

图 1-2　环境规划与其他各种规划的关系

1. 环境规划是国民经济和社会发展规划的补充

两者的联系主要体现在：① 人口与经济部分；② 生产力布局和产业结构；③ 经济发展产生的污染；④ 国民经济提供的环保资金等。

2. 区域经济区划是环境规划的基础，环境规划是区域经济区划的补充

环境规划是进行区域经济区划战略布局和划分的补充和完善，环境规划有利于经济区合理开发利用资源，促进经济协调发展。

3. 国土资源规划是环境规划的依据，环境规划是国土资源规划的重要组成部分

环境规划为国土资源的合理开发利用、综合整治提供技术支持和科学依据。

4. 城市环境规划是城市总体规划中的主要组成部分

城市环境规划与城市总体规划的差异是：环境规划以保护人体健康、创建清

洁、优美、安静、适宜的生存环境为目标，而城市总体规划是确定城市性质、规模、发展方向的综合部署，更侧重发展和建设。

任务3 环境规划的理论基础

一、环境承载力

（一）生态系统知识

生态系统这一概念是由英国生态学家坦斯黎首先提出的。它是由大气、水、土壤、各种生物及人类构成的具有复杂的结构层次，进行着能量、物质和信息交换，并维持相对稳定的开放系统。各组成要素间借助物种流动、能量流动、物质循环、信息传递和价值流动，相互联系、相互作用、相互制约，并形成具有自调节功能的复合体。

当外来干扰在允许的范围内，生态系统能通过自我调节恢复到原初的稳定状态，表明生态系统处于平衡状态。生态平衡是动态的、相对的，是一个运动着的平衡状态。在自然界中，一个正常运转的生态系统，其能量和物质的输入和输出总是自动趋于平衡，这时动植物的种类和数量保持相对恒定。生态系统通过系统的反馈机制、抵抗力和恢复力实现自身的平衡。因此，生态平衡的重建，人类生态环境的改善，以及人工生态系统的高效和谐才能得以重建。

每一个生态系统都有一定的生物群落与其栖息的环境相结合，进行着物种、能量和物质的交流。在一定时间和相对稳定的条件下，系统内各组成要素的结构与功能处于协调的动态之中。综合分析，生态系统具有以下十项重要特征。

1. **以生物为主体，具有整体性特征**

生态系统通常与一定空间范围相联系，以生物为主体，生物多样性与生命支持系统的状况有关。一般而言，一个具有复杂垂直结构的环境能维持多个物种存在。一个森林生态系统比草原生态系统包含了更多的物种。同样，热带生态系统要比温带或寒带生态系统展示出更大的多样性。各要素稳定的网络式联系，保证了系统的整体性。

2. **复杂、有序的层级系统**

由于自然界中生物的多样性和相互关系的复杂性，决定了生态系统是一个极为复杂的、多要素的、多变量构成的层级系统。较高的层级系统以大尺度、低频率和缓慢速度为特征，较低层次以小尺度、高频率和快速度变化，它们各自发挥着不同的作用。

3．开放的复合系统

任何一个自然生态系统都是开放的。有输入和输出，而输入的变化总会引起输出的变化。虽然输出并不是立即变化，它们之间存在一定的反应时间，但输入的变化必然会影响输出。从这一观点看，没有输入也就没有输出。维持生态系统需要能量。生态系统变得更大更复杂时，就需要更多的可用能量去维持，经历着从混沌到有序，到新的混沌，再到新的有序的发展过程。

4．具有明确功能

生态系统是一个功能单元。例如，绿色植物通过光合作用把太阳能转变为化学能贮藏在植物体内，然后再转给其他动物，这样营养物质就从一个取食类群转移到另一个取食类群，最后由分解者重新释放到环境中。生态系统就是在进行多种生态过程中完成了维护着人类的生存"任务"；为人类提供了必不可少的粮食、药物和工农业原料等，并提供人类生存的环境条件，还有大量的间接性公益服务。

5．受环境深刻的影响

环境的变化和波动形成了环境压力，最初是通过敏感物种的种群表现出来。当压力增加到一定程度时，生态系统的平衡就会受到影响，整个系统就会出现危险的苗头。生态系统对气候变化和其他因素的变化表现出长期的适应性。

6．环境的演变带来生态系统的变化

自生命在地球上出现以来，生物有机体不仅适应了物理环境条件，并在适应中不断进化，朝着适应环境和有利于生命延续的方向发展。当环境发生变化时，生态系统内的生物种群相应变化，并逐步适应新的环境。

7．具有自动维持、自动调控功能

一个自然生态系统中的生物与其环境条件经过长期进化适应，逐渐建立了相互协调的关系。生态系统自动调控机能主要表现在三方面：一是同种生物种群密度的调控；二是异种生物种群之间的数量调控，通过食物链关系，使植物与动物、动物与动物之间发生变化；三是生物与环境之间相互适应的调控。生态系统对干扰具有抵抗和恢复的能力，甚至面临季节、年际或长期的气候变化，生态系统也能保持相对的稳定。生态系统调控功能主要通过正、负反馈相互作用和转化，保证系统达到一定的稳态。

8．具有一定的承载力

生态系统承载力是表示环境承受外界冲击能力的重要指标，当生态系统确定后，其承载力是在一定的范围之内的。有时用环境容量来表示生态系统的承载力，环境容量是指在人类生存和生态系统不受损害的前提下，一个生态系统所能容纳的污染物的最大承载量。任一生态系统，它的环境容量越大，可接纳的污染物就

越多，反之则越少。污染物的排放，必须与环境容量相适应。

9. 具有特有的规律

生态系统也和自然界许多事物一样，具有发生、形成和发展的过程。生态系统可分为幼年期、成长期和成熟期，表现出鲜明的阶段性特点，生态系统具有自身特有的整体演化规律，任何一个自然生态系统都是经过长期发展形成的。生态系统这一特性为预测未来提供了重要的科学依据。

10. 具有健康、可持续发展特性

自然生态系统在数十亿万年发展中支持着全球的生命系统，为人类提供了经济发展的物质基础和良好的生存环境。然而长期以来掠夺式的开采方式给生态系统健康造成了极大的威胁。可持续发展观要求人们转变思想，对生态系统加强管理，保持生态系统健康和可持续发展特性，在时间、空间上实现全面发展。

（二）生态系统与环境规划

环境规划的目的是协调人类活动和环境的复杂关系，既能发展经济，又能兼顾保护环境，维持生态系统的良性运行。所以，环境规划既要研究生态系统本身的规律，又要研究人类社会的组织形式和管理方式，在了解生态系统规律的前提下，规范人类的开发行为，有效地利用环境、保护环境。

生态系统与环境规划的关系表现在以下两个方面。

（1）生态系统的运行规律是环境规划的依据和基础

人类只有在了解生态系统自身规律的基础上，才能以此为依据指导自己的行为，做到兼顾人类社会的经济发展和自然环境的保护。

（2）环境规划的结果可以更好地保护生态系统

没有环境规划的人类社会活动是不能保证生态系统不受损害的，只有通过环境规划约束和规范人类的行为，人类才能在发展经济的同时保证生态系统不被破坏，进而又促进经济发展，形成良性循环。生态系统、人类社会与环境规划之间的关系如图1-3所示。

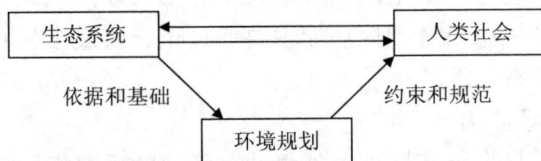

图 1-3　生态系统、人类社会与环境规划之间的关系

（三）环境承载力与环境规划

1. 环境容量

（1）环境容量的概念

环境容量是指环境系统能够容纳的污染物的量，是反映环境净化能力的量，其数值大小表示污染物在环境中物理、化学变化及空间机械运动性质。一般把环境浓度标准与背景值的差作为环境容量，并通过一定的输入/输出关系转换成排放量。

回顾环境规划的历史，最初是根据浓度排放标准来限制各污染源的排放浓度，用来控制污染。后来人们发现通过污染源的浓度控制并不能有效地限制某一地区的污染物排放总量，于是便按行业限制排放总量，即以某一行业的产值排放量作为控制标准。由于这一方法也不能很好地对区域环境污染物排放总量进行控制，所以后来采用了目前较为通用的利用环境容量进行区域环境污染物排放总量控制的方法。例如，城市环境综合整治规划，首先根据污染源调查结果和已制定的社会经济发展规划，利用各种模型预测未来的环境质量；然后根据预测结果确定的环境目标，随后通过浓度、排放量转换关系计算环境容量，接着根据环境容量确定污染物总削减量，并分配到各污染源，最后得到综合治理方案。其中规划的核心和基础是环境容量的合理确定。

（2）环境容量在应用中存在的问题

环境容量在环境规划的实际应用中起到了非常重要的作用。但是，随着日益严重的环境问题的出现，人们的认识水平的逐步提高，传统的环境容量概念已不再能很好地适应迅猛发展的环境科学的需要。概括起来环境容量存在以下几点不足：

① 环境容量对环境系统的描述范围小而狭窄。人类赖以生存和发展的环境是一个复杂的巨大系统，它通过太阳能的输入和物质的循环维持自身的运动，环境系统与人类社会系统相互依存、相互作用，只要不超过一定限度，就能维持持续发展。环境容量只是反映了环境容纳废弃物的量，没有很好地描述生态系统的复杂特征和与人类社会行为的关系。

② 环境容量不足以涵盖环境对人类发展的支持能力。环境容量的概念表述了环境具有容纳污染物的能力，但这只是环境功能的一部分。除此之外，环境还为人类提供生存和发展所必需的资源、能源，为人类提供各种精神财富和文化载体。所以，环境对人类社会的支持作用远大于环境容量这一概念的内涵。如果说环境容纳人类社会行为所排放的废物的量可以用环境容量表示，那么环境对人类社会行为的支持作用便不能完全用环境容量来概括。

③ 以环境容量为基础的环境规划，不能很好地解决未来经济发展与环境的协调问题。在以环境容量为基础的环境规划中，环境容量是根据环境质量预测值和环境目标值的结果计算出来的，而各污染物的削减量是根据费用—效益分析，以最小费用为目标来进行分配的。这既不能很好地解决由环境质量浓度目标反推至各污染源强的分配中存在的不确定性问题，也不能有效地给未来的一些不可预见的工业发展腾出预留的环境容量。因此环境容量没有很好地把经济发展与环境保护协调统一起来。

2．环境承载力

（1）环境承载力的概念

环境系统是复杂的，必须运用综合、系统的思维方式进行研究。因为人类系统与环境系统的作用是相互的，所以人类系统对环境系统的作用，即人类系统从环境系统获取资源并向其排放废弃物，以及环境系统对人类系统的反作用，可以用环境系统承受人类系统的这一作用来描述。这一作用可以用环境承载量和环境承载力来表示。

1991年，北京大学等在湄洲湾环境规划的研究中，科学定义了"环境承载力"，即环境承载力是指在某一时期，某种状态或条件下，某地区的环境所能承受人类活动作用的阈值。因此环境承载力的大小可以以人类活动作用的方向、强度和规模来加以反映。不同地区、不同人类开发活动水平将对该地区的环境产生不同程度的影响，开发强度不够，社会生产力低下，会直接影响人民群众的生活水平，开发强度过大，又会影响、干扰以致破坏人类赖以生存的环境，反过来会制约社会生产力。因此，人类必须掌握环境系统的运动变化规律，了解发展中经济与环境相互制约的辩证关系，在开发活动中做到发展生产与保护环境相协调。

环境承载力是环境系统功能的外在表现，即环境系统具有依靠能流、物流和负熵流来维持自身的稳态，有限地抵抗人类系统的干扰并重新调整自组织形式的能力。环境承载力是描述环境状态的重要参量之一，即某一时刻环境状态不仅与其自身的运动状态有关，还与人类对其作用有关。环境承载力既不是一个纯粹描述自然环境特征的量，又不是一个描述人类社会的量，它反映了人类与环境相互作用的界面特征，是环境系统功能的外在表现。

（2）环境承载力的定量描述

环境承载力是一个多维向量，其每一分量又可能由多维指标构成，所以描述环境承载力的指标构成一个庞大的指标体系。这里不可能给出所有的指标，因为即使在同一地区，人类的社会经济活动在内容上和方向上也可能有较大差异。

要将环境承载力运用于实际工作，不仅要建立起概念模型，还要将其量化，进行定量描述。

环境承载力的描述公式为：

$$EBC（Environmental\ Bearing\ Content）=F（T，S，B）\qquad（1\text{-}1）$$

式中：T —— 时间（Time）；

　　　S —— 空间（Space）；

　　　B —— 人类经济行为的规模与方向（Behaviour）。

从式（1-1）可以看出，环境承载力的特征表现为时间性、区域性以及与人类社会经济行为的关联性。不同的时刻、不同的地点、不同的经济行为作用力，具有不同的环境承载力。其数值在不同的空间，同一空间在不同的时间，同一空间和时间受到人类活动的影响（正影响或负影响），都会有所不同。

（3）环境承载力的指标体系

目前环境承载力还不能完全用数学模型来表示，常用指标体系间接表示某地区环境承载力的大小。环境承载力由多个变量表示，构成一个庞大的指标体系，从社会经济和环境系统的涉及内容看，主要有三大指标体系。

① 资源供给指标（水资源、土地资源、生物资源）；

② 社会影响指标（经济实力、污染治理投资、公共设施水平和人口密度）；

③ 污染容纳指标（污染物排放量、绿化）。

通过环境承载力的指标体系，我们可以得到某一区域的环境承载量和环境承载力。环境承载力可以被应用于环境规划，并作为其理论基础之一，成为从环境保护方面规划未来人类行为的一项依据。

（4）环境承载力的本质

环境承载力就其本质而言，包括以下几个方面：

① 环境承载力并不是固定不变的，它可以因人类对环境的改造而变化。

② 环境承载力是一个客观的量，是环境系统的客观属性。但是，用不同的社会经济活动来衡量一个区域的环境承载力，会得出截然不同的结论。例如，对于适宜发展工业的区域而言，如果用农业活动来衡量其环境承载力，其结论很可能是环境承载力小。

③ 特定范围的环境对于特定的人类活动所具有的支持能力的阈值，即环境承载力是一定的。因此，可以用环境承载力来衡量环境与人类活动是否协调。

早在 20 世纪 70 年代中期，环境科学专家就提出了下列判别式，当环境承载力/人类活动强度≥1 时，可以认为，人类活动与环境是协调的。由此说明，环境承载力概念从本质上反映了环境与人类社会与经济之间的辩证关系。

（5）环境承载力与环境规划

环境规划工作应在环境规划学的指导下进行，它应该有自己的理论体系和框架，并克服单纯凭经验做规划、缺乏科学理论依托的弊端。环境规划不仅要对重点污染源的治理作出安排，还要以环境承载力为约束条件，在环境承载力的范围之内对区域产业结构和经济布局提出最优方案。

环境规划的目标是协调环境与社会、经济发展的关系，使社会、经济发展建立在不破坏或少破坏环境的基础上，甚至在发展经济的同时不断改善环境质量。换句话说，其目标是不断提高环境承载力，在环境承载力范围之内制定经济发展的最优政策。环境规划将提供环境与社会经济相协调的最优发展方案，使人类的社会经济行为与相应的环境状态相匹配，使作为人类生存、发展基础的环境在发展过程中得到保护和改善。

二、可持续发展理论

1987 年世界环境与发展委员会出版的《我们共同的未来》（*Our Common Future*）中提出了可持续发展的概念，1989 年第 15 届联合国环境规划署理事会通过的《关于可持续发展的声明》使可持续发展得到肯定，1992 年联合国环境规划署召开的环境与发展大会的重要文件《21 世纪议程》对可持续发展加以全面论述，并使其在全球展开。当前环境污染的控制已经由末端治理向全过程控制转变，可持续理论得到发展，也推动了环境规划的全面开展。

（一）可持续发展的概念

前世界环境与发展委员会主任、挪威首相布伦特兰夫人给可持续发展下的定义是"既满足当代人的需要，又不对后代人满足其需要的能力构成危害的发展"。从自然属性，"认为可持续发展是寻求一种最佳的生态系统以支持生态的完整性，即不超越环境系统更新能力的发展，使人类的生存环境得以持续"。从社会属性，"认为可持续发展是在生存不超出维持生态系统涵容能力之情况下，改善人类的生活品质"。从经济属性，"认为可持续发展的核心是经济发展"，是在"不降低环境质量和不破坏世界自然资源基础上的经济发展"。从科技属性，"认为可持续发展就是要用更清洁、更有效的技术——尽量做到接近'零排放'或'密闭式'工艺方法，以保护环境质量，尽量减少能源与其他自然资源的消耗"。从伦理方面，"认为可持续发展的核心是目前的决策不应当损害后代人维持和改善其生活标准的能力"。

可持续发展是发展与可持续的统一，两者相辅相成，互为因果。放弃发展，则无可持续可言，只顾发展而不考虑可持续，长远发展将丧失根基。可持续发展战略追求的是近期目标与长远目标、近期利益与长远利益的最佳兼顾，经济、社会、人口、资源、环境的全面协调发展。

（二）可持续发展的原则

1. 公平性原则

公平性是指机会选择的平等性。一是当代人公平，即要求满足当代全球各国人民的基本要求，在可能的情况下满足其要求较好生活的愿望。二是代际间的公平，即每一代人都不应该为了当代人的发展与需求而损害人类世世代代满足其需求的自然资源与环境条件，而应给予世代利用自然资源的权利。三是公平分配有限的资源，即应结束少数发达国家过量消费全球共有资源的现象，给予广大发展中国家合理利用更多的资源，以达到经济增长和发展的目标。

2. 持续性原则

资源与环境是人类生存与发展的基础和条件，资源的持续利用和生态环境的可持续性是可持续发展的重要保证。人类发展必须考虑到资源与环境的承载能力，不应该损害支持地球的大气、水、土壤、生物等自然系统为代价，保持资源的永续利用。

3. 和谐性原则

和谐性要求每个人在考虑和安排自己的行动时，都能考虑到这一行动对其他人（包括后代人）及生态环境的影响，并能真诚地按"和谐性"原则行事，那么人类与自然之间就能保持一种互惠共生的关系，只有这样，可持续发展才能实现。

4. 需求性原则

传统发展模式以传统经济学为支柱，所追求的目标是经济的增长，而忽视了资源的有限性，立足于市场而发展生产。而可持续发展是要满足所有人的基本需求，向所有人提供实现美好生活愿望的机会。

5. 共同性原则

可持续发展涉及方方面面，与所有人的生存密切相关，因此，应该把可持续发展变成我们共同的追求和事业，共同关注、共同参与、共同努力。只有这样才能保证可持续发展目标的实现。

（三）我国可持续发展战略的总体目标

可持续发展是当今社会的目标，同时可持续发展也有其自身的目标，包括以下几个方面：

① 集经济、文化等方面持续发展于一体的总体目标，追求社会格局合理、社会生活稳定，这也是人类所追求的最终目标。

② 环境状况良好和稳定，没有环境赤字，且物种数量不减少。换句话说就是环境的稳定性和物种的多样性是可持续性的环境目标。

③ 地区社会经济发展均衡，而且总体发展水平有所提高。这一目标实现的途径是人类活动的空间重新分配和全人类的共同努力。

④ 保证个体发展的相对独立性。没有独立性的发展而受制于外界力量的发展是不稳定、不连续的发展，因此允许国与国之间、区域之间、人与人之间可以按照自己的特点，有个性的发展，促进社会、经济、文化、技术等方面的全面发展。

⑤ 物质生活水平的真实提高，即实际收入水平的提高和物质财富的增加。通过持续发展，让人们感受到发展带来的效益，增加进一步发展的后劲。

从上述分析，可以把可持续发展的目标概括为连续性、稳定性、多样性、均衡性、独立性和更新性。联合国环境与发展大会之后，中国为履行大会提出的任务，在世界银行和联合国开发计划署、联合国环境规划署的支持下，先后完成了多项重大战略和政策研究项目。1992 年 8 月，中共中央和国务院批准的指导中国环境与发展的纲领性文件《中国环境与发展十大对策》中的第一条就是"实行持续发展战略"。我国根据这一战略编制了《中国 21 世纪议程》，它把可持续发展原则贯穿到各个方案领域，并成为国家制定《国民经济与社会发展"九五"计划和2010 年远景目标纲要》的重要依据。

我国可持续发展战略的总体目标是：用 50 年的时间，全面达到世界中等发达国家的可持续发展水平，进入世界可持续发展能力前 20 名行列；在整个国民经济中科技进步的贡献率达到 70%以上；单位能量消耗和资源消耗所创造的价值在2000 年基础上提高 10～12 倍；人均预期寿命达到 85 岁；人文发展指数进入世界前 50 名；全国平均受教育年限在 12 年以上；能有效地克服人口、粮食、能源、资源、生态环境等制约可持续发展的"瓶颈"；确保中国的食物安全、经济安全、健康安全、环境安全和社会安全；2030 年实现人口数量的"零增长"；2040 年实现能源资源消耗的"零增长"；2050 年实现生态环境退化的"零增长"，全面进入可持续发展的良性循环。

（四）可持续发展的主要内容

可持续发展以自然资源为基础，同环境承载能力相协调。经济发展、社会发展与环境的协调，不能以环境污染或退化为代价来取得经济的增长。可持续发展以提高生活质量为目标，同社会进步相适应。可持续发展的实施以适宜的政策和法律体系为条件，强调"综合决策"和"公众参与"，可持续发展的原则纳入经济发展、人口、环境、资源、社会保障等各现行立法及重大决策之中。可持续发展体现了发展与环境是一个有机整体。它不仅把环境保护作为追求实现的最基本目标之一，也作为发展质量、衡量发展水平和发展程度的宏观标准之一。

从根本上说，可持续发展包括三个主要内容：一是需要，即可持续发展的目标是满足人类需要。二是限制，即按照自然环境的要求，限制人口增加、对资源的消耗等。三是平等，即逐步实现当代世界、不同地区、不同人群之间的平等。

《21世纪议程》全文分四部分，共40章。第一部分叙述了社会经济要素的内容、贸易与环境、国际经济、贫困问题、人口问题以及人类居住问题，明确规定环境和发展要统一实施。第二部分为发展的资源保护和管理，详细叙述了所谓全球环境问题及不同领域的环境保护政策。第三部分是关于加强社会成员的作用，依次叙述了妇女、儿童、青年、土著居民、地方政府、工人、产业界、科学技术团体及农民所应起的作用。第四部分论述了实施的方法，包括资金问题、技术转让、科学和教育培训、提高发展中国家的应对能力、国际决策机构、国际法制及情报等。根据《21世纪议程》的构成，可持续发展的主要内容主要包括以下几个方面。

1. 突出强调发展的主题，发展的目标是满足人类需要

从单纯地重视经济增长，转变到强调科技和经济的发展要同文化教育、生态、社会的发展相结合，无疑是当代发展思想和发展实践的飞跃。但是，我们不能因此而淡化、模糊甚至冲击经济发展的中心地位。可持续发展首先强调的是"经济发展"，可持续理论认为，经济发展是一种改善人民生活的事业或进程，与经济增长的概念有明显的区别，提高生活水平，改善教育、医疗卫生和提高机会的平等性都是经济发展的重要组成部分，确保政治权力和公民权利是含义更广的发展目标，而经济增长则一般被定义为人均国民经济总产值或实际消费水平的增长速度。因此，经济发展与经济增长之间的区别是非常重要的。不过可持续发展是不否定经济增长（尤其是穷国的经济增长）的，一个不能保持或提高人均实际收入的社会不可能是发展的，而如果一个社会的经济增长以其他社会和政治团体为代价而获得，那么这种发展也是有害的。因此，要达到可持续意义的经济增长，必须重新审视经济的增长方式，使其由粗放型转变为集约型，从而减少单位经济活动造成的环境压力。

发展作为人类共同的和普遍的权利，无论是发达国家还是发展中国家都享有平等的、不容剥夺的发展权利，特别是对于发展中国家来说，发展是第一位的，只有发展才能为解决贫富悬殊、人口剧增和生态环境危机提供必要的技术和资金，同时逐步实现现代化和最终摆脱贫穷、愚昧和肮脏。因此消除贫困是实现可持续发展的一项不可缺少的条件。

2. 可持续发展以自然资源为基础

自然资源的持续利用和良好的生态环境是人类生存和社会发展的物质基础和基本前提。可持续发展要求节约资源，保证以持续的方式使用资源；减少自然资源的耗竭速率；保护整个生命支撑系统和生态系统的完整性，保护生物的多样性；

预防和控制环境破坏和污染，根治全球性环境污染，恢复已遭破坏和污染的环境。总之，要把发展与生态环境紧密相连，在保护生态环境的前提下寻求发展，在发展的基础上改善生态环境。

3. 可持续发展的核心是人与自然和谐

经济发展与资源环境相协调，这是现代高度文明的体现。实行可持续发展，是使人们能够自觉地摒弃过去虐待自然资源和生态环境的错误态度，改变不恰当的生产方式和消费方式，全面规范人们的经济——社会行为和资源——环境行为，从而营造现代物质文明和精神文明相融合的物质环境和精神氛围，实现人类与自然界共同进化，体现以高素质的人为中心的高度文明。

（五）我国可持续发展的战略措施

我国作为国际社会中的一员和世界人口最多的国家，在全球可持续发展和环境保护中负有重要责任。改革开放 30 多年来，我国的经济社会得到飞速发展，但还存在经济发展模式相对粗放和落后、人口压力大、资源消耗和浪费大、环境污染严重、经济效益低下、财富分配不公、公民教育落后和管理水平不高等现象。而实施可持续发展是我国选择的正确发展道路，是合理利用自然资源、维护生态平衡、促进人口、环境与经济持续、协调、稳定发展的必由之路。

根据国情，我国先后完成了体现可持续发展战略的重大研究和方案，包括《中国环境与发展十大对策》《中国环境保护战略研究》《中国 21 世纪议程》等，归纳起来，我国的可持续发展战略由以下几部分构成。

（1）确定了正确的方向

加速我国经济社会又好又快发展、解决环境问题的正确选择是走可持续发展道路，这个道路是全世界的共同选择，也是唯一正确的发展道路。

（2）贯彻"三同步，三统一"的环保方针

坚持经济建设、城乡建设、环境建设同步规划、同步实施、同步发展的战略方针，遵循经济效益、社会效益、环境效益相统一的原则，在经济建设和社会发展的同时保护生态环境，努力促进国民经济持续、稳定、协调的发展。

（3）采取有效措施，防治工业污染

采取的措施包括：①预防为主、防治结合。②集中控制和综合管理。③转变经济增长方式，推行清洁生产走资源节约型、科技先导型、质量效益型工业道路，防治工业污染。④推广循环经济，把清洁生产和废弃物的综合利用融为一体的经济，它运用生态学规律，建立在物质不断循环利用基础上的经济发展模式，组成一个"资源——产品——再生资源"的物质反复循环流动的过程，使得整个经济系统以及生产和消费过程基本上不产生或者只产生很少的废弃物，实现了自然资源的低投入、高利用和废弃物的低排放，从而从根本上消解长期以来环境与发展之间的尖锐冲突。

（4）加强城市环境综合整治，治理城市"四害"

把大气污染防治、水污染防治、固体废物及危险固体废物综合防治和城市噪声作为污染防治的核心，解决核心问题，保持良好的城市生态环境。

（5）提高能源利用率，改善能源结构

当前我国的能源结构不够合理，能源利用率偏低，造成资源的大量浪费。解决的措施就是要减少煤炭直接使用，大力发展新能源，采用节能措施，采用先进技术工艺，提高能源利用效率，促进能源的可持续利用。

（6）推广生态农业，坚持植树造林，加强生物多样性保护

我国是农业大国，农业生产消耗大量的水资源，施用大量的农药与化肥，造成土地污染、品质下降。为此，要采取积极措施，植树造林，保持水土，发展生态农业，优化整体生态环境。

（7）大力推进科技进步

科技是生产力，离开现代科技，就很难解决目前存在的诸多问题。因此，要在环境保护领域大力推进科技进步，利用先进科技成果，促进利用效率提高，减少资源消耗，减少污染排放，控制环境污染。

（8）运用经济手段保护环境

经济是杠杆，可以调整投资方向。为促进环境保护的发展，可以采取增加资金投入、优惠的税收政策、奖惩结合等方式，把更多的资金投入到环境保护中。

（9）加强环境教育，提高全民环境意识

树立可持续发展的道德伦理观，即尊重与善待自然价值，内容包括：①维生的价值；②经济的价值；③娱乐和美感上的价值；④历史文化的价值；⑤科学研究与塑造性格的价值。做到：①尊重地球上一切生命物种；②尊重自然生态的和谐与稳定；③简单生活。

（10）健全环保法制，强化环境管理

利用好法制、行政和教育手段，提高公众的环境意识，建立规范的环境管理组织，健全管理法规与制度，提升管理水平，推进环境保护各项工作的开展，实现可持续发展目标。

三、复合生态系统

（一）复合生态系统的理论

20 世纪 80 年代初，马世骏等中国生态学家在总结了整体、协调、循环、自

生为核心的生态控制论原理的基础上，提出了社会—经济—自然复合生态系统的理论和时（届际、代际、世际）、空（地域、流域、区域）、量（各种物质、能量代谢过程）、构（产业、体制、景观）及序（竞争、共生与自生序）的生态关联及调控方法，提出："当今人类赖以生存的社会—经济—自然是一个复合生态大系统的整体。社会是经济的上层建筑，经济是社会的基础，又是社会联系的中介，自然则是整个社会、经济的基础，是整个复合生态系统的基础，是人的活动与自然过程构成的社会—经济—自然复合生态系统"（图1-4）。

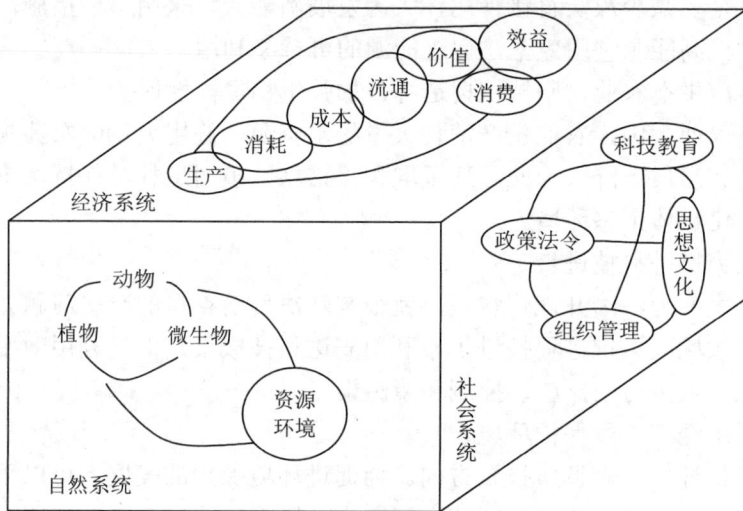

图 1-4　复合生态系统的构成图

（二）复合生态系统的结构与功能

1. 复合生态系统的结构

复合生态系统的自然子系统由土（土壤、土地和景观）、金（矿物质和营养物）、火（能和光、大气和气候）、水（水资源和水环境）、木（植物、动物和微生物）等五行相生相克的基本关系所组成，包括植物、动物、微生物、环境等方面，以物质循环和能量转换过程为主导。经济子系统由生产者、流通者、消费者、还原者和调控者等五类功能实体间相辅相成的基本关系耦合而成，由商品流和价值流所主导，与生产、消耗、成本、流通、价值、效益、消费等内容相关。社会子系统由社会的知识网、体制网和文化网等三类功能网络间错综复杂的系统关系所组成，由体制网和信息流为主导，主要包括政策、法令、组织管理、科教、思想文化等内容。三个子系统间通过生态流、生态场在一定的时空尺度上耦合，形成一定的生态格局和生态秩序。

2．复合生态系统的功能

复合生态系统的功能包括系统的生产加工、生活消费、资源供给、环境接纳、人工控制和自然缓冲功能，它们相生相克，构成了错综复杂的人类生态关系，即人与自然之间的促进、抑制、适应、改造关系；人对资源的开发利用、储存、扬弃关系以及人类生产、生活活动中的竞争、共生、隶属、互补关系等。其中复合生态系统的生产功能不仅包括物质和精神产品的生产，还包括人类生产；不仅包括成品的生产，还包括废物的生产；复合生态系统的消费功能不仅包括商品的消费、基础设施的占用，还包括无劳动价值的资源与环境的消费、时间与空间的耗费、信息以及作为社会属性的人的心灵和感情的耗费。在人类生产和生活活动中生态系统的服务功能起着非常重要的作用，包括资源的持续供给能力、环境的持续容纳能力、自然的持续缓冲能力以及人类的自组织调节活力。正是由于这种服务功能，经济得以持续、社会得以安定、自然得以平衡。主要功能归结为：

① 生产功能——为社会提供丰富的物质和信息产品。自然为社会提供了原始的物质和物质生产条件，而人类则利用越来越发达的科学技术来丰富和改善它们，提高自然的生产力，在这个过程中，也生产出了许多对社会、对自然无用甚至有害的物质，充塞着本已十分拥挤和脆弱的环境。

② 生活功能——为人民提供方便的生活条件和舒适的栖息环境。人类在生存过程中，不断地改善着自己的生活水平，从居住洞穴到豪华住宅，从步行到乘坐汽车、飞机等，都说明了复合生态系统生活功能的提高。但由生产、生活而产生的空气污染、资源破坏等环境问题，也给人类生活带来了负面影响。

③ 还原功能——保证了自然资源的永续利用和社会、经济、环境的协调持续发展。复合生态系统的这一功能保证了生产和生活这两个功能的持续，防止了地球的"一次性利用"式的灭亡。但是，随着人类社会的发展，系统的这一功能受到了很大的挑战。例如，难降解物质的大量生产和使用、生态环境的破坏等，都给系统的还原功能带来了不利影响。

④ 信息传递功能——指信息在系统间通畅的流动。一方面，人类利用生物与生物、生物与环境的信息传递来为人类服务；另一方面，人类还可以应用现代科学技术，操纵生态系统中生物的活动，按照人类社会需要的方向发展。

（三）复合生态系统的基本特征

复合生态系统具有人工性、脆弱性、可塑性、高产性、地域性和综合性等基本特征。

1．人工性

复合生态系统的子系统中，社会、经济子系统都与人的活动密切联系，社会系统受人口政策及社会结构的制约，文化、科学水平和传统习惯都对社会经济系统有影响。自然子系统也越来越多地受到人类的影响，人工环境正逐步扩大。但自然系统有其自身的规律，人类改造活动超过其承受范围，环境将会受到破坏。

在这个复合生态系统中，最活跃的积极因素是人，最强烈的破坏因素也是人。因而它是一类特殊的人工生态系统。一方面，人是社会经济活动的主人，以其特有的文明和智慧驱使大自然为自己服务，提高物质文化生活水平；另一方面，人毕竟是大自然的一员，其一切活动都不能违背自然生态系统的规律，都受到自然条件的约束和调节。因此，人类违背自然规律，破坏自然环境的一切活动，都将受到自然的报复和惩罚。

2．脆弱性

复合生态系统的自然子系统是为人类生产提供资源的，随着科学技术的进步，在量与质方面正在不断扩大，但是复合生态系统的承受能力是有限度的。例如，矿产资源属于非再生资源，不可能永续利用；生物资源是再生资源，但在提高周转率和大量繁殖中，亦受到时空因素及开发方式的限制。生态学的基本规律要求系统在结构上要协调，功能方面要在平衡基础上进行不停顿的代谢与再生，违背生态规律的生产管理方式将给自然环境造成严重的负担和损害。

3．可塑性

复合生态系统是可以改变的。人类的历史实际是改造世界的历史，改造的不仅是自然环境，同时也创造了人类社会，创造了繁荣的经济。因此在一定的范围内，复合生态系统需要人类的作用，并使其不断完善，但人类活动的作用量要受到限制，以免过分行为造成不可恢复的后果。

4．高产性

人类社会的经济活动，涉及生产与加工、运输及供销。生产与加工所需的物质与能源依赖自然环境供给；消费后的剩余物质又返回给自然界，通过自然环境中物理的、化学的与生物的再生过程，再次供给人类生产、生活的需要。复合生态系统的生产量是惊人的，如果利用的好，可以持续为人类服务，如果利用不当，就会造成不可挽回的损失。

5．地域性

复合生态系统的地域性表现在自然生态的地域性、经济发展的地域性和社会进步程度的地域性。在进行区域环境规划时，必须充分考虑这一点，研究区域的地域特征，探索区域社会、经济、环境间存在的地域性差异，有针对性地确定规划目标和规划方案。

6．综合性

复合生态系统的三个子系统之间具有互为因果的制约与互补关系。稳定的经济发展需要有持续的自然资源供给、良好的工作环境和不断的技术更新。大规模的经济活动必须依赖于高效的社会组织、合理的社会政策；反过来，经济的振兴必然会促进社会的发展，增加社会积累，提高人类的物质和精神生活，促进社会对自然环境的保护和改善。

环境保护是我国经济生活中的重要组成部分，它与经济、社会活动有着密切联系，必须将环境保护纳入国民经济和社会发展规划之中，进行综合平衡，才能得以顺利进行。而环境规划就是环境保护的行动计划，为了便于纳入国民经济和社会发展规划，有必要对环境保护的目标、指标、项目和资金等方面做科学论证和精心规划。而且在规划过程中必须掌握复合生态系统的特征，并自觉采取相应的对策措施，以便制定的环境规划能达到其目的，发挥其作用。

（四）复合生态系统与环境规划的关系

环境规划是为使环境与经济、社会协调发展而对自身活动和环境所做的合理安排。它具有整体性、综合性、区域性、动态性以及信息密集和政策性强等基本特征。它们与复合生态系统的结构和功能相呼应，是进行环境规划首先必须掌握的知识。

1．复合生态系统是环境规划的基础

自然环境是环境演变的基础，也是人类生存发展的重要条件，它制约着自然过程和人类活动的方式和程度。自然环境的结构、特点不同，人类利用自然发展生产的方向、方式和程度也有明显的差异；人类活动对环境的影响方式和程度以及环境对于人类活动的适应能力、对污染物的降解能力也随之不同。同时，现代科学技术的发展，人类能够在很大程度上改造自然，改变原来自然环境的某些特征，形成新的环境。现代环境是在自然环境的基础上叠加了社会环境的影响，形成了不同于自然环境的演化方向。因而必须综合研究区域的复合生态系统，研究区域的特征和差异，因地制宜地编制环境规划，使编制出来的规划能充分体现地方特色，符合当地社会经济发展规律，有利于当地环境质量状况的实质性改观。

在编制环境规划的过程中，无论是信息的收集、储存、识别和核定，功能区的划分，评价指标体系的建立，环境问题的识别，未来趋势的预测，方案对策的制定，环境影响的技术经济模拟，多目标方案的评选等，都与复合生态系统的功能密不可分。

环境规划实质上是一种克服人类经济社会活动盲目性和主观随意性的科学决策活动。它的基本任务一是依据有限环境资源及其承载能力，对人们的经济和社会活动进行约束，以便调控人类自身的活动，协调人与自然的关系；二是根据经

济和社会发展以及人民生活水平提高对环境越来越高的要求，对环境的保护与建设活动作出时间和空间的安排和部署。

因此，环境规划要以经济和社会发展的要求为基础，针对现状分析和趋势预测中的主要环境问题，通过对相关资源和能源的输入、转换、分配、使用和污染全过程的分析，确定主要污染物的总量及发展趋势；弄清制约社会经济发展的主要环境资源要素，结合环境承载力分析，从经济—社会—发展复合生态系统的结构、特性、规模与发展速度的角度协调与环境的关系；提出相应的协调因子，反馈给复合生态系统，并针对这些协调因子的实现，从政策和管理方面提出建议，同时归纳出环境治理措施和战略目标。

区域环境规划应该依据宏观层次的环境保护总体战略，将着眼点放在探求区域社会经济发展与环境保护相协调的具体途径上，遵循复合生态系统的运行规律，根据不同功能区的环境要求，从环境资源的空间入手，合理进行资源配置，使环境资源的开发、利用与保护并举。调整区域生产力布局、产业结构投资方向、生产技术水平和污染控制技术水平，并将相应的协调因子反馈给经济和社会子系统，以减少排污量，减轻环境压力或调整环境总量目标。

在复合生态系统中，社会、经济、自然三个子系统是互相联系、互相制约的，且总是在不断地动态发展之中。因此，环境规划必须考虑到社会和经济的发展方向及发展速度。如果随着社会和经济发展速度的调整而环境规划未能做出相应调整，那么环境规划由于与实际情况相差太远，本身将失去意义，从而影响到规划目标的顺利实现。

2. 环境规划影响复合生态系统的功能

人类活动对复合生态系统的任何一个子系统，任何一个功能都会造成影响，都将干扰系统的运行机制及状态，进而破坏复合生态系统。环境规划的目的就是解决当前社会—经济—自然复合生态系统内部存在的四个主要矛盾。

① 科学的日益发达，人们急剧地开发自然资源，同时也急剧地改变着大气、水体、气候和食物的成分等，很可能会反过来威胁着人类的生存和发展。而合理的环境规划可以解决人类生活对自然生态环境条件的相对稳定性要求与当前自然生态环境急剧变化的矛盾。

② 人类可以在短期内高峡出平湖，良田建工厂，荒野起新城。但是，生态环境一经破坏，改变了原来的相对稳定性，就很难预测这种改变会带来什么后果，就很难恢复和建立新的平衡。而环境规划就能从控制人类改变自然环境速度下手，为自然环境恢复和调节提供时间。

③ 地球上的资源是有限的，而随着科学技术日益进步，开采和利用的速度是惊人的。如不考虑节约不可再生资源和合理利用可再生资源，势必有朝一日会造

成资源的枯竭。环境规划可以根据地球上蕴藏资源的数量，规划开采的强度，增加产业调整，提高寻找替代品的速度，有效地解决资源有限性与人类需要无限性之间的矛盾。

④ 人口的激增，带来了一系列问题，如土地减少、生态压力增加、环境质量恶化等。由此可见，作为具有促进环境与经济、社会协调发展，保障环境保护活动纳入经济和社会发展规划，合理分配排污削减量，有效地获取环境效益，指导各种环境保护活动的环境规划是非常必要和重要的。环境规划应从社会、经济、自然三个子系统的结构和功能入手，探索各子系统之间相关联的方式、范围及紧密程度，改善复合生态系统的运行机制，保证社会、经济、自然三个子系统之间的良性循环，以达到环境规划的最终目标，实现可持续发展。

科学技术的发展促使人类生态不断由低级向高级发展，大大促进了人类健康的福利。然而，由于不合理地利用自然资源和管理不善，人类活动对自然生态系统的干扰在不断加剧，社会、经济的发展引起环境质量下降和生态退化，最终影响人类自身的生活、健康和福利。也就是说，许多的环境问题都是由社会、经济活动引起的，要处理好这些问题，必须综合考虑经济、社会与环境的协调做好环境规划。

综上所述，社会—经济—自然复合生态系统是环境规划的理论基础。

四、空间结构理论

（一）区位理论简介

区位是指人类行为活动的空间，就是自然地理区位、经济地理区位和交通地理区位在空间地域上有机结合的具体表现。下面通过几个著名的区位理论，来认识空间结构的形成和变化规律。

1. 农业区位理论

农业区位理论的创始人是德国经济学家冯·杜能，他于 1826 年完成了农业区位论专著——《孤立国对农业和国民经济之关系》（以下简称"孤立国"），是世界上第一部关于区位理论的古典名著。

（1）杜能"孤立国"理论的前提条件

① 在"孤立国"中只有一个城市，且位于中心，其他都是农村和农业土地。

② "孤立国"内没有可通航的河流和运河，马车是城市与农村间联系的唯一交通工具。

③ "孤立国"是一天然均质的大平原，各地农业发展的自然条件等都完全相同，宜于植物、作物生长。

④ 农产品的运费和重量与产地到消费市场的距离成正比关系。

⑤ 农业经营者以获取最大经济收益为目的，并根据市场供求关系调整他们的经营品种。

（2）杜能农业区位理论的主要内容

杜能根据其理论前提，认为市场上农产品的销售价格决定农业经营的产品和经营方式；农产品的销售成本为生产成本和运输成本之和；按照杜能理论，"孤立国"中唯一城市是全国各地商品农产品的唯一销售市场，故农产品的市场价格都要由这个城市市场来决定。

根据区位经济分析和区位地租理论，杜能提出六种耕作制度，每种耕作制度构成一个区域，而每个区域都以城市为中心，围绕城市呈同心圆状分布，这就是著名的"杜能圈"空间结构（图1-5）。

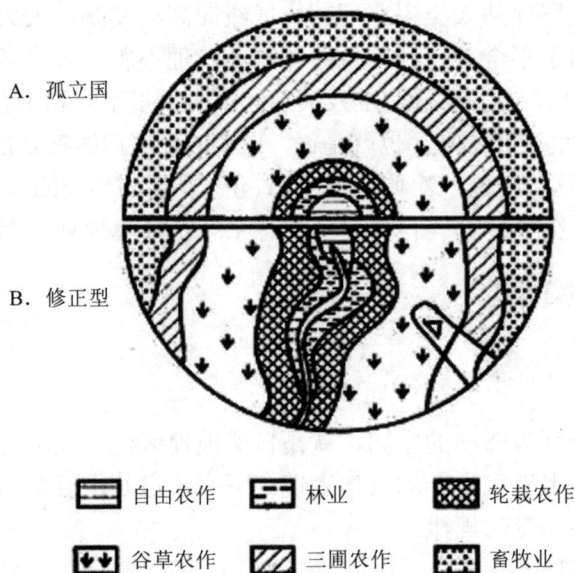

A. 孤立国

B. 修正型

自由农作   林业   轮栽农作

谷草农作   三圃农作   畜牧业

图 1-5 同心圆城市空间结构

第一圈为自由农作区，是距市场最近的一圈，主要生产易腐难运的农产品。

第二圈为林业区。本圈主要生产木材，以解决城市居民所需薪材以及提供建筑和家具所需的木材。

第三圈是谷物轮作区。本圈主要生产粮食。

第四圈是草田轮作区。本圈提供的商品农产品主要为谷物与畜产品。

第五圈为三圃农作制区，即本圈内 1/3 土地用来种黑麦，1/3 土地用来种燕麦，其余 1/3 休闲。

第六圈为放牧区，或叫畜牧业区。

2．工业区位理论

工业区位理论的奠基人是德国经济学家阿尔申尔德·韦伯。其理论的核心就是通过对运输、劳力及集聚因素相互作用的分析和计算，找出工业产品的生产成本最低点，作为配置工业企业的理想区位（图1-6）。

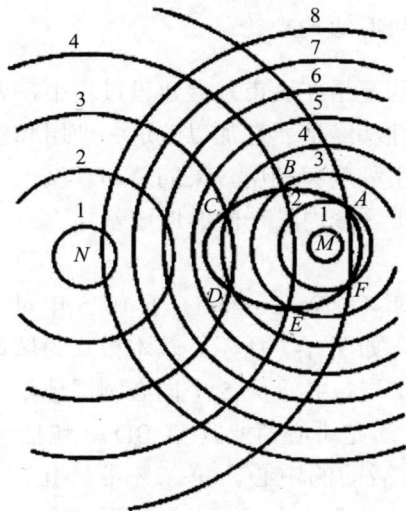

图 1-6　综合等费用线示意图

集聚因素是指促使工业向一定地区集中的因素，又可分为一般集聚因素和特殊集聚因素。生产集聚是一般集聚因素，社会集聚则是特殊集聚因素。"分散因素"与"集中因素"相反，指不利于工业集中到一定区位的因素。因此，一些工厂宁愿离开工业集聚区，搬到或新建在工厂较少的地点去。但前提条件要看集聚给企业带来的利益大还是房地产价格上涨造成的损失大，即取决于集中与分散的比较利益大小。

3．中心地理论

中心地理论是由德国著名的地理学家克里斯塔勒提出的。中心地指相对于一个区域而言的中心点，不是一般泛指的城镇或居民点，是指区域内向其周围地域的居民点居民提供各种货物和服务的中心城市或中心居民点。中心地职能主要以商业、服务业方面的活动为主，同时还包括社会、文化等方面的活动，但不包括中心地制造业方面的活动。一个中心地对周围地区的影响程度被称为中心性或者中心度。需求门槛是指某中心地能维持供应某种商品和劳务所需的最低购买力和服务水平。如果其他条件不变，消费者购买某种商品的数量，取决于他们准备为之付出的实际价格。实际价格是随消费者选择商品提供点的距离远近而变化的。距离越短，交通花费越少，商品的实际价格越低，该商品的需求量也就越大。

就区域内各城镇而言，大城市的商服设施和商品种类向高级发展，多而全；中等规模的城市具有中高级或仅能维持中级水平，服务项目少而不齐全；小城市具有中低或只有低级水平，种类少而不全；一般城镇（县城、建制镇）只有基本生活性商服，水平很低，种类更少。

（二）城市地域空间利用结构理论

城市地域空间利用结构是指在城市发展建设过程中，人们把土地作为生产和生活资料，依据其自然属性和经济属性加以改造、使用和保护的全过程，或者说是土地利用方式、土地利用程度和利用效果的总和。城市土地利用结果反映城市空间的基本结构形态和城市区域内各功能的地域差异。

1. 同心圆结构

同心圆结构是由伯吉斯（E. W. Burgess）于 1925 年对芝加哥城市土地利用空间结构分析后总结出来的，如图 1-7 所示。基本模式为城市各功能用地以中心区为核心，自内向外做环状扩展，共形成 5 个同心圆用地结构。从城市中心向外缘依次顺序为：第一环带（Ⅰ）是中心商业区（CBD），包括大商店、办公楼、剧院、旅馆，是城市社交、文化活动的中心。第二环带（Ⅱ）为过渡地带（Zone of Transition），是围绕市中心商业区与住宅区之间的过渡地带。这里绝大部分是由老式住宅和出租房屋组成，轻工业、批发商业、货仓占据该环带内一半空间，其特征是房屋破旧，居民贫穷，处于贫民窟或近乎贫民窟的境况。第三环带（Ⅲ）是工人住宅区（Zone of Workingmen's Homes），这里租金低，便于乘车往返于市中心，接近工作地，工厂的工人大多在此居住。第四环带（Ⅳ）是高收入阶层住宅区（Zone of Better Residences），散布有高级公寓和花园别墅，居住密度低，生活环境好。第五环带（Ⅴ）为通勤人士住宅区（Commuter's Zone），距中心商业区 30～60 min 乘车距离范围内。

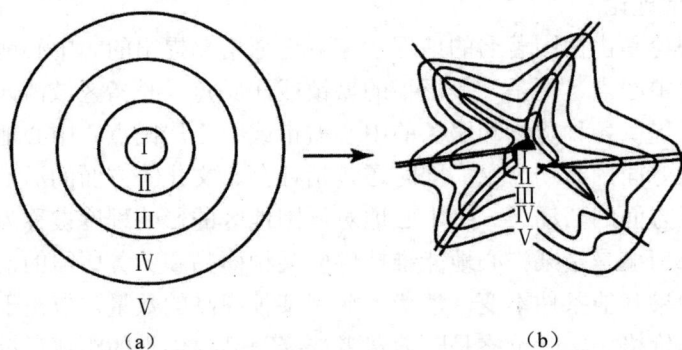

(a)   (b)

图 1-7　同心圆城市空间结构

2. 扇形结构

扇形结构（sector structure）是霍伊特（Homer Hoyt）于 1939 年创立的，如图 1-8 所示。该理论的核心是各类城市用地趋向于沿主要交通线路和沿自然障碍物最少的方向由市中心向市郊呈扇形发展。

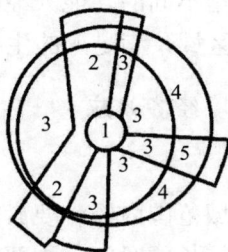

1—中心商业区；2—批发和轻工业区；3—低收入住宅区；
4—中收入住宅区；5—高收入住宅区

图 1-8　扇形土地利用模式

3. 多核心结构

多核心结构最先是由麦肯齐（R. D. Mckenzie）于 1933 年提出的，然后被哈里斯（C. D. Harris）和乌尔曼（E. L. Ullman）于 1954 年加以发展，如图 1-9 所示。该理论强调城市土地利用过程中并非只形成一个商业中心区，而会出现多个商业中心。其中一个主要商业区为城市的核心，其余为次核心。这些中心不断地发挥成长中心的作用，直到城市的中间地带完全被扩充为止。而在城市化过程中，随着城市规模的扩大，新的极核中心又会产生。

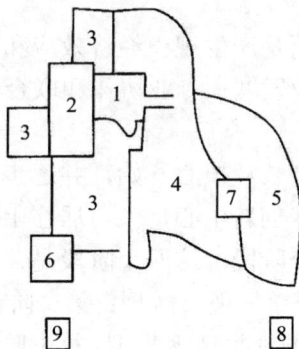

1—中心商业区；2—批发与轻工业区；3—低收入住宅区；4—中收入住宅区；
5—高收入住宅区；6—重工业区；7—卫星商业区；8—近郊住宅区；9—近郊工业区

图 1-9　多核心土地利用模式

多核心理论模式虽然复杂，但仍然基于地租地价理论。支付租金能力高的产业位于城市中心部位，其余是批发业和工业以及高密度的住宅区。

城市空间结构发展一般经历四个阶段，即膨胀阶段（向心环带空间结构，形态为团块状，我国大部分城市发展基本就是此种模式）、市区蔓生阶段、城市向新体系和城市连绵型阶段。并根据不同的功能（经济、能源、交通、市政、商业、文教、卫生和信息网络）划分区域，满足人的生存发展需要。

（三）城市空间结构的环境经济效应

1. 经济发展模式

经济发展模式是指一定地域范围内经济要素的相对区位关系和分布形式。空间结构的调整和改善需要一个较长的时间。主要类型包括：增长极理论；核心—边缘理论；点—轴渐进扩散理论；圈层结构理论。

（1）增长极理论

增长极理论是指增长并非同时出现在所有地方，而是在一些增长点或增长极上出现，然后通过不同的渠道向外扩散，并对整个经济产生不同的影响。增长点发生在富于创新的优势经济元素中，其处于支配地位，具有"推动"作用。

推动型产业的基本特征包括：

①产品需求收入弹性系数高，即产品需求量的增长速度/居民收入的增长速度数值高。

②有较强的技术创新能力。

③产业关联性强，能促进产业综合体的形成。

④生产分布具有高度的空间集中倾向，产品市场广阔。

⑤产业的企业规模比较大。

推动型产业发展的作用是产生规模经济效应和积聚经济效应（生产积聚—人口增加—科技创新—服务业发展—专业协作和联合生产—劳动力平衡）。

（2）核心—边缘理论

核心—边缘理论是指增长从核心开始，并逐步扩展开来。核心指政治、经济权力中心，资金中心，技术创新中心，人口居住中心等。根据工业化程度，各国工业化与城镇化经历了四个阶段，这四个阶段是：第一阶段，工业产值比重小于10%，为前工业化阶段，城镇呈现离散型；第二阶段，工业产值比重处于10%～25%，为工业化初期阶段，城镇呈现聚集型；第三阶段，工业产值比重处于25%～50%，为工业化成熟阶段，城镇又呈现扩散型；第四阶段，工业产值比重大于50%，城镇空间呈现相对均衡型。其中第三、第四阶段是目前全球城镇化的基本特征。

（3）点—轴渐进扩散理论

由于资金有限，要开发和建设一个地区不能面上铺开，而是集中建设一个或几个据点，然后逐渐辐射扩展。如我国的"一环""一岛""一湾""三个三角"（长江三角洲、珠江三角洲、闽东南三角洲）就属于这种类型的典范。在开发轴的选择上可以由以下几点考虑：

① 是否是经济核心区和发达的城市工业带。

② 是否是水陆交通干线。

③ 是否是自然条件优越、建设用地条件好、农业发展水平较高的地带。

④ 是否是资源丰富的地带，尤其是水资源丰富地区等。

（4）圈层结构理论

从城市中心开始划分，分为建成区、郊区、农村。圈意味着"向心性"。层意味着"层次分异"。每一城镇有其势力范围，但随着距离的增大作用力不断减小，各圈会出现交错重叠。一般把圈分为三个——内圈层、中圈层和外圈层。内圈层为城市核心区，以第三产业为主；中圈层为中间区、工业区或半工半农区；外圈层以农业、林业、草地为主。

2．环境经济效应

（1）企业的集聚效应

所谓"集聚效应"是指企业因集聚生存而导致的群体竞争优势的增强。集聚使企业间形成合作，扩大了企业利用外部资源的边界，增强彼此的市场竞争地位，形成相互依赖、互为客户的生态关系。利于企业间技术、产品和信息交流，便于统一的环境管理和污染治理，产生巨大的环境经济效益。

（2）功能区邻近效应

功能区邻近效应指相邻的区域由于自然的连续性或经济社会发展的同一性，使它们之间相互依存、相互影响和互为作用的关系。在进行环境规划时必须充分考虑区域间自然形成的相互联系，使规划成为一个整体，便于实施和目标的实现。

（3）城市设施间的协调效应

城市设施间的协调效应指城市区域间繁荣市政公用设施（交通、电力、给排水、供热、防火）、生产和经营设施（工业、商业、服务业、农业）、社会设施（文教、卫生、科研、环保、绿化）等的相互协调，利用规划，通过合理布局，可以充分发挥城市设施的效能，减少投资，提高效率。

（4）土地利用密度效应

土地集约利用的概念最早来自李嘉图等古典经济学家在地租理论中对农业用地的研究，是指在一定面积土地上，集中投入较多的生产资料和劳动，使用先进的技术和管理方法，以求在较小面积土地上获取高额收入的一种农业经营方式。目前土地的集约利用更多地关注城市的土地利用。土地利用的集约程度从中心至外围逐渐降低（杜能的地租理论），现阶段城市土地利用紧密结合产业结构调整的步伐，可以利用级差地租提升产业对城市土地的投资力度。

（5）时间的经济效应

时间的经济效应指通过节约时间，提高效率带来的经济效应。对于目前工作的高效率、快节奏，促进了经济的快速发展，同时也带来了工作的压力和身体的不适。

（6）合理配置及对外联系效应

目前我国推行的政策是"对外开放"，也就是说通过各种有效途径加强国内与国际、省内与省外、沿海与内地、东部与西部等的联系，互通有无，各自利用自身优势，通过相互作用和补充，促进自身的快速发展。

（7）城市空间结构的集聚规模经济

集聚规模经济是指产出和投入随经济规模而发生变化的一种经济现象。区域规模经济可以用下列表达式加以说明：

$$H = f（ISE、LSE、USE）\tag{1-2}$$

式中：H —— 区域规模经济；

ISE —— 企业内部规模经济；

LSE —— 布局规模系数；

USE —— 城市化规模系数。

集聚规模扩大初期，由于降低了成本，加强了联系，规模经济效益显著，但如果人口过多，经济活动和土地利用过分密集，使交通、地租成本过高，生态恶化，出现规模不经济现象。

任务4 专题规划概述

一、水环境规划简介

（一）水环境规划的概念

水环境规划是对某一时期内的水环境保护目标和措施所作出的统筹安排和设计。其目的是在发展经济的同时保护好水环境，合理地开发和利用水资源，充分地发挥水体的多功能用途，在达到水环境目标的基础上，寻求最小（或较小）的经济代价或最大（或较大）的经济效益和环境效益。水环境规划是区域规划和城市规划的重要组成部分，在规划中必须贯彻经济建设与环境保护协调发展的原则。

（二）水环境规划的意义

编制水环境规划的意义主要体现在以下三个方面。

1．控制水环境污染的迫切需要

水是人类赖以生存和发展的最为重要的自然资源之一。随着我国经济社会的发展和城市化进程的加快，水资源浪费与短缺、水污染日益严重的状况已成为制约国民经济可持续发展和影响人民健康的重要因素。因水资源短缺造成众多地区间争水、城乡争水、工农业争水、超采地下水和挤占生态用水等现象时有发生，日趋严重的水污染问题未能得到有效遏制，生态环境日益恶化。通过水环境规划明确水域使用功能并核定水域纳污能力，制定水域排污的总量控制方案，是有效管理和科学保护水资源的前提条件，是经济社会发展对水资源可持续利用的迫切要求。

2．履行《水法》所赋予职能的重要举措

《中华人民共和国水法》确定水行政主管部门负责拟定国家重要江河、湖泊的水功能区划；核定水域的纳污能力，提出水域的限制排污总量意见；对水功能区的水质状况进行监测；建立饮用水水源保护区制度；合理控制地下水开采；注意维持江河的合理流量和湖泊、水库，以及地下水的合理水位，维护水体的自然净化能力的要求；从事水资源开发、利用、节约、保护和防治水害等水事活动，遵守经批准的规划等。为切实履行《水法》赋予的职能，保护水资源，改善生态环境，科学合理地编制水环境规划十分必要。

3．实现社会经济可持续发展的需要

1995 年我国将可持续发展作为国家的基本发展战略，在这一战略思想指导下，对各类资源的利用、配置和保护赋予了新的认识和要求。就水资源而言，要求通过水资源的合理开发、利用、配置和保护，既满足当代和本区域对水资源的需求，又不损害后代和其他区域对水资源的需求。水资源的合理规划是实现社会经济可持续发展和水资源永续利用的重要环节。

（三）水环境规划的重点

在确定水环境规划重点时，从以下几个方面重点研究。
① 明确水环境保护的方针和政策；
② 水体分区管理，严格保护水源地；
③ 要充分考虑流域用地与人口增长对水量、水质的影响；

④ 把流域和水资源作为复合生态系统来考虑；

⑤ 注意处理好水环境各种水体的相互关系；

⑥ 注意减免洪涝灾害问题。

（四）水环境规划的类型与层次

根据水环境规划研究的对象，可将其大体分为两大类型，即水污染控制系统规划（或称水质控制规划）和水资源系统规划（或称水资源利用规划）。前者以实现水体功能要求为目标，是水环境规划的基础；后者强调水资源的合理开发利用和水环境保护，以满足国民经济和社会发展的需要为宗旨，是水环境规划的落脚点。

1．水污染控制系统规划

水污染控制系统是由污染物的产生、排出、输送、处理到水体中迁移转化等各种过程和影响因素所组成的系统。从广义上讲，它涉及人类的资源开发、人口规划、经济发展与水环境保护之间的协调问题。从地域上来看，其可在一条河流的整个流域上进行水资源的开发、利用和水污染的综合整治规划，也可在一个小区域（或城市、工业区）内进行水质与污水处理系统，乃至一个具体的污水处理设施的规划、设计和运行。因此，水污染控制系统可因研究问题的范围和性质的不同而异。

水污染控制系统规划是以国家颁布的法规和标准为基本依据，以环境保护科学技术和地区经济发展规划为指导，以区域水污染控制系统的最佳综合效益为总目标，以最佳适用防治技术为对策措施等，统筹考虑污染的发生—减量—排污体制—污水处理—水体质量及其与经济发展、技术改进和加强管理之间的关系，进行系统的调查、监测、评价、预测、模拟和优化决策，寻求整体优化的近期、远期污染控制规划方案。

根据水污染控制系统的特点，一般可将其分为三个层次：流域系统、城市（或区域）系统和单个系统（如废水处理厂系统）。因此，也可将水污染控制系统规划分成三个相互联系的规划层次，即流域水污染控制规划、城市（区域）水污染控制规划和水污染控制设施规划等。

（1）流域水污染控制规划

流域水污染控制规划研究受纳水体（流域、湖泊或水库）所属的流域范围内的水污染防治问题。其主要目的是确定应该达到或维持水体的水质标准；确定流域范围内应控制的主要污染物和主要污染源；依据水体使用功能要求和水环境质量标准，确定各段水体的环境容量，并依次计算出每个污水排放口的污染物最大允许排放量；最后，通过对各种治理方案的技术、经济和效益分析，提出若干个最佳的（或满意的）水污染控制方案供决策者选择。

规划基础资料包括：

① 地图。图上应标明拟做规划的流域范围和河流分段情况。

② 规划范围内水体的水文与水质现状数据。

③ 污染源清单。排入各段水体的污染源一览表，最好以重要程度进行排序，列明各排污口位置、排放方式与污染物排放量及治理现状和规划，有关非点源污染的一般情况。

④ 流域水资源利用规划。查明流域范围内的土地利用规划和经济发展规划等有关的原始规划资料，以及现状用水情况等。

⑤ 流域范围内可考虑采用的水污染控制方法及其技术经济效益和环境效益的资料。

⑥ 有关规划年限（一般可用 20 年、10 年或 5 年等）的要求。

基本内容包括：

① 依据国家有关法规和各种标准，提出水体可能考虑的用途目标和水质控制指标。

② 在费用—效益分析的基础上，确定不同河段的使用目标及水质指标。

③ 列出水质超标或可能超标的河段（或其他水体），并指出超标或可能超标的项目。认定有毒污染物的种类，最后确定应控制的主要污染物。

④ 确定各河段（或其他水体）主要污染物的环境容量。

⑤ 把各河段（或其他水体）的环境容量分配给每个废水排放口。同时，还必须考虑将来可能增加的排污量，上游水质对下游的影响以及非点源污染负荷等因素的影响。并给出一定的安全系数。该分配结果应与区域规划和设施规划相一致。估算各种治理措施的总费用，包括下水道系统，各个点源治理费用，河道整治费用和系统运行费用等。

（2）城市（区域）水污染控制规划

城市（区域）水污染控制规划是对某个城市（或区域）内的污染源提出控制措施，以保证该区域内水污染总量控制目标的实现。城市水污染控制规划应有环境保护、城市建设和工业部门等方面的代表参加制定，应成为地方政府解决当地水污染问题的规划依据。城市水污染控制规划的主要内容如下：

① 确定整个规划年限内拟建的城市和工业废水处理厂、市政下水道、工业企业与水污染控制有关的技术改造或厂内治理设施等的清单。

② 确定与农业、矿业、建筑业和某些工业有关的非点污染源，并提出控制措施。

③ 提出经处理后的废水和污泥的处置途径和方法。

④ 估算实现规划所需的费用，并制定实施规划的进度表。

⑤ 建立执行规划的管理系统。

（3）水污染控制设施规划

水污染控制设施规划是对某个具体的水污染控制系统，如一个污水处理厂及与其有关的下水道系统作出建设规划。该规划应在充分考虑经济、社会和环境诸因素的基础上，寻求投资少、效益大的建设方案。水污染控制设施规划一般包括以下几个方面：

① 关于拟建设施的可行性报告，包括要解决的环境问题及其影响，对流域和区域规划的要求等。

② 说明拟建设施与现有设施的关系，以及现有设施的基本情况。

③ 第一期工程初步设计、费用估算和执行进度表。可能的分阶段发展、扩建和其他变化及其相应的费用。

④ 对被推荐的方案和其他可选方案的费用—效益分析。

⑤ 对被推荐方案的环境影响评价，其中应包括是否符合有关的法规、标准和控制指标，设施建成后对受纳水体水质的影响等。

⑥ 当地有关部门、专家和公众代表的评议，并经地方主管机构批准。

2. 水资源系统规划

水资源系统是以水为主体构成的一种特定的系统，是一个由相互联系、相互制约及相互作用的若干水资源、工程单元和管理技术单元所组成的有机体。水资源系统规划是指应用系统分析的方法和原理，在某区域内为水资源的开发利用和水患的防治所制订的总体措施、计划与安排。它的基本任务是：根据国家或地区的经济发展计划，改善生态环境要求，以及各行各业对水资源的需求，结合区域内水资源的条件和特点，选定规划目标，拟订合理开发利用方案，提出工程规模和开发程序方案。它将作为区域内各项水工程设计的基础和编制国家水利建设长远计划的依据。

根据水资源系统规划的不同范围，可分为以下三个层次。

（1）流域水资源规划

流域水资源规划是以整个江河流域为对象的水资源规划。对于大的江河流域规划，涉及国民经济发展、地区开发、自然环境、社会福利和国防等各方面，需要开发整治的项目繁多，包括防洪、排涝、灌溉、发电、航运、工业和城市供水、养殖、旅游、环境改善和水土保持等。因此，水资源规划的任务就在于统筹兼顾、合理安排，从整体上制定流域开发治理的战略方案、步骤和某些关键性措施，以达到协调自然和社会之间的矛盾，并满足各部门的要求。对于中小河流规划，多以服务于农业发展为主要对象，包括制定地表水与地下水的联合利用、水土资源平衡以及灌溉、排涝、水土保持和生态环境等有关的统筹规划。对属于大江大河支流的中小河流，其规划应与整个河流总体规划相一致。

（2）地区水资源规划

地区水资源规划是以行政区或经济区为对象的水资源规划。依据地区范围的大小、特点、经济发展方向以及对水资源开发治理的要求，或以防洪、灌溉、排水为重点，或以工业和城市供水、改善地区水患、航运或环境为重点，或以水力发电为重点，或兼而有之。规划的基本内容，根据不同情况，大致与大江大河或中小河流域规划相类似。

（3）专业水资源规划

专业水资源规划是以流域或地区某项专业任务为对象的水资源规划。例如，流域或地区的防洪规划、水力发电规划、灌溉规划、航运规划以及综合利用枢纽或单项工程的规划等。专业水资源规划通常是在流域或地区规划的基础上进行的，并作为相应规划的组成部分。

二、大气环境规划简介

大气环境规划的目的是平衡和协调某一地区的大气环境与社会、经济之间的关系，达到大气系统功能的最优化，最大限度地发挥大气环境系统的功能。

（一）大气环境系统的组成

大气环境系统分为大气环境过程子系统、大气污染排放子系统、大气污染控制子系统及城市生态子系统等一系列子系统。大气环境系统各部分的组成和相互关系如图 1-10 所示。

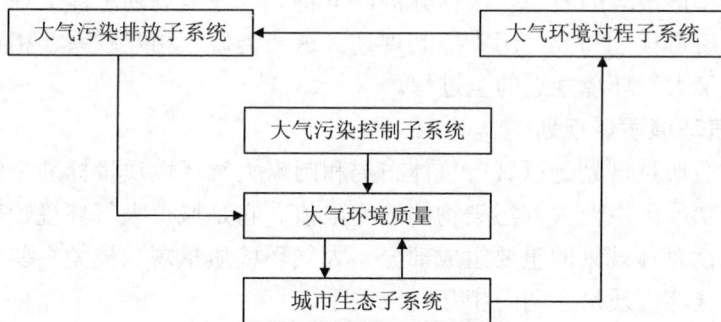

图 1-10　大气环境系统各部分的组成和相互关系

1．大气环境过程子系统

大气环境过程决定污染物在大气中的输送和稀释扩散能力，受人类活动的影响极为有限，主要受自然条件的限制，基本上是一个自然系统。通过实验或历史资料的分析，可以掌握其运动规律，确定对大气过程影响的主要参数等。

2．大气污染排放子系统

大气污染排放子系统主要包括点源、线源和面源。污染物的排放形式直接影响大气环境质量，进而影响城市生态子系统。

3．大气污染控制子系统

城市大气污染的控制不仅是污染源本身的治理，要立足于尽可能通过采用少污染或无污染的工艺或技术，节约燃料或原料，提高装置整体性能等措施减少污染物的产生量。此外，还应把污染源的治理与旨在控制大气污染的城市基础设施的建设结合起来，对城市大气环境进行综合整治。

4．城市生态子系统

城市生态环境的好坏影响大气环境容量的大小，良好的自然生态有利于污染的净化和达到更高的环境要求，同时环境污染又对生态环境产生损害。

制定大气环境规划时，通过建立各子系统之间的关系，充分利用大气的自净能力，对污染源进行控制，以最小的治理费用，使大气环境质量满足保护以人为主体的城市生态系统的需要。

（二）大气环境规划的类型

大气环境过程子系统是一个自然系统，通过对这个系统的研究，可以了解污染物在大气环境中的迁移转化规律。大气污染物排放与控制要一并考虑，才能以最小的费用获得最大的效益。根据分析，可将大气环境规划总体上划分为两类，即大气环境质量规划和大气污染控制规划。这两类规划相互联系、相互影响、相互作用构成了大气环境规划的全过程。

1．大气环境质量规划

大气环境质量规划是以城市总体布局和国家大气环境质量标准为依据，规定了城市不同功能区主要大气污染物的浓度限值。它是城市大气环境管理的基础，也是城市建设总体规划的重要组成部分。大气环境质量规划模型主要是建立污染源排放和大气环境质量之间的相互响应关系。

2．大气污染控制规划

大气污染控制规划是实现大气环境质量规划的技术与管理方案。对于新建或污染较轻的城市，制定大气污染控制规划就是要根据城市的性质、发展规模、工业结构、产品结构、可供利用的资源状况、大气污染最佳适用控制技术及地区大气环境特征，结合城市总体规划中其他专业规划进行合理布局。一方面为城市及其工业的发展提供足够的环境容量；另一方面提出可以实现的大气污染物排放总量控制方案，对于已经受到污染或部分污染的城市，制定大气污染控制规划的目的主要是寻求实现城市大气环境质量规划的简捷、经济和可行的技术方案与管理对策。大气环境污染控制模型是建立在设计气象条件下，污染源排放与大气环境质量的响应关系。设计气象条件是指综合考虑气象条件、环境目标、经济技术水平、污染特点等因素后，确定较不利（以保证率给出）的气象条件。

（三）区域的能流分析

1. 能流分析的必要性

在生态系统中，能源指自然能和辅助能两大部分。自然能主要指生物能、太阳能、风能等可再生资源，而更重要的是以矿物燃料为代表的辅助能。在现代社会中，大部分环境问题的产生都与经济发展和能源供求（特别是矿物燃料能源）有着密切的关系，大气污染问题就是一个典型例子。对于不同的一次能源、不同的能源消费过程、不同的技术背景、污染的来源、污染的特征及污染的贡献是不同的。在发展经济和改善人们生活水平的过程中，能源是必不可少的。任何能源在其生产、运输、转换消费过程中，其中的一个或几个阶段都会产生环境影响，需要付出代价。也就是说，在社会经济系统中，存在着：发展经济和提高生活水平→能源消费的增加→大气污染物质产生量的增加→大气污染物质排放量的增加→大气环境质量的恶化，这样一种连锁反应关系，为此有必要了解能流过程。

2. 能流分析的概念

能流分析是大气环境规划的基本方法之一，其主要针对能源的输入、转换、分配和使用的全过程系统分析，以剖析大气污染物的产生、治理、排放规律，找出主要环境问题，找出解决问题的最佳方案。

能流分析的基础是能流网络图，可以采取以用能部门为终端和以用能设施为终端两种形式。而前者更适用于宏观分析（图1-11）。

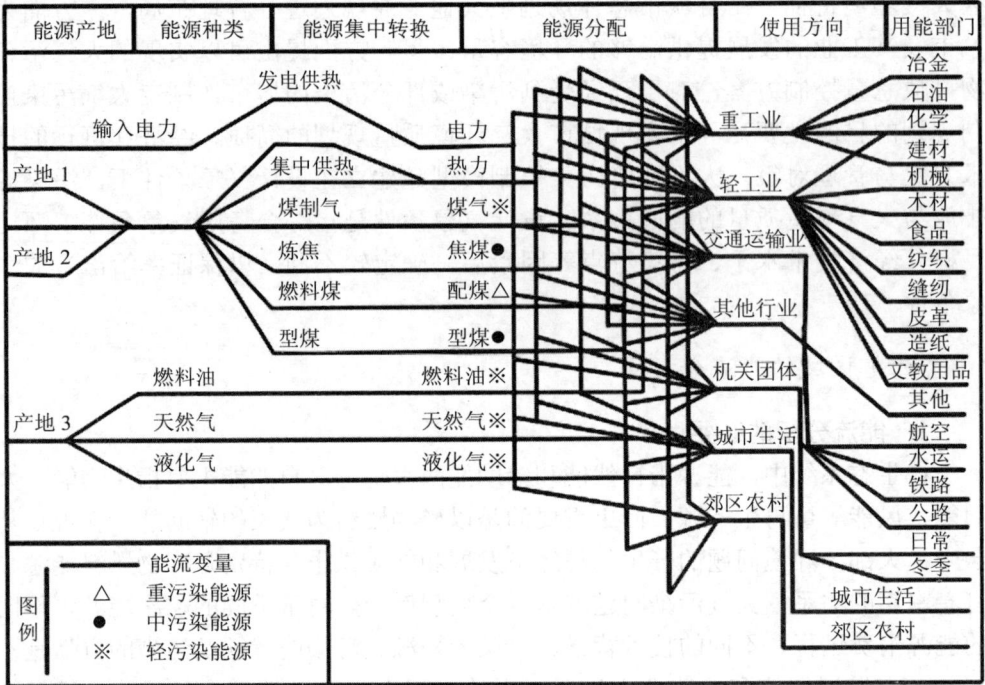

图 1-11 能流分析

3. 能流分析的基本内容

（1）能流过程分析

能流过程主要包括四个过程，即能流输入过程、能流集中转换过程、能流分配过程及终端用能过程。能流输入过程重点分析能源总量、结构和污染物含量；能流集中转换过程重点分析转换能源总量、比例、效率、投资及其环境效益；能流分配过程重点分析能流分配合理性；终端用能过程重点分析总量、结构和对大气环境的危害。

中国的大气污染以煤烟型污染为主，二氧化硫、氮氧化物和烟尘是主要污染物，这同中国以煤为主的能源结构与技术落后密切相关。所以应特别注意分析煤的集中转换过程，其中包括煤—电，煤—热、电，煤—焦、煤气，煤—型煤等过程，其转换的总量、效率、比例关系反映了城市能源利用技术的总体水平，其发展潜力也是环境宏观规划的基础。

（2）能流平衡分析

重点分析能流各阶段输入、输出和流失量之间的平衡关系，包括能量和污染物量两个方面。污染物流失量又包括排放量和治理量，其比例的大小反映了城市能源系统先进程度和对污染的控制能力。

（3）能流过程优化分析

在能流转换效率、排污系数、投资费用系数和经济技术约束等参数的分析基础上，采用数学规划方法建立优化分析模型，主要目的在于合理优化能源分配途径，合理安排能源改造项目，以控制大气污染。

优化分析仍以能流图为基础，但要充分考虑到规划期内可能增加的新的能源形式和转换过程。其中各能流的效率系数和排污系数应充分考虑到各规划期内的科技进步的因素并与费用系数相对应，与详细规划参数相协调。在能流优化分析中，常用的数学规划方法有多目标线性规划和目标规划，利用这些方法除可以直接得到城市优化的能流规划方案外，更重要的是可以建立起目标间的相互关系，为决策提供重要依据。

三、土地资源保护规划简介

（一）土地相关的定义

1．土地

土地是地球表面地质、地貌、水文、土壤、植被等自然要素相互作用的历史产物，是一种复杂的带有人类活动烙印的自然综合体。由于组成"土地"的各种自然要素的综合特征以及受人类活动的影响程度互有差异，所以便形成了一系列互不相同，各具特色的"土地"。

2．土地资源

土地资源是指能够满足或即将满足人类当前和可预见的将来利用需要的土地。与土地的概念相比较，土地资源所指的范围较窄，更强调土地在人类生产活动中所具有的价值。显然，土地资源所指的范围是一直在变化的，它是一个动态的概念。随着人类认识的深化和生产力的提高，土地资源所包含的范围将来可能会更广，内容可能会更丰富。另外，土地资源不是脱离生产实际而存在的抽象研究对象，是在不同时间内可为人类利用的劳动对象和生产资料。

3．土地利用

土地利用是人类通过一定的活动，利用土地的特性来满足自身需要的过程，是某一国家、某一地区、某一单位的土地在社会需要的不同方向上，在国民经济各个不同的部门之间、各个项目上的分配和使用。

4．土地开发与退化

（1）土地开发

土地开发是指人类采取积极的手段，扩大土地的有效利用范围或提高土地利用深度，以满足对土地不断增加的需求。土地开发包括两层含义：一是对尚未被人类利用的土地进行人力、物力的投入，使其进入人类的生产和生活范围，以期获得人类所需的过程；二是对已利用的土地进行新的投入，以达到提高土地利用效率，增加产出的过程。

（2）土地退化

土地退化是指由于某些构成土地的自然要素性状发生了不利于维持原有生产能力的变化，从而引起了土地生产能力的持续下降甚至丧失。土地退化大致可分为水土流失、荒漠化、盐碱化、土地污染和废弃地等类型，其中最主要的是前面四种。

由于土地生产能力的维持和提高与土地众多的自然因素有关，因此，土地退化的原因也是多种多样的。总的来说可分为两种：自然原因和人为原因。自然原因主要有荒漠化、盐碱化和自然灾害等，其中自然灾害并不必然导致土地退化。人为原因则有过垦、过牧、过度砍伐、土地污染和过量取土等。

（二）土地资源保护规划的意义、原则与类型

农业生产对土地资源的利用从本质上讲是对各类土地生态系统生产能力的综合利用，如农田生态系统、森林生态系统、草地生态系统等。生态系统与外部正常的物质与能量交换及其内部正常有序的物质流动和能量转换，是系统生产能力赖以维持的基础。在外界物质与能量输入出现正常波动的情况下，生态系统通过自我调节，尚具有自我恢复的能力。而一旦人类活动过度地干扰了生态系统的物质循环与能量转换时，土地的整体生产能力将有可能出现不可自然逆转的下降。因此，土地利用与土地保护应当是从一开始就结合起来进行的。在人类对土地进行大规模、高强度利用的今天，土地资源的保护工作有必要从区域的整体出发，有计划、有步骤地进行。

1. 土地资源保护规划的意义

土地资源保护规划是指运用土地生态学的基本原理，通过确定区域土地资源保护的目标、制定保护方案和确定实施方案的措施，对区域土地资源的保护进行统一的安排和部署，以使土地在一定时期内得以充分、科学、合理和有效地利用，保护土地生态经济系统的良性循环，获得系统的最佳结构和功能。

（1）土地资源保护规划能为土地利用创造良好的生态经济环境

充分利用自然规律，用有限的投入换取最大的产出，对开发的资源进行最全面有效地利用是人类的美好愿望。通过土地资源保护规划，限制对重要土地的占用，维护和改善土地资源生态环境质量，有利于充分发挥每块土地的生态功能，提高土地整体产出的数量和质量，从而获得更好的土地利用经济效益。

（2）土地资源保护规划是实现土地资源可持续利用的有效手段

土地资源的可持续利用的最基本要求就是土地资源的生态可持续利用。通过实施土地资源保护规划，有计划地消除土地利用中的不合理行为，对重要的土地进行严格保护，对被破坏的土地资源采取生物、工程等改良措施，都会对区域土地资源生态系统的自我调节和恢复产生积极的促进作用，从而保持土地资源的可持续利用。

（3）土地资源保护规划能为人们创造良好的社会效益

作为区域环境保护规划的重要组成部分，土地资源保护规划与人类生存是紧密相连的。一方面，保护土地资源不被盲目占用和破坏，关系到国家的粮食自给、关系到人们生活水平的提高和全社会稳定；另一方面，良好的土地质量，能为人们提供丰富和安全健康的农产品。

2．土地资源保护规划的原则

（1）综合保护的原则

土地资源保护规划必须坚持标本兼治、综合保护的原则。即使进行专项土地资源保护规划（如基本农田保护规划、林地保护规划等），在工作过程中也必须有全局的眼光，将规划的对象放到区域土地资源的全局中去考虑，将专项规划作为区域土地资源综合保护的一部分来进行。

（2）连续保护的原则

土地利用是一种承前启后的连续的社会行为，土地利用现状是过去土地利用历史积累的结果，今天的土地利用方式必将对明天产生重要的影响。因此，土地资源保护也绝不是一朝一夕的事情，土地利用的连续性，要求土地资源保护必须具有前瞻性，必须跟上土地利用的发展步伐，防患土地破坏于未然，走持续保护的道路。

（3）因地制宜的原则

土地利用具有很强的区域性。各地的自然条件、社会经济条件是有差异的，土地资源保护方面存在的问题也各不一样。坚持因地制宜的原则，使土地保护更具有针对性，并采取适合于地方特点的保护措施，充分发挥地方的优势条件，才有利于土地资源保护规划目标的实现。

（4）生态效益与社会经济效益相结合的原则

土地资源的保护是一种社会经济行为，是一项投资，在进行土地资源保护规划时必须考虑地方的经济实力，量力而行。同时还要考虑规划中的工程措施的经济合理性。

3．土地资源保护规划的类型

（1）按土地资源利用规划的性质分类

① 土地资源利用总体规划。土地资源利用总体规划是土地规划体系中重要的

组成部分，在土地管理中具有重要作用。编制土地资源利用总体规划是各级人民政府的重要任务。土地资源利用总体规划是按照国家行政管理体系编制，分为全国、省、市、县和乡五级，上一级规划是下一级规划的依据和控制条件，下一级规划是上一级规划的具体体现和反馈。

② 土地资源利用专项规划。土地资源利用专项规划是为特定的目的而制定的部门或跨行政区域界线的区域综合性规划或单项规划。它以土地资源的开发、利用、整治和保护为主要内容，是土地资源利用总体规划的深化、继续和补充。

（2）按规划时间期限分类

按规划时间期限可分为长期、中期和短期规划。土地资源利用长期规划一般属于战略性规划，年限一般为 10 年或 20 年。中期、短期规划多属过渡性规划，是长期规划的深化和补充，是从宏观向微观过渡的规划，是长期规划的实施。

（3）按空间范围分类

① 区域性土地资源利用规划。一般在一个行政区、自然区和经济区范围内进行，按自然区或经济区进行的土地利用规划也有不同级别。

② 城乡土地资源利用规划。城乡土地资源利用规划是在城镇市区或乡村范围内进行土地组织的综合性措施。该规划应用的比例尺大，落实到地块，规划内容具体，甚至要达到规划设计水平。

四、小城镇环境规划简介

提高城镇化发展水平，是我国"十二五"期间乃至更长时期内的一项国家重要发展战略。为了实现城镇的可持续发展，城镇的社会经济发展必须要与环境保护相协调，而实现这一目标的重要手段之一就是在制定城镇总体规划的同时，制定和实施城镇环境规划。

（一）城镇化

城镇（或指小城镇）一般是指建制镇镇政府所在地，具备一定的人口、工业和商业的聚集规模，是当地农村社区的政治、经济和文化中心，并具有较强的辐射能力。

城镇化的定义与城市化的定义基本相类似，是指农村向城镇逐步转换的过程。城镇化的重点是建立并发展经济基础比较好的县城和中心镇，而城市化的重点是建立并发展各方面条件比较好的大中城市。

（二）城镇化的作用和意义

城镇化和城市化是经济社会发展的必然结果。从世界各国的城市化发展趋势看，一方面，农村人口不断涌向城镇，造成城镇规模的不断扩展；另一方面，从集中趋势向分散趋势的倾向越来越明显，发达国家尤其如此。随着制造工业的衰落、聚集的不经济、产业活动的转移、农村和小城镇地区交通条件的改善，以及居民对环境质量要求的提高，使得大城市中心区的吸引力不断下降，导致经济活动和人口持续由城市中心向外围、由大城市向中小城市迁移和扩散。

随着社会的不断进步和经济的不断发展，城镇的规模不断扩大，城镇化的进程日益加快。城镇在国民经济和社会发展中占有举足轻重的地位。随着农村非农经济的快速发展，小城镇迅速崛起，成为带动农村经济繁荣和推动城镇化进程的重要力量，发挥着农村区域性经济、文化及各种社会化服务中心的作用。

（三）小城镇环境的特点

1. 环境容量大，自然净化能力强

虽然小城镇环境空间不大，但由于分布较分散，通常都有一个适宜的空间距离，尤其是在古代驿站基础上发展起来的一些小城镇，间距大体为 40 km。有的边境县份相邻城镇间距达 140 km，比工业卫生防护距离 1 000 m 的一级标准要大得多，其开阔的原野就是容纳和降解污染物的自然防护地带。另外，城镇内的建筑物数量较少，高度较低，有利于大气污染物的扩散。而且城镇生态系统倒金字塔结构不明显，自然生态系统的食物链比较完整，很少出现断链现象。

2. 环境污染物种类少，绝对排放量小，易于治理

绝大多数小城镇现代工业门类比较单一，企业规模小，污染物种类有限，绝对排放量不大，污染物中难降解的成分比重小，污染物间的协同作用不明显，所以环境污染的治理容易取得成效。

3. 人类活动对环境的影响相对较弱

除少数地区由于基础条件比较好、小城镇经济发展较快外，绝大多数小城镇由于长期处于封闭或半封闭的经济环境，产业结构相对稳定，经济基础薄弱，建设速度缓慢，因此对环境的影响无论在广度上还是深度上，都较城市要弱得多。另外，小城镇人口数量相对较少，人类活动对环境的总体影响不大。

（四）小城镇发展中的主要环境问题

1. 基础设施建设跟不上，总体环境质量差

中国的小城镇大部分具有悠久的历史，这些古老的城镇本来基础设施就不完善，加之近十几年来规模迅速扩大，新的基础设施建设跟不上去，原有的设施又年久失修，造成许多城镇缺水、少电、涝渍、脏乱，整体环境质量较差；还有许多小城镇是近十多年随着经济的发展在原乡、镇的基础上发展起来的；也有少量

小城镇是因大型工、矿企业的建立平地而起，这类小城镇原有的基础设施条件差，近几十年突然发迹，忙于发展生产和盖房造楼，忽视了基础设施建设。

2．原生环境遭到严重侵害

不可避免的建设和开发活动使小城镇原有的秩序被打破。由于新建建筑从数量上、使用上、材料上、施工工艺上，关键是营建思想上都未遵守原有秩序，使原生环境与派生环境格格不入，导致环境质量下降。

3．市政设施的不完善与水环境污染

绝大多数小城镇的排水工程简陋，系统极不完善，几乎没有污水处理设施，生产和生活废水直接排入天然水体，加之含有化学农药的农业废水量大，地表水体污染和地下水污染现象普遍存在。此外，对相当一部分的小城镇来说，水资源问题还反映在水资源的短缺和贫乏上，供需矛盾十分尖锐。

4．面临大城市环境污染转嫁的危险

在产业结构调整与整治城市环境过程中，一些大中城市为摆脱环境污染造成的困境，将其某些污染严重和难以治理的企业或部分产品的生产，迁移到邻近的小城镇。另外，不少城镇为了积极争取外部投资，迅速发展地方工业或实现联合生产，以求尽快改变其落后的经济状况，往往不加选择地引进投资，甚至置陈旧的设备和落后的生产工艺于不顾。这种单纯的经济发展观点破坏了小城镇生态环境的自然平衡，使小城镇的环境质量退化。

5．环境监测和管理工作落后

不少小城镇由于思想认识、经济与技术等原因，环境监测队伍势单力薄，监测仪器和经费不足，站点少且覆盖面小，常规性的环境监督和管理工作开展不力。

6．资源破坏和浪费现象普遍

资源是经济开发的物质基础，小城镇的发展不可能像大城市那样长距离地调运原材料，而是需要以开发当地资源为主，因此资源利用的整体性和永续性至关重要。但因规划工作不足，以及指导思想等方面因素的影响，资源破坏和浪费现象严重。

（五）小城镇环境规划的指导思想与基本原则

1．小城镇环境规划的指导思想

① 贯彻可持续发展战略，根据当地生态环境的特点、环境容量和生态承载力，探索通过保护资源、环境使之可持续利用，促进经济持续发展与环境保护、生态建设的协调，实现经济发展与环境保护的"双赢"。

② 坚持环境与发展综合决策，努力解决小城镇建设与发展中的生态环境问题。

③ 坚持以人为本，以创造良好的人居环境为中心，加强城镇生态环境综合整

治，努力改善城镇生态环境质量，促进小城镇健康发展。

2．小城镇环境规划的基本原则

① 坚持环境建设、经济建设、城镇建设同步规划、同步实施、同步发展的方针，实现环境效益、经济效益、社会效益的统一。

② 实事求是，因地制宜。针对小城镇所处的特殊地理位置、环境特征、功能定位，正确处理经济发展同人口、资源、环境的关系，合理确定小城镇产业结构和发展规模。

③ 坚持城镇环境基础设施建设优先的原则。

④ 坚持污染防治与生态环境保护并重、生态环境保护与生态环境建设并举。预防为主、保护优先，坚持污染防治与生态环境保护统一规划、同步实施，努力实现城乡环境保护一体化。

⑤ 坚持小城镇环境规划服从区域、流域的环境规划。注意环境规划与其他专业规划的相互衔接、补充和完善，充分发挥其在环境管理方面的综合协调作用。

⑥ 突出重点，统筹兼顾。以镇区环境综合整治和环境建设为重点，兼顾镇域农业面源污染和农村居民生活污染防治；既要满足当代经济和社会发展的需要，又要为后代预留可持续发展空间。

⑦ 坚持将城镇传统风貌与城镇现代化建设相结合，自然景观与历史文化名胜古迹保护相结合，因地制宜地进行生态环境保护和生态环境建设。

⑧ 坚持科学性、前瞻性与实用性和可操作性的有机统一。既要立足当前实际，使规划具有可操作性，又要充分考虑发展的需要，使规划具有一定的超前性。

（六）小城镇环境规划的目的与作用

1．小城镇环境规划的目的

小城镇环境规划的目的在于调控人类自身的活动，减少污染，防止资源破坏，从而保护人类赖以生存的环境。通过小城镇环境规划的制定，可以协调小城镇社会经济发展与生态环境保护的关系，强化对小城镇环境的宏观控制和管理，解决好小城镇企业与环境污染的问题，保护农、林、牧、副、渔生态环境和自然生态环境，使自然资源得到合理开发和永续利用，实现小城镇生态环境效益和经济效益、社会效益的协调统一。

2．小城镇环境规划的作用

小城镇的环境规划，给人们提供了环境保护的方向和要求，指导小城镇建设和管理活动的开展，对有效实现环境管理起着决定性作用。通过小城镇环境规划，可以约束排污者的行为，以最小的投资获取最佳的效益，促使环境与经济、社会可持续发展。小城镇环境规划是小城镇总体规划的重要篇章，是整个小城镇建设的重要组成部分。

五、城市环境规划简介

18 世纪 60 年代产业革命的发生，使机器大生产取代了手工生产，而工业生产的集中促使了城市化的发展。进入 19 世纪，发达国家的城市化明显加快，村镇向城镇化发展，小城镇向城市化发展，城市人口迅速增长。在随后的几十年间，大多数发达国家经过了城市化的初始阶段、高速发展阶段和成熟阶段。发达国家的城市化水平均在 80% 以上。英国城市人口占总人口比重的 89%。在欧盟，有 78% 的人口生活在城市里。

（一）城市的概念

城市是指有一定区域范围和集聚一定人口的功能极为复杂的地域综合体，是社会经济历史发展过程的产物，是人类社会文明的体现。城市既是一个景观、一片经济空间、一种人口密度，也是一个生活或劳动中心，甚至说，城市是一种氛围、一种特征或者一个灵魂。

城市的确定，各国有各自的确定方法。我国地大、人多，从我国具体情况出发，确定城市一般考虑以下几点：

① 具有县级以上（含县级）行政管辖职能，有明确隶属行政界域范围；

② 辖区内非农业年产值在其年总产值的比重占 70% 以上；

③ 具有成片毗邻的建成区，人口在 20 万以上，且主要应是非农业人口；

④ 符合上述三点可向国务院申请"建市"，但须国务院批准下文后，才能称为"城市"。

（二）城市化及其特征

城市化是指在经济发展过程中人口、社会生产力不断地由农村向城市集中的过程，是社会生产力发展到一定历史时期的必然趋势。

城市从形成到发展的过程中，已走过了早期城市、中世纪城市、近代城市、现代城市等不同的阶段。随着社会生产力的发展，未来的发展方向就是城市化。

城市化的具体特征表现在以下几方面。

1. 城市人口的迅速增加

主要包括原城市人口的自然增长，农村人口、小城镇人口向城市的转移，新兴城市和经济开发区的建立与出现，原城市空间扩大、行政区的调整，周围农村变成了城市的一部分等。

2. 城市规模的急剧扩大和新兴城市的大量出现

目前在世界范围内，城市化的进程已大大加快，如美国大西洋沿岸的纽约、波士顿等城市很早就有较大的工业，后来随着资本主义的发展，生产越来越集中，城市规模越来越大，使得相近城市相连成带、成片，形成以费城—巴尔的摩—华盛顿—纽约—波士顿等相连的大工业地带。又如我国长江三角洲地区，正在逐渐形成以上海为中心，包括苏州、无锡、常州、南京在内的城市群体。还有以某一特大都市为中心，在其周围建立不同层次的城区、开发区、卫星城，被称为城市环。不论是城市环、城市带、城市群的出现，都是城市化进程加速的表现。

3. 城市与乡村之间在生产方式和生活方式的差距正在逐渐缩小

农业生产方式逐渐转向机械化、电气化。农民的生活方式，衣、食、住、行、用等都与城市居民基本相同。从事农业的人口比重逐渐变小，从事工业性生产和服务行业的人数比重占据 70% 以上。这一进程，就是农村城市化。

1978—2012 年我国城镇化进程加快，城市数量由 193 个增加到 658 个，建制镇由 2 173 个增加到 19 881 个，市镇总人口由占全国总人口比重的 17.9%提高到 52.57%，城市面积占全国土地总面积达到 6%，我国国内生产总值的 65.5%、第二产业增加值的 64%和第三产业增加值的 86%都来自城市。

（三）城市的环境问题

城市环境是以城市为研究主体的，它由两部分组成：一部分是自然环境，它包含着城市居民生活和经济发展离不开的大气、水、土壤和动植物，以及各种矿物资源和能源，它是指围绕城市居民周围的各种自然现象的总称，其中包括自然灾害，如地震、洪泛等；另一部分是人为环境，即人类社会为了不断地提高自己的物质文明和精神文明而创造的环境，如人口密度、园林绿化、房屋建筑、交通港口、文化教育等。

1. 我国城市环境状况的改善

随着我国城市化率的不断提高，产生了严重的城市环境问题。我国政府采取一系列综合措施，使城市环境逐步改善，部分城市环境质量有明显改善。从城市环境容量和资源保证能力出发，许多城市制定和实施城市总体规划和城市环境质量按功能区全面达标规划，合理确定城市规模和发展方向，调整城市产业结构和空间布局，逐步优化城市的功能分区。许多大中城市在城区发展中实行"退二进三"的策略，大力调整城市能源结构，积极推广清洁能源和集中供热，减轻燃煤污染。截至 2012 年年底，城市污水处理率达 80%，城市生活垃圾无害化处理率超过 72%，城区清洁能源使用率超过 50%。

全国 500 多个城市开展城市环境综合整治定量考核，对城市环境质量、污染防治工作和城市环境基础设施建设情况进行量化，综合评价城市政府的环保工作。从 1997 年起，按照经济发展、社会进步、设施完善、环境改善的要求，开展创建环境保护模范城市活动。目前，全国共有 100 多个城市（区）在创建环保模范城市，其中 56 个城市和直辖市的 5 个城区已创建成功。国家环境保护模范城市空气质量达到二级或好于二级的天数均大于 80%，城市生活污水处理率大于 70%，生活垃圾无害化处理率大于 80%，城市绿化覆盖率大于 35%，都高于全国平均水平，"蓝天、碧水、绿地、宁静、和谐"已成为环境保护模范城市环境的重要标志。

近年来，国家大力开展城市园林绿化工作，建设国家园林城市，改善人居环境。截至 2012 年年底，全国城市绿化覆盖率为 39.59%，绿地率为 35.72%，人均公共绿地面积为 12.26 m^2。目前，全国已命名国家园林城市 160 个、园林城区 5 个，国家园林县城 51 个。2011—2012 年全国共有 398 个项目获得了"中国人居环境范例奖"。

2．城市环境存在的问题

城市环境问题由两部分组成：一是城市的原生环境问题，它包括各种自然灾害。二是城市的次生环境问题，它包括人类不合理地开发，使自然环境遭到破坏；工业及其他经济活动产生"三废"对城市环境的污染；由于城市规划与建设而导致城市布局上不合理而引起的城市环境问题；由于城市管理不善导致城市市容、环境卫生"脏、乱、差"而引起的城市环境问题等。

（1）城市环境的总体特征

造成城市环境问题的根本原因是人们对环境价值认识不足，缺乏妥善的经济发展规划与城市环境规划。总结来讲，城市环境的总体特征是：

① 人口集中、工业集中、能耗集中、物耗集中、污染集中；

② 自净能力差，生态环境脆弱，容易受到危害；

③ 环境容量有限，基础设施薄弱，处理能力不足；

④ 规划不合理，产业不协调，结构不合理。

（2）城市环境综合整治和规划的重点

城市环境综合整治和规划从以下几个方面入手：

① 改善资源利用方式，合理开发、利用土地资源、水资源及能源等，使资源消耗不对自然环境资源造成超负荷压力。

② 结合经济体制改革，调整不合理的工业布局和结构，通过行政手段及技术改造等措施对污染企业分别实行关、停、并、转，以及改革落后的工艺、设备，逐步实现废物最少化和无害化。

③ 结合城市建设，搞好城市的功能区划，城市绿化，集中采暖和供热，城市公共卫生设施建设以及污水与垃圾集中处理，逐步消除城市环境污染的根源。同

时，对已造成的环境污染与资源破坏，要采取有效措施，使之逐步恢复。

④ 制定环境综合整治总体规划，一是从区域整体出发，统筹考虑城镇与乡村的协调发展；二是调整城市经济结构，转变经济增长方式，发展循环经济；三是统筹安排和合理布局区域基础设施，实现基础设施的区域共享和有效利用；四是把合理划分城市功能、合理布局工业和城市交通作为首要的规划目标。

（四）城市环境规划的含义与目的

城市规划最早开始于 20 世纪 70 年代的英国，随后发展到美国、日本、东欧等。主要做法是确定目标、建立模型、优化方案、实施规划等。我国从 20 世纪 80 年代开始重视城市规划，1990 年 4 月 1 日起施行的《中华人民共和国城市规划法》，使城市规划更加规范。1984 年正式把环境规划纳入城市总体规划，1990 年后城市环境规划得到迅速发展。城市规划的特点是综合性、多目标与目标矛盾性、动态性、不确定性等。进行规划时必须充分考虑这一点。

城市环境规划是对一个城市地区进行环境调查、监测、评价、区划、预测因经济所引起的变化，根据生态学原则提出调整工业部门结构，以及合理安排生产布局为主要内容的保护和改善环境的战略性安排。也就是说，是城市管理者为使城市环境与经济社会协调发展而对自身活动和环境所做的时间上和空间上的合理安排。

城市环境规划的目的在于调控城市中人类自身活动，减少污染，防止资源破坏，从而保护城市居民生活和工作、经济和社会持续稳定发展所依赖的基础——城市环境。通过协调人与自然的关系，使城市居民与自然达到和谐，使经济和社会发展与城市环境保护达到统一。

为了达到城市环境规划的目的要求，城市环境规划必须包括两个方面的内容：第一，要根据保护环境的需要，对城市经济社会活动提出约束要求，如实行正确的城市环保政策和措施，确立合理的生产规模、产业结构和生产力布局，采取有利于城市环境的技术和工艺，停、转、迁出对城市环境有污染的工矿企业等。第二，要根据经济社会发展和城市居民生活水平提高对城市环境越来越高的需求，对城市环境的保护与建设作出长远的安排与部署，如确立长远城市环境质量目标，筹划自然保护区和生态建设项目等。

城市环境规划是一种克服城市经济社会活动的盲目性和主观随意性的科学决策活动，它必须符合城市一定时期内的技术和经济发展水平和支持能力，满足城市居民对环境的要求。因此，城市环境规划是有条件下的最优化，是一种合理的举措。

城市环境规划是实行城市环境目标管理的基本依据，是国家环境保护政策和战略的具体体现，是国民经济和社会发展体系的重要组成部分，是协调人与环境、经济与环境关系的重要手段。

（五）城市环境规划与城市总体规划的关系

城市总体规划是为确定城市性质、规模、发展方向，通过合理利用城市土地、协调城市空间布局和各项市政设施，实现城市经济和社会发展目标而进行的综合部署。城市总体规划侧重于从城市形态设计上落实经济、社会发展目标、环境的保护与建设。

城市环境规划既是城市总体规划中的主要组成部分，又是城市规划中一个独立的专门规划。城市环境规划与城市总体规划互为参照和基础。城市环境规划目标是城市总体规划目标中的一部分，参与城市总体规划目标的综合平衡并纳入其中。由于城市是人与环境、经济与环境矛盾最突出和最尖锐的地方，因而城市总体规划中必须包括城市环境保护这一重要内容。

城市环境规划与城市总体规划的差异在于：城市环境规划主要从保护生产力的第一要素——人的健康出发，以保持或创建清洁、优美、安静、舒适的有利于城市居民生活和工作的城市环境为主要目标，是一种更深、更高层次上的经济和社会发展规划，并含有城市总体规划所不包括的污染源控制和污染治理设施建设和运行等内容。

城市环境规划的制定与实施可以促进城市建设的发展，保障城市功能得到更好发挥，保护城市的特色和城市居民的健康，使城市建设走上健康、文明发展的道路。

（六）城市环境规划的指导思想、基本原则、分类和内容

1. 指导思想

城市环境规划的指导思想是：坚持环境建设、经济建设、城市建设同步规划、同步实施、同步发展，实现经济效益、社会效益、环境效益的统一，促进环境、经济、社会持续、协调地发展。在实现城市经济、社会发展目标的同时实现环境保护目标，使城市环境污染基本得到控制，城市环境质量有所改善，城市环境质量与人民生活小康水平相适应。

2. 基本原则

为贯彻以上指导思想，城市环境规划应遵循以下基本原则：

① 坚持经济与环境协调发展原则，建立相应的协调机制，促进经济与环境走上良性循环轨道。

② 坚持保护城市特色、满足城市功能需求原则，完善功能区划，明确目标，

注重提高生活功能区环境质量，保护好自然与人文景观。

③坚持全面规划、突出重点原则，抓住主要环境问题，突出重点环节和重点污染源，实行全过程控制。

④坚持扬长避短、合理资源配置原则，发挥地区优势，充分利用综合与系统分析技术。合理安排有限资金，使之产生最佳的环境效益。

⑤坚持实事求是、量力而行原则，特别注意分析规划目标的可达性，规划措施的可实施性。在资金与技术水平约束下，坚持循序渐进、持续发展的方针。

⑥坚持强化管理原则，运用法律的、行政的、经济的手段，使规划成为促进和落实"环境管理制度"的基础和先导。

3．规划类型

城市环境规划可分为近期、中期和远期规划，近期为 5 年，中期为 10 年，远期为 10 年以上。规划以近期、中期为主，展望远期。

4．规划内容

城市环境规划以解决城市生态环境问题为重点，内容包括功能区划、生态建设规划、水污染控制规划、大气污染控制规划、固体废物与垃圾处理处置规划、声环境控制规划等。

复习思考题

1. 什么是环境规划，如何理解环境规划的内涵？
2. 环境规划的原则有几点？
3. 环境规划有几个显著特征？
4. 环境规划的主要任务是什么？
5. 分析当前我国环境规划存在的问题和取得进展。
6. 环境规划的主要作用是什么？
7. 环境规划如何按照期限、与经济的辩证关系、环境要素、行政区划、规划性质进行分类？
8. 概括论述我国环境规划取得的进展。
9. 从规划内容区分各类规划，分析各类规划的关系。
10. 描述环境承载力和指标体系。
11. 环境承载力的定义以及与环境容量的区别是什么？
12. 论述可持续发展理论对环境规划的指导意义。
13. 复合生态系统的构成和对环境规划的作用是什么？
14. 论述城市空间结构的类型。
15. 城市空间结构的经济效应有哪些？

16. 分析水环境专项规划的重点内容。
17. 分析大气环境专项规划的内容。
18. 按照能流分析原理，对某电厂进行能流分析，画出能流分析图。
19. 分析土地规划的重点内容。
20. 论述小城镇规划需要解决的主要问题是什么？
21. 论述城市规划的指导思想、原则和主要内容。

【阅读材料】

中华人民共和国国民经济和社会发展
第十二个五年规划纲要（摘录）

中华人民共和国国民经济和社会发展第十二个五年（2011—2015 年）规划纲要，主要阐明国家战略意图，明确政府工作重点，引导市场主体行为，是未来五年我国经济社会发展的宏伟蓝图，是全国各族人民共同的行动纲领，是政府履行经济调节、市场监管、社会管理和公共服务职责的重要依据。

第二章　指导思想

基本要求是：

——坚持把建设资源节约型、环境友好型社会作为加快转变经济发展方式的重要着力点。深入贯彻节约资源和保护环境基本国策，节约能源，降低温室气体排放强度，发展循环经济，推广低碳技术，积极应对全球气候变化，促进经济社会发展与人口资源环境相协调，走可持续发展之路。

第三章　主要目标

今后五年经济社会发展的主要目标是：

——资源节约环境保护成效显著。耕地保有量保持在 18.18 亿亩。单位工业增加值用水量降低 30%，农业灌溉用水有效利用系数提高到 0.53。非化石能源占一次能源消费比重达到 11.43%。单位国内生产总值能源消耗降低 16%，单位国内生产总值二氧化碳排放降低 17%。主要污染物排放总量显著减少，化学需氧量、二氧化硫排放分别减少 8%，氨氮、氮氧化物排放分别减少 10%。森林覆盖率提高到 21.66%，森林蓄积量增加 6 亿 m^3。

第七章　改善农村生产生活条件

第四节　推进农村环境综合整治

治理农药、化肥和农膜等面源污染，全面推进畜禽养殖污染防治。加强农村饮用水水源地保护、农村河道综合整治和水污染综合治理。强化土壤污染防治监督管理。实施农村清洁工程，加快推动农村垃圾集中处理，开展农村环境集中连片整治。严格禁止城市和工业污染向农村扩散。

第十章　培育发展战略性新兴产业

大力发展节能环保、新一代信息技术、生物、高端装备制造、新能源、新材料、新能源汽车等战略性新兴产业。节能环保产业重点发展高效节能、先进环保、资源循环利用关键技术装备、产品和服务。战略性新兴产业增加值占国内生产总值比重达到8%左右。

第十一章　推动能源生产和利用方式变革

坚持节约优先、立足国内、多元发展、保护环境，加强国际互利合作，调整优化能源结构，构建安全、稳定、经济、清洁的现代能源产业体系。

第五篇　优化格局　促进区域协调发展和城镇化健康发展

实施区域发展总体战略和主体功能区战略，构筑区域经济优势互补、主体功能定位清晰、国土空间高效利用、人与自然和谐相处的区域发展格局，逐步实现不同区域基本公共服务均等化。坚持走中国特色城镇化道路，科学制定城镇化发展规划，促进城镇化健康发展。

第十九章　实施主体功能区战略

按照全国经济合理布局的要求，规范开发秩序，控制开发强度，形成高效、协调、可持续的国土空间开发格局。

第一节　优化国土空间开发格局

统筹谋划人口分布、经济布局、国土利用和城镇化格局，引导人口和经济向适宜开发的区域集聚，保护农业和生态发展空间，促进人口、经济与资源环境相协调。对人口密集、开发强度偏高、资源环境负荷过重的部分城市化地区要优化开发。对资源环境承载能力较强、集聚人口和经济条件较好的城市化地区要重点开发。对具备较好的农业生产条件、以提供农产品为主体功能的农产品主产区，要着力保障农产品供给安全。对影响全局生态安全的重点生态功能区，要限制大规模、高强度的工业化城镇化开发。对依法设立的各级各类自然文化资源保护区和其他需要特殊保护的区域要禁止开发。

第二节 实施分类管理的区域政策

基本形成适应主体功能区要求的法律法规和政策，完善利益补偿机制。中央财政要逐年加大对农产品主产区、重点生态功能区特别是中西部重点生态功能区的转移支付力度，增强基本公共服务和生态环境保护能力，省级财政要完善对下转移支付政策。实行按主体功能区安排与按领域安排相结合的政府投资政策，按主体功能区安排的投资主要用于支持重点生态功能区和农产品主产区的发展，按领域安排的投资要符合各区域的主体功能定位和发展方向。修改完善现行产业指导目录，明确不同主体功能区的鼓励、限制和禁止类产业。实行差别化的土地管理政策，科学确定各类用地规模，严格土地用途管制。对不同主体功能区实行不同的污染物排放总量控制和环境标准。相应完善农业、人口、民族、应对气候变化等政策。

第三节 实行各有侧重的绩效评价

在强化对各类地区提供基本公共服务、增强可持续发展能力等方面评价基础上，按照不同区域的主体功能定位，实行差别化的评价考核。对优化开发的城市化地区，强化经济结构、科技创新、资源利用、环境保护等的评价。对重点开发的城市化地区，综合评价经济增长、产业结构、质量效益、节能减排、环境保护和吸纳人口等。对限制开发的农产品主产区和重点生态功能区，分别实行农业发展优先和生态保护优先的绩效评价，不考核地区生产总值、工业等指标。对禁止开发的重点生态功能区，全面评价自然文化资源原真性和完整性保护情况。

第四节 建立健全衔接协调机制

发挥全国主体功能区规划在国土空间开发方面的战略性、基础性和约束性作用。按照推进形成主体功能区的要求，完善区域规划编制，做好专项规划、重大项目布局与主体功能区规划的衔接协调。推进市县空间规划工作，落实区域主体功能定位，明确功能区布局。研究制定各类主体功能区开发强度、环境容量等约束性指标并分解落实。完善覆盖全国、统一协调、更新及时的国土空间动态监测管理系统，开展主体功能区建设的跟踪评估。

第六篇 绿色发展 建设资源节约型、环境友好型社会

面对日趋强化的资源环境约束，必须增强危机意识，树立绿色、低碳发展理念，

以节能减排为重点，健全激励与约束机制，加快构建资源节约、环境友好的生产方式和消费模式，增强可持续发展能力，提高生态文明水平。

第二十一章　积极应对全球气候变化

坚持减缓和适应气候变化并重，充分发挥技术进步的作用，完善体制机制和政策体系，提高应对气候变化能力。

第一节　控制温室气体排放

综合运用调整产业结构和能源结构、节约能源和提高能效、增加森林碳汇等多种手段，大幅度降低能源消耗强度和二氧化碳排放强度，有效控制温室气体排放。合理控制能源消费总量，严格用能管理，加快制定能源发展规划，明确总量控制目标和分解落实机制。推进植树造林，新增森林面积 1 250 万 hm^2。加快低碳技术研发应用，控制工业、建筑、交通和农业等领域温室气体排放。探索建立低碳产品标准、标识和认证制度，建立完善温室气体排放统计核算制度，逐步建立碳排放交易市场。推进低碳试点示范。

第二节　增强适应气候变化能力

制定国家适应气候变化总体战略，加强气候变化科学研究、观测和影响评估。在生产力布局、基础设施、重大项目规划设计和建设中，充分考虑气候变化因素。加强适应气候变化特别是应对极端气候事件能力建设，加快适应技术研发推广，提高农业、林业、水资源等重点领域和沿海、生态脆弱地区适应气候变化水平。加强对极端天气和气候事件的监测、预警和预防，提高防御和减轻自然灾害的能力。

第三节　广泛开展国际合作

坚持共同但有区别的责任原则，积极参与国际谈判，推动建立公平合理的应对气候变化国际制度。加强气候变化领域国际交流和战略政策对话，在科学研究、技术研发和能力建设等方面开展务实合作，推动建立资金、技术转让国际合作平台和管理制度。为发展中国家应对气候变化提供支持和帮助。

第二十二章　加强资源节约和管理

落实节约优先战略，全面实行资源利用总量控制、供需双向调节、差别化管理，大幅度提高能源资源利用效率，提升各类资源保障程度。

第一节　大力推进节能降耗

抑制高耗能产业过快增长，突出抓好工业、建筑、交通、公共机构等领域节能，加强重点用能单位节能管理。强化节能目标责任考核，健全奖惩制度。完善节能法规和标准，制订完善并严格执行主要耗能产品能耗限额和产品能效标准，加强固定资产投资项目节能评估和审查。健全节能市场化机制，加快推行合同能源管理和电力需求侧管理，完善能效标识、节能产品认证和节能产品政府强制采购制度。推广先进节能技术和产品。加强节能能力建设。开展万家企业节能低碳行动，深入推进节能减排全民行动。

第二节　加强水资源节约

实行最严格的水资源管理制度，加强用水总量控制与定额管理，严格水资源保护，加快制定江河流域水量分配方案，加强水权制度建设，建设节水型社会。强化水资源有偿使用，严格水资源费的征收、使用和管理。推进农业节水增效，推广普及管道输水、膜下滴灌等高效节水灌溉技术，新增 5 000 万亩高效节水灌溉面积，支持旱作农业示范基地建设。在保障灌溉面积、灌溉保证率和农民利益的前提下，建立健全工农业用水水权转换机制。加强城市节约用水，提高工业用水效率，促进重点用水行业节水技术改造和居民生活节水。加强水量水质监测能力建设。实施地下水监测工程，严格控制地下水开采。大力推进再生水、矿井水、海水淡化和苦咸水利用。

第三节　节约集约利用土地

坚持最严格的耕地保护制度，划定永久基本农田，建立保护补偿机制，从严控制各类建设占用耕地，落实耕地占补平衡，实行先补后占，确保耕地保有量不减少。实行最严格的节约用地制度，从严控制建设用地总规模。按照节约集约和总量控制的原则，合理确定新增建设用地规模、结构、时序。提高土地保有成本，盘活存量建设用地，加大闲置土地清理处置力度，鼓励深度开发利用地上地下空间。强化土地利用总体规划和年度计划管控，严格用途管制，健全节约土地标准，加强用地节地责任和考核。单位国内生产总值建设用地下降 30%。

第四节　加强矿产资源勘查、保护和合理开发

实施地质找矿战略工程，加大勘查力度，实现地质找矿重大突破，形成一批重要矿产资源的战略接续区。建立重要矿产资源储备体系。加强重要优势矿产保护和开采管理，完善矿产资源有偿使用制度，严格执行矿产资源规划分区管理制度，促进矿业权合理设置和勘查开发布局优化。实行矿山最低开采规模标准，推进规模化开采。发展绿色矿业，强化矿产资源节约与综合利用，提高矿产资源开采回采率、选矿回收率和综合利用率。推进矿山地质环境恢复治理和矿区土地复垦，完善矿山环境恢复治理保证金制度。加强矿产资源和地质环境保护执法监察，坚决制止乱挖滥采。

第二十三章 大力发展循环经济

按照减量化、再利用、资源化的原则，减量化优先，以提高资源产出效率为目标，推进生产、流通、消费各环节循环经济发展，加快构建覆盖全社会的资源循环利用体系。

第一节 推行循环型生产方式

加快推行清洁生产，在农业、工业、建筑、商贸服务等重点领域推进清洁生产示范，从源头和全过程控制污染物产生和排放，降低资源消耗。加强共伴生矿产及尾矿综合利用，提高资源综合利用水平。推进大宗工业固体废物和建筑、道路废弃物以及农林废物资源化利用，工业固体废物综合利用率达到 72%。按照循环经济要求规划、建设和改造各类产业园区，实现土地集约利用、废物交换利用、能量梯级利用、废水循环利用和污染物集中处理。推动产业循环式组合，构筑链接循环的产业体系。资源产出率提高 15%。

第二十四章 加大环境保护力度

以解决饮用水不安全和空气、土壤污染等损害群众健康的突出环境问题为重点，加强综合治理，明显改善环境质量。

第一节 强化污染物减排和治理

实施主要污染物排放总量控制。实行严格的饮用水水源地保护制度，提高集中式饮用水水源地水质达标率。加强造纸、印染、化工、制革、规模化畜禽养殖等行业污染治理，继续推进重点流域和区域水污染防治，加强重点湖库及河流环境保护和生态治理，加大重点跨界河流环境管理和污染防治力度，加强地下水污染防治。推进火电、钢铁、有色、化工、建材等行业二氧化硫和氮氧化物治理，强化脱硫脱硝设施稳定运行，加大机动车尾气治理力度。深化颗粒物污染防治。加强恶臭污染物治理。建立健全区域大气污染联防联控机制，控制区域复合型大气污染。地级以上城市空气质量达到二级标准以上的比例达到 80%。有效控制城市噪声污染。提高城镇生活污水和垃圾处理能力，城市污水处理率和生活垃圾无害化处理率分别达到 85% 和 80%。

第二节 防范环境风险

加强重金属污染综合治理，以湘江流域为重点，开展重金属污染治理与修复试点示范。加大持久性有机物、危险废物、危险化学品污染防治力度，开展受污染场地、土壤、水体等污染治理与修复试点示范。强化核与辐射监管能力，确保核与辐射安全。

推进历史遗留的重大环境隐患治理。加强对重大环境风险源的动态监测与风险预警及控制，提高环境与健康风险评估能力。

第三节　加强环境监管

健全环境保护法律法规和标准体系，完善环境保护科技和经济政策，加强环境监测、预警和应急能力建设。加大环境执法力度，实行严格的环保准入，依法开展环境影响评价，强化产业转移承接的环境监管。严格落实环境保护目标责任制，强化总量控制指标考核，健全重大环境事件和污染事故责任追究制度，建立环保社会监督机制。

第二十五章　促进生态保护和修复

坚持保护优先和自然修复为主，加大生态保护和建设力度，从源头上扭转生态环境恶化趋势。

第一节　构建生态安全屏障

加强重点生态功能区保护和管理，增强涵养水源、保持水土、防风固沙能力，保护生物多样性，构建以青藏高原生态屏障、黄土高原-川滇生态屏障、东北森林带、北方防沙带和南方丘陵山地带以及大江大河重要水系为骨架，以其他国家重点生态功能区为重要支撑，以点状分布的国家禁止开发区域为重要组成的生态安全战略格局。

第二节　强化生态保护与治理

继续实施天然林资源保护工程，巩固和扩大退耕还林还草、退牧还草等成果，推进荒漠化、石漠化和水土流失综合治理，保护好林草植被和河湖、湿地。搞好森林草原管护，加强森林草原防火和病虫害防治，实施草原生态保护补偿奖励机制。强化自然保护区建设监管，提高管护水平。加强生物安全管理，加大生物物种资源保护和管理力度，有效防范物种资源丧失与流失，积极防治外来物种入侵。

第三节　建立生态补偿机制

按照"谁开发谁保护、谁受益谁补偿"的原则，加快建立生态补偿机制。加大对重点生态功能区的均衡性转移支付力度，研究设立国家生态补偿专项资金。推行资源型企业可持续发展准备金制度。鼓励、引导和探索实施下游地区对上游地区、开发地区对保护地区、生态受益地区对生态保护地区的生态补偿。积极探索市场化生态补偿机制。加快制定实施生态补偿条例。

第四十九章 深化资源性产品价格和环保收费改革

建立健全能够灵活反映市场供求关系、资源稀缺程度和环境损害成本的资源性产品价格形成机制，促进结构调整、资源节约和环境保护。

第一节 完善资源性产品价格形成机制

继续推进水价改革，完善水资源费、水利工程供水价格和城市供水价格政策。积极推进电价改革，推行大用户电力直接交易和竞价上网试点，完善输配电价形成机制，改革销售电价分类结构。积极推行居民用电、用水阶梯价格制度。进一步完善成品油价格形成机制，积极推进市场化改革。理顺天然气与可替代能源比价关系。按照价、税、费、租联动机制，适当提高资源税税负，完善计征方式，将重要资源产品由从量定额征收改为从价定率征收，促进资源合理开发利用。

第二节 推进环保收费制度改革

建立健全污染者付费制度，提高排污费征收率。改革垃圾处理费征收方式，适度提高垃圾处理费标准和财政补贴水平。完善污水处理收费制度。积极推进环境税费改革，选择防治任务繁重、技术标准成熟的税目开征环境保护税，逐步扩大征收范围。

第三节 建立健全资源环境产权交易机制

引入市场机制，建立健全矿业权和排污权有偿使用和交易制度。规范发展探矿权、采矿权交易市场，发展排污权交易市场，规范排污权交易价格行为，健全法律法规和政策体系，促进资源环境产权有序流转和公开、公平、公正交易。

第六十一章 完善规划实施和评估机制

推动规划顺利实施，主要依靠发挥市场配置资源的基础性作用；各级政府要正确履行职责，合理配置公共资源，引导调控社会资源，保障规划目标和任务的完成。

第一节 明确规划实施责任

本规划提出的预期性指标和产业发展、结构调整等任务，主要依靠市场主体的自主行为实现。各级政府要通过完善市场机制和利益导向机制，创造良好的政策环境、体制环境和法治环境，打破市场分割和行业垄断，激发市场主体的积极性和创造性，引导市场主体行为与国家战略意图相一致。

本规划确定的约束性指标和公共服务领域的任务，是政府对人民群众的承诺。主要约束性指标要分解落实到有关部门和各省、自治区、直辖市。促进基本公共服务均等化的任务，要明确工作责任和进度，主要通过政府运用公共资源全力完成。

第二节　强化政策统筹协调

围绕规划提出的目标和任务，加强经济社会发展政策的统筹协调，注重政策目标与政策工具、短期政策与长期政策的衔接配合。按照公共财政服从和服务于公共政策的原则，优化财政支出结构和政府投资结构，逐步增加中央政府投资规模，建立与规划任务相匹配的中央政府投资规模形成机制，重点投向民生和社会事业、农业农村、科技创新、生态环保、资源节约等领域，更多投向中西部地区和老少边穷地区。

第三节　实行综合评价考核

加快制定并完善有利于推动科学发展、加快转变经济发展方式的绩效评价考核体系和具体考核办法，弱化对经济增长速度的评价考核，强化对结构优化、民生改善、资源节约、环境保护、基本公共服务和社会管理等目标任务完成情况的综合评价考核，考核结果作为各级政府领导班子调整和领导干部选拔任用、奖励惩戒的重要依据。

第四节　加强规划监测评估

完善监测评估制度，加强监测评估能力建设，加强服务业、节能减排、气候变化、劳动就业、收入分配、房地产等方面统计工作，强化对规划实施情况跟踪分析。国务院有关部门要加强对规划相关领域实施情况的评估，接受全国人民代表大会及其常务委员会的监督检查。规划主管部门要对约束性指标和主要预期性指标完成情况进行评估，并向国务院提交规划实施年度进展情况报告，以适当方式向社会公布。在规划实施的中期阶段，由国务院组织开展全面评估，并将中期评估报告提交全国人民代表大会常务委员会审议。需要对本规划进行调整时，国务院要提出调整方案，报全国人民代表大会常务委员会批准。

第六十二章　加强规划协调管理

推进规划体制改革，加快规划法制建设，以国民经济和社会发展总体规划为统领，以主体功能区规划为基础，以专项规划、国土规划和土地利用规划、区域规划、城市规划为支撑，形成各类规划定位清晰、功能互补、统一衔接的规划体系，完善科学化、民主化、规范化的编制程序，健全责任明确、分类实施、有效监督的实施机制。

国务院有关部门要组织编制一批国家级专项规划特别是重点专项规划，细化落实本规划提出的主要任务。国家级重点专项规划，要围绕经济社会发展关键领域和薄弱环节，着力解决突出问题，形成落实本规划的重要支撑和抓手。

地方规划要切实贯彻国家战略意图，结合地方实际，突出地方特色。要做好地方规划与本规划提出的发展战略、主要目标和重点任务的协调，特别要加强约束性指标的衔接。

加强年度计划与本规划的衔接，对主要指标应当设置年度目标，充分体现本规划提出的发展目标和重点任务。年度计划报告要分析本规划的实施进展情况，特别是约束性指标的完成情况。

全国各族人民要紧密团结在以胡锦涛同志为总书记的党中央周围，高举中国特色社会主义伟大旗帜，解放思想、实事求是、与时俱进、开拓创新，为实现国民经济和社会发展第十二个五年规划和全面建设小康社会宏伟目标而奋斗！

国家环境保护"十二五"规划（摘录）

保护环境是我国的基本国策。为推进"十二五"期间环境保护事业的科学发展，加快资源节约型、环境友好型社会建设，制定本规划。

一、环境形势

党中央、国务院高度重视环境保护工作，将其作为贯彻落实科学发展观的重要内容，作为转变经济发展方式的重要手段，作为推进生态文明建设的根本措施。

当前，我国环境状况总体恶化的趋势尚未得到根本遏制，环境矛盾凸显，压力继续加大。一些重点流域、海域水污染严重，部分区域和城市大气灰霾现象突出，许多地区主要污染物排放量超过环境容量。农村环境污染加剧，重金属、化学品、持久性有机污染物以及土壤、地下水等污染显现。部分地区生态损害严重，生态系统功能退化，生态环境比较脆弱。核与辐射安全风险增加。人民群众环境诉求不断提高，突发环境事件的数量居高不下，环境问题已成为威胁人体健康、公共安全和社会稳定的重要因素之一。生物多样性保护等全球性环境问题的压力不断加大。环境保护法制尚不完善，投入仍然不足，执法力量薄弱，监管能力相对滞后。同时，随着人口总量持续增长，工业化、城镇化快速推进，能源消费总量不断上升，污染物产生量将继续增加，经济增长的环境约束日趋强化。

二、指导思想、基本原则和主要目标

（三）主要目标。

到 2015 年，主要污染物排放总量显著减少；城乡饮用水水源地环境安全得到有效保障，水质大幅提高；重金属污染得到有效控制，持久性有机污染物、危险化学品、危险废物等污染防治成效明显；城镇环境基础设施建设和运行水平得到提升；生态环境恶化趋势得到扭转；核与辐射安全监管能力明显增强，核与辐射安全水平进一步提高；环境监管体系得到健全。

	专栏 1："十二五"环境保护主要指标			
序号	指　　标	2010 年	2015 年	增长率
1	化学需氧量排放总量/万 t	2 551.7	2 347.6	−8%
2	氨氮排放总量/万 t	264.4	238.0	−10%
3	二氧化硫排放总量/万 t	2 267.8	2 086.4	−8%
4	氮氧化物排放总量/万 t	2 273.6	2 046.2	−10%
5	地表水国控断面劣Ⅴ类水质的比例/%	17.7	<15	−2.7%
6	七大水系国控断面水质好于Ⅲ类的比例/%	55	>60	5%
7	地级以上城市空气质量达到二级标准以上的比例/%	72	≥80	8%

三、推进主要污染物减排

（一）加大结构调整力度。

加快淘汰落后产能。严格执行《产业结构调整指导目录》《部分工业行业淘汰落后生产工艺装备和产品指导目录》。加大钢铁、有色、建材、化工、电力、煤炭、造纸、印染、制革等行业落后产能淘汰力度。制定年度实施方案，将任务分解落实到地方、企业，并向社会公告淘汰落后产能企业名单。建立新建项目与污染减排、淘汰落后产能相衔接的审批机制，落实产能等量或减量置换制度。重点行业新建、扩建项目环境影响审批要将主要污染物排放总量指标作为前置条件。

着力减少新增污染物排放量。合理控制能源消费总量，促进非化石能源发展，到2015 年，非化石能源占一次能源消费比重达到 11.4%。提高煤炭洗选加工水平。增加天然气、煤层气供给，降低煤炭在一次能源消费中的比重。在大气联防联控重点区域开展煤炭消费总量控制试点。进一步提高高耗能、高排放和产能过剩行业准入门槛。探索建立单位产品污染物产生强度评价制度。积极培育节能环保、新能源等战略性新兴产业，鼓励发展节能环保型交通运输方式。

大力推行清洁生产和发展循环经济。提高造纸、印染、化工、冶金、建材、有色、制革等行业污染物排放标准和清洁生产评价指标，鼓励各地制定更加严格的污染物排放标准。全面推行排污许可证制度。推进农业、工业、建筑、商贸服务等领域清洁生产示范。深化循环经济示范试点，加快资源再生利用产业化，推进生产、流通、消费各环节循环经济发展，构建覆盖全社会的资源循环利用体系。

（二）着力削减化学需氧量和氨氮排放量。

加大重点地区、行业水污染物减排力度。在已富营养化的湖泊水库和东海、渤海等易发生赤潮的沿海地区实施总氮或总磷排放总量控制。在重金属污染综合防治重点区域实施重点重金属污染物排放总量控制。推进造纸、印染和化工等行业化学需氧量和氨氮排放总量控制，削减比例较 2010 年不低于 10%。严格控制长三角、珠三角等区域的造纸、印染、制革、农药、氮肥等行业新建单纯扩大产能项目。禁止在重点流域江河源头新建有色、造纸、印染、化工、制革等项目。

提升城镇污水处理水平。加大污水管网建设力度，推进雨、污分流改造，加快县城和重点建制镇污水处理厂建设，到 2015 年，全国新增城镇污水管网约 16 万 km，新增污水日处理能力 4 200 万 t，基本实现所有县和重点建制镇具备污水处理能力，污水处理设施负荷率提高到 80%以上，城市污水处理率达到 85%。推进污泥无害化处理处置和污水再生利用。加强污水处理设施运行和污染物削减评估考核，推进城市污水处理厂监控平台建设。滇池、巢湖、太湖等重点流域和沿海地区城镇污水处理厂要提高脱氮除磷水平。

推动规模化畜禽养殖污染防治。优化养殖场布局，合理确定养殖规模，改进养殖方式，推行清洁养殖，推进养殖废弃物资源化利用。严格执行畜禽养殖业污染物排放标准，对养殖小区、散养密集区污染物实行统一收集和治理。到 2015 年，全国规模化畜禽养殖场和养殖小区配套建设固体废物和污水贮存处理设施的比例达到 50%以上。

（三）加大二氧化硫和氮氧化物减排力度。

持续推进电力行业污染减排。新建燃煤机组要同步建设脱硫脱硝设施，未安装脱硫设施的现役燃煤机组要加快淘汰或建设脱硫设施，烟气脱硫设施要按照规定取消烟气旁路。加快燃煤机组低氮燃烧技术改造和烟气脱硝设施建设，单机容量 30 万 kW 以上（含）的燃煤机组要全部加装脱硝设施。加强对脱硫脱硝设施运行的监管，对不能稳定达标排放的，要限期进行改造。

加快其他行业脱硫脱硝步伐。推进钢铁行业二氧化硫排放总量控制，全面实施烧结机烟气脱硫，新建烧结机应配套建设脱硫脱硝设施。加强水泥、石油石化、煤化工等行业二氧化硫和氮氧化物治理。石油石化、有色、建材等行业的工业窑炉要进行脱硫改造。新型干法水泥窑要进行低氮燃烧技术改造，新建水泥生产线要安装效率不低于 60%的脱硝设施。因地制宜开展燃煤锅炉烟气治理，新建燃煤锅炉要安装脱硫脱硝设施，现有燃煤锅炉要实施烟气脱硫，东部地区的现有燃煤锅炉还应安装低氮燃烧装置。

开展机动车船氮氧化物控制。实施机动车环境保护标志管理。加速淘汰老旧汽车、机车、船舶，到 2015 年，基本淘汰 2005 年以前注册运营的"黄标车"。提高机动车环境准入要求，加强生产一致性检查，禁止不符合排放标准的车辆生产、销售和注册登记。鼓励使用新能源车。全面实施国家第四阶段机动车排放标准，在有条件的地区实施更严格的排放标准。提升车用燃油品质，鼓励使用新型清洁燃料，在全国范围供应符合国家第四阶段标准的车用燃油。积极发展城市公共交通，探索调控特大型和大型城市机动车保有总量。

四、切实解决突出环境问题

（一）改善水环境质量。

严格保护饮用水水源地。深化重点流域水污染防治。抓好其他流域水污染防治。综合防控海洋环境污染和生态破坏。推进地下水污染防控。

（二）实施多种大气污染物综合控制。

深化颗粒物污染控制。加强挥发性有机污染物和有毒废气控制。推进城市大气污染防治。加强城乡声环境质量管理。

（三）加强土壤环境保护。

加强土壤环境保护制度建设。强化土壤环境监管。推进重点地区污染场地和土壤修复。

（四）强化生态保护和监管。

强化生态功能区保护和建设。提升自然保护区建设与监管水平。加强生物多样性保护。推进资源开发生态环境监管。

五、加强重点领域环境风险防控

（一）推进环境风险全过程管理。

开展环境风险调查与评估。完善环境风险管理措施。建立环境事故处置和损害赔偿恢复机制。

（二）加强核与辐射安全管理。

提高核能与核技术利用安全水平。加强核与辐射安全监管。加强放射性污染防治。

（三）遏制重金属污染事件高发态势。

加强重点行业和区域重金属污染防治。实施重金属污染源综合防治。

（四）推进固体废物安全处理处置。

加强危险废物污染防治。加大工业固体废物污染防治力度。提高生活垃圾处理水平。

（五）健全化学品环境风险防控体系。

严格化学品环境监管。加强化学品风险防控。

六、完善环境保护基本公共服务体系

（一）推进环境保护基本公共服务均等化。

制定国家环境功能区划。加大对优化开发和重点开发地区的环境治理力度，结合环境容量实施严格的污染物排放标准，大幅度削减污染物排放总量，加强环境风险防范，保护和扩大生态空间。实施区域环境保护战略。推进区域环境保护基本公共服务均等化。

（二）提高农村环境保护工作水平。

保障农村饮用水安全。提高农村生活污水和垃圾处理水平。提高农村种植、养殖

业污染防治水平。改善重点区域农村环境质量。

（三）加强环境监管体系建设。

以基础、保障、人才等工程为重点，推进环境监管基本公共服务均等化建设，到2015年，基本形成污染源与总量减排监管体系、环境质量监测与评估考核体系、环境预警与应急体系，初步建成环境监管基本公共服务体系。

七、实施重大环保工程

为把"十二五"环境保护目标和任务落到实处，要积极实施各项环境保护工程（全社会环保投资需求约3.4万亿元），其中，优先实施8项环境保护重点工程，开展一批环境基础调查与试点示范，投资需求约1.5万亿元。要充分利用市场机制，形成多元化的投入格局，确保工程投资到位。工程投入以企业和地方各级人民政府为主，中央政府区别不同情况给予支持。要定期开展工程项目绩效评价，提高投资效益。

专栏2："十二五"环境保护重点工程

主要污染物减排工程。包括城镇生活污水处理设施及配套管网、污泥处理处置、工业水污染防治、畜禽养殖污染防治等水污染物减排工程，电力行业脱硫脱硝、钢铁烧结机脱硫脱硝、其他非电力重点行业脱硫、水泥行业与工业锅炉脱硝等大气污染物减排工程。

改善民生环境保障工程。包括重点流域水污染防治及水生态修复、地下水污染防治、重点区域大气污染联防联控、受污染场地和土壤污染治理与修复等工程。

农村环保惠民工程。包括农村环境综合整治、农业面源污染防治等工程。

生态环境保护工程。包括重点生态功能区和自然保护区建设、生物多样性保护等工程。

重点领域环境风险防范工程。包括重金属污染防治、持久性有机污染物和危险化学品污染防治、危险废物和医疗废物无害化处置等工程。

核与辐射安全保障工程。包括核安全与放射性污染防治法规标准体系建设、核与辐射安全监管技术研发基地建设以及辐射环境监测、执法能力建设、人才培养等工程。

环境基础设施公共服务工程。包括城镇生活污染、危险废物处理处置设施建设，城乡饮用水水源地安全保障等工程。

环境监管能力基础保障及人才队伍建设工程。包括环境监测、监察、预警、应急和评估能力建设，污染源在线自动监控设施建设与运行，人才、宣教、信息、科技和基础调查等工程建设，建立健全省市县三级环境监管体系。

八、完善政策措施

（一）落实环境目标责任制。

（二）完善综合决策机制。

（三）加强法规体系建设。

（四）完善环境经济政策。

（五）加强科技支撑。

（六）发展环保产业。

（七）加大投入力度。

（八）严格执法监管。

（九）发挥地方人民政府积极性。

（十）部门协同推进环境保护。

（十一）积极引导全民参与。

（十二）加强国际环境合作。

九、加强组织领导和评估考核

地方人民政府是规划实施的责任主体，要把规划目标、任务、措施和重点工程纳入本地区国民经济和社会发展总体规划，把规划执行情况作为地方政府领导干部综合考核评价的重要内容。国务院各有关部门要各司其责，密切配合，完善体制机制，加大资金投入，推进规划实施。要在 2013 年年底和 2015 年年底，分别对规划执行情况进行中期评估和终期考核，评估和考核结果向国务院报告，向社会公布，并作为对地方人民政府政绩考核的重要内容。

项目二
实施环境规划

知识目标：掌握环境规划整体方案的设计程序和内容，认识环境现状调查的基本概念及评价方法，熟悉常用的环境预测方法，熟悉环境规划目标体系，掌握环境功能区划的概念、方法及步骤，熟练掌握主要污染的防治措施，指导进行综合环境治理方案设计，了解城市及城镇生态环境保护规划的主要内容，认识环境费用—效益分析的基本内容，掌握进行环境规划管理工作的基本知识。

能力目标：能够设计不同类型环境规划方案，能按照环境规划编制的程序开展工作。能够针对不同区域环境特点开展环境现状调查及评价，能够使用恰当的环境预测方法进行主要环境要素的预测。能够准确构建城镇环境规划目标体系及目标要求，能够按照程序进行环境功能区的划分，能够针对城镇环境特点和目标提出合理的环境规划方案。能够根据费用—效益分析对环境规划方案进行评价和选择，能进行环境规划控制与管理工作。

任务 1　环境规划方案设计

一、小城镇环境规划方案设计

编制小城镇环境规划是搞好小城镇环境保护的一项基础性工作。为指导和规范小城镇环境规划的编制工作，国家环保总局和建设部制定了《小城镇环境规划编制导则》（环发〔2002〕82 号）（以下简称《导则》）。《导则》适用于各地建制镇（含县、县级市人民政府所在地）环境规划的编制。

（一）总体要求

1. 编制依据

国家和地方环境保护法律、法规和标准；

国家和地方"国民经济和社会发展五年规划纲要"；

国家和地方"环境保护五年规划";

小城镇环境规划编制任务书或有关文件。

2．指导思想与基本原则

编制小城镇环境规划的指导思想是：贯彻可持续发展战略，坚持环境与发展综合决策，努力解决小城镇建设与发展中的生态环境问题；坚持以人为本，以创造良好的人居环境为中心，加强城镇生态环境综合整治，努力改善城镇生态环境质量，实现经济发展与环境保护"双赢"。

编制小城镇环境规划应遵循以下原则：

① 坚持环境建设、经济建设、城镇建设同步规划、同步实施、同步发展的方针，实现环境效益、经济效益、社会效益的统一。

② 实事求是，因地制宜。针对小城镇所处的特殊地理位置、环境特征、功能定位，正确处理经济发展同人口、资源、环境的关系，合理确定小城镇产业结构和发展规模。

③ 坚持污染防治与生态环境保护并重、生态环境保护与生态环境建设并举。预防为主、保护优先，统一规划、同步实施，努力实现城乡环境保护一体化。

④ 突出重点，统筹兼顾。以建制镇环境综合整治和环境建设为重点，既要满足当代经济和社会发展的需要，又要为后代预留可持续发展空间。

⑤ 坚持将城镇传统风貌与城镇现代化建设相结合，自然景观与历史文化名胜古迹保护相结合，科学地进行生态环境保护和生态环境建设。

⑥ 坚持小城镇环境保护规划服从区域、流域的环境保护规划。注意环境规划与其他专业规划的相互衔接、补充和完善，充分发挥其在环境管理方面的综合协调作用。

⑦ 坚持前瞻性与可操作性的有机统一。既要立足当前实际，使规划具有可操作性，又要充分考虑发展的需要，使规划具有一定的超前性。

3．规划时限

以规划编制的前一年作为规划基准年，近期、远期分别按 5 年、15～20 年考虑，原则上应与当地国民经济与社会发展规划的规划时限相衔接。

（二）规划编制工作程序

小城镇环境规划的编制一般按下列程序进行。

1．确定任务

当地政府委托具有相应资质的单位编制小城镇环境规划，明确编制规划的具体要求，包括规划范围、规划时限、规划重点等。

2. 调查、收集资料

规划编制单位应收集编制规划所必需的当地生态环境、社会、经济背景或现状资料，社会经济发展规划、城镇建设总体规划，以及农、林、水等行业发展规划等有关资料。必要时，应对生态敏感地区、代表地方特色的地区、需要重点保护的地区、环境污染和生态破坏严重的地区，以及其他需要特殊保护的地区进行专门调查或监测。

3. 编制规划大纲

按照有关要求编制规划大纲。

4. 规划大纲论证

环境保护行政主管部门组织对规划大纲进行论证或征询专家意见。规划编制单位根据论证意见对规划大纲进行修改后作为编制规划的依据。

5. 编制规划

按照规划大纲的要求编制规划。

6. 规划审查

环境保护行政主管部门依据论证后的规划大纲组织对规划进行审查。规划编制单位根据审查意见对规划进行修改、完善后形成规划报批稿。

7. 规划批准、实施

规划报批稿报送县级以上人大或政府批准后，由当地政府组织实施。

（三）环境规划方案的设计过程

环境规划方案的设计过程归纳为以下几点。

1. 分析调查评价

分析调查评价包括环境质量、污染状况、主要污染物和污染源；现有环境承载力、污染削减量、现有资金和技术。从而明确环境现状、治理能力和污染综合防治水平。

2. 分析预测

摆明环境存在的主要问题，明确环境现有承载能力，削减量和可能的投资、技术支持，从而综合考虑实际存在的问题和解决问题的能力。

3. 详细列出环境规划总目标和各项分目标

按照规划要求列出总目标和分目标，以明确现实环境与环境目标的差距。

4. 制定环境发展战略和主要任务

从整体上提出环境保护方向、重点、主要任务和步骤。

5. 制定环境规划的措施和对策

这是规划的主体，在目标与现实之间要通过采用措施才能解决。重要的是运用各种方法制定针对性强的措施和对策，如区域环境污染综合防治措施、生态环境保护措施、自然资源合理开发利用措施、生产布局调整措施、土地规划措施、城乡建设规划措施和环境管理措施。主要措施包括：

（1）污染综合整治措施

污染综合整治措施包括大气污染综合整治、水污染综合整治、固体废物综合整治和噪声综合整治。首先，选用适当的计算公式计算污染削减量，再将污染削减量分配到源，明确削减任务。其次，分析规划区域环境污染的主要原因，明确整治措施的重点与方向。最后，有针对地制定措施。一般管理措施应重点落实目标责任制，综合整治定量考核，排污许可证，集中控制限期治理五项制度，并继续强化环保"三同时"、排污收费、环境影响评价老三项制度。工程措施重点抓好源的集中治理，兴建大型污水处理厂、垃圾处理厂，设计烟尘处理、污水净化装置，以及区域整体实施系统的环境生态工程。这些措施在污染综合整治中带有普遍性，就具体规划区要依据区域自身特点，考虑实际存在问题与治理能力，有选择、有重点采用适合的措施，切忌"一刀切"或面面俱到。

（2）自然资源的开发利用与保护措施

自然资源的开发利用要遵循经济规律和生态规律，实行开发利用与保护增殖并重的方针，以提高资源能源利用率为根本来保护资源。一般对自然资源的开发利用与保护主要采用管理措施。一方面，下大力气贯彻执行有关资源保护的法律，如《中华人民共和国土地管理法》《中华人民共和国矿产资源法》等，对土地占用应使用占地许可证制度并征收使用、补偿费，对矿产资源开发利用实行有偿使用制度，防止生态破坏、资源枯竭，同时注意资源恢复工程措施，鼓励资源增殖再生。另一方面，在自然保护区、水源地及其他有特殊生态功能的地区建立统一的经营管理体制，对生产单位实施资源能源指标控制和污染物排放的指标控制及实施资源税制、颁布生产经营许可证等措施，实现资源的保护与利用。

（3）生产布局调整措施

对已建的城市和经济区主要根据环境的现状和发展目标，考虑能流、物流、信息流，调整经济结构、产业结构和工业布局，对低效益、重污染和分布在居民区、风景区、水源区的污染加工厂限期关、停、并、转、迁。对新开发区根据资源、能源和环境容量并考虑经济因素，合理划分功能区。兴建工业综合体，形成工业生产链，以提高资源利用率，减轻对其他功能区的污染与破坏。同时，采取措施实行清洁生产，从原材料的选择、产品结构调整到清洁生产工艺的采用都要有利于清洁生产的实施。

二、大气环境规划的内容与程序

在大气环境规划时，应首先对大气环境系统进行系统分析，确定各子系统之间的关系；其次对规划期内的主要资源进行需求分析，重点分析城市能流过程，从能源的输入、输送、转换、分配和使用各个环节中，找出产生污染的主要原因和控制污染的主要途径，从而为确定和实现大气环境目标提供可靠保证。大气环境规划主要内容可概括如下：大气环境现状评价→环境影响预测→确定环境目标→确定功能区→选择规划方法与建立规划模型→确定优选方案→方案实施。

1. 大气环境现状评价

通过调查和评价，分析污染物的产生、排放、治理措施的现状及发展趋势，进行现状分析，确定主要环境问题。

2. 环境影响预测

在大气环境现状调查和功能区功能确定基础上，根据规划期内所要解决的主要环境问题，进行区域气象特征分析、源强变化预测、环境质量与源强关系分析预测和总量预测等。

3. 确定环境目标

根据各功能区，合理确定质量目标和总量控制目标，以及规划指标体系。

4. 功能区划

根据环境要求，确定功能区，提出土地利用和大气环境质量的具体要求。

5. 选择规划方法与建立规划模型

多采用系统分析方法和数学规划模型方法。

6. 确定优选方案

先提出多个方案，然后进行比较论证，最后选定最佳方案。

7. 方案实施

方案确定后，需要制定切实可行的治理和防治措施，制定管理政策和监督措施，保证方案的实施，达到规划要求。

三、水环境规划的内容与程序

水环境规划程序如图 2-1 所示。

首先要确定规划区域范围和边界，这包含两个方面的内容：一方面是确定规划区域所属的行政区域及其范围；另一方面是确定规划区域内的主要水体和规划部分。如果在规划区域的边界上正好有隶属于两个或多个行政区的水体（如河流、湖泊），或者水体本身是跨区域的，应与相关行政区的相关部门进行沟通并取得支持。由于水环境问题的复杂性和水环境规划的综合性，部门之间的沟通和协调尤为重要。

其次是确定规划期限。规划期限的长短与规划所涉及的区域面积有关，如果规划区域大，则涉及的内容多而复杂，按照规划方案去实施时所需时间自然也多，此时规划时间就不能太短；反之则规划期限不能太长，否则社会、经济等许多外部条件发生了巨大变化，所做规划无法实施。

水环境规划必须明确水环境存在的主要问题，确定规划重点，并在预测的基础上，进行功能分区和确定规划目标，提出水环境保护的综合控制措施，形成完整的水环境规划报告书文本和规划图。

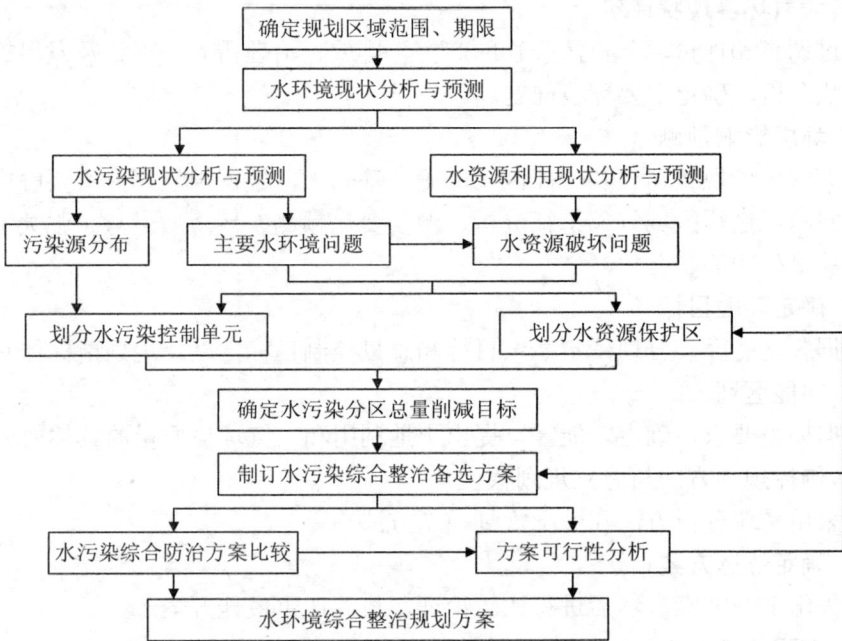

图 2-1　水环境规划程序

四、土地资源保护规划的内容与程序

1. 土地资源保护规划的任务

土地资源保护规划的任务是对地区土地资源的利用现状进行分析，明确土地利用和保护中存在的主要问题；确定土地资源保护的目标、任务和方针；确定区域重点土地类型的保护方案；划分地区土地资源保护的生态功能区，确定各分区的相应管理要求；制订土地整理、复垦、开发方案；制定规划实施和管理的相关政策措施。

2. 土地资源保护规划的内容

由于土地资源保护规划的对象、范围和任务的不同，规划的侧重点也有所不同。例如，在新垦区应以确定或调整土地使用范围为规划的控制性项目；在牧区则以放牧地功能区保护及生产经营中心的规划为主要内容；在土地破坏严重的地区以土地资源复垦规划为主；在土地用地占用严重的地区则搞基本农田保护规划。土地资源保护规划工作涉及面广，内容多而复杂，其主要内容包括以下几个方面：编制工作方案；土地资源调查和土地利用现状分析；土地保护战略方向拟定，部门用地预测与保护；确定主要地类保护区面积、划定保护片块和进行土地保护功能分区；制定并落实保护措施。

3. 土地资源保护规划的工作程序

土地资源保护规划的步骤可分为调查准备、分析预测及规划编制、成果总结与验收三个阶段（图 2-2）。

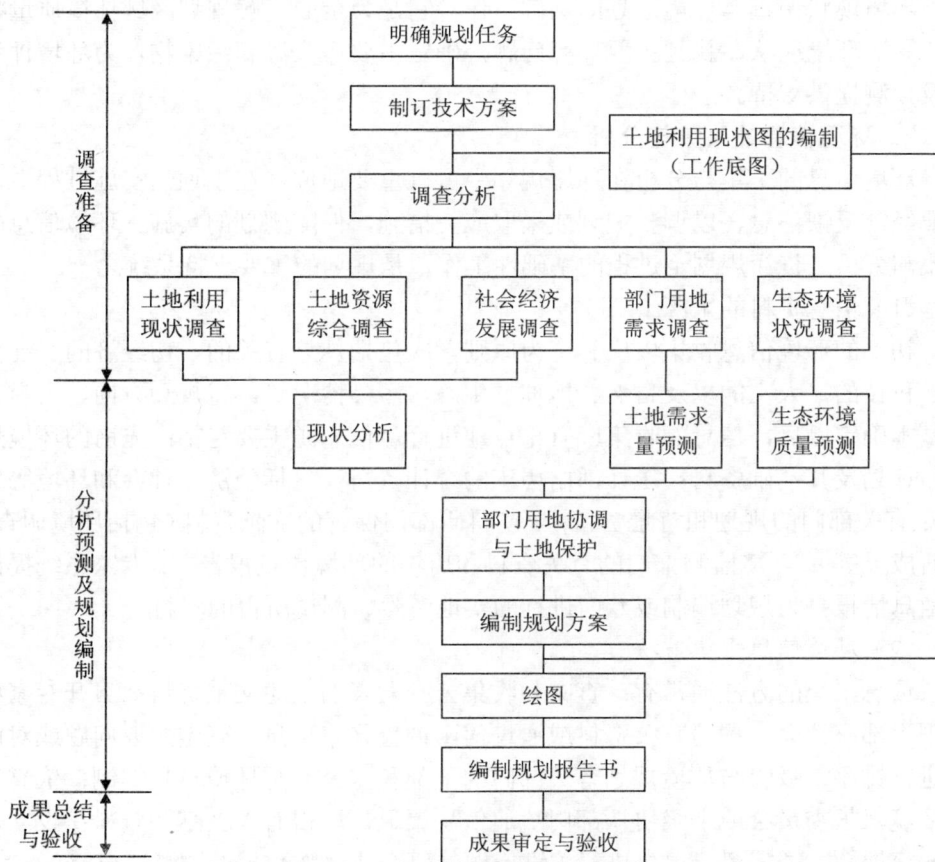

图 2-2　土地资源保护规划工作程序

任务 2　环境现状调查与评价

在环境规划中，需要对环境进行广泛、深入、全面的调查，并根据调查结果进行综合分析，对环境质量作出综合评价，找出存在的主要环境问题，为环境目标的确定和有针对性地制定改善和提高环境质量的措施提供依据。

一、环境现状调查与评价概述

（一）环境现状调查

1．定义

环境现状调查是环境规划的基础工作，它是为全面了解规划区域环境质量状况，弄清环境现状，找到主要环境问题，确定主要污染源和污染物，为环境评价以及预测提供支持。

2．环境信息的采集与分析

环境信息的采集与分析在环境规划中占有重要地位，在规划的实施过程中，需要经常反馈信息，以调整规划或采取应变措施，保障规划的实施。环境信息的收集和分析是贯穿规划全过程的基础性工作，是规划的重要支持系统之一。

（1）信息资料的来源

初期的环境信息收集以广和全为原则，应包括规划有关的一切经济的、社会的、科技的、人文的以及自然、地理、生态、污染情况等。待规划方向、内容范围基本确定以后，信息的收集应有重点地进行。信息源主要包括：先前的环境规划、计划及其基础资料；统计部门历年的统计资料（包括经济、社会和环境等方面）；有关部门的规划和背景资料；环境科研部门保管的文献资料（包括环境调查、科研成果等）；环境监测部门的有关资料和历年的环境质量报告书；专家系统提供的信息情报；为规划编制或专门进行的实地考察、测试所得的资料。

（2）环境信息采集方法

信息采集的方法通常有：查阅和收集公开发表的上述文献资料；召开专家和管理干部座谈会，撰写有关资料或通过信函调查采集信息，确定主要问题或对问题进行排序；吸收与环境规划有关部门的干部和专家参与环境规划编制；依靠当地环境保护委员会或上级协调部门疏通信息渠道，取得有关文献和资料；设立规划研究课题，委托科研单位进行关键问题的研究或关键数据的测试、核算。

3．收集信息中的注意事项

① 在初期信息收集与分析的基础上，应尽早确定规划的方向、范围和结构，缩小信息收集范围，做到有针对性地进行补充收集工作；

② 对收集的文献资料进行仔细甄别，去伪存真，确认所得数据的时空界限和权威性；

③ 规划收集的资料应妥善分类和保管，订立使用制度和范围，注意不扩散和遗失。

（二）环境评价

1．定义

环境评价是环境规划的基础工作，它是在调查的基础上，运用数学方法，通过获取的各种信息、数据和资料对环境质量、环境影响进行定性和定量的评述。通过评价了解区域环境的特征，环境的调节能力和承载能力，并找出环境中存在的问题，确定主要的污染物和污染源。

2．环境评价的内容

（1）自然环境评价

自然环境包括地质、气候、水文、植被、地形地貌、土壤、特殊价值地区及生态环境（特别是生态敏感区或生态脆弱区）等。自然环境评价一般应包括区域自然环境现状、大气环境污染现状、水体环境污染现状、土壤环境污染现状、噪声污染现状和固体废物污染现状。在对区域环境现状调查的基础上进行系统的分析和研究，找出目前存在的各种环境问题以及在规划期内亟待解决的主要环境问题，作出区域环境质量评价。

（2）经济、社会现状评价

① 与区域相关的经济现状。与区域相关的经济因素主要是指与环境规划内容有直接或间接关系的那部分经济活动，这些经济活动影响着区域环境质量的状况。所以，在进行区域环境规划时，需要考虑这些相关的经济发展状况。主要包括生产布局现状分析和生产力发展水平现状分析。

生产布局是人类生产活动存在和发展的空间形式，它对区域环境产生直接和显著的影响。合理的生产布局能够最大限度地减轻对区域环境的危害，并在有限的环境容量和环境资源的情况下，发挥当地最大的生产潜力；而不合理的生产布局既不能有效地发挥生产潜力，又严重地损害区域的环境质量。生产力直接反映了人与自然环境之间的关系，生产力发展水平则反映了人们征服、改造、控制和适应环境的能力。

根据区域社会生产力发展水平来分析环境污染出现的可能性和客观必然性，

并通过环境损益分析的结果，因势利导最大限度地控制区域环境污染。

②区域内相关的社会现状。人是社会的基本组成部分，人又是社会生产和消费的主体。人正是通过生产和消费活动同环境形成了相互联系、相互作用、相互制约的对立统一关系，这种相互关系的影响程度是和区域内的人口总数、人口密度、人口分布、人口结构、年龄分布、城乡人口分布和行业人口分布等因素有直接关系。社会现状调查包括社会因素、社会人口状况分析、社会意识状况分析等。

社会意识状况分析，是分析规划区内人们的思想、道德、哲学、美学、文艺、宗教和风俗等社会意识形态，特别是当地人们的环境意识等方面的情况，并分析这些社会意识对区域环境所产生的影响。

3. 污染现状评价

根据污染源或污染物调查，确定区域的污染特点、主要污染物和主要污染源，为环境规划提供参考，并突出重大工业污染源评价和污染源综合评价。根据污染类型，进行单项评价，按污染物排放总量排队，由此确定评价区内的主要污染物和主要污染源。污染评价还应酌情包括乡镇企业污染评价和生活及面源污染分析等。污染评价还应考察现存环境设施运行情况、已有环境工程的技术和效益，作为新规划工程项目的设计依据和参考。大气和水污染评价技术遵照有关技术规划进行。

4. 环境评价工作的注意事项

①评价参数要选择涉及范围广、可以控制，且对评价对象的质量有决定性影响者，参数选择宜从简，以能基本表征评价对象为原则。

②评价标准应以国家颁布的有关标准为首选标准，标准的选择既要照顾到统一性、可行性，也要注意反映具体实际情况。

③环境评价应有整体观念，注意多因素相互的影响和作用，以及评价区域各时期的演变趋势。为控制污染和环境治理找出重点，并为环境规划提供依据。

④环境评价要将源与汇即污染源与环境效应结合起来进行综合评价。为城市环境功能区合理划分和城市建设和产业布局提供依据。

（三）环境现状调查和评价的主要内容

环境现状调查和评价是对所要规划区域的自然、社会、经济、土地、水资源、生态、生活，以及环境质量进行调查、分析，作出相应评价。表 2-1 为城市环境规划中现状调查和评价的主要内容。

表 2-1　城市环境规划中现状调查和评价的主要内容

项目			内容
1 城市自然概况		区域范围	规划区域范围、环境影响所及区域的确定
	自然条件	地质	地形和地质状况
		水文	城市水系分布、水文状况，如河流、丰平枯水量等；水库或湖泊，水量、水位等；海湾，潮流、潮汐和扩散系数等；地下水，地下水位、流向等
		气象	平均气温、降水量、最大风速、风频、风向和日照时间等
		其他	台风、地震等特殊自然现象、放射能
	社会条件	人口	人口数量、组成、分布，流动人口等
		产业	产业构成、布局、产品和产量，从业人口
			农业：农业户数、农田面积、作物种类、产品产量和施肥状况等
			渔业：渔业人口、产品种类、产量等
			畜牧业：畜牧业人口、牲畜种类和存栏率、产品率、牧场面积等
2 土地和水系利用状况		土地	土地利用状况，有关土地利用的规定
		水系	河流、湖泊、水库水面的利用，港湾、渔港区域状况
		水利	水利设施、供水、产业用水等
3 环境质量状况	大气	污染源	固定源、移动源、主要大气污染物的发生量（估算）
		质量现状	SO_2、NO_x、CO、飘尘、HF、H_2S 和 HCl 等的含量，飘尘中重金属、苯并[a]芘的含量
		气象条件	发生源、风向、风速等及其与污染浓度相关关系
	水体	污染状况	BOD、COD 等的含量，河流、湖泊透明度等，特殊有机污染物、重金属污染物的含量
		其他	发生源、水化学条件及其与污染物浓度的关系
	固体废物		城市垃圾、工业废弃物、放射性固体废物、农业废弃物
	噪声		噪声源分布、噪声污染程度、振动污染等
	热污染等		余热利用、废热排放、热污染现状
	化学品登记		运入、使用、生产、排放的化学品种类、数量、毒性、处置及去向
	其他污染		交通、工业、建筑施工等恶臭；放射性、电磁波辐射，地面沉降等
4 生态环境特征调查与生态登记	区域生态		植物、动物概况，生态系统状况、植被覆盖面积等
	编制生态因子		选择编制环境规划所需的生态因子，如绿地覆盖率、气象因子、人口密度、经济密度、建筑密度、交通量和水资源等
	自然环境价值评价		自然环境对象的学术价值、风景价值、野外娱乐价值等
5 城郊环境质量现状	城郊环境污染状况		"三废"产生量、治理量、排放量，污灌水质、面积
	土壤现状调查		土壤种类、分布，K、N、P 等营养元素和 Cd、Pb、Hg 等重金属含量，含水率等

	项目		内容
6	居民生活现状	保健	总人口、死亡率、出生率、自然增长率和妇幼保健等
		食品	食品摄取状况，农产品和水产品中 Hg、Pb、Cd 等的检出水平与一般值比较，食品添加剂的状况等
7	与环境有关的市政设施状况		城市排水系统分布结构，公园及其他环境卫生设施分布情况等
8	环境污染效应调查		环境污染与人群健康状况（主要疾病发病率和死亡率）调查
			环境污染经济损失调查

二、环境现状调查

（一）水污染源调查

1．调查对象和内容

水污染物排放量的调查对象为工矿企业污染源和城镇生活污染源。

工矿企业污染物调查内容为污染源名称、类型和位置、污染物的种类和数量、生产工艺、水处理工艺、废水和主要污染物产生量、废水和主要污染物外排量、排放规律、排放方式、排放去向，对缺少资料的工矿企业进行污染源补充调查或补充监测，将调查结果填入附表，其中火电厂直流式冷却水排放量应单列；城市生活污染物的调查结果相应填入附表。污染源排放量调查以某年的调查监测资料为基础，以相近年份的调查监测资料作补充，具体内容见表 2-2。

表 2-2　主要工矿企业污染源排放量调查统计表

水资源三级区	排污企业名称	地级行政区	水功能区		行业性质	排污去向	工业产值/万元	废水排放量/(10^4 m³/a)	源内处理/(10^4 m³/a)		pH值	污染物质量/（t/a）		
			一级区	二级区					达标量	处理量		COD	氨氮	…

表 2-3 是针对城镇生活污染源设计的，通过对水功能区与陆域污染源的对应关系调查，确定各水功能区和入河排污口汇水范围内的生活污染源，按生活污染源所汇入的水功能区分别汇总并填写。

表 2-3　城镇生活污染源调查统计表

水资源三级区	城镇名称	地级行政区	水功能区		排污去向	污水排放量/$(10^4 m^3/a)$	人均废污水排放量/$[10^4 m^3/(a \cdot 人)]$	污染物质量/（t/a）					
			一级区	二级区				COD	BOD$_5$	氨氮	总氮	总磷	…
××××区													
合计													

2．调查方法

（1）社会调查

通常把深入到工厂、企业、机关、学校进行访问，召开各种类型座谈会的调查方法称为社会调查法。社会调查是进行污染源调查的基本方法，也是必备方法，它可以使调查者获得许多关于污染源的"活资料"，这对于我们认识和分析污染源的特点、动态和评价污染源都具有重要作用。为了搞好社会调查工作，往往将被调查的污染源分为普查单位和详查单位。

对区域内所有污染源进行全面调查称为普查。普查工作应有统一的领导，统一的普查时间、项目和标准，并做好普查人员的培训，以统一的调查方法、步骤和进度开展调查工作。普查工作一般多由主管部门发放调查表，以被调查对象填表的方式进行。

重点污染源的调查称为详查。重点污染源是在对区域环境整体分析的基础上，选择的有代表性的污染源。各类污染源都应有自己的侧重点，同类污染源中，应选择污染物排放量大、影响范围广泛、危害程度大的污染源作为重点污染源，进行详查。重点污染源的调查，应从基础状况调查做起直到最后建立一整套污染源档案，无论从调查内容、调查广度和深度上，都应超出普查单位。

（2）理论计算

理论计算可以得到污染源所排放污染物的确切量值，这种调查方法主要有两种，即物料衡算法和经验计算法。

①物料衡算法。物料衡算法是比较流行和广泛采用的方法。它把工业污染源排污和资源综合利用，排污和生产管理，环境保护和发展结合起来，全面的、系统的研究污染物产生和排放与生产发展的关系，是一个比较科学、合理的计算方法。物料衡算法的基本原理是物质不灭定律。在生产过程中，投入的物料量应等于产品中所含这种物料的量与这种物料流失量的总和。如果物料的流失量全部排入外环境，则污染物排放量就等于这种物料的流失量。

②经验计算法。根据生产过程中单位产品（或万元产值）的排污系数进行计

算，求得污染物排放量的计算方法称为经验计算法。经验公式为：

$$Q = KW \qquad (2-1)$$

式中：Q —— 单位时间污染源的排污量，kg/h；

$\quad\ K$ —— 单位产品经验排放系数，kg/t；

$\quad\ W$ —— 单位时间的产品产量，t/h。

各种污染物的排放系数国内外文献中给出很多，它们都是在特定条件下产生的。由于各地区、各单位的生产技术条件不同，污染物排放系数和实际排放系数可能有很大差距。因此，在选择排放系数时，或选择有权威性、有代表性的排放系数，或根据实际情况加以修正，切勿盲目选用。

（3）实地监测

实地监测法是通过对某个污染源的现场测定，得到污染物的排放浓度和废水流量，然后计算出排放量，计算公式为：

$$Q = CL \qquad (2-2)$$

式中：Q —— 测量的排污量，g/h；

$\quad\ C$ —— 实现的污染物平均排放浓度，g/m^3；

$\quad\ L$ —— 废水流量，m^3/h。

这种方法实地监测污染源的排污量或排放浓度，所以用这种方法进行污染源调查，其结果比较准确，但这种方法所用人力、物力、财力较多。所以进行污染源调查时，应根据不同要求，选用不同方法，或几种方法综合使用。

（二）大气污染源调查

大气污染源的调查可以分点源和面源两种情况进行，调查内容见表 2-4 和表 2-5。

表 2-4　大气污染源点源调查表

（　　一　　　年）

序号	单位名称	污染源坐标			烟囱高度/m	出口内径/m	烟气温度/℃	烟气出口速度/（m/s）	污染物代号	烟囱代号	源强	
		X/m	Y/m	Z/m							kg/h	t/a
1												
2												
3												
4												
5												

表 2-5 大气污染源面源调查表

（　　　一　　　年）

序号	单位名称	污染源坐标			面源高度/m	面源面积/m²	烟气平均温度/℃	烟气排放速度/(m/s)	污染物代号	源强	
		X/m	Y/m	Z/m						t/(h·km²)	t/(a·km²)
1											
2											
3											
4											
5											

注：污染物代号：1—SO₂；2—TSP；3—PM₁₀；4—NO₂；5—该地区特征污染物。

计算污染物排放量一般采用以下四种方法：

1. 现场实测

对于稳定固定源（如锅炉、工业设备等），在进行大气污染物（硫氧化物、氮氧化物等）排放量确定时，可以根据废气的流量和污染物的浓度，按下式计算：

$$W_i = Q_i \times C_i \tag{2-3}$$

式中：W_i —— 废气中 i 类污染物的源强，kg/h；

　　　Q_i —— 废气的体积流量，m³/h；

　　　C_i —— 废气中 i 污染物的实测浓度值。

2. 物料衡算

物料衡算法在工业生产中经常使用，对于污染源排放的污染物可以认为是投入的物料总量与产品总量的差值。计算式为：

$$\sum G_{污染} = \sum G_{投入} - \sum G_{产品} \tag{2-4}$$

3. 经验估算

对于某些特征污染物，计算排放量时，可以采用一些经验公式，如燃煤产生二氧化硫和烟尘的排放量计算可以采用下式计算：

$$W_s = 1.6 \times B \times S\% (1-\eta) \tag{2-5}$$

$$W_{烟尘} = B \times A\% \times b\% \times (1-\eta) \tag{2-6}$$

式中：W_s、$W_{烟尘}$ —— 燃煤排放的二氧化硫、烟尘量，10⁴ t/a；

　　　B —— 耗煤量，万 t/a；

　　　S —— 煤中的含硫量；

A —— 灰分含量；

b —— 飞灰量（自然通风炉 15%～20%，风动炉 30%～40%，沸腾炉 60%～80%）；

η —— 平均脱硫率或除尘效率。

4. 单位产品排污系数法

可以按照排污系数，根据消耗的燃料或得到的产品量，计算排放的污染物量。燃煤、燃油、燃气、生产过程污染物的排放系数如表 2-6、表 2-7、表 2-8、表 2-9 所示。

表 2-6　燃烧 1 t 煤排放的污染物量　　　　　　　　　　单位：kg

污染物	炉型		
	电站锅炉	工业锅炉	采暖及家用锅炉
一氧化碳	0.23	1.36	22.7
碳氢化合物	0.091	0.45	4.50
氮氧化物	9.08	9.08	3.62
二氧化硫	16.0S	16.0S	16.0S

注："S" 为煤的含硫量（%），下同。

表 2-7　燃烧 1 m^3 油排放的污染物量　　　　　　　　单位：kg

污染物	炉型		
	电站锅炉	工业锅炉	采暖及家用锅炉
一氧化碳	0.05	0.238	0.238
碳氢化合物	0.381	0.238	0.357
氮氧化物	12.47	8.57	8.57
二氧化硫	20S	20S	20S
烟尘	1.2	1.8～2.73	0.952

表 2-8　燃烧 10^6 m^3 燃料气体排放的污染物量　　　　　单位：kg

污染物	炉型		
	电站锅炉	工业锅炉	采暖及家用锅炉
一氧化碳	忽略	6.3	6.3
碳氢化合物	忽略	忽略	忽略
氮氧化物	6 200.0	3 400.5	1 843.2
二氧化硫	630.0	630.0	630.0
烟尘	238.5	286.2	302.0

表 2-9　不同生产过程气体污染物的排放系数

产品		单位	污染物种类	污染物产生量	污染物排放量	生产方式	备注
冶金工业	烧结（烧结矿）	m³/t	废气	4 000～6 000	4 000～6 000		机头
		kg/t	粉尘	5～15	0.5～1.5	铺底料	
		kg/t	粉尘	15～25	1.5～2.5	无铺底料	
		kg/t	SO₂	0.2～20	0.2～20		
		m³/t	废气	800～1 200	800～1 200		机尾
		kg/t	粉尘	30～65	0.3～1.5		
	炼铁（生铁）	m³/t	废气	1 500～2 300			高炉煤气全部作能源用
		kg/t	尘泥	30～70			
		m³/t	废气	2 700～4 100	2 700～4 100		煤气燃烧废气
		kg/t	粉尘	10～20	0.015～0.04		
		kg/t	粉尘	0.4～0.65	0.10～20		出铁厂废气带出的粉尘
	炼钢	m³/t	废气	2 000～3 000	2 000～3 000	平炉	
		kg/t	粉尘	12～25	0.5～5		
		m³/t	废气	800～1 000	800～1 000	电炉	原始烟气
		kg/t	粉尘	10～20	1～15		
	耐火材料	m³/t	废气	8 000～40 000	8 000～40 000		
		kg/t	粉尘	30～100	2～64		
	炼焦	m³/t	废气	2 200～2 600	2 200～2 600		
		kg/t	粉尘	50～80	5～32		
		kg/t	SO₂	3.4～5.2	0.15～0.35	有脱硫	
		kg/t	SO₂	3.4～5.2	3.4～5.2	无脱硫	
	碳素	m³/t	废气	40 000～60 000	40 000～60 000		石墨类产品
		kg/t	粉尘	70～100	10～25		
	硅铁	m³/t	废气	1 000～2 000	1 000～2 000		原始烟气
		kg/t	粉尘	140～200	5～200		
有色金属工业	氧化铝	m³/t	废气	30 000～50 000	3 000～5 000		
		kg/t	粉尘	40～60	15～20	烧结法	
		kg/t	SO₂	40～60	10～15		
		m³/t	废气	3 000～5 000	2 000～5 000		
		kg/t	粉尘	40～60	15～20	联合法	
		kg/t	SO₂	10～15	10～15		
	铝电解	m³/t	废气	2 000～5 000	2 000～5 000		
		kg/t	粉尘	50～200	30～50	电解法	
		kg/t	SO₂	5～15	5～15		
		kg/t	氟化物	18	10～13		

产品		单位	污染物种类	污染物产生量	污染物排放量	生产方式	备注
有色金属工业	铅锌冶铁	m³/t	废气	30 000～70 000	30 000～70 000		
		kg/t	粉尘	180～900	4～10		
		kg/t	SO₂	3 000～5 000	50～180		
	镍联合企业	m³/t	废气	10 000～100 000	10 000～100 000		
		kg/t	粉尘	1 000～2 000	100～200		
		kg/t	SO₂	4 000～10 000	4 000～10 000		
	锑冶炼	m³/t	废气	150 000～250 000	150 000～250 000	火法冶炼	
		kg/t	粉尘	2 500～3 000	3～6		
		kg/t	SO₂	1 000～1 200	1 000～1 200		
化学工业	硫酸	m³/t	废气	2 800～3 200	2 800～3 200	沸腾焙烧一转一吸	废气经二段或三段回收处理
		kg/t	SO₂	25～45	0.4～0.6		
	合成氨	m³/t	废气	2 500～3 500	2 500～3 500	以煤为原料生产碳酸氢铵（小型）	
		kg/t	CO	200～500	40～100		
		kg/t	NH₃	30～60	0～0.5		
		kg/t	SO₂	15～20	8～10		
		kg/t	H₂S	0.1～5	0～3		
	普通过磷酸钙	m³/t	废气	4 800～8 700	4 800～8 700	以磷矿石为原料	布袋收尘
		kg/t	粉尘	18.8～46.2	0.35～0.99		
		kg/t	氟化物	17.8～48	0.094～0.13		
	烧碱	m³/t	废气	3 800～4 000	3 800～4 000	苛化法	
		kg/t	CO	1.0～1.2	1.0～1.2		
		kg/t	SO₂	0.8	0.8		
	纯碱	m³/t	废气	4 000	4 000	氨碱法	
		kg/t	NH₃	0.8～1.0	0.8～1.0		
		kg/t	CO	10	10		
	硝酸铵	m³/t	废气	150～200	150～250	真空结晶法	
		kg/t	NH₃	0.01～0.02	0.01～0.02		
		kg/t	NH₄NO₃	0.05～0.07	0.05～0.07		
	尿素	m³/t	废气	4 000～5 000	4 000～5 000	合成法	
		kg/t	NH₃	5～15	2～10		
	钛白粉	m³/t	废气	16 000～18 000	16 000～18 000	硫酸法	
		kg/t	SO₂	4.7～5.3	1.01～2.3		
		kg/t	SO₃	37.2～69.3	6.1～8.5		
建材工业	水泥	m³/t	废气	4 000～5 900	4 000～5 900	干法回转窑	
		kg/t	粉尘	50～120	1～24		
		kg/t	SO₂	0.2～3.7	0.2～3.7		
		m³/t	废气	2 200～4 000	2 200～4 000	机械化立窑	
		kg/t	粉尘	34～100	4～40		
		kg/t	SO₃	0.5～5.0	0.5～5.0		

产品		单位	污染物种类	污染物产生量	污染物排放量	生产方式	备注
建材工业	平板玻璃	m^3/t	废气	5 000～10 000	5 000～10 000		
		kg/t	粉尘	3～16	3～16		
		kg/t	SO_2	0.1～3.0	0.1～3.0		
	石棉	m^3/t	废气	14 000～36 000	14 000～36 000		
		kg/t	粉尘	40～80	23～67		
		kg/t	SO_2	6～30	6～30		

（三）噪声污染调查

随着机动车数量的增加、工业企业的迅速发展、城镇居民生活水平的不断提高和社会服务行业的日益完善，我国城镇的噪声污染日趋严重，噪声污染也日益影响着人们的生活质量。

1. 噪声源分类

按照噪声来源，噪声分为：① 交通噪声；② 工矿企业噪声；③ 建筑施工噪声；④ 社会生活噪声。

2. 噪声评价指标

（1）A 声级

环境噪声的度量，不仅与噪声的物理量有关，还与人对声音的主观听觉有关。根据听觉特性，在声学测量仪器中，设置"A 计数网络"，使接受的噪声比较接近人的听觉，其测得值单位称为 A 声级，记做分贝（A）或 dB（A）。A 声级能较好地反映人们对噪声吵闹的主观感觉，成为噪声评价的基本值。

（2）L_{eq} 等效连续 A 声级

对连续起伏不稳定的固定噪声点源采用能量平均方法评价，用连续等效 A 声级表示。测量方法为每隔一定时间读取一个 A 声级分贝值，在规定时间内共读取 n 个 A 声级分贝值，代入以下公式计算：

$$L_{eq} = 10\lg\left(\frac{1}{T}\int_0^T 10^{0.1L_A^{(t)}}\,dt\right) \tag{2-7}$$

（3）统计声级

统计声级用来评价不稳定噪声，具体方法是：每间隔一定时间，读取一个声级分贝值，从大到小依次排列，在取样时间内 10% 的时间超过的噪声级，相当于噪声的峰值，用 L_{10} 表示；在取样时间内 50% 的时间超过的噪声级，相当于噪声的平均中值，用 L_{50} 表示；在取样时间内 90% 的时间超过的噪声级，相当于噪声的平均底值，用 L_{90} 表示。

（4）昼夜声级

考虑人体昼夜对噪声的灵敏性不同，在连续等效 A 声级的基础上提出昼夜等效声级的概念。计算方法如下：

$$L_{dn} = 10\lg[(16 \times 10^{L_d/10} + 8 \times 10^{(L_n+10)/10})/24] \tag{2-8}$$

3．噪声现状调查

交通干线噪声调查内容包括调查车流量、车辆种类、道路宽度、路面宽度、道路两侧的建筑布局等。另外，需要对位于干线两侧居民住宅及其他噪声敏感单位的布局，以及受交通噪声影响的状况，受交通噪声影响的人群数字等进行详细调查。

工业噪声调查的重点是位于居民住宅区内或其附近的工厂和车间。对有噪声扰民事件发生的工厂，必要时应进行实地测量，了解其污染程度、已采取或计划采取的噪声污染治理措施及其效果。

建筑施工噪声是临时性的，只需要调查群众对各类建筑施工噪声的反映。

社会噪声包括饮食服务业、娱乐场所、商业、群众日常生活等噪声，调查时要了解其扰民过程及性质，特别是夜间对居民休息的影响。

4．噪声环境规划

（1）噪声环境规划的程序和内容

噪声环境规划的程序是：噪声污染的现状评价→噪声污染预测→城镇噪声控制功能区划→噪声污染控制规划方案。

（2）现状评价内容

对规划区的噪声评价包括以下内容：

① 确定噪声评价的区域、噪声环境保护目标和噪声功能区的划分情况；

② 确定现有噪声源种类、数量及噪声级；

③ 调查受噪声影响的人口分布；

④ 确定主要噪声源、采取的措施及达到的效果。

（3）噪声预测

按照本教材《项目二　实施环境规划》的"任务 3　环境预测"中有关预测公式进行。

（4）噪声控制分区

根据噪声的控制要求一般分为五类区：

① Ⅰ类区——疗养区、高级宾馆、别墅（执行标准：昼间 50 dB，夜间 40 dB）。

适用范围：疗养区、高级宾馆区和别墅区等特别需要安静的区域。该区域内及附近区域应无明显噪声源，区域界限明确，原则上面积不得小于 0.5 km²。

② Ⅱ类区——居民、文教、机关、公园、风景区（执行标准：昼间 55 dB，夜间 45 dB）。

适用范围：居民区、文教区、居民集中区以及机关事业单位集中的区域和大型公园、风景名胜区、旅游度假区；或符合下面两个条件之一的区域：

> A 类用地占地率大于 70%（含 70%）；
> A 类用地占地率在 60%～70%（含 60%），B 类和 C 类用地占地率之和小于 20%±5%。

③ Ⅲ类区——居住、商业与工业混合区、商业区（执行标准：昼间 60 dB，夜间 50 dB）。

适用范围：居住、商业与工业混合区，规划商业区；或符合下面三个条件之一的区域：

> A 类用地占地率在 60%～70%（含 60%），B 类和 C 类用地占地率之和大于 20%±5%；
> A 类用地占地率在 35%～60%（含 35%）；
> A 类用地占地率在 20%～35%（含 20%），B 类和 C 类用地占地率之和小于 60%±5%。

④ Ⅳ类区——工业集中区（执行标准：昼间 65 dB，夜间 55 dB）。

适用范围：规划工业区和业已形成的工业集中地带；或符合下面两个条件之一的区域：

> A 类用地占地率在 20%～35%（含 20%），B 类和 C 类用地占地率之和大于 60%±5%。
> A 类占地率小于 20%。

⑤ Ⅴ类区——城镇主要道路交通干线两侧（执行标准：昼间 70 dB，夜间 55 dB）。

适用范围：城镇道路中交通干线两侧区域；穿越城区的内河航道两侧区域；穿越城区的铁路主、次干线和轻轨交通道路的两侧区域。

（5）几点说明

①大工业区中的生活小区一般从工业区中划出，可根据其与生产现场的距离和环境噪声污染状况，划定为Ⅱ类区或Ⅲ类区。

②区域面积原则上不小于 1 km²，山区等地形特殊的城镇，可根据城镇的地形特征确定适宜的区域面积。

③近期内区域功能与规划目标相差较大的区域，以近期的区域规划用地主导功能作为噪声区划的主要依据，随着城镇规划的逐步实施，应及时调整噪声区划方案。

④ 未建成的规划区内，按其规划性质或按区域声环境质量现状，划定区域类型。

⑤ 各类区域之间不设置过渡带。

⑥ 注意绘图时 I 类区用浅黄色；II 类区用浅绿色；III 类区用浅蓝色；IV 类区用褐色；V 类区用红色。

⑦ 城市用地分类见表 2-10。

表 2-10　城市用地分类

用地类型	包含内容
A 类用地	居住、公共设施、行政办公、医疗卫生、教育科研
B 类用地	工业、仓储
C 类用地	对外交通、道路广场、市政公共设施、交通设施

（6）控制方案

根据噪声污染的预测和各噪声污染控制功能区的要求，确定规定时间内的噪声削减控制目标，从以下几个方面控制噪声污染。

① 声源控制。噪声污染的声源控制方案包括限制或禁止使用高音喇叭，改进提高现有汽车、火车、船舶的降噪性能；改进机械设计降低噪声；改革工艺和操作方法降低噪声；维持设备处于良好的运转状态，避免因设备运转不正常造成的噪声增高。

② 合理分区降低噪声。完善城镇道路系统，进行隔声设计，加强道路绿化及护林带建设，合理利用道路两侧的土地，路旁建筑限制居住区内车流量，合理调整建筑物平面布局，通过规划降低噪声。

③ 从管理上减轻噪声污染。严格执行各种环境管理制度。加强交通违法的处理，加大建筑施工噪声现场管理力度，禁止使用高音喇叭，控制音响设备音量及播放时间，加强市场的管理力度，取缔设备不良、超标严重的车辆，实行噪声达标许可证制度，加强限鸣区的管理。

④ 采取技术措施控制噪声。采取声学控制措施，例如对声源采用消声、隔振和减振措施，在传播途径上增设吸声、隔声等措施。

（四）土地资源调查

土地资源调查通过运用土地资源学的有关知识，借助现代的科学技术手段，查清土地资源的数量、质量、结构、分布格局及其发生和发展规律。

土地资源调查的工作程序包括准备工作、外业工作、内业工作和检查验收四个阶段。

外业工作有：① 外业调绘；② 补测地物；③ 调绘整饰；④ 填写外业手簿。

内业工作有：① 航空照片的纠正与转绘；② 土地面积量算；③ 编绘土地调查成果图；④ 编写土地调查报告。

检查验收工作包括向上级主管部门提交验收申请报告，主管部门召集有关专家组成验收评审小组对工作成果进行检查验收。

（五）小城镇生态环境调查

1. 自然生态环境特征

在对自然资源的数量、质量和时空分布调查分析的基础上，确定区域自然生态系统的类型及特点，为生态规划打下基础，自然生态系统调查的主要内容见表 2-11。

表 2-11　自然生态系统调查的主要内容

调查内容	指标	规划作用
气候与气象调查		
降水	降雨量及时间分布	确定生态类型、分析蓄水滞洪功能需求等
蒸发	蒸发量、土壤湿度	分析生态特点、脆弱性或稳定程度
光、温	年日照时数、年积温	分析生态类型、生物生产潜力等
风	风向、风力、风频	分析侵蚀、风灾害、污染影响
极端气候	台风、尘暴、霜冻、暴雨等	分析系统稳定性和气候灾害，减灾功能需求
地理地质与水土条件		
地形地貌	类型、分布、比例、相对关系	分析生态系统特点、稳定性、主要生态问题、物流等
土壤	成土母质、演化类型、性状、理化性质、厚度，物质循环速度、肥分、有机质、土壤生物特点、外力影响	分析生产力，生态环境功能（持水性、保肥力、生产潜力）等
土地资源	类型、面积、分布、生产力、利用情况	分析景观特点、系统相互关系，生产力与生态承载力等
耕地	面积、肥力、生产力、人均量等，水利情况	生产力、区域人口承载力与可持续发展能力
地面水	水系径流特点，水资源量、功能、利用等	分析生态类型、水生生态、水源保护的目标等
地下水	流向资源量、水位、补排、水质、利用等	分析采水生态影响、确定水源保护范围
地质	构造、结构、特点	生态类型与稳定性
地质灾害	方位、面积、历史变迁	分析生态建设需求，确定防护区域

调查内容	指标	规划作用
生态因子调查		
植被	类型、分布、面积、盖度、建群种与优势种，生长情况，生物量，利用情况	分析生态结构、类型，计算环境功能。分析生态因子相互关系，明确主要生态问题
植物资源	种类、生产力、利用情况	计算社会经济损失，明确保护目标与措施
动物	类型、分布、种群量、食性与习性，生殖与栖息地等	分析生物多样性影响，明确敏感保护目标
动物资源	类型、分布、消长规律、利用情况	分析资源保护途径与措施

2．水土流失面积、类型及分布

可以根据水土流失的计算公式计算水土流失量，分析造成水土流失的主要原因，画出水土流失区域的地图，为功能区划和采取保护措施打下基础。水土流失成因，包括自然因素和人为因素两方面。自然因素包括地形、气候、土壤和植被等，在不利状态下，就会产生严重的水土流失。人为因素主要是指因人类的开发建设活动，如陡坡开荒、超载放牧、乱砍滥伐、破坏森林和植被、开矿、修路、采石等，破坏地表后不加保护，就会造成水土流失。

水土流失量的计算公式为：

$$Q = E \cdot S$$
$$E = R \cdot K \cdot LS \cdot C \cdot P \qquad (2\text{-}9)$$

式中：Q—— 新增的水土流失量，t/a；

E—— 水土流失模数，t/（$km^2 \cdot a$）；

S—— 新增水土流失面积，km^2；

R—— 降雨侵蚀因子，km^2；

K—— 土壤因子（取 0.24～0.46）；

C—— 地表覆盖因子；

P—— 水土保持措施因子；

LS—— 地形因子，与地表径流长度和坡度有关。

3．农田现状

针对目前农田生态系统存在的主要问题，从以下几个方面分析：

①耕地总面积与人均耕地面积变化情况。可根据城镇统计资料和农业有关的资料，确定区域的耕地面积及人均水平变化情况，并进一步分析其变化的原因。

②抗病虫害能力。分析病虫害面积及损失的历年变化情况，以及化学农药施用总量、亩均农药使用量变化情况。

③农田抗灾害能力。可根据资料分析农田有效灌溉面积和旱涝面积历年变化情况。

④土壤肥力状况。根据土壤普查资料及有关农业科研部门的实验结果，或进行样本调查，分析土壤养分变化情况，调查化肥施用强度及主要化肥品种施用量。

⑤农田污染情况。根据生态环境部门采样分析的调查结果，或进行补充监测，分析典型地区农作物（以可食用部分为主）农药残留量及重金属含量，并选用有关标准或背景值进行评价。

⑥农、林、牧、渔、果、蔬基地污染情况。根据有关部门的资料，分析主要生产基地面积减少和损毁情况。

4．生物多样性现状

生物多样性包括：生态系统的多样性、物种多样性和遗传多样性。规划一般以生态系统多样性和物种多样性为基础。植物乔灌木林物种调查从 20 m×20 m 的区域开始，逐倍扩至新物种不再出现为止；草本植物物种调查从 1 m×1 m 的面积开始进行调查。动物物种的调查，可根据调查对象栖息活动范围和生境，选择一定路线，调查一定面积上的动物物种及其生境。还可以根据生态环境部门、水产部门、林业部门、大专院校或科研部门等有关的资料结合补充调查资料，查清生态系统的类型，动植物资源的分布（注明是否在本地栖息），种群数量及其变动和濒危的原因，建立档案资料，列出小城镇区域内保护动植物的名录（包括类别、名称、保护的级别、分布的区域等）。

自然保护区主要是为保护野生动植物资源而设立的，近年我国自然保护区建设规模不断扩大，类型不断增加，目前已占国土的 15%以上。保护区建设存在的问题主要表现在：基础研究不深入，规划不科学；盲目建设，缺乏严格的管理；保护区规划建设与地方经济发展产生矛盾，资金不到位，保护措施不能得到很好的落实等。

5．生态破坏损失分析

由于自然因素及人为因素所造成的生态破坏，如森林资源由于乱砍滥伐、毁林开荒和乱挖药材等造成了森林的生产力下降、土壤侵蚀、野生动植物的数量减少，草场由于超载和毁草开荒，导致生产力下降、草场退化、沙化、土壤侵蚀等，其损失可按损失的性质和数量计算，对当地生态破坏的各项经济损失进行分类，分别采用市场价值法、效益—费用分析法进行分析。

三、环境质量评价

（一）地面水环境现状评价

1．地面水环境现状评价的目的

现状评价是在水质调查基础上，通过统计和分析对水体质量、主要污染物、主要污染源所作出的评价。评价水质现状主要采用文字分析与描述，可采用检出率、超标率等统计数值。也可以用数学表达式表达，如单项水质参数评价和多项水质参数综合评价等。

2．评价的依据

地面水环境质量标准和有关法规及当地的环保要求是评价的基本依据。地面水环境质量标准应采用 GB 3838 或相应的地方标准，海湾水质标准应采用 GB 3097，有些水质参数国内尚无标准，可参照国外标准或建立临时标准。

3．评价的方法

水质评价方法采用单因子指数评价法。单因子指数评价是将每个污染因子单独进行评价，利用统计得出各自的达标率、超标率、超标倍数、平均值等结果。单因子指数评价能客观地反映水体的污染程度，可清晰地判断出主要污染因子、主要污染时段和水体的主要污染区域，能较完整地提供监测水域的时空污染变化，反映污染历史。

（二）大气环境现状评价

大气环境质量现状评价的目的是正确认识规划区的环境质量现状、环境质量的地区差异和环境质量的变化趋势。这是确定环境规划目标、大气污染综合整治方案及投资比例的基础。

1．大气环境现状评价的方法

现状评价一般采用等标负荷法，对区域污染源进行评价、排序。具体程序如下：

（1）某污染物的等标污染负荷（P_i）

$$P_i = \frac{q_i}{C_{0i}} \times 10^{-9} \tag{2-10}$$

式中：C_{0i}——i 污染物的评价标准，mg/m^3；

q_i——废气中 i 污染物的绝对排放量，t/a；

P_i——i 污染物的等标污染负荷。

（2）某污染源（工厂）的等标污染负荷（P_n）

$$P_n = \sum_{i=1}^{j} P_i \qquad (2\text{-}11)$$

（3）某区域的等标污染负荷（P）

$$P = \sum_{n=1}^{k} P_n \qquad (2\text{-}12)$$

（4）区域中某污染物的总等标污染负荷（$P_{i总}$）

$$P_{i总} = \sum_{i=1}^{k} P_i` \qquad (2\text{-}13)$$

（5）某污染物在污染源或区域中的污染负荷比（K_i、$K_{i总}$）

$$K_i = \frac{P_i}{P_n} \times 100\% \qquad (2\text{-}14)$$

$$K_{i总} = \frac{P_{i总}}{P} \times 100\% \qquad (2\text{-}15)$$

（6）某污染源在区域中的污染负荷比（K_n）

$$K_n = \frac{P_n}{P} \times 100\% \qquad (2\text{-}16)$$

按照调查区域内污染物的等标污染 $P_{i总}$ 负荷大小排列，分别计算百分比，从高到低计算累计百分比，将累计百分比大于 80% 左右的污染物列为该区域的主要污染物。

按照调查区域内污染源的等标污染 P_n 负荷大小排列，分别计算百分比，从高到低计算累计百分比，将累计百分比大于 80% 左右的污染源列为该区域的主要污染源。

2．大气环境现状评价的程序

（1）收集各种数据

如果规划区内已设有常规大气监测站、点，应尽可能收集和充分利用这些站、点的例行监测资料。一般收集所在地区近 1～5 年的环境监测资料，分析污染物的主要来源、大气首要污染物、空气质量达标情况及变化趋势，为规划项目提供大气环境影响的背景资料。例行监测资料的价值在于能从长期和宏观的角度，反映出该地区大气质量的总体水平和变化规律。

（2）现场布点监测

如果没有例行监测资料，则需专门进行大气质量现状监测。大气环境质量监测与评价布设环境空气监测点位时应考虑环境功能特征和主导风向特点，并给出监测布点图。

大气环境监测中，采样点位置和数量的确定是一个关键的问题，它对所测数据的代表性和实用性具有决定性的作用。

① 监测点设置数量。监测点设置的数量应根据该区域大气污染状况和发展趋势，功能布局和敏感受体的分布，结合地形、污染气象等自然因素综合考虑确定，一般可以布设 2～10 个点位。

② 监测点位置的设置原则。监测点的位置应具有较好的代表性，设点的测量值能反映一定地区范围的大气环境污染的水平和规律。设点时应考虑自然地理环境、交通和工作条件，使测点尽可能分布比较均匀，同时又便于工作。

监测点周围应开阔，采样口水平线与周围建筑物高度的夹角应不大于 30°；测点周围应没有局地污染源，并应避开树木和吸附能力较强的建筑物。原则上应在 20 m 以内没有局地污染源，在 15～20 m 以内避开绿色乔、灌木，在建筑物高度的 2.5 倍距离内避开建筑物。

③ 监测点位置的布设方法大致有以下几种：

网格布点法。这种布点法，适用于待监测的污染源分布非常分散（面源为主）的情况。具体布点方法是：把监测区域网格化，根据人力、设备等条件确定布点密度。如果条件允许，可以在每个网格中心设一个监测点。否则，可适当降低布点的空间密度。

同心圆多方位布点法。该布点法适用于孤立源及其所在地区风向多变的情况。具体布点方法是：以排放源为圆心，画出 16 个或 8 个方位的射线和若干个不同半径的同心圆。同心圆圆周与射线的交点即为监测点。在实际工作中，根据客观条件和需要，往往是在主导风的下风方位布点密一些，其他方位疏一些。确定同心圆半径的原则是：在预计的高浓度区、高浓度与低浓度交接区应密一些，其他区疏一些。

扇形布点法。该布点法适用于规划区域内风向变化不大的情况。具体布点方法是：沿主导风向轴线，从污染源向两侧分别扩出 45°、22.5°或更小的夹角（视风向脉动情况而定）的射线。两条射线构成的扇形区即是监测布点区。再在扇形区内作出若干条射线和若干个同心圆弧。圆弧与射线的交点即为待定的监测点。

功能分区布点法。该方法适用于了解污染物对不同功能区的影响。通常的做法是按工业区、居民稠密区、交通频繁区、清洁区等分别设若干个监测点。

通常应在关心点、敏感点（如居民集中区、风景区、文物点、医院、院校等）以及下风向距离最近的村庄布置取样点。往往还需要在上风向（即最小风向）适当位置设置对照点。

④ 监测时间和频率。在确定监测时间和频率时，主要应考虑当地的气象条件和人们的生活、工作规律。我国大部分地区处于季风气候区，冬季风、夏季风有明显不同的特征，由于日照和风速的变化，边界层温度层结也有较大的差别。在北方地区，冬季采暖的能耗量大，扩散条件差，大气污染比较严重。而在夏季，

气象条件对扩散条件有利，又是作物的主要生长季节。所以必须根据该区域大气污染程度，选取两期（夏季、冬季）或一期不利季节监测。

由于气候存在着周期性的变化，每个小周期平均为 7 天左右。在一天之中，风向、风速、大气稳定度都存在着日变化，同时人们的生产和生活活动也有一定的规律。为了使监测数据具有代表性，所以，每期监测时间至少应取得有季节代表性的 7 天有效数据，每天不少于 6 次（北京时间 02 时、07 时、10 时、14 时、16 时、19 时，其中 10 时、16 时两次可按季节不同做适当调整）。对于污染源少、大气环境质量较好的地区，也可只监测 5 天，每天至少 4 次（北京时间 02 时、07 时、14 时、19 时），少数监测点实施监测确有困难的可酌情取消。

现状监测应与污染气象观测同步进行。对于不需要进行气象观测的规划，应收集其附近有代表性的气象台站各监测时间的地面风速、风向、气温、气压等资料。

（3）监测结果的统计分析与评价方法

① 监测结果统计分析。在进行统计分析之前应对监测数据进行严格的审核，对少数极大值、极小值要作出科学认真的分析，剔除异常值，保留真实值，对真实的极值要分析原因并作出说明。详细审查办法可依据《数据的统计处理和解释、正态样本异常值的判断和处理》（GB 4885—85）的有关规定执行。

按照表征大气环境质量特征的指标要求，大气环境质量现状监测一般需统计浓度范围，一次最高值、日均浓度波动值、日均值、监测期均值、一次值及日均值超标率等。

监测资料统计整理完成之后，还要进行浓度分析。一般需要分析污染物浓度时变规律和污染浓度与气象条件的关系等两方面的内容，以便有针对性地提出污染防治措施。由于配合大气环境影响预测所进行的现状监测时间长度较短，而且一般最多只有冬、夏两个季节的监测资料，不易揭示评价区气载污染物长时间变化规律，如年际、月际变化规律等，因此，一般以时、日为研究对象，绘制各测点各污染物时变、日变曲线，由此分析污染浓度与局部地形、污染排放、生产活动、生活活动之间的关系，结合监测时期同步观测的温度、气压、湿度、风向、风速、云状、云量及天气现象等的分析，揭示污染浓度与气象条件的关系。

② 评价方法。大气环境质量现状评价方法有综合指数评价法和单项指数评价法。综合指数是以大气环境内各评价因子的分指数为基础，经过数学关系式运算而得。因此，如果有几种污染物浓度很低，就有可能把某个污染物浓度较高的情况掩盖起来，或者个别污染物浓度很高有可能把几种污染物浓度较低的情况掩盖起来。这样，用综合指数表征大气环境质量的优劣就偏离了实际。

因此，目前都采用比较直观、简单的单项指数评价法。

其表达式为：

$$I_i = \frac{C_i}{C_S} = \frac{\text{实测浓度}}{\text{质量标准浓度}} \tag{2-17}$$

式中：C_i—— 环境污染物 i 的实测浓度，mg/m^3；

C_S—— 污染物 i 的环境空气质量标准，mg/m^3。

$I_i \geq 1$ 时超标，否则为不超标，其物理意义是某种污染物超过环境质量标准的倍数。

（三）土地利用生态适宜度评价

城市土地利用的生态适宜度分析是在城市生态登记的基础上，针对城市土地的特定用途进行评价和寻求城市土地最优利用方式，它是城市综合环境区划的基础。

1. 生态适宜度分析

（1）主要步骤

① 明确生态规划区范围和范围内可能存在的土地利用方式。在明确生态规划区范围的基础上，将规划市区的 1：1 万（或 1：5 万）地形图上划分网格并编号，每一网格的面积为 1 km^2。并说明各网格内可能存在的土地利用方式或城市用地类型。

② 筛选出对各种土地利用方式（用地类型）有显著影响的生态因子及其影响作用。

③ 对生态规划区的各网格分别进行生态登记（表 2-12）。

表 2-12　城市生态调查表

网格号	人口密度/ （人/km^2）	经济密度/ （亿元/t）	标煤能耗密度/ （t/km^2）	建筑密度/ %	绿地覆盖率/ %	土地条件 （五类）	交通量/ （辆/d）	其他
01								
02								
03								
⋮								
备注	I	II	III	IV	V	VI	VII	

填表说明：I——人口密度指按人口普查方法统计的常住人口密度，对于一些特殊网格，如商业区、文化区，还应注明动态人口密度。

　　　　II——经济密度按国民生产总值计算。

　　　　III——能耗密度，主要调查煤耗密度或将各种能耗都折算为标准煤（万 t/km^2）。

　　　　IV——建筑密度指建筑面积占该网格面积的百分比。

　　　　V——绿地覆盖率的统计方法与园林部门相同。

　　　　VI——土地条件指可供开发利用的部分，一般可分为五级，即：很适宜开发建设，适宜开发建设，基本适宜开发建设，基本不适宜开发建设，不适宜开发建设。划分标准应与城建部门共同商定。

　　　　VII——交通量指网格内主要交通干道（或主要行车线路）平均日车流量。

④制定生态适宜度评价标准。根据各生态因素对给定的土地利用方式的生态影响规律制定出单因子生态适宜度评价标准，在此评价标准的基础上，应用一定的数学处理方法，并结合本地实际情况制定出生态规划区内土地对给定的土地利用方式的综合生态适宜度评价标准。

⑤根据上述工作成果，首先逐网格确定单因子的适宜度评价值，然后应用特定的数学模型由单因子生态适宜度评价值或评分，求出各网格对给定土地利用方式的生态适宜度综合评价值。特定的数学模型必须与第④步所使用的数学模型一致。

⑥编制城市生态规划区生态适宜度综合评价表，同时给出每一土地利用方式的生态适宜度图。

（2）筛选生态适宜度评价因子的原则

筛选生态适宜度评价因子应遵循以下原则：一是所选择的生态因子对给定的利用方式具有较显著的影响；二是所选择的生态因子在各网格的分布存在着较显著的差异性。

城市生态因子很多，根据城市的性质与功能采取专家咨询、调查和效应分析等方法来选取城市主要生态因子，一般包括：土地条件、气象要素、人口密度、经济密度、能耗和水耗密度、建筑与交通密度、人均居住面积、自来水质量、绿地覆盖率、环境质量等因子。

（3）生态适宜度单因子评价标准及评价值分级

①生态适宜度单因子评价标准制定的主要依据。

第一，生态因素（单因子）对给定的土地利用方式（用地类型）的影响作用规律。

第二，生态规划区的实际情况。一方面指该生态因子在生态规划区的时空分布情况；另一方面指该生态规划区社会、经济等有关指标。

②单因子生态适宜度的评价分级。

通常分为三级，即适宜、基本适宜、不适宜；或五级，即很适宜、适宜、基本适宜、基本不适宜、不适宜；或六级，即很适宜、适宜、基本适宜、基本不适宜、不适宜、很不适宜。

（4）生态适宜度综合评价值

在单因子分级评分的基础上，进行各类土地利用方式的综合适宜度分析，计算生态适宜度综合评价值。主要有两种方法。

①直接叠加。

$$B_{ij} = \sum_{s=1}^{n} B_{isj} \qquad (2-18)$$

式中：i —— 网格编号；

j —— 土地利用方式代号（或用地类型代号）；

s —— j 种土地利用方式的生态因子代号；

B_{ij} —— 第 i 个网格，j 种土地利用方式的生态适宜度综合评价值；

B_{isj} —— 第 i 个网格，j 种土地利用方式的 s 生态因子的生态适宜度评价值。

这种直接叠加的方法适用于各生态因子对某种土地利用方式的影响基本相同（或相近）。在我国城市生态规划中，直接叠加法应用较为广泛，实际效果也较好。

② 加权叠加。

当各个生态因子对 j 种土地利用方式的影响有明显差异时，则不宜用直接叠加，而需要用加权叠加。

$$B_{ij} = \sum_{s=1}^{n} W_s B_{isj} \bigg/ \sum_{s=1}^{n} W_s \qquad (2\text{-}19)$$

式中，W_s 为 s 生态因子的权值；其他符号与直接叠加式中符号的含义相同。

在实际工作中，一般只对居住用地及工业用地进行生态适宜度分析。

（5）生态适宜度综合评价值分级

例如：某城市对工业用地进行生态适宜度分析，用直接叠加法计算综合评价值 B_{ij}。综合评价值分为 3 级，即适宜、基本适宜、不适宜。可以因地制宜地用下列办法将具体的综合评价值分为 3 级。

如果该城市对工业用地进行生态适宜度分析时选定的是 5 个生态因子。在单因子评价时，如果 5 个生态因子都是 5 分（5 分制的满分），综合评价值是 25 分，这是"适宜级"的上限；如果 5 个生态因子两个是 5 分，3 个是 4 分作为基本适宜的上限；如果两个 2 分，3 个 1 分作为不适宜的上限，就可得出下列的分级表（表 2-13）。

表 2-13 生态适宜度综合评价值分级表

级 别	适 宜	基本适宜	不适宜
B_{ij} 值	$25 \geqslant B_{ij} > 22$	$22 \geqslant B_{ij} > 7$	$7 \geqslant B_{ij} \geqslant 5$

各个城市如何分级要因地制宜，不要照搬其他城市的方法。

2. 土地利用开发顺序建议

（1）各类用地的选择

根据生态适宜度分析结果确定选择的标准，同时还应考虑国家有关政策、法规以及技术、经济的可行性。在恰当的标准指导下，结合生态适宜度、土地条件等评价结果，划定出城市各类用地的范围。

（2）各类用地的开发次序

建立确定开发次序的标准，制定标准时要充分考虑土地条件、生态适宜度的等级以及经济技术水平。

根据拟定的标准，确定土地的开发次序。

（四）土地资源评价

1．土地资源评价内容

土地资源评价通常包括适宜性评价、生产潜力评价和经济评价。土地适宜性评价是通过对土地的特有属性与特定土地用途的利用要求进行对比，从而达到鉴别土地对某种特定用途的适宜性和限制等级。土地生产潜力评价是要通过对土地自然和经济属性的综合鉴定，并根据土地生产力的大小来划分土地等级。这两种评价在考虑选择综合性的农业生产基地时具有较大参考价值。土地经济评价则主要运用土地利用投入与产出的对比关系来评价土地。

（1）土地适宜性评价

土地适宜性评价方法分为两步法和平行法两种。其中两步法第一步主要进行土地的质量评价，完成土地定性分类；第二步进行经济及社会分析。平行法则是土地的定性分类和经济及社会分析同时进行。两步法首先根据不同的用途对土地进行适宜性分类，然后通过投入产出分析和社会分析对分类结果进行校正。

（2）土地生产潜力评价

土地生产潜力评价又称土地利用能力评价，主要依据土地的自然属性及其对于土地的某种持久利用的限制程度，就土地在该种利用方面的潜在能力等级对其作出划分。土地生产潜力评价是适应大农业生产的土地利用要求而进行的，在农业用地评价中历史较久，应用也很广泛。

（3）土地经济评价

土地作为人类最基本的生产资料，它具有自然和经济双重属性。因此，考察土地质量可以从自然和经济两个角度进行。土地经济评价就是从社会经济角度出发，运用土地的社会经济特性指标来评价土地质量。

2．土地资源评价流程

土地资源评价是在调查各土地要素（土壤、地貌、气候和植被等）性状及其对土地生产力影响的基础上，通过综合分析，评定土地质量或土地适宜性等级。其工作流程如图 2-3 所示。

```
┌─────────────────┐
│   自然环境要素    │
└─────────────────┘
        ↓
┌─────────────────┐
│   选择土地性质    │
└─────────────────┘
        ↓
┌─────────────────┐
│   确定土地质量    │
└─────────────────┘
    ↙    ↓    ↘
┌────────┐ ┌────────┐ ┌────────┐
│ 适宜性评价│ │ 经济评价 │ │ 潜力评价 │
└────────┘ └────────┘ └────────┘
        ↓
┌──────────────────┐
│  确定最佳土地利用方式 │
└──────────────────┘
```

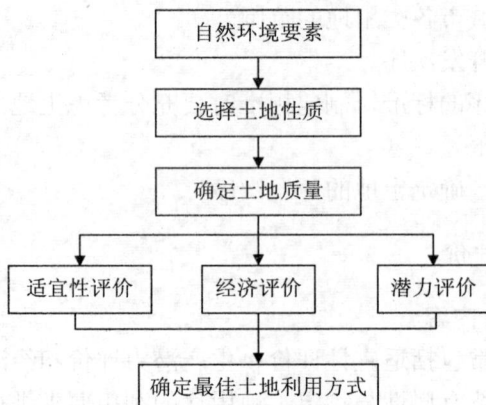

图 2-3　土地资源评价工作流程

（五）生态环境现状评价

生态环境现状评价是在区域生态环境调查的基础上，针对本区域的生态环境特点，分析区域生态环境特征与空间分布规律，评价主要生态环境问题的现状与趋势。

1. 生态环境现状评价的内容

① 自然环境要素：地质、地貌、气候、水文、土壤、植被等方面。

② 社会经济条件：人口、经济发展、产业布局等方面。

③ 人类活动及其影响：土地利用、城镇分布、污染物排放、环境质量状况等方面。

2. 评价方法

生态环境现状评价主要针对目前主要生态环境问题的形成和演变过程，参照《生态功能区暂行规程》（2003 年 5 月 5 日实行）。

3. 生态环境敏感性评价

（1）评价要求

① 敏感性评价应明确区域可能发生的主要生态环境问题类型与可能性大小。

② 敏感性评价应根据主要生态环境问题的形成机制，分析生态环境敏感性的区域分异规律，明确特定生态环境问题可能发生的地区范围与可能程度。

③ 敏感性评价首先针对特定生态环境问题进行评价，然后对多种生态环境问题的敏感性进行综合分析，明确区域生态环境敏感性的分布特征。

（2）评价内容与方法

敏感性一般分为 5 级：极敏感、高度敏感、中度敏感、轻度敏感、不敏感。

① 土壤侵蚀敏感性。建议以通用土壤侵蚀方程（USLE）为基础，综合考虑降水、地貌、植被与土壤质地等因素，运用地理信息系统来评价土壤侵蚀敏感性及其空间分布特征。

② 沙漠化敏感性。可以用湿润指数、土壤质地及起沙风的天数等来评价区域沙漠化敏感性程度。

③ 盐渍化敏感性。土壤盐渍化敏感性是指旱地灌溉土壤发生盐渍化的可能性。可根据地下水位来划分敏感区域，再采用蒸发量、降雨量、地下水矿化度与地形等因素划分敏感性等级。

④ 石漠化敏感性。可以根据评价区域是否为喀斯特地貌、土层厚度以及植被覆盖度等进行评价。

⑤ 酸雨敏感性。可根据区域的气候、土壤类型与母质、植被及土地利用方式等特征来综合评价区域的酸雨敏感性。

4．生态服务功能重要性评价

（1）评价要求

① 生态服务功能重要性评价是针对区域典型生态系统，评价生态系统服务功能的综合特征。

② 生态服务功能评价应根据评价区生态系统服务功能的重要性，分析生态服务功能的区域分异规律，明确生态系统服务功能的重要区域。

（2）评价内容与方法

生态服务功能重要性共分 4 级，分为极重要、中等重要、较重要、不重要。生态服务功能重要性评价是对每一项生态服务功能按照其重要性划分出不同级别，明确其空间分布，然后在区域上进行综合。

四、环境现状调查和评价

环境现状调查和评价是对所要规划区域的自然、社会、经济、土地、水资源、生态、生活，以及环境质量进行调查、分析，作出相应评价。城市环境规划现状调查和评价内容见表 2-1。

任务 3　环境预测

一、环境预测基础

环境规划是一个多目标、多层次、多个子系统的研究与技术开发工作，具有综合性、区域性、长期性、政策性等特点，主要包括环境区划、环境预测、环境规划优化或系统模拟等环节，需要运用各种方法与技术。环境规划工作的关键是合理筛选运用各种不同的方法，将其组成一个方法体系，恰当运用一系列方法与技术完成规划任务，其中环境预测技术就是规划中关键技术之一。

（一）预测的定义

预测是指对研究对象的未来发展作出推测和估计，也就是说，预测就是对事物发展变化的未来作出科学的分析和判断。

环境预测是根据已掌握的情报资料和监测数据，对未来的环境发展趋势进行的估计和推测，为提出防止环境进一步恶化和改善环境的对策提供依据。

由于环境管理的职能是协调各方面的关系，规范各方面的行为，以避免环境问题的发生，或减少环境问题的危害。在这些环境管理活动中，需要不断分析形势、了解情况和估计后果，这些都需要预测。

为了使环境管理有效，首先需要能正确地确定决策目标和管理方案。而这都要以有一个正确的环境预测结果为前提，这样才能使作出的决策具有正确性，制订的方案具备可行性。

（二）预测的原理

首先，大家共同认为环境是一个整体，组成环境的各种要素以不同的方式构成一个系统。系统各要素之间存在着千丝万缕的联系。从更高的层次来看，自然环境系统与人类社会系统又结成了一个更大的复杂系统。系统中的这两大系统之间也同样存在着极其复杂而又十分明确的联系和相互作用关系，尽管环境状态的变化极其复杂，且带有较大的随机性，但由于它是客观存在的，因而是可以被认识的。特别是我们可以通过调查、监测了解它的过去和现在，确定出它们的变化规律，以此为基础，对环境状态的变化作出比较正确的估计和预测。预测主要依据以下基本原理。

1．可知性

任何事情都有其产生和发展规律，规律是固有的，只有掌握规律，才能根据过去和现在预测未来。

2．风险性

由于未来影响因素的复杂性和多变性，预测对象的未来状态也是多变的，因此预测结果只具有概率的统计性，因而使得预测具有一定的风险。

3．相似性

把预测对象与某种已知类似的事物相比较，通过已知事物的变化来推算预测对象的未来状态。

4．反馈性

把预测结果反馈到决策和规划系统，实现预测为决策和规划服务的目的，指导当前的决策行为。

5．系统性

系统是一个互相关联的、多要素的、具有特定功能的有机整体，任何一个事物都可以看成是一个系统，从分析系统的结构和功能入手，研究其内部的相互联系和变化规律，为预测系统的未来服务。

6．可控性

预测对象的发展趋势是有条件的，改变条件就会影响它的发展趋势。预测不仅要预测未来，还要分析造成结果的原因，并通过控制条件改变预测结果。

7．主观性

预测的五个基本要素（预测者、预测对象、信息、预测理论方法和手段、预测结果）中预测者是预测主体，预测者的经验、学识、能力决定着预测结果的真实性。

（三）预测的程序与步骤

环境预测工作因其内容、要求不同，因而其工作程序也不会完全一样。但一般来说，预测工作的程序还是可以大致分为四个阶段和11个步骤。

1．准备阶段

（1）确定预测目的和任务

按照环境决策管理的需要，确定预测的对象、目的与具体任务是进行预测的前提。由于它关系到预测工作的其他各个步骤，因此对于这一阶段工作的要求是目标明确、任务具体。

（2）确定预测时间

根据上述预测目的和任务的要求，规定预测的时间期限。

（3）制订预测计划

预测计划是预测目的的具体化，制订规划预测的具体工作计划，如安排预测人员、预测期限、预测经费、情报获取的途径等。

2．收集并分析信息阶段

（1）收集预测资料

环境预测，必须有充分的历史和现实数据，因此在明确任务之后，必须围绕环境预测目标，收集有关的数据和资料。这些数据资料，来源必须明确、可靠，结论必须正确、可信。

（2）资料的分析检验

由于资料和情报是预测的基础，因此数据、资料中必须能包含有可以反映预测对象的特性和变动倾向的信息。在这里，一方面，要尽可能将有关原始资料收集完整；另一方面，又要对资料进行加工整理、分析和选择，剔除非正常因素的干扰，对各相关因素进行测定和调整。

3. 预测的分析阶段

（1）选择预测方法

根据不同的具体情况，选用不同的环境预测方法。主要是根据该环境过程的特点、资料的占有情况、预测目的所要求的精确程度，以及进行预测的人力、时间和费用限制等情况，正确选择可行的预测方法。

（2）建立预测模型

环境预测模型是在正确认识经济社会发展对环境质量影响的客观基础上建立的。它应该能够反映预测对象的基本特征与经济、环境之间的本质联系，能够较准确地反映该预测对象内部因素与外部因素的相互制约关系。因此所建立的预测模型正确与否，是预测结果准确与否的关键。

（3）进行预测计算

将收集到的环境信息以及有关的数据资料置入所建立的环境预测模型中计算，求出初步的环境预测结果。

（4）检验预测结果

环境预测的初步结果，往往不可能十分精确。因此，还需要对预测结果进行分析、检验，以确定其可信程度。如果误差太大，则需要分析产生误差的原因，以决定是否要对模型进行修改，重新计算，或者是对预测结果做必要的调整。

4. 预测结果的输出与提交

（1）输出预测结果

当预测结果满足精确度要求后，可将预测的结果给予输出。

（2）提交预测结果

当预测结果输出后，按要求提交给决策部门，以制定合适的规划目标和规划方案。

（四）典型预测方法简介

根据预测结果，预测方法一般可分为两类：定性预测和定量预测。

1. 定性预测方法

定性预测方法是以逻辑思维推理为基础，根据多年的环境监测资料进行回顾分析，运用经验等对未来环境状况作出定性描述和环境交叉影响分析，主要方法有专家预测法、特尔菲预测法和历史回顾法等。

（1）专家预测法

专家预测法常分为专家个人判断预测法和专家会议预测法两种。专家个人判断预测法是由专家个人自己判断，可以最大限度地发挥个人的创造性和思维能力，不受外界的影响，没有心理压力，但受到专家知识面、个人经历、个人能力的影响。专家会议预测法是通过组织多名专家参加的会议进行预测，专家以 10～15 人为宜。与专家个人判断预测法相比，其优点为：信息量大，全面具体，分析细致；缺点是：代表层次不齐，容易受到心理影响，可能忽视少数人的意见，隐藏部分真实态度等。

（2）特尔菲预测法

特尔菲预测法又称为匿名调查征询法，方法首先成立由10～40人组成的专家组，提供资料和数据，专家们背靠背按自己的想法提出预测意见，工作人员对专家的意见汇总整理，把这些不同的意见和理由反馈给各位专家，专家再提出新的预测意见，经过 3～5 轮的反复，达成基本一致的看法，取得比较统一的预测结果。

2．定量预测技术

以统计学、运筹学、系统论、控制论等为基础，通过辨识建立各种预测模型，用数学或物理模拟进行环境预测。环境规划中常用的方法有以下几种。

（1）约束外推预测法

在环境预测中常用的有时间序列预测与移（滑）动平均法。

① 时间序列预测常用模型。

直线预测模型：

$$y_t = a + bt \tag{2-20}$$

二次曲线模型：

$$y_t = a + bt + ct^2 \tag{2-21}$$

指数外推预测模型：

$$y = ae^{bt} \tag{2-22}$$

修正指数曲线模型：

$$y_t = k + ab^t \tag{2-23}$$

龚帕兹预测模型：

$$y = ka^{bx} \tag{2-24}$$

逻辑增长曲线预测模型：

$$y = \frac{k}{1 + be^{-at}} \tag{2-25}$$

式中：y_t，y —— 预测值，因变量；

$\quad a$，b，c —— 参数、常数；

$\quad t$，x —— 自变量，时间变量；

$\quad k$ —— 模型参数，极限值；

$\quad$ e —— 自然数。

② 移动平均法。

移动平均法又分成一次移动平均法、二次移动平均法和三次移动平均法等。简单移动平均法为：

$$y_t = \frac{1}{n}\left[y_t + y_{t-1} + y_{t-2} + L + y_{t-(n-1)}\right] \tag{2-26}$$

（2）回归分析与相关分析

回归分析与相关分析在环境预测中经常采用。如果两个变量中的一个变量是人力可以控制的、非随机的，则称为控制变量；另一个变量是随机的，随控制变量发生变化，则变量间的关系称为回归关系。如果两个变量都是随机的，则它们的关系为相关关系。一元线性回归由一个或一组非随机变量来估算或预测某一随机变量的观测值时，所建立的数学模型以及进行的统计分析叫回归分析，如果关系是线性的称为线性回归分析。

线性回归函数：

$$y = a + bx + \varepsilon \tag{2-27}$$

式中，ε 为随机误差。

未知数 a，b 的估计，一般采用高斯的最小二乘法；

在 $x=x_i$ 处：偏差 $\Delta y_i = y_i - (a + bx_i)$，$i = 1$，2，3，$\cdots$，$n$。

偏差平方和：

$$Q = \sum_{i=1}^{n}(\Delta y_i)^2 = \sum_{i=1}^{n}(y_i - a - bx_i)^2 \tag{2-28}$$

使 Q 达到极小的 a，b 作为 a，b 的估计：

$$\frac{\partial Q}{\partial a} = -2\sum_{i=1}^{n}\left[y_i - (a + bx_i)\right] = 0 \tag{2-29}$$

$$\frac{\partial Q}{\partial a} = -2\sum_{i=1}^{n}\left[y_i - (a + bx_i)\right]x_i = 0 \tag{2-30}$$

整理得：

$$na + \sum_{i=1}^{n}x_i b = \sum_{i=1}^{n}y_i \tag{2-31}$$

$$\sum_{i=1}^{n}x_i a + \sum_{i=1}^{n}x_i^2 b = \sum_{i=1}^{n}x_i y_i \quad（称为正规方程） \tag{2-32}$$

$$\overline{x} = \frac{1}{n}\sum_{i=1}^{n}x_i \tag{2-33}$$

$$\overline{y} = \frac{1}{n}\sum_{i=1}^{n}y_i \tag{2-34}$$

$$\hat{a} = \overline{y} - \hat{b}\overline{x} \tag{2-35}$$

$$\hat{b} = \frac{\displaystyle\sum_{i=1}^{n}(x_i - \overline{x})(y_i - \overline{y})}{\displaystyle\sum_{i=1}^{n}(x_i - \overline{x})^2} \tag{2-36}$$

得回归方程：

$$\hat{y} = \hat{a} + \hat{b}x \tag{2-37}$$

$$\hat{y} - \overline{y} = \hat{b}(x - \overline{x}) \tag{2-38}$$

（3）其他预测方法

在环境预测中还有采用决策树图预测法、马尔科夫预测法、灰色系统预测法、箱式模型预测法等，选用何种预测方法，应根据环境条件、资料、技术等情况决定。下面介绍常见的灰色系统预测法。

灰色模型 GM（1，1）是邓聚龙 20 世纪 80 年代初期正式发表的新型理论。设原始数据数列为 $x^{(0)}$，即：

$$x^{(0)}(0), x^{(0)}(1), x^{(0)}(2), \cdots, x^{(0)}(n)$$

令 $x^{(1)}(k) = \sum_{i=1}^{k}x^{(0)}(i)$，即通过对原始数据的累加得到生成数列 $x^{(1)}$：

$$x^{(1)}(1), x^{(1)}(2), x^{(1)}(3), \cdots, x^{(1)}(n)$$

利用 $x^{(1)}$ 数列可以建立微分方程：

$$\frac{\mathrm{d}x^{(1)}}{\mathrm{d}t} + ax^{(1)} = u \qquad (2-39)$$

解得到白化形式微分方程：

$$\hat{x}^{(1)}(k+1) = [x^{(0)}(1) - \frac{u}{a}]\mathrm{e}^{-ak} + \frac{u}{a} \qquad (2-40)$$

式中，a，u 为参数，按最小二乘法解出，即：

$$\hat{a} = \begin{bmatrix} a \\ u \end{bmatrix} = (B^T B)^{-1} B^T Y_N \qquad (2-41)$$

$$B = \begin{bmatrix} [x^{(1)}(1) + x^{(1)}(2)]/2 & 1 \\ [x^{(1)}(2) + x^{(1)}(3)]/2 & 1 \\ \vdots & \vdots \\ [x^{(1)}(n-1) + x^{(1)}(n)]/2 & 1 \end{bmatrix} \qquad (2-42)$$

$$Y_N = x^{(0)}(2), \ x^{(0)}(3), \ \cdots, \ x^{(0)}(n) \qquad (2-43)$$

式中，$x^{(1)}(k+1)$ 为累加数列的预测值，对 $x^{(1)}$ 数列进行还原，得到 $x^{(0)}$ 数列的预测值。即：

$$\hat{x}^{(0)}(k+1) = \hat{x}^{(1)}(k+1) - \hat{x}^{(1)}(k) \qquad (2-44)$$

3. 定量预测举例

【例1】由下表给定数据，利用相关关系确定水稻产量对化肥用量的回归直线方程。

稻田施肥量与产量关系

序号	x_i	y_i	x_i^2	y_i^2	$x_i y_i$	$\bar{y}_i$
1	15	330	225	108 900	4 950	325.18
2	20	345	400	119 025	6 900	351.79
3	25	365	625	133 225	9 125	378.40
4	30	405	900	164 025	12 150	405.00
5	35	445	1 225	198 025	15 575	431.01
6	40	490	1 600	240 100	19 600	458.22
7	45	455	2 025	207 025	20 475	484.82
Σ	210	2 835	7 000	1 170 325	88 775	

解题步骤：

（1）确定呈直线趋势

（2）计算 $\sum x$、$\sum y$、$\sum x^2$、$\sum xy$、$\sum y^2$

（3）求 L_{xx}、L_{xy}、$\hat{x}$、$\hat{y}$

$$L_{xx} = \sum_{i=1}^{n} x_i^2 - \frac{1}{n}\left(\sum_{i=1}^{n} x_i\right)^2$$

$$L_{xy} = \sum_{i=1}^{n} x_i y_i - \frac{1}{n}\left(\sum_{i=1}^{n} x_i\right)\left(\sum_{i=1}^{n} y_i\right)$$

$$\hat{x} = \frac{1}{n}\sum_{i=1}^{n} x_i$$

$$\hat{y} = \frac{1}{n}\sum_{i=1}^{n} y_i$$

（4）计算 a 和 b

$$a = \hat{y} - b\hat{x}$$

$$b = \frac{L_{xy}}{L_{xx}}$$

（5）得到线性回归方程

$$\hat{y} = \hat{a} + \hat{b}x$$

解：L_{xx}=700；L_{xy}=3 725；b=3 725/700=5.321 4；$a = \hat{y} - b\hat{x}$ =405−5.321 4×30= 245.36。

则回归方程为：$\hat{y} = 245.36 + 5.321 4x$

【例 2】某厂废水排放量数据如下表所示，试建立灰色模型并预测 2012 年的废水量。

年度废水产生量统计

年份	2006	2007	2008	2009	2010
排放量/万 t	2.874	3.278	3.337	3.390	3.679

解：由原始数列建立新数列：

$x^{(1)}(1) = x^{(0)}(1) = 2.874$

$$x^{(1)}(2) = x^{(0)}(1) + x^{(0)}(2) = 2.874 + 3.278 = 6.152$$

$$x^{(1)}(3) = x^{(0)}(1) + x^{(0)}(2) + x^{(0)}(3) = 2.874 + 3.278 + 3.337 = 9.489$$

$$x^{(1)}(4) = 12.879$$

$$x^{(1)}(5) = 16.558$$

$$Z^{(1)}(1) = \frac{1}{2}\left[x^{(1)}(1) + x^{(1)}(2)\right] = \frac{1}{2}(2.874 + 6.152) = 4.513$$

$$Z^{(1)}(2) = \frac{1}{2}\left[x^{(1)}(2) + x^{(1)}(3)\right] = 7.82$$

$$Z^{(1)}(3) = \frac{1}{2}\left[x^{(1)}(3) + x^{(1)}(4)\right] = 11.184$$

$$Z^{(1)}(4) = \frac{1}{2}\left[x^{(1)}(4) + x^{(1)}(3)\right] = 14.718\,5$$

因此：

$$\boldsymbol{B} = \begin{bmatrix} -Z^{(1)}(1) & 1 \\ -Z^{(1)}(2) & 1 \\ \vdots & \vdots \\ -Z^{(1)}(n-1) & 1 \end{bmatrix} = \begin{bmatrix} -4.513 & 1 \\ -7.82 & 1 \\ -11.184 & 1 \\ -14.718\,5 & 1 \end{bmatrix}$$

$$\boldsymbol{Y}_N = \begin{bmatrix} 3.278 \\ 3.337 \\ 3.39 \\ 3.679 \end{bmatrix}$$

$$\hat{a} = \begin{bmatrix} a \\ u \end{bmatrix} = \begin{bmatrix} \begin{bmatrix} -4.513 & 1 \\ -7.82 & 1 \\ -11.184 & 1 \\ -14.718\,5 & 1 \end{bmatrix}^{T} \begin{bmatrix} -4.513 & 1 \\ -7.82 & 1 \\ -11.184 & 1 \\ -14.718\,5 & 1 \end{bmatrix} \end{bmatrix}^{-1} \begin{bmatrix} -4.513 & 1 \\ -7.82 & 1 \\ -11.184 & 1 \\ -14.718\,5 & 1 \end{bmatrix}^{T} \begin{bmatrix} 3.278 \\ 3.337 \\ 3.39 \\ 3.679 \end{bmatrix}$$

$$= \begin{bmatrix} 423.3 & -38.23 \\ -38.23 & 4 \end{bmatrix}^{-1} \begin{bmatrix} -4.513 & -7.82 & -11.184 & -14.718\,5 \\ 1 & 1 & 1 & 1 \end{bmatrix} \begin{bmatrix} 3.278 \\ 3.337 \\ 3.39 \\ 3.679 \end{bmatrix}$$

$$= \begin{bmatrix} -0.037\,2 \\ 3.065 \end{bmatrix}$$

$a = -0.037\,2$；$u = 3.065$；$u/a = -82.392$。

因此：模型为 $\hat{x}(k) = 85.266\exp[0.037\,2(k-1)] - 82.392$

当 $k=6$ 时，$\hat{x}^{(1)}(6) = 20.304$；当 $k=7$ 时，$\hat{x}^{(1)}(7) = 24.197$

则：2012 年预测量为 $\hat{x}^{(0)}(7) = \hat{x}^{(1)}(7) - \hat{x}^{(1)}(6) = 3.893$

二、环境预测概述

（一）环境预测的定义

预测是指运用科学的方法对研究对象的未来行为与状态进行主观估计和推测。环境预测就是以人口预测为中心，以社会经济预测和科学技术预测为基础，对未来的环境预测发展趋势进行定性与定量相结合的轮廓描绘，并提出防止环境进一步恶化和改善环境的对策。

环境预测过程是在环境现状调查与评价和科学实验基础上，结合社会经济发展状况，对环境的发展趋势进行的科学分析。环境预测是环境规划科学决策的基础。预测—规划—决策所形成的完整体系，是整个环境规划工作的核心。

（二）环境预测的依据

环境预测的主要目的是要预先推测出在经济社会发展的同时，预测规划年达到的环境状况，以便在时间上和空间上做出相应的安排和部署。所以，环境预测与经济发展密切相关，并且把经济社会发展规划（发展目标）作为环境预测的主要依据。如工业产值、农业产值、各行业产值、产品产量、人口、城镇发展规模、交通运输及其他行业发展规划等，这些都是环境预测的重要依据。

① 规划区环境质量评价是环境预测的基础工作和依据。通过环境评价，一方面探索出经济社会发展与环境之间内在关系和变化规律，另一方面为建立规划模型（预测、决策）提供足够的信息、资料打下基础。

② 规划区内经济与社会发展规划中各水平年的发展目标是环境预测的主要依据。一个地区的经济社会发展与环境质量状况存在着一定的相关性。利用这种关系作出未来环境状况的科学预测。在计划经济指导下，没有这方面的信息资料，就无法作出科学的环境预测。

③ 城镇（乡村）建设发展规划为环境预测提供必要的数据资料。当前环境保护的重点还在城市，如城市集中供热、发展型煤、煤气、污水处理厂、绿化等环境建设，这直接关系到未来环境质量状况，这些数据资料都是环境预测不可缺少的组成部分。

④ 城镇总体发展战略和发展目标，交通运输等有关资料都是环境预测的依据。

（三）环境预测的内容

1. 社会发展和经济发展预测

社会发展、经济发展是环境预测的基本依据。社会发展预测重点是人口预测，其他要素因时因地确定。经济发展预测要注意经济社会与环境各系统之间和系统内部的相互联系和变化规律。重点是能源消耗预测、国民生产总值预测、工业总产值预测，同时对经济布局与结构、交通和其他重大经济建设项目做必要的预测与分析。经济发展预测要注重选用社会和经济部门（特别是计划部门）的资料和结论。

2. 环境污染预测

参照环境规划指标体系的要求选择预测内容，污染物宏观总量预测的重点是确定合理的排污系数（如单位产品和万元工业产值排污量）和弹性系数（如工业废水排放量与工业产值的弹性系数）；环境质量预测的要点是确定排放源与汇之间的输入响应关系。

预测的项目和预测的深度还可以根据规划区具体情况和规划目标选定，如重大工程建设的环境效益或影响、土地利用、自然保护、区域生态环境趋势分析、科技进步及环保效益预测等。

3. 环境容量和资源预测

根据区域环境功能的区划、环境污染状况和环境质量标准来预测区域环境容量的变化，预测区域内各类资源的开采量、储备量以及资源的开发利用效果。

4. 环境治理和投资预测

各类污染物的治理技术、装置、措施、方案以及污染治理的投资和效果的预测；预测规划期内的环境保护总投资、投资比例、投资重点、投资期限和投资效益等。

5. 生态环境预测

城市生态环境，包括水资源的储量、消耗量、地下水位等，城市绿地面积、土地利用状况和城市化趋势等；农业生态环境，包括农业耕地数量和质量，盐碱地的面积和分布，水土流失的面积和分布；此外，还包括区域内的森林、草原、沙漠等的面积、分布以及区域内的物种、自然保护区和旅游风景区的变化趋势。

（四）环境预测结果的综合分析

对预测结果进行综合分析评价，目的是找出主要环境问题及其主要原因，并由此规定规划的对象、任务和指标。预测的综合分析主要包括以下内容。

1. 资源态势和经济发展趋势分析

分析规划区的经济发展趋势和资源供求矛盾，同时分析影响经济发展的主要制约因素，以此作为制定发展战略、确定规划区功能的重要依据。

2．环境污染发展趋势分析

明确必须控制的主要污染物、污染源、污染地域或受污染的环境介质；明确大气、水体的环境质量变化趋势，指出其与功能要求的差距，确定重点保护对象，必要时，可定量给出污染造成的危害和损失（如经济损失、健康危害）等。以此加强规划的重要性和说服力。

3．环境风险分析

环境风险有两种类型：一类是指一些重大的环境问题，如全球气候变化、臭氧层破坏或严重的环境污染问题等，一旦发生会造成全球或区域性危害甚至灾难；另一类是指偶然的或意外发生事故对环境或人群安全和健康的危害。这类事故所排放的污染物往往量大、集中、浓度高，危害也比常规排放严重，如核电站泄漏事故、化工厂爆炸、采油井喷、海上溢油、水库溃坝、交通运输中有毒物质的溢泄、电厂水库溃坝等。对环境风险进行预测，有针对性地采取措施，防患于未然，在事故发生时可减少损失。

三、社会经济发展预测

（一）人口预测

人口预测就是根据一个国家、一个地区人口的现状，考虑到社会政治经济条件对人口再生产和转化的影响，分析其发展规律及趋势，以协助政府决策机构制定政策，选择人口的最佳发展方案，提出改进措施，以使人口的发展更加适应物质资料生产发展的要求。严格说来，人口预测包括对未来人口发展各个方面的测算和预报，以及为了消除人口未来发展的不利影响而作出的措施和决策。但是，由于后一方面的内容通常涉及政策制定和社会管理方面的任务，因此人口预测一般仅指前一方面的内容，仅限于对人口未来发展趋势的测算和预报。

人口预测考虑人口自然变动的出生率、死亡率和社会变动的迁移率。数学模型可表示为：

$$N_t = N_0 e^{k(t-t_0)} \tag{2-45}$$

式中：N_t——预测年人口数，人/a；

　　N_0——基准年人口数，人/a；

　　k——人口增长率。

人口预测的结果是否准确，主要取决于下列因素：首先在于人们是否充分认识了人口规律的客观要求和发展的必然性，其次在于数学模型所使用的方法是否正确，是否能反映一定人口规律的作用机制。

（二）国内生产总值预测

一个国家的宏观经济状况可以用一些经济指标来说明，这组经济指标包括国内生产总值（GDP）、通货膨胀率和失业率。其中最重要的是国内生产总值，因为这个指标衡量整体经济的状况。

国内生产总值是指一国一年内所生产的最终产品（包括产品与劳务）市场价值的总和。是指一国在本国领土内所生产的产品与劳务，既包括本国企业所生产的产品与劳务，也包括外国企业或合资企业在本国生产的产品与劳务；是指一年内生产出来的产品总值，因此，在计算时不应包括以前所生产的产品价值；是指最终产品的总值，因此，在计算时不应包括中间产品产值，以避免重复计算。

国内生产总值预测的数学模型为：

$$Z_{\mathrm{GDP}t} = Z_{\mathrm{GDP}0}(1+\alpha)^{(t-t_0)} \tag{2-46}$$

式中：$Z_{\mathrm{GDP}t}$ —— t 年 GDP 数；

$Z_{\mathrm{GDP}0}$ —— 预测起始年 GDP 数；

α —— GDP 年增长速率。

（三）能耗预测

能源主要包括原煤、石油、天然气，各种能耗按规定折算成每千克发热量 7 000 cal 的标准煤，原煤系数为 0.714，原油系数为 1.43，天然气系数为 1.33。

1. 能耗指标

（1）产品综合能耗

单位产值综合能耗=总耗能量/产品总产值

单位产品综合能耗=总能耗/产品总产量

（2）能源利用率

能源利用率=有效利用能量/供给总能量

（3）能源消耗弹性系数 e

能源消耗弹性系数=年平均能源消耗量增长速度/年平均经济增长速度

$$e = \frac{\Delta E / E}{\Delta G / G} \tag{2-47}$$

式中：ΔE —— 能耗增长量；

E —— 能耗量；

ΔG —— 总产值增长量；

G —— 总产值。

2. 能耗预测办法

（1）人均能量消耗法

调查表明：维持生存 0.4 $t/$（a·人）；满足基本生活需求 1.2～1.4 $t/$（a·人）；现代生活超过 1.6 $t/$（a·人）。

（2）能源消耗弹性系数 e

由能源消耗弹性系数 e 和国民经济增长速度 α 粗略预测能耗增长速度 β：

$$\beta = e \cdot \alpha$$

e 工业初期大于 1.2，指能耗增长大于产值增长；e 一般为 0.4～1.1。

能耗量计算式为：

$$E_t = E_0(1+\beta)^{(t-t_0)} \tag{2-48}$$

四、水环境预测

（一）定义

水环境预测是指根据现有掌握的水环境的信息、资料和规律，运用现代科学手段和方法，对未来的水环境状况和发展趋势及主要污染物和污染源的动态变化进行描述和分析。主要包括排污量预测和水环境质量预测。

（二）水污染源预测

水污染源是指造成水污染的污染物的来源或源头，即向水环境排放有害物质或对水环境产生有害影响的场所、设备、装置或人体。它是水污染的源头，包括分散的点源和相对集中的非点源。控制污染源、减少污染物是预防水环境污染、改善水环境质量的根本。

造成水体污染的因素是多方面的。按属性可分为天然污染源和人为污染源；按排放物种类可分为有机污染源、无机污染源和混合污染源；按人类社会功能可分为工业污染源、农业污染源和生活污染源。随着工农业生产的发展、城镇规模的扩大和社会经济的繁荣，大量的工业废水、生活污水、农业退水进入水体，这是水体污染日益严重的主要原因。

1. 工业废水排放量预测

工业废水排放量可以采用以下公式计算:

$$W_t = W_0(1 + r_w)^{(t-t_0)} \tag{2-49}$$

式中: W_t —— 预测年工业废水排放量;

$\quad\quad W_0$ —— 基准年工业废水排放量;

$\quad\quad r_w$ —— 工业废水排放年增长率,可以分析统计资料求得或根据经验估计;

$\quad\quad t-t_0$ —— 预测年与基准年时间间隔。

2. 工业污染物排放量预测

工业污染物排放量可以采用以下公式计算:

$$W_i = (q_i - q_0)C_{on} \times 10^{-2} + W_0 \tag{2-50}$$

式中: W_i —— 预测年份某污染物排放量;

$\quad\quad q_i$ —— 预测年份工业废水排放量;

$\quad\quad q_0$ —— 基准年工业废水排放量;

$\quad\quad C_{on}$ —— 废水中污染物浓度或排放标准;

$\quad\quad W_0$ —— 基准年污染物排放量。

预测时注意考虑生产规模和技术进步的双重影响。

3. 生活污水量预测

生活污水量预测公式为:

$$Q = 0.365AF \tag{2-51}$$

式中: Q —— 生活污水量,万 m^3;

$\quad\quad A$ —— 预测年份人口数,万人;

$\quad\quad F$ —— 人均生活污水量,L/(d·人);

$\quad\quad 0.365$ —— 单位换算系数。

(三)水环境质量预测

水环境质量预测(以下简称水质预测)是根据水体质量的历史资料或现状,结合未来人口和经济社会的发展需求,经过定性的经验分析或通过水质数学模型的计算,探讨水环境质量的变化趋势,为控制水污染的规划和决策提供依据。下面以河流为例介绍常用的水质模型。

河流水质数学模型是描述水体中污染物随时间和空间迁移转化规律的数学方程(微分、差分、代数等)。水质模型的建立可以为排入河流中污染物的数量与河水水质之间提供定量描述，从而为水质预测分析提供依据。它是水体环境影响评价与规划的有力工具。

　　如果从斯特里特-菲尔普斯（Streeter-Phelps）在 1925 年第一次建立水质模型算起，经过了多年，人们已经提出了许多的水质模型。水质模型按时间特性分为动态模型和静态模型。描写水体中水质组分的浓度随时间变化的水质模型称为动态模型，描述水体中水质组分的浓度不随时间变化的水质模型称为静态模型。按空间维数分为零维、一维、二维、三维水质模型。当把所考察的水体看成是一个完全混合反应器时，水体中水质组分的浓度是均匀分布的水质模型称为零维水质模型；描述水质组分的迁移变化在一个方向上是主要的，在另外两个方向上是均匀分布的水质模型称为一维水质模型；描述水质组分的迁移变化在两个方向上是重要的，在另外的一个方向上是均匀分布的水质模型称为二维水质模型；描述水质组分的迁移变化在三个方向进行的水质模型称为三维水质模型。按描述水质组分的多少分为单一组分和多组分水质模型。按水体的类型可分为河流水质模型、河口水质模型（受潮汐影响）、湖泊水质模型、水库水质模型和海湾水质模型等。按水质组分分耗氧有机物模型（BOD-DO 模型）、无机盐、悬浮物、放射性物质等单一组分的水质模型，难降解有机物水质模型，重金属迁移转化水质模型。按其他方法分类，可把水质模型分为水质—生态模型、确定性模型和随机模型、集中参数模型和分布参数模型，以及线性模型和非线性模型等。

　　目前，在水质模型的研究中，比较多地关注了河流中的生化需氧量和溶解氧之间关系的模型、碳和氮的形态模型、热污染模型、细菌自净模型等。因此，这些模型相对比较成熟。对重金属、复杂的有机毒物的水质模型了解得较少，对营养物的非线性和时变的交互反应了解得更少，而且这些模型比较复杂。在此只介绍一些常见的水质模型。

1．河流的混合稀释模型

　　废水排入水体后，最先发生的过程是混合稀释。水体的混合稀释、扩散能力与其水体的水文特征密切相关。污水排入河流的入河口称为污水注入点，污水注入点以下的河段，污染物在断面上的浓度分布是不均匀的，靠污水注入点一侧的岸边浓度高，远离排放口对岸的浓度低。随着河水的流逝，污染物在整个断面上的分布逐渐均匀。污染物浓度在整个断面上变为均匀一致的断面，称为水质完全混合断面。把最早出现水质完全混合断面的位置称为完全混合点。污水注入点和完全混合点把一条河流分为三部分。污水注入点上游称为初始段或背景河段，污水注入点到完全混合点之间的河段称为非均匀混合河段或混合过程段，完全混合点的下游河段称为均匀混合段。

　　当污染物进入河流后能与河水完全混合，水质模型为：

$$C_B = \frac{q_{vo}C_{B0} + q_v C_{Bi}}{q_{vo} + q_v} \qquad (2-52)$$

式中：C_B —— 河流下游断面污染物浓度；

C_{B0} —— 河流上游断面污染物浓度；

C_{Bi} —— 河流流入污水中污染物浓度；

q_{vo} —— 河流上游断面河水流量；

q_v —— 旁侧污水流量。

该模型适用于相对较窄的河流，适合、稳态、均匀、排污有规律，污染物难降解的状况，主要用于可溶性盐类、悬浮固体等的预测。

若考虑污染物削减，模式变为：

$$C_B = \frac{(1-k)(q_{vo}C_{B0} + q_v C_{Bi})}{q_{vo} + q_v} \qquad (2-53)$$

式中：k —— 削减综合系数，可用上式反推计算。

对于较宽的大中河流，若为稳态流，污染物均匀排放，污染物是保守的，稀释混合后污染物浓度预测式为：

$$C_{Bmax} = C_B + (C_{Bi} - C_B)\exp\left(-a \cdot \sqrt[3]{x}\right) \qquad (2-54)$$

式中：C_{Bmax} —— 河流断面最大可能浓度；

C_{Bi} —— 废水某种污染物浓度；

C_B —— 假如废水与河流完全混合后污染物浓度；

x —— 排放口至计算断面的距离。

a 是取决于水利条件的系数，即：

$$a = \varphi \xi \sqrt[3]{\frac{D}{q_v}} \qquad (2-55)$$

式中：φ —— 河道弯曲系数，即 $\varphi = L/L_0$；

L —— 河道实际长度；

L_0 —— 排放口至计算断面的直线距离；

ξ —— 排放口位置系数，岸边排放 $\xi = 1$，水体内排放 $\xi = 1.5$；

q_v —— 废水排放量；

D —— 扩散系数，由马卡耶夫公式计算：

$$D = \frac{g \cdot h \cdot v}{2m_b S} \quad\quad (2\text{-}56)$$

式中：g—— 重力加速度；

h—— 河水平均深度；

v—— 河流断面平均流速；

S—— 谢才系数；

m_b—— 布辛淀斯克系数，取 22.3 m/s。

2. Streeter-Phelps（S-P）模型

描述河流水质的第一个模型是由斯特里特（H. Streeter）和菲尔普斯（E. Phelps）在 1925 年提出的，简称 S-P 模型。S-P 模型迄今仍得到广泛的应用，它也是各种修正和复杂模型的先导和基础。S-P 模型用于描述一维稳态河流中的 BOD-DO 的变化规律。

S-P 模型的建立基于两项假设：

① 只考虑好氧微生物参加的 BOD 衰减反应，并认为该反应为一级反应。

② 河流中的耗氧只是 BOD 衰减反应引起的。BOD 的衰减反应速率与河水中溶解氧（DO）的减少速率相同，复氧速率与河水中的亏氧量 D 成正比。

S-P 模型的基本方程为：

$$\frac{dL}{dt} = -k_1 L \quad\quad (2\text{-}57)$$

$$\frac{dD}{dt} = k_1 L - k_2 D \quad\quad (2\text{-}58)$$

式中：L—— 河水中的 BOD 值，mg/L；

D—— 河水中的亏氧值，mg/L，是饱和溶解氧浓度 c_s（mg/L）与河水中的实际溶解氧浓度 c（mg/L）的差值；

k_1—— 河水中 BOD 衰减（耗氧）速度常数，1/d；

k_2—— 河水中的复氧速度常数，1/d；

t—— 河水中的流行时间，d。

这两个方程式是耦合的。当边界条件 $\begin{cases} L = L_0, x = 0 \\ C = C_0, x = 0 \end{cases}$ 时，上式的解析解为：

$$\begin{cases} L = L_0 e^{-k_1 x/u} \\ C = C_s - (C_s - C_0)e^{-k_2 x/u} + \dfrac{k_1 L_0}{k_1 - k_2}(e^{-k_1 x/u} - e^{-k_2 x/u}) \end{cases} \quad (2\text{-}59)$$

五、大气环境预测

为了有效地控制和治理大气污染，就必须评价过去、现在和未来的大气环境质量。正确地推算和预测污染物在大气中浓度的时空分布，估计人类活动，特别是工程项目对环境造成的影响，以此判定大气质量的变化，这就是大气环境评价及影响预测。

大气污染主要是由于燃料的燃烧、汽车尾气的排放，以及某些工厂排出的有害气体造成的。目前比较引人注意的污染物是粉尘、可吸入颗粒物、二氧化硫、氮氧化物和一氧化碳等。

大气环境质量预测基本包括两个方面：一是大气污染的源强预测，即大气污染物排放量预测；二是大气环境质量变化预测，即对污染物排放所造成的大气环境影响预测。污染物的排放方式不同，说明它进入大气的初始状态不同，用以计算它对大气环境影响的模型也不同。按照污染物的排放方式，可以将大气污染源分为点源、线源和面源。

（一）大气污染源强预测

源强是研究大气污染的基础数据，其定义就是污染物的排放速率。对瞬时点源，源强就是点源一次排放的某污染物总量；对连续点源，源强就是点源在单位时间里某污染物的排放量。

1. 源强预测的一般模式

$$Q_i = K_i W_i (1 - \eta_i) \tag{2-60}$$

式中：Q_i —— 第 i 种污染物的源强，t/a；

$\quad\quad K_i$ —— 该种污染物的排放系数，%；

$\quad\quad W_i$ —— 含该污染物的燃料消耗量，t/a；

$\quad\quad \eta_i$ —— 净化设备对该污染物的去除率，%。

2. 工业燃煤量预测

根据工业增长率，用弹性系数计算耗煤量：

$$E_t = E_0 (1 + \alpha)^{(t - t_0)} \tag{2-61}$$

式中：E_t —— 预测年工业耗煤量，t；

$\quad\quad E_0$ —— 基准年工业耗煤量，t；

$\quad\quad \alpha$ —— 工业产值年平均增长率，%；

$\quad\quad t - t_0$ —— 预测时段。

3. 生活用煤量预测

$$E_s = K \cdot P \tag{2-62}$$

式中：E_s —— 预测年生活用煤，t/a；

K —— 人均耗煤系数，一般取 0.2～0.3；

P —— 预测年人口数。

4. SO₂ 排放量预测

$$G = 1.6 W \cdot S \tag{2-63}$$

式中：G —— SO_2 排放量，t/a；

W —— 燃煤量，t/a；

S —— 煤中含硫量，%。

（二）大气环境质量的预测

大气环境质量预测是为了了解未来一定时期的经济、社会活动对大气环境带来的影响，以便采取改善大气质量的措施。因此，作为大气环境质量预测的主要内容是预测大气环境中污染物的含量。

目前大气环境预测评价的基本方法包括高斯模式、多源和面源扩散模式、箱式模式、线源模式等。风向、风速、大气稳定度等都会对预测结果产生影响。

1. 高斯模式

高斯模式是一种适用于预测环境空气质量的常用方法。它是在大气污染物浓度分布符合正态分布的情况下推导出的。应用高斯模式可以求出下风向任一点的污染物浓度。但是，实际预测工作中，更关心的是地面浓度、地面轴线浓度，而不是任意一点的浓度。

2. 多源和面源扩散模式

如果需要评价的点源数多于一个，计算地面浓度时应将各个源对接受点浓度的贡献进行叠加。在评价区内选一原点，以平均风的上风方为正 x 轴，评价区内任一地面点（x，y）的浓度可按各点源对点（x，y）的浓度贡献叠加，其公式形式与前相同但应注意对应坐标的变换。根据污染源下风向任一点的大气污染物地面浓度估计方程式的描写为：

$$C(x, y, 0) = \frac{Q}{\pi \bar{u} \sigma_y \sigma_z} \exp \left[-\left(\frac{y^2}{2\sigma_y^2} + \frac{H^2}{2\sigma_z^2} \right) \right] \tag{2-64}$$

污染源 i 在下风向任一点 k 处造成的大气污染物地面浓度可表示为：

$$t_{ik} = \frac{Q}{\pi \bar{u} \sigma_y \sigma_z} \exp\left[-\left(\frac{y_{ik}^2}{2\sigma_y^2} + \frac{H_i^2}{2\sigma_z^2} \right) \right] \tag{2-65}$$

多源在接受点 k 处的最终污染物浓度为：

$$C_k = \sum_i t_{ik} \tag{2-66}$$

城市的家庭炉灶和低矮烟囱数量很大，单个排放量很小，如按点源处理计算量十分庞大。《环境影响评价导则》规定平原城区排气筒高度不高于 40 m 或排放量小于 0.04 t/h 的排放源可作为面源处理。面源扩散的处理模式是将评价区在选定的坐标系内网格化。以评价区的左下角为原点；分别以东（E）和北（N）为 x 轴和 y 轴。网格和单元，一般可取 1 km×1 km，评价区较小时，可取 500 m×500 m，建设项目所占面积小于网格单元，可取其为网格单元面积。然后，按网格统计面源的主要污染物排放量[t/（h·km²）]和面源平均排放高度（m）等参数。

假设每一面源单元的排放量都集中到面源单元的形心上。每一面源单元在下风方向所造成的浓度，可用一虚拟点源在下风方向造成同样的浓度所代替。假设虚拟点源在面源单元中心线处产生的烟流宽度（$2y_0 = 4.30\sigma_y$）等于面源单元宽度（W），则有 $\sigma_{y0} = W/4.30$。设虚拟点源在面源单元形心处的上风向 x_{y0} 处，可由稳定度和 σ_y 的幂函数表达式求得虚拟点源的位置。然后以虚拟点源模式计算其他点的污染物浓度。

3. 箱式模式

箱式模式是研究大气污染物排放量与大气环境质量之间关系的一种最简单的模式。利用箱式模型预测大气环境质量主要适用于城市家庭炉灶和低矮烟囱分布不均匀的面源。一般对一个城市可以划分为若干个小区，把每个小区看作一个箱子，通过各箱的输入—输出关系，即可预测大气中污染物的浓度。其模型为：

$$\rho_B = \frac{Q}{u \cdot L \cdot H} + \rho_{B_0} \tag{2-67}$$

式中：ρ_B —— 大气污染物浓度预测值，mg/m³；

Q —— 面源源强，t/a；

u —— 进入箱内的平均速度，m/s；

L —— 箱的边长，m；

H —— 箱高，即大气边界层高度，由气象部门获得或由绝热曲线法求得，m；

ρ_{B_0} —— 预测区大气环境背景浓度值，mg/m³。

4. 线源扩散模式

线源扩散模式可分为无限长线源扩散模式和有限长线源扩散模式。无限长线源扩散模式，如在平坦地形上，一条平直的繁忙的公路可以看作一无限长线源。它在横风向产生的浓度是处处相等的。一条线是由无限多个点组成的，一无限长线源可看成是由无限多个点源组成的，点源的源强可以用单位长线源源强表示。线源在某一空间点产生的浓度，相当于所有点源（单位长度线源）在这空间点产生的浓度之和。它相当于一个点源在这空间点产生浓度对 y 轴的积分。因此，把点源扩散的高斯模式对变量 y 积分，可获得线源扩散模式。

当风向与线源垂直时，主导风向的下风向为 x 轴。连续排放的无限长线源下风向浓度模式为：

$$
\begin{aligned}
C &= \frac{Q_l}{\pi \bar{u} \sigma_y \sigma_z} \exp\left(\frac{-H^2}{2\sigma_z^2}\right) \int_{-\infty}^{+\infty} \exp\left(\frac{-y^2}{2\sigma_y^2}\right) \mathrm{d}y \\
&= \frac{\sqrt{2}Q_l}{\sqrt{\pi}\bar{u}\sigma_z} \exp\left(\frac{-H^2}{2\sigma_z^2}\right)
\end{aligned} \tag{2-68}
$$

当风向与线源不垂直时，如果风向和线源交角为 φ 且 $\varphi > 45°$，线源下风向的浓度模式为：

$$
C = \frac{\sqrt{2}Q_l}{\sqrt{\pi}\,\bar{u}\sigma_z\sin\varphi} \exp\left(\frac{-H^2}{2\sigma_z^2}\right) \tag{2-69}
$$

估算有限长线源产生的环境浓度时，必须考虑有限长线源两端引起的"边缘效应"。随着接收点距线源距离的增加，边缘效应将在更大的横风距离上起作用。当风向垂直于有限长线源时，通过所关心的接收点作垂直于有限长线源的直线，该直线与有限长线源的交点选作坐标原点，直线的下风方向为 x 轴。线源的范围为从 y_1 延伸到 y_2。有限线源扩散模式为：

$$
C = \frac{\sqrt{2}Q_l}{\sqrt{\pi}\bar{u}\sigma_z} \exp\left(\frac{-H^2}{2\sigma_z^2}\right) \int_{p_1}^{p_2} \frac{1}{\sqrt{2\pi}} \exp(-0.5p_2)\mathrm{d}p \tag{2-70}
$$

式中，$p_1 = \dfrac{y_1}{\sigma_y}$；$p_2 = \dfrac{y_2}{\sigma_y}$。

（三）大气环境预测的实例

【**例 1**】某电厂烟囱有效高度为 150 m，SO_2 排放量为 151 g/s。夏季晴朗下午，大气稳定度 B 级，烟羽轴处风速为 4 m/s。若上部存在逆温层，使垂直混合限制在 1.5 km 之内。确定下风向 3 km 和 11 km 处的地面轴线 SO_2 浓度。

解：计算烟流达到逆温层的 σ_z：

$$\sigma_z = \frac{h-H}{2.15} = \frac{1\,500-150}{2.15} = 628(m)$$

查表得：$\gamma_2 = 0.057\,025$，$\alpha_2 = 1.093\,56$；

代入式：$\sigma_z = \gamma_2 x_D^{\alpha_2}$

$628 = 0.057\,025 x_D^{1.093\,56}$ 解出 x_D 值为 4 967 m。

（1）3 km＜4.97 km，则：

$$C = \frac{Q}{\pi \bar{u} \sigma_y \sigma_z} \exp[-(\frac{H^2}{2\sigma_z^2})] = \frac{151}{\pi \times 4 \times 403 \times 362} \exp[-\frac{1}{2}(\frac{150}{362})^2] = 7.56 \times 10^{-5} (g/m^3)$$

（2）2×4.97 km＜11 km，则：

$$C = \frac{Q}{\sqrt{2\pi} \bar{u} h \sigma_y} \exp[-(\frac{y^2}{2\sigma_y^2})] = \frac{151}{\sqrt{2\pi} \times 4 \times 1\,500 \times 1\,241} = 8.09 \times 10^{-6} (g/m^3)$$

【例2】在阴天（D 级稳定度）情况下，风向与公路垂直，平均风速为 4 m/s，最大交通量为 8 000 辆/h，车辆平均速度为 64 km/h，每辆车排放 CO 量为 2×10^{-2} g/s，试求距公路下风向 300 m 处的 CO 浓度。

解：把公路当作一无限长线源，源强为：

$$Q_l = \frac{2\times10^{-2} \times 8\,000}{64\,000} = 2.5\times10^{-3}[g/(s \cdot m)]$$

D 级稳定度 300 m 处 σ_z=12.1 m，则：

$$C = \frac{2Q_l}{\pi \bar{u} \sigma_z} = \frac{2\times2.5\times10^{-3}}{\pi \times 4 \times 12.1} = 4.1\times10^{-5} (g/m^2)$$

【例3】某城市按边长为 1.5 km 的正方形划分面源单元，每一面源单元的 SO_2 排放量为 6 g/s，面源平均有效高度为 20 m。试确定大气稳定度 E 级，风速为 2.5 m/s 时，下风向相邻面源单元形心处 SO_2 的地面浓度。

解：将面源当作虚拟点源处理。σ_{y0}=W/4.3=1 500/4.3=348.8 m；

查表解出 E 级：σ_y=348.8 m 位于 x_0=9 400 m 处；

由 $x+x_0$=9 400+1 500=10 900 m，有 σ_y=393 m；

由 x=1 500 m，有 σ_z=28.1 m；

代入运算：$C = \dfrac{6}{\pi \times 2.5 \times 393 \times 28.1} \exp\left[-\dfrac{1}{2}\left(\dfrac{20}{28.1}\right)^2\right] = 5.4\times10^{-5}(g/m^3)$

六、固体废物预测

固体废物通常是指人类在生产和生活活动中丢弃的固体物质和半固体物质。固体废物一般按来源分为工业固体废物、矿业固体废物、城市固体废物、农业固体废物和有毒固体废物五类。

（一）固体废物污染预测

1．工业固体废物产生量预测

工业固体废物有不同的种类，应分别对其进行预测。常用的预测方法有：

（1）系数预测法

$$W = P \times S \tag{2-71}$$

式中：W——预测年固体废物排放量，万 t/a；

P——固体废物排放系数，t/t 产品；

S——预测的年产品产量，万 t/a。

（2）回归分析法

据固体废物产量与产品产量或工业产值的关系，建立一元回归模型：

$$y = a + bx \tag{2-72}$$

（3）灰色预测法

固体废物产生量灰色预测是根据历年固体废物产生量序列来建立灰色预测模型。

2．城市生活垃圾产生量预测

$$W = f \times N \tag{2-73}$$

式中：W——预测年城市垃圾产生总量，万 t/a；

f——排放系数，kg/（人·d）；

N——预测年人口总数。

排放系数 f 在没有第一手资料的情况下，可利用经验数据进行。如对中小城市可取值 $1 \sim 3$ kg/（人·d），粪便（湿）取 1 kg/（人·d）。

（二）固体废物的环境影响预测

固体废物对环境影响是多方面的，对这类预测问题，一般是进行某种模拟试验，根据试验来建立预测模型，再进行相应环境问题的预测。

七、噪声预测

噪声是声波的一种，具有声波的一切特性。从物理学观点来看，凡是振幅和频率杂乱、断续或统计上无规律的声振动，都称为噪声。从人们的感受与影响来讲，凡是人们不需要的声音都称作噪声。

按照噪声发生的机理，可将噪声分为空气动力性噪声和机械性噪声两大类。空气动力性噪声是由于气体振动而产生的。当气体中有了涡流或发生了压力突变等情况，就会引起气体的扰动，由于气体的扰动而产生的噪声，就称作空气动力性噪声。常见的有风机、空气压缩机、喷射器、喷气式飞机、汽笛等产生的噪声。机械性噪声是由于固体振动而产生的。在撞击、摩擦、交变的机械应力或电磁力作用下，金属板、轴承、齿轮、电气元件或其他固体零部件发生振动，就产生机械性噪声。如轧钢机、球磨机、锻床、冲床、砂轮、织布机等所产生的噪声都属于机械性噪声。

噪声污染预测主要有两方面的内容：一是交通噪声预测，二是环境噪声预测。

（一）交通噪声预测方法

凡机动车辆、船舶、航空器等交通运输工具在运行过程中产生的噪声都称作交通噪声。在交通道路上由机动车辆运行发出的噪声称作道路交通噪声。它往往是城市中主要的噪声源。

交通噪声预测方法常用的有：多元回归预测，即根据用车流量、道路宽度、本底噪声值与交通噪声等效声级之间的关系，建立多元回归预测模型。灰色预测方法，即根据历年噪声等级声级值，通过原始数据生成处理，建立灰色预测模型。此外，还可以采用随机车流量预测方法。

（二）环境噪声预测模型

为了了解一个建设项目建成后对周围声学环境的影响，必须进行建设项目的环境噪声预测。

1. 声源声级 A 的确定

对于单个机器设备，其 A 声级（声压级和声功率级）可以通过以下途径确定。对于旧有声源可以通过现场测定确定。对于拟增新声源可通过查阅厂家提供的设备说明书获取，若是设备说明书中无此资料，可按经验公式估算，或是通过在其他工厂等单位进行类比调查获取。

除背景噪声的影响外，倘若室内仅有一个声源时，则室内任一点的声音由直达声与混响声组成，该点声压级 L_p（dB）可按下式计算：

$$L_p = L_w + 10\lg\left(\frac{Q}{4\pi r^2} + \frac{4}{R}\right) \tag{2-74}$$

式中：L_w——按声源设备估计的 A 声级，dB；

　　　r——接收点与声源的距离，m；

　　　Q——声源的指向性因数，量纲为一；

　　　R——房间常数：

$$R = \frac{S\alpha}{1-\alpha} \tag{2-75}$$

式中：S——房间总内表面积，m^2；

　　　α——房间内表面平均吸声系数，一般工业房间或机械间为矩形时可取 0.15，为非矩形时可取 0.2。

声源的指向性因数 Q 值与点声源所在空间有关。当点声源位于房间的空间中心时，$Q=1$；在地面或墙面上中间放置时，$Q=2$；在两墙交线或地面与一墙交线的中间放置时，$Q=4$；在三个面的交点上时，$Q=8$。

若室内有多个声源时，可先分别求出各声源在该点引起的声压级，而后依据分贝的加法，计算出该点总声压级（忽略室内各种障碍物对室内声场的影响）。

对于一般机械工厂，由于车间内围护结构、建筑材料类似，车间形状一般都是长条形或扁平形，当车间内有单个声源时，室内距外墙内侧 1 m 处，受声点声压级为：

$$L_p = L_w - K\lg r - 8 \tag{2-76}$$

式中：K——修正系数，$K = 8.7\times10^{-6}V^{1.01} + 1.9$；

　　　r——接收点与声源的距离，m；

　　　V——房间总容积，m^3。

2. 噪声传播衰减计算

在环境影响评价中，经常是根据靠近声源某一位置（参考位置）处的已知声级（如实测得到）来计算距声源较远处预测点的声级。声波在室外传播过程中将发生衰减，衰减的原因包括传播距离的增加，介质的吸收及障碍物的屏蔽作用等。环境影响评价中，遇到的声源往往是复杂的，需根据其分布形式简化处理。经常把声源简化成两类声源：点声源和线状声源。

当声波波长比声源尺寸大得多或是预测点离开声源的距离比声源本身尺寸大得多时，声源可当作点声源处理，等效点声源位置在声源本身的中心。各种机械设备、单辆汽车、单架飞机等均可简化为点声源。当许多点声源连续分布在一条直线上时，可认为该声源是线状声源。公路上的汽车流、铁路可作为线状声源处理。

（1）距离衰减

① 点声源的距离衰减。

在自由与半自由声场中，点声源的声压级与声功率级的关系式分别为：

$$L_p = L_w - 20\lg r - 11 \tag{2-77}$$

$$L_p = L_w - 20\lg r - 8 \tag{2-78}$$

若测点 1、2 与声源的距离分别为 r_1、r_2，则由 r_1 至 r_2 的声压级衰减量为即距离每增加一倍，声压级衰减 6 dB。

$$\Delta L_p = L_{p1} - L_{p2} = 20\lg \frac{r_2}{r_1} \tag{2-79}$$

② 线声源的距离衰减。

工厂里横架的长管道、一列火车或一长串汽车在运行时，均辐射出噪声，可以看成是线声源。通常，其长度远远大于宽度和厚度的声源即可视为线声源。线声源辐射的是柱面波。在自由声场中，一个无限长的线声源，其声压级随距离的衰减计算式为：

$$\Delta L_p = L_{p1} - L_{p2} = 10\lg \frac{r_2}{r_1} \tag{2-80}$$

即离开线声源的距离增加 1 倍，声压级衰减 3 dB。

（2）墙壁隔声量的计算

用构件将噪声源与接收者分开，阻断空气声传播的措施称作隔声。所使用的构件称作隔声构件。如墙壁、玻璃、木板等。衡量构件隔声能力常用的物理量之一是透声系数，记为 τ。它表示构件透过声音能力的大小，等于透射的声能与入射声能之比，量纲为一。一般隔声构件的透声系数多在 $10^{-5} \sim 10^{-1}$ 之间。

衡量构件隔声能力另一个常用的物理量是隔声量，或称透声损失，常记为 TL（dB）。它与透声系数的关系是：

$$TL = 10\lg \frac{1}{\tau} \tag{2-81}$$

墙体隔声量的大小主要与构件的面密度、入射声波的频率、方向有关。面密度是指单位面积的墙体所具有的质量。在声波入射频率与方向一定的情况下，单层墙体的面密度愈大，隔声量愈大。这个规律称为质量定律。

单层密实均匀构件的隔声量可用经验公式计算：

$$TL = 18\lg m + 12\lg f - 25 \tag{2-82}$$

式中：m —— 墙体的面密度，kg/m^2；

　　　f —— 入射声波的频率，Hz。

若墙体由多种隔声构件（或材料）组成，如一面墙上开有门或窗，则称为组合墙。组合墙隔声量的计算通过求平均透声系数获得。

$$\bar{\tau} = \frac{\sum_i \tau_i S_i}{S} \qquad (2-83)$$

式中：τ_i —— 第 i 种隔声构件（材料）的透声系数；

　　　S_i —— 第 i 种隔声构件（材料）所占据的面积；

　　　S —— 组合墙总面积，m^2。

八、环境影响预测

根据现有状况和发展趋势，可以对规划年限内的环境质量进行科学预测，并根据环境功能状况确定城市功能区及相应的环境目标，以此为根据进行水资源的合理利用和优化配置设计，制定城市大气、水体、噪声的综合整治规划，制定固废和工业污染源管理控制的规划，对交通、能源供给、土地利用和绿地建设等进行科学设计与规划等。具体预测内容见表 2-14。

表 2-14　城市环境规划中的环境影响预测和规划内容

序号	项目		内容
1	城市开发规划摘要	工业规划	工程、投产时间、主要产品品种和年产量
		自然环境改变	挖掘、填筑、整理、采伐等引起的形状、面积和土方量变化
		人口变化	组成、分布等变化（年份、地区别）
2	城市环境功能分区	环境功能分区	功能分区，如水环境功能分区、声学环境功能分区等
		指标体系	环境污染指标、社会经济环境指标及环境建设指标等
		环境目标及可达性分析	各功能区的环境目标和环境总目标，以及它们之间的关系和可达性分析
3	水资源利用及环境综合整治规划	用水规划	总体用水规划、水的收支、分配和主要取水源等
			工业用水：工业用水量预测、水资源的平衡、供水来源等
			生活用水：用水预测，供水量及来源
			农业用水：用水量、配水规划等
		水资源保护规划	发生源变化预测、水质污染预测、水文变化预测，发生源控制规划、地面水保护规划、地下水保护规划
		水面利用规划	渔业、其他水生生物的养殖等
		污染负荷预测	全市及各功能水域污染物的最大允许排放量、负荷量及削减量
		环境综合整治规划	提出环境综合整治方案

序号	项目		内容
4	大气污染综合防治规划	环境质量预测	气象条件，主要污染物的浓度分布，大气质量预测
		污染负荷预测	全市及各功能区污染物的最大允许排放量、负荷量及削减量
		污染防治规划	大气污染综合防治措施（包括环境目标，工程及管理措施），污染综合整治方案
5	固体废物管理规划	固体废物预测	增长预测及环境影响预测
		固体废物规划	制定综合管理及处置规划，提出综合整治对策
6	噪声整治规划及其他	噪声污染预测及防治	噪声环境影响预测，确定城市各个功能区噪声标准，制定综合整治规划
		化学品污染防治规划	化学品增长及环境影响预测和环境管理措施
7	工业污染源控制规划	工业污染源环境影响预测	骨干工业：生产工艺、生产技术水平、能源、资源消耗预测、单位产品或单位产值的排污量污染增长趋势
			中、小工业：按行业调查分析其经济效果与环境效果，预测其对环境的影响和对经济发展的作用
		分区控制规划	工业结构优化、布局调整规划
8	土地利用规划	总体规划	城市总体布局，土地总体利用规划
		工业区划	各专门工业区、工业区和准工业区面积和人口
		居住区和商业区	各等级居住区、邻近商业和商业区的面积人口
		农业、林业和畜牧业等区划	面积、位置、人口、户数和生产品种等规划概要
		其他	临河、海等城市的特殊区划，如港口、码头规划
9	城市能源规划	能源利用规划	能源消费预测、节能规划、能源构成
		能源环境影响预测	能源大气污染预测、热污染预测
		能源环境管理规划	能源政策，分配规划，控制能源产生污染的措施规划
10	城市交通规划	交通发展规划	城市道路、城市车辆类型、数量的发展规划及其环境影响，铁路、公路、航空、水运规划及其环境影响
		其他	改善环境的措施、交通环境设计
11	城郊环境规划		城郊生态环境特征及城乡关系分析
			乡镇企业发展及环境影响预测
			乡镇企业污染综合整治对策
			城郊农业环境保护及生态农业系统规划
12	绿化和生态调节区、特殊保护区规划		树种选择、郊区森林及城市各种绿地的规划
			绿地指标城市周围建立自然保护区、生态调解区的规划
			特殊保护区（文物、古迹等）的规划
			旅游规划

任务4 环境规划目标与指标体系

一、环境规划目标与指标体系概述

（一）环境规划的目标

环境规划目标是制定环境规划的关键，环境规划的目的是实现预定的环境规划目标。环境规划目标是环境战略的具体体现，是进行环境建设和管理的基本出发点和归宿。

1．环境规划目标的定义

环境规划目标是环境规划的核心内容，是对规划对象（如区域、城市或工业区等）未来某一阶段环境质量状况的发展方向和发展水平所作的规定。

环境规划目标体现了环境规划的战略意图，也为环境管理活动指明了方向，提供了管理依据。

2．对环境规划目标的要求

环境规划目标的确定应能够体现环境规划的根本宗旨，既要保障国民经济和社会的持续发展，又要促进经济效益、社会效益和生态环境效益的协调统一。因此，环境规划目标既不能过高，也不能过低，而要恰如其分，做到经济上合理、技术上可行和社会上满意。只有这样，才能发挥环境规划目标对人类活动的指导作用，才能使环境规划纳入国民经济和社会发展规划成为可能。

（1）具有一般发展规划目标的共性

环境规划目标必须具有一般发展规划目标相同的性质，如有时间限定和空间范围约束，可以量化并能反映客观实际，而不是规划人员和决策者的主观要求和愿望。

（2）与社会经济发展目标相协调

环境保护的根本目的是实现人与自然的和谐，保障环境与社会经济的协调发展。环境规划目标应集中体现这一方针，应与社会经济发展目标进行综合平衡，通过规划的实施实现环境保护与社会经济的协调发展。环境保护与社会经济发展平衡一般可能出现三种情况：

① 发展经济与环境保护两种目标都可达到。通过环境规划可以实现经济发展与环境保护目标，这是一种协调型的环境规划。

② 环保投入受经济力量限制，必须降低环境保护目标。这种情况一般是为了

解决经济发展所带来的环境后果而作出的经济制约型环境规划。在这类环境规划中，环境目标的制定必须注重协调工作，并体现于经济社会发展总体规划中。

③ 环境目标必须保证。这种情况充分体现了经济发展服从环境保护的需要，即经济发展受环境保护的制约，属环境制约型的环境规划。这类环境规划必须限制经济的发展规模或速度，重新布局工业或调整产业结构。

（3）保证目标的可实施性

环境规划目标的可实施性主要指技术、经济条件的可达性，以及目标本身的时空可分解性，并且要便于管理、监督、检查和实行，要与现行管理体制、政策、制度相配合，特别要与目标责任制挂钩。

（4）保证目标的先进性与科学性

环境规划目标应能满足社会经济健康发展对环境的要求，必须保障人民正常生活所必需的环境质量；应考虑技术进步因素，以确保规划目标的先进性。

3．环境规划目标的类型

（1）按管理层次

① 环境规划宏观目标。环境规划宏观目标是对规划区在规划期内应达到的环境目标总体上的规定。环境规划宏观目标是从总体上和战略高度上提出的环境规划目标要求。

② 环境规划详细目标。环境规划详细目标是按照环境要素、功能区划对规划区在规划期内规定的环境目标所作的具体规定。

（2）按规划内容

① 环境质量目标。环境质量目标主要包括大气质量目标、水环境质量目标、噪声控制目标以及生态环境目标。不同的地域或功能区有不同的环境质量目标，一般由一系列表征环境质量的指标体系来体现。

② 环境污染总量控制目标。环境污染总量控制目标主要由工业或行业污染控制目标和城市环境综合整治目标构成。环境污染总量控制目标实质上是以功能区环境容量为基础的目标，即把污染物排放量控制在功能区环境容量的限度内，多余的部分即作为削减目标或削减量。削减目标是污染总量控制目标的主要组成部分和具体体现。

（3）按规划目的

① 环境污染控制目标。在环境污染控制目标中，大气污染控制目标是在规划期内要把区域内的大气主要污染物的总量、浓度控制在一定的标准范围内，包括各项空气质量指标和大气污染治理指标。

水体污染控制目标指控制区域工业废水和生活污水的排放总量，以及水中的污染物的含量；控制区域内江河湖泊的工业废水和生活污水的纳入总量；控制地表水和地下水在一定的水质指标范围内，制定各类水体污染的治理目标。

固体废物控制目标指控制区域内各产业部门的固体废物和生活垃圾的产生量和排放总量、占地面积；提出固体废物的综合利用率和生活垃圾处理率等目标。

噪声污染控制目标是按国家规划的标准要求，把区域内的一般噪声、交通噪声和飞机噪声控制在一定的范围内。

② 生态保护目标。自然生态环境是人类赖以生存和发展的物质条件，所以，在环境规划特别是区域环境规划中，要有保护森林资源、草原资源、野生生物资源、矿产资源、土地资源和水资源等生态资源的规划目标；同时还要有防止水土流失、土地沙化、土地荒漠化、土地盐碱化以及建立自然保护区和风景区的规划目标。

③ 环境管理目标。环境规划的科学制定和实施要依靠环境管理来进行。因此，在环境规划中要包括组织、协调、监督等管理目标，同时还包括实施环境规划、执行各项环境法规以及环境保护的宣传、教育等管理目标。

（4）按规划时间

按规划时间可分为长期目标、中期目标和短期目标。长期目标主要是有战略意义的宏观要求目标，时间一般为 10～20 年。中期目标包含具体的定量目标，也包含定性目标，时间一般为 3～5 年。短期目标一般指年度指标，一定要准确、定量、具体，体现出很强的可操作性。

从关系上看，长期目标通常是中期目标、短期目标制定的依据，而短期目标则是中期目标、长期目标的基础。

（5）按空间范围

按空间范围可分为国家、省区、县市各级环境目标。从总体上看，上一级环境目标是下一级环境目标的依据，而下一级则是上一级的基础。

特定的森林、草原、流域、海域和山区也可规定其相应目标。

4．确定环境规划目标的依据

确定环境规划目标是环境规划的关键重要内容，是制定环境战略的前提与出发点。只有确定明确科学可行的环境规划目标，才能为未来的环境保护工作明确方向和目的，采取合适的环境保护战略，有目的地进行环境管理。

从前面关于环境保护和经济发展的关系分析中可以看出，环境保护对经济的影响是复杂的，制定环境规划目标不仅要考虑到环境保护的投资限制，还要考虑到环境保护对经济系统的复杂影响。环境规划目标定得过高，环境保护投资过多，会超过各种投资主体的承受能力，对经济的负面影响过大，脱离了社会经济发展的实际，使环境规划目标无法实现。环境规划目标定得过低，不能满足人们对环境质量的要求，环境污染和生态破坏严重，影响人们的生产和生活，损害社会经济的可持续发展能力。因此制定环境目标时，必须既充分尊重自然环境的运动、变化规律，又切实考虑到现实的社会经济条件和科学技术水平。确定环境目标的依据如下：

（1）依据社会经济发展总体目标

社会经济发展规划中，有对环境保护目标的总体要求，环境规划中要将在社会经济发展规划中对生态环境的总体要求细化，细化的目标要与社会经济发展总体目标相匹配。

环境规划协调经济发展与环境之间的关系，最终也要通过社会经济发展目标和环境保护目标协调同步实施体现出来。所谓协调就是在两个目标之间取得某种平衡。综合平衡时一般有三种选择：① 为了保证社会经济发展目标和环境目标的同时实现，增加相应的环境保护投资；② 当环境保护投资受到限制时，可适当降低环境目标；③ 在降低环境目标后，环境污染仍在加重，对社会经济发展将造成重大损失，使人民身体健康受到威胁时，应调整社会经济发展目标，减缓发展速度，增加环境保护投资，并确定适当的环境目标。

（2）依据环境功能要求、环境特征

国家对不同性质功能的城市都有相应的要求，如对国家一级环境保护重点城市，在大气、水、固体废物、噪声等方面都提出了总的指标要求。另外，对环境保护模范城市和生态省、市、县也都有详细的要求。

事实上每个城市都参照这些总的要求，确定了本城市的性质、对环境功能的要求，甚至很多城市都确定了争创环境保护模范城市和生态市的时间表，这样使环境要求就更加具体化了。环境规划的目标确定要与环境功能要求相一致。另外，恰当的环境保护目标还要考虑规划区的环境特征。

（3）依据人们生存发展的基本要求

我国生态环境状况不平衡，环境质量尽管局部地区和城市某些环境要素有所好转，但也只是抑制了环境污染急剧恶化的势头，大部分污染程度仍然严重。如果当前的环境质量已经恶化，则主要的目标是控制典型污染物，以较小的代价来使环境质量得到改善，达到期望的环境质量指标，特别是城市的环境目标第一步要在保障人们生产生活活动要求的前提下，首先控制污染，并使城市重点区域环境有所改善，满足人们的生存发展的基本环境质量要求。环境目标也可分阶段设定，确定不同水平年的环境目标，目的在于不断提高和改善环境质量。对于环境质量良好的新开发区，则以较小的代价来保证环境质量维持良好的状态。在进行环境规划目标选择时，往往要综合考虑社会效益、经济效益和环境效益的统一。

（4）满足环境标准要求

一般来讲，环境标准是制定环境规划目标的准绳。环境标准可以是国家的，也可以是地方的，一般来说地方标准要严于国家标准。环境规划目标制定尽量要与环境标准一致，这样才便于实施和考核。

5. 规划目标的可达性分析

经过调查、分析、预测确定出环境规划目标后，还要对规划目标进行可达性分析并及时反馈回来对目标进行修改完善，以使规划目标更准确可行。

（1）经济可达性分析

在环境规划中，规划目标一旦确定，其污染物总量削减指标、环境污染控制指标和环境工程设备建设指标就会相应确定。实现规划目标、完成各项指标所需的各项工程与设备也相应可以确定，逐项计算完成各项指标所需资金，在留有余地的前提下可以得出一个具体总投资预算。同时，分析环保投资占同期国民生产总值的比例，计算出国家和地方准备允许投入的环保资金，两者相比较并得出资金差距的结论。过高、过低或持平都须反馈回来，对目标重新修正，保证在投资范围内进行环境保护建设。我国环保投资占同期国民生产总值的比例呈上升趋势，由过去不足 0.7%～1% 上升到 1%～1.5%。随着投资比例的加大，未来环境目标便越易实现。

（2）技术可达性分析

① 环境管理技术可达性分析。环境管理的加强使环境管理逐渐走向科学化、现代化。现有的环境管理已由单一的定性管理转向定性、定量综合，并最终走向定量管理。同时，由点源控制已转向集中控制，由末端控制转向清洁生产、全过程控制。管理技术的提高为环境目标的实施提供了强有力的技术支持。分析管理技术水平对规划目标的影响程度，以确保目标的准确性，保证规划的有效性。

② 污染防治技术可达性分析。迅速发展的科学技术推动污染防治技术的进步。清洁生产工艺的发展正是从根本上抓住污染防治，从原材料的处理、生产加工、产品设计到废物回收利用都有新技术的采用。随着污染防治技术的进一步发展，势必将最终淘汰掉高消耗、低效益的生产设备和治标不治本的老技术、旧设备。从而实现既节约资源、提高资源利用率，又促进经济效益的提高，并使环境规划目标得以实现。

③ 技术人才力量支持与技术推广分析。目前在环境管理、环境污染防治等领域还缺乏知识面广、技术过硬的专业人才，还没有形成合理的技术人才结构，这势必影响到技术进步和推广。在目标可达性分析中，要认清环境领域的技术人才形势，评估其技术力量大小和可能的执行力度，最终为顺利实施环境目标提供支持。

（3）污染负荷削减能力分析

对规划区污染负荷削减能力的分析直接关系到环境目标能否实现。通常污染负荷削减能力由两部分组成：一是现有的削减能力，通过调查和评价，统计出区域内污染削减的平均水平，估算出其已有削减力。二是潜在的削减能力，在现有削减力的基础上，可以预测、推演其削减潜力，并分析挖掘潜力的可能性，从而概算出今后一定时期该区域可能增加的污染负荷削减能力。一旦得出规划区的污染负荷削减能力，便可与实现目标所要求的削减能力进行比较，据此得出最终的可行性分析结果。

对于污染负荷削减能力的量化估算要不断完善，应当选择合适的参数、模式，设法改进对潜在能力的预测技术，使总削减能力的计算更全面、更准确，以提高环境规划目标可行性分析质量。

（4）其他因素可达性分析

在环境规划目标可达性分析中，还涉及公民素质分析、法制管理分析等。经济落后、生产方式传统、旧观念作祟加之教育上不去的现实，决定了有些区域公民素质不高、环保意识淡薄，并直接加大环境目标落实的难度。在较开放、经济文化发展较高的地区，相对而言，其环境规划目标更易实现。其他一些影响措施、控制对策、法规执行程度等因素也应当加以分析，在执行有利与不利中，有执法管理部门的原因，也有群众的原因，有政治的原因，也有经济的原因，要综合分析目标的可行性。

（二）环境规划的指标体系

环境规划目标是通过环境指标体系表征的，环境规划指标体系是一定时空范围内所有环境因素构成的环境系统的整体反映。

为了全面、合理地评价区域环境的现状与未来，对区域性质、规模、结构、环境容量等进行定量或半定量的测定和预测，对区域的发展作出科学的规划，实行准确的控制、调整与反馈，使区域社会、经济、环境协调发展，制定出一套科学的、反映区域环境质量状况和社会经济发展状况的指标体系是非常必要的。

但要建立这样的一套指标体系又是极为复杂的，因为它几乎涉及人类生产生活活动的各个方面，所以迄今为止尚未形成一个公认的指标体系。

1. 环境规划指标体系的定义

指标是指能够综合反映事物现象的数量尺度，一般由指标的名称和数值组成。指标体系是用来描述事物总体特性包括数量和质量的一系列指标的集合。反映自然、社会、经济状况的指标多种多样，环境规划指标也多种多样，但它又不可能包揽所有的社会、经济和自然环境指标。环境规划指标体系应是指进行环境规划定量或半定量研究时所必需的数据指标总体。如区域的地质、地形地貌、气候、水文、土壤和生物等自然生态指标；区域的人口密度、经济结构和密度、交通密度等社会经济指标；污染物发生量、排放量等污染源指标；污染物浓度分布及对此作出的一定评价等级的环境质量评价指标；反映区域总体水平的区域环境综合整治指标等就是环境规划研究时所必需的数据指标。

由上可见，环境规划指标是直接反映环境现象以及相关的事物，并用来描述环境规划内容的总体数量和质量的特征值。

环境规划指标包含两方面的含义：一是表示规划指标的内涵和所属范围的部分，即规划指标的名称；二是表示规划指标数量和质量特征的数值，即经过调查登记、汇总整理而得到的数据。环境规划指标是环境规划工作的基础，并运用于整个环境规划工作之中。

2. 建立环境规划指标体系的要求

建立环境规划指标体系，就是要建立起能全面、准确、系统和科学地反映各种环境现象特征和内容的一系列环境规划目标。为了切实地搞好这项工作，必须遵循一定的原则来进行。

（1）整体性

环境规划指标体系要求环境规划指标完整全面，既有反映环境规划全部内容的环境指标，又包括在环境规划过程中所使用的社会、经济等指标，并由此构成一个完整的环境规划指标体系。

（2）科学性

要通过科学的方法来建立环境规划指标体系，只有科学的规划指标才能进行科学的环境规划，也才能够实现环境规划的目标。

（3）规范性

环境规划指标体系是一个由多项指标构成的体系，由于这些指标的性质和特点不尽相同，需要对各项规划指标进行分类和规范化处理，使各类环境规划指标的含义、范围、量纲和计算方法等具有统一性，而且要在较长时间内基本保持不变，以保证环境规划指标的精确性和可比性。

（4）可行性

环境规划指标体系必须根据环境规划的要求来设置，根据具体的环境规划内容来确定相应的环境规划指标体系，使针对目标设计和实施的环境规划方案在应用时具有可行性。

（5）适应性

环境规划指标体系要满足环境规划的要求，也要适应环境统计等具体工作的要求，在尽量满足环境规划工作需要的同时，也要考虑到实际可能的条件。如果片面地强调指标的完整无缺，势必增加了指标统计的工作量，有可能超过统计部门的人、财、物的支持能力，就会给建立环境规划指标体系带来不利的影响。

（6）选择性

环境规划指标体系要注意选择那些具有现实性、独立性和必要性的指标，特别是区域环境综合整治指标要注意其代表性和可比性，真正体现区域环境综合整治水平并得到客观准确的评价。

（三）环境规划指标的分类和内容

关于环境规划指标体系的研究工作虽然在深入进行，但仍没有规范化和标准化，特别是环境规划类型多种多样，环境规划指标由几十个到几百个。从内容上看，有数量方面的指标、质量方面的指标和管理方面的指标；从表现形式上看，有总量控制指标和浓度控制指标；从复杂程度上看，有综合性指标和单项指标；从范围上看，有宏观指标和微观指标；从地位和作用上看，有决策指标、评价指标和考核指标；从其在环境规划中的作用上看，有指令性规划指标、指导性规划指标和相应性指标。

但目前主要采用按其表征对象、作用以及在环境规划中的重要性或相关性来分类，有环境质量指标、污染物总量控制指标、环境规划措施与管理指标，以及相关性指标。

1．环境质量指标

环境质量指标主要表征自然环境要素和生活环境的质量状况，一般以环境质量标准为基本衡量尺度。环境质量指标是环境规划的出发点和归宿，所有其他指标的确定都是围绕完成环境质量指标进行的。

2．污染物总量控制指标

污染物总量控制指标是根据一定地域的环境特点和容量来确定的，其中又有容量总量控制和目标总量控制两种。前者体现环境的容量要求，是自然约束的反映；后者体现规划的目标要求，是人为约束的反映。我国现在执行的指标体系是将二者有机地结合起来，同时采用。

污染物总量控制指标将污染源与环境质量联系起来考虑，其技术关键是寻求源与汇（受纳环境）的输入响应关系，这与目前盛行的浓度标准指标又有根本区别。浓度标准指标里对污染源的污染物排放浓度和环境介质中的污染物浓度作出了规定，易于监测和管理，但此类指标对排入环境中的污染物量无直接约束，未将源与汇结合起来考虑。

3．环境规划措施与管理指标

环境规划措施与管理指标是首先达到污染物总量控制指标，进而达到环境质量指标的支持性和保证性指标。这类指标有的由环保部门规划与管理，有的则属于城市总体规划。但这类指标的完成与否同环境质量的优劣密切相关，因而将其列入环境规划中。

4．相关性指标

相关性指标主要包括经济指标、社会指标和生态指标三类。相关性指标大都包含在国民经济和社会发展规划中，都与环境指标有密切的联系，对环境质量有深刻的影响，但又是环境规划所包容不了的。因此，环境规划将其作为相关指标列入，以便更全面地衡量环境规划指标的科学性和可行性。对于区域来说，生态类指标也为环境规划所特别关注，它们在环境规划中将占有越来越重要的位置。

环境规划指标类别与内容见表 2-15。

表 2-15　环境规划指标类别与内容

指标类别与内容	应用范围				要求
	省域	城市	部门行业	流域	
一、环境质量指标					
1．大气					
大气 TSP（年日均值）或达到大气环境质量的等级		o			o
SO_2（年日均值）或达到大气环境质量的等级		o			o
NO_x（年日均值）或达到大气环境质量的等级		o			选择
降尘（年日均值）		o			选择
酸雨频度与平均 pH 值	o	o			选择
2．水环境					
饮用水水源水质达标率，饮用水水源数		o			o
地表水达到地表水水质标准的类别或 COD 浓度	o	o	o		o
地下水矿化度、总硬度、COD、硝酸盐氮、亚硝酸盐氮浓度		o			选择
海水达到近海海域水质标准类别或 COD、石油、氨氮、磷浓度	o	o			选择
3．噪声					
区域噪声平均值和达标率（按功能区分）		o			o
城市交通干线噪声平均声级和达标率		o			o
二、污染物总量控制指标					
1．大气污染物宏观总量控制					
大气污染物（SO_2、烟尘、工业粉尘、NO_x）总排放量；燃烧废气排放量；消烟除尘量；工艺废气排放量、处理量；工业废气处理量、处理率；新增废气处理能力	o	o	o		o

指标类别与内容	应用范围				要求
	省域	城市	部门行业	流域	
大气污染物（SO_2、烟尘、工业粉尘、NO_x）去除量（回收量）和去除率（回收率）	o	o	o		（NO_x选择）
1 t 蒸气以上锅炉数量、达标量、达标率；窑炉数量、达标量、达标率；汽车数量、耗油量、NO_x排放量		o			选择
2. 水污染物宏观总量控制					
工业用水量和工业用水重复利用率，新鲜水用量	o	o	o	o	o
废水排放总量；工业废水总量、外排量；生活废水总量	o	o	o	o	o
工业废水处理量、处理率、达标率、处理回用量和回用率，外排工业废水达标量、达标率；新增工业废水处理能力；万元产值工业废水排放量	o	o	o	o	o
废水中污染物（COD、BOD、重金属）的产生量、排放量、去除量	o	o	o	o	o
3. 工业固体废物宏观控制					
工业固体废物（冶炼渣、粉煤灰、炉渣、煤矸石、化工渣、尾矿、其他）产生量、处置量、处置率；堆存量，累计占地面积，占耕地面积	o	o	o		o
工业固体废物（冶炼渣、粉煤灰、炉渣、煤矸石、化工渣、尾矿、其他）综合利用量、综合利用率；产品利用量、产值、利润；非产品利用量	o	o	o		o
有害废物产生量、处置量、处置率	o	o	o		选择
4. 乡镇环境保护规划					
乡镇工业大气污染物排放（产生）量、治理量、治理率、排放达标率	o	o			选择
水污染物排放（产生）量、削减量、治理率、排放达标率	o	o			选择
固体废物产生量、综合利用量、排放量等	o	o			选择
三、环境规划措施与管理指标					
1. 城市环境综合整治					
燃料气化；建成区居民总户数，使用气体燃料户数，城市气化率		o			o
型煤：城市民用煤量、民用型煤普及率		o			o
集中供热："三北"采暖建筑面积、集中供热面积，热化率，热电联产供热量		o			o
烟尘控制区建成区总面积，烟尘控制面积及覆盖率		o			o
汽车尾气达标率		o			o

指标类别与内容	应用范围				要求
	省域	城市	部门行业	流域	
城市污水量、处理量、处理率、处理厂数及能力（一级、二级）和处理量；氧化塘数，处理能力及处理量；污水排海量，土地处理量			o		o
地下水位，水位下降面积、区壤水位阵深；地面下沉面积，下沉量	o	o	o		o
工业固体废物处理厂数、能力、处理量	o	o			o
生活垃圾无害化处理量、处理率；机械化清运量、清运率、清运率；建成区人口、绿地面积、覆盖率；人均绿地面积		o			选择
2. 乡镇环境污染控制					
污染严重的乡镇企业数，关、停、并、转、迁数目	o	o			选择
污灌水质	o	o			选择
3. 水域环境保护					
功能区：工业废水、生活污水、COD、氨氮纳入量（湖泊总磷、总氮纳入量）	o	o		o	o
监测断面：COD、BOD、DO、氨氮浓度或达到地表水水质标准类别（湖泊取 COD、氮、磷浓度）	o	o		o	o
海洋功能区划：工业废水和生活污水入海通量	o	o			选择
4. 重点污染源治理					
污染物处理量、削减量、工程建设年限投资预算及来源	o	o	o		选择
5. 自然保护区建设与管理					
自然保护区类型、数量、面积、占国土面积百分比、新建的自然保护区	o				o
重点保护的濒危动植物种和保存繁育基地数目、名称	o				
6. 投资					
环保投资总额占国民收入的百分数	o	o			o
环保投资占基本建设和更改资金的比例	o	o	o		o
四、相关指标					
1. 经济					
国民生产总值：工、农业生产总值几年增长率；部门工业产值	o	o			选择
工业密度：单位占地面积企业数、产值	o	o			选择
2. 社会					
人口总量与自然增长率、分布、城市人口	o	o			选择
3. 生态					
森林覆盖率、人均森林资源量、造林面积	o	o			选择

指标类别与内容	应用范围				要求
	省域	城市	部门行业	流域	
草原面积、产量（kg/hm²）载畜量、人工草地面积	o	o			选择
耕地保有量、人均量；污灌面积；农药化肥污染土壤面积	o	o			选择
水资源：水资源总量、调控量、水资源面积、水利工程、地下水开采	o	o			选择
水土流失面积、治理面积、减少流失量	o	o			选择
土地沙化面积、沙化控制面积	o				选择
土地盐碱化面积、改造复垦面积	o				选择
农村能源、生物能占能源比重，薪柴林建设	o				选择
生态农业试点数量及类型	o				选择

注：省内城市按城市要求，城市内行业按行业要求。

二、水环境规划目标和指标体系

水环境规划目标包括水资源保护目标和水污染综合防治目标。既包括水污染综合防治，还要考虑水资源的合理开发和保护。

（一）确定水环境规划目标的依据

1. 国家的法规和标准

1996 年 5 月 15 日，八届人大常委会第 19 次会议通过了《关于修改〈中华人民共和国水污染防治法〉的决定》（以下简称《决定》），为防治水污染提供了更为完善的法律依据。《决定》规定，防治水污染应当按流域或者按区域进行统一规划，经批准的水污染防治规划是防治水污染的基本依据；并规定实施对重污染水体及重点保护区域水体的重点污染物排放的总量控制制度。《决定》还强化了对饮用水水源的保护。这些内容都是建立水环境规划目标指标体系的依据，而各类水环境质量标准则是确定具体环境规划目标的依据。

2. 国家重点流域的水污染防治规划

自《国家环境保护"九五"计划》开始，国家确定了三河（淮河、海河、辽河）流域及三湖（太湖、巢湖、滇池）为水污染防治的重点区域。"十五"期间除继续推进这些重点区域环境保护的污染防治工作外，又新增加了长江流域（重点是三峡库区及其上游）、黄河流域（重点是小浪底库区及其上游），作为"十五"期间国家环境保护新的重点区域。这些重点流域或区域的"十一五"规划和"十二五"规划都由国家统一制定，是省域或市域确定水环境目标的重要依据。

3．规划区域的区位及生态特征

规划区域是否处于国家重点流域与重点保护区域的范围之内，以及水环境的性质功能和生态特征也是确定水环境规划目标的依据。

4．经济、社会发展的需求及经济技术发展的实际水平

确定环境规划目标要根据需要与可能，既满足经济和社会发展及人民生活质量提高对水质水量的要求，又要考虑到经济技术发展的现实水平。

（二）水环境容量的确定

1．水环境容量的定义

水环境容量是指在不影响水环境功能和水正常利用的情况下，特定水体利用自身调节净化能力，所能容纳的污染物量，一般以水体中能容纳污染物的最大量来衡量。

环境容量的概念首先是由日本学者提出来的。20 世纪 60 年代末，日本为改善水和大气环境质量状况，提出污染排放总量控制问题。我国对环境容量的研究开始于 20 世纪 70 年代，早期结合环境质量评价或区域环境问题分析等项目，研究集中在水污染自净规律、水质模型、水质排放标准制定的数学方法上，从不同角度提出了水环境容量的概念；"六五"攻关之后，一部分高校和科研机构联合攻关，把水环境容量理论同水污染控制规划相结合，出现了一批有实效的成果，初步显示了水环境容量理论的应用价值，这一时期的研究对污染物在水体中的物理、化学行为进行了比较深入、系统的探讨；"七五""八五"国家环保科技攻关研究把水环境容量理论推向系统化、实用化的新阶段。

随着我国环保事业的发展，全国一些重点城市和地区相继制定了城市综合整治规划、水污染综合防治规划、污染物总量控制规划，以及水环境功能区划，为环境容量理论研究和应用提供了广阔的背景空间。

水环境容量的确定是制定总量控制方案的前提，总量控制的核心问题是要弄清楚水环境质量与受纳污染物的响应关系，确定在固定水域到底允许排入多少污染物。水环境容量是环境管理制度的核心内容，河流流域污染源治理方案效果分析、排污收费、环境影响评价等管理手段，都要在了解环境容量的基础上才能有效地实施。

在实践中，环境容量是环境目标管理的基本依据，是环境规划的主要环境约束条件，也是污染物总量控制的关键参数。环境容量可以分成稀释环境容量和自净环境容量。当污染物进入水体，就会与水体掺混，发生漏流扩散或弥散，污染物浓度就会降低，水体通过物理稀释作用使污染物达到规定的水质目标时所容纳的污染物的量就是稀释环境容量；水体通过物理、化学、生物作用等对污染物所

具有的降解或无害化能力表征为自净容量，自净容量反映水体对污染物的自净能力。一般计算容量时用到的水环境质量模型都综合考虑了物理、化学、生物过程，所以并不特别区别这两种环境容量，而是给出环境容量的总体值。

耗氧有机物能被水体中的氧、氧化剂或微生物分解变成简单无毒的有机物，其综合指标是生化需氧量（BOD）和化学需氧量（COD），这类有机物有较大的水环境容量，通常所说的水环境容量主要是指 BOD、COD 的环境容量。有毒有机物难以降解，在自然界完全分解所需要的时间长达 10 年以上，开发利用它们的环境容量要慎重。重金属虽然可以被稀释到阈值之下，但它是保守物质，在水体内只存在形态变化与相的转移，不能被分解。即使在长时间低浓度的情况下，重金属也可以沉积到植物或动物体内，造成严重的影响，所以对重金属，不能轻言容量，还是应从严控制污染源。

2．影响水环境容量的因素

（1）水体特征

水体特征包括一系列自然参数，如几何参数（形状、大小）、水文参数（流量、流速、水温）、水化学参数（pH、离子含量）以及水体的物理作用、化学作用和生物自净作用等。这些自然参数决定着水体对污染物的稀释扩散能力，从而决定着水环境容量的大小。

（2）水质目标

水体对污染物的纳污能力是相对于水体满足一定的功能和用途而言的。因此，水体的功能和用途要求不同，其容纳污染物的量亦不同。我国地面水按用途分为五类区：源头水域、水源地一级保护区及珍贵水产资源保护区、水源地二级保护区及一般鱼类保护区、一般工业用水区及娱乐用水区、农业用水区及一般景观水域。每类水体允许的水质标准决定着水环境容量的大小。另外，由于我国的自然条件和经济技术条件的地域差异性很大，因此允许地方建立自己的水质标准从而决定了水环境容量的地域差异性。

（3）污染物特性

由于不同的污染物对水生生物的毒性作用及对人体健康的影响程度不同，因此其在水体中的允许量也是不相同的。也就是说，针对不同的污染物有不同的水环境容量。另外，水环境容量还与污染物的排放方式和排放的时空分布密切相关。

3．水环境容量的确定

（1）一般容量模型

水环境容量计算与污染物的排放位置、排放方式有直接关系，由此引发一个命题，就是环境容量与环境分配的问题是相关的，不能撇开分配问题，单独计算环境容量。我们以河流为例，介绍水环境容量计算方法，同时剖析上面的命题。

为了简化计算，只对点源污染（排污口）进行计算，同时假定各排污口连续、均匀排污，控制断面（要求水环境质量达标的断面）与排污口交错间隔分布。河流设置计算点如图 2-4 所示。

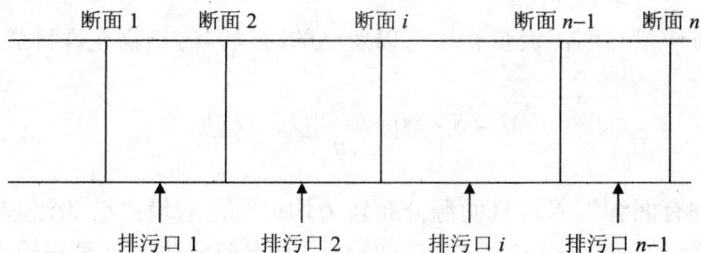

图 2-4　河流设置计算点

设沿河流方向为 x 轴，与河流垂直方向为 y 轴。假设排污口 i 的排放位置为 (x_{ip}, y_{ip})，x_{ip} 是沿河流方向的坐标，y_{ip} 是排污口延伸到河流中的长度。假设各个排污口的排放量为 Q_i，其对断面 i 的浓度影响可以用水质模拟模型 $f(x_{id}, y, x_{ip}, y_{ip}, Q_{id})$ 来表示，视具体情况，水质模拟模型可以取一维模型或二维模型。各个断面要达到的水质目标为 S_i。则要求：

$$C_i(x_{id}, y_{id}) \leqslant S_i \ (i=1, \cdots, n) \tag{2-84}$$

在满足上式的前提下，污染物的最大允许排放量即为环境容量。对于单一排污口，无论设置几个断面，环境容量唯一确定。

如果有多个排污口，则排污量为一个向量（Q_1, Q_2, $\cdots$, Q_{n-1}），水环境容量要求的排污量最大的意义就不明确了。只有确定了各个排污口排放量的相互关系，才能将向量最大化问题转化为标量的最大化，因此多个排污口的水环境容量的确定过程，是与水环境容量分配结合在一起的。

（2）单一排污口容量计算

① 一维模型。

a. 可降解有机物。设河流排污口与断面的距离为 L，流速为 u，污染物按一级反应动力学规律衰减，综合衰减系数为 k，排污口上游来水量为 Q_b，污染物浓度为 C_b，排污口污水排放量为 Q_p，污染物浓度为 C_p。根据一维模型，河流断面的浓度为：

$$C = C_0 \exp\left(-k\frac{L}{u}\right) = \frac{C_b Q_b + C_p Q_p}{Q_b + Q_p} \exp\left(-k\frac{L}{u}\right) \tag{2-85}$$

由断面浓度 C 小于水质目标 S，得到污染物排放总量：

$$C_pQ_p \leqslant S \times \exp\left(k\frac{L}{u}\right)(Q_b + Q_p) - C_bQ_b \qquad (2\text{-}86)$$

当污水排放量与河流流量相比可以忽略的时候，污染物允许排放总量为：

$$M = S \times \exp\left(k\frac{L}{u}\right)Q_b - C_bQ_b \qquad (2\text{-}87)$$

如果沿程有面源汇入，且面源分布较为均匀时，假设：C_r 为沿程面源汇入的某种污染物平均浓度（mg/L）；Q_0 为 Q_p+Q_b，即点源排放污水量与河水流量之和；Q 为控制断面的流量；Q_m 为沿程面源流入污水量。则点源排污口的允许纳污量可按下式计算。

$$W_p = \left(Q_pC_p + Q_b\left[\left(S - \frac{C_r}{E_1}\right)\left(\frac{Q}{Q_0}\right)^{E_1} - \frac{C_r}{E_1}\right] - Q_bC_b\right) \qquad (2\text{-}88)$$

$$E_1 = \frac{1.16 \times 10^3\, kA}{Q_m} \qquad (2\text{-}89)$$

式中：A —— 河段平均断面面积，km^2。

b. BOD-DO 耦合模型情况下 BOD 的水域允许排放量计算。

S-P 模型系列是目前广泛应用的 DO 和 BOD 浓度预测模型，这是一组一维、稳态、均匀、无扩散的河流水质模型。S-P 模型是 H. W. Streeter 和 EB. Phelps 于 1925 年在研究 Ohlo 河的有机污染与自净时提出的。该模型是在不考虑河流扩散作用的前提下提出的。从一维稳态流方程出发，可以得到 BOD-DO 耦合模型：

$$u\frac{dL}{dx} = -K_1L \qquad (2\text{-}90)$$

$$u\frac{dc}{dx} = -K_1L + K_2(c_s - c) \qquad (2\text{-}91)$$

式中：K_1 —— 污染物削减系数；

K_2 —— 大气复氧系数；

c —— 河水溶解氧浓度；

c_s —— 饱和溶解氧浓度。

② 二维模型。

a. 无限水域。假设河宽无限，排放口位于 $x=0$，$y=0$ 处，污染物的排放率为 W，出口处垂向混合均匀，河流流速为 u，$(x，y)$ 处污染物浓度为：

$$c(x,y) = \frac{W}{uh\sqrt{4\pi E_y \dfrac{x}{u}}} \exp\left(-\frac{uy^2}{4E_y x}\right) \exp\left(-\frac{kx}{u}\right) \tag{2-92}$$

或表示为：

$$c(x,y) = \frac{W}{uh\sqrt{2\pi}\sigma_y} \exp\left(-\frac{y^2}{2\sigma_y^2}\right) \exp\left(-\frac{kx}{u}\right) \tag{2-93}$$

其中：

$$\sigma_y = \sqrt{2E_y \frac{x}{u}} \tag{2-94}$$

式中：h —— 河深；

k —— 降解速度；

E_y —— 弥散系数；

σ_y —— y 方向浓度分布形态参数（浓度分布的标准差）。

b. 有限河宽岸边排放。利用无限河宽岸边排放的浓度场和虚源的概念，仅考虑一次反射时，有限河宽岸边排放的二维稳态移流扩散浓度场可以记为：

$$c(x,y) = \frac{W}{uh\sqrt{4\pi E_y \dfrac{x}{u}}} \left[\exp\left(-\frac{uy^2}{4E_y x}\right) + \exp\left(-\frac{u(2B-y)^2}{4E_y x}\right) \right] \tag{2-95}$$

（3）多个排污口的环境容量计算

入河排污口是指污染源污水直接排入河流的出口。目前，除源头一些小支流水质较好外，绝大多数河流均起着纳污功能，因此把接纳不同污染源污水的支流看成是一个污染源，其注入主流的河段也称为入河排污口（也称市政排污口）。根据前面定义的入河排污口的内涵，入河排污口可分为支流汇入口、污染源直排污口和市政排口三类。

从排污口定义来看，河流中一般都存在多个排污口，确定河流中最大污染物的排放量，要考虑污染物在不同来源的分配。

存在多个排污口时，排污量为一个向量（Q_1，Q_2，…，Q_{n-1}），河流环境容量取所有排污口排放量总和的最大值。考虑排污口污染源的实际情况，确定每个排污口应该至少分配的初始量，即增加各个排污口的具体限制。

$$Q_{jp} \geqslant Q_{js} \ (j=1，\cdots，n-1)$$

然后考虑在环境质量约束的情况下，求总的排污量为最大。优化的规划模型为：

$$\max \sum_{j=1}^{n-1} Q_j \qquad\qquad (2\text{-}96)$$

$$c_i(x_{id}, y_{id}) \leqslant S_i \quad (i=1, \cdots, n)$$

$$Q_{jp} \geqslant Q_{js} \quad (j=1, \cdots, n-1)$$

从上面的模型可以看出，在确定河流最大允许排放量的同时，相应地也决定了这个总量在不同排污口的分配，即河流环境容量总量的确定与总量分配是相关的。

（三）建立水环境目标指标体系

1. 设计指标体系框架

根据水质水量辩证统一的指导思想和污染防治与生态保护并重的方针，水环境目标及其相关指标组成的指标体系应包括以下几部分。

（1）水环境质量指标

水环境质量指标是指标体系的主体，主要有饮用水水源水质达标率、地表水COD 平均值、地表 NH_3-N 平均值等。

（2）水资源保护及管理指标

主要有万元 GDP 用水量、万元 GDP 水量年均递减率、万元工业产值用水量年均递减率、农田节水灌溉工程的比重、水资源循环利用率（%）、水资源重复利用率（%）、水资源过度开发率、地下水超采率（%）等。

（3）水污染控制指标

主要有工业废水排放量、主要水污染物排放量、如 COD、NH_3-N、TP、石油类等的排放量、工业废水处理率、工业废水排放达标率等。

（4）环境建设及环境管理指标

主要有城镇供水能力（t/d）、城镇排水管网普及率（%）、城镇污水处理率、水源涵养林系统完善度、水土保持林及河岸防护林完善度、水资源管理体系完善度、水资源保护投资占 GDP 的百分比（%）、水污染防治投资占 GDP 的百分比（%）、水环境保护法规标准执行率（%）等。

2. 参数筛选及分指标权值的确定

（1）参数筛选方法

与大气污染防治目标的参数筛选基本相同，首先根据指标体系框架列出各类供筛选的参数，要把可作为筛选对象的参数尽量列出；其次，采用专家咨询或专题讨论会的方法筛选参数，确定分指标（20～25 个）。

（2）确定各项分指标的权值

通过与参数筛选同样的方法（可同时进行），将各项分指标的相对重要性排序，确定各项分指标的权值。

3. 各项分指标组成指标体系

各项分指标及其权值确定以后，即可按设计的指标体系框架组成指标体系。指标体系的综合评分采用百分制，即各项分指标都达到满分时，分指标之和为100分。

（四）分期控制目标的确定

建立了指标体系即确定了水资源保护和水污染防治规划的范围、组成和重点，在此基础上还要确定各项分指标的控制水平，才能表述实施规划所要达到的各规划期的具体目标。在这项工作中，主要是按水环境功能区划确定水环境质量目标。再根据水环境质量目标，确定主要水污染物的允许排放量。在制定水污染防治规划的过程中，经常的做法是运用经验判断法或费用—效益分析法，找出允许排放量的最佳控制水平，如图 2-5 所示。

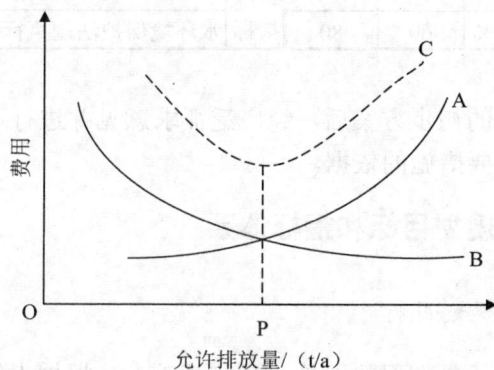

图 2-5　允许排放量与相关费用关系

图 2-5 中曲线 A 为污染损失费用，曲线 B 为污染控制费用，曲线 C（虚线）为总费用。当允许排放量控制在低水平时（向 O 靠近），污染损失费用（A）降到低水平，但变化幅度不大，而污染控制费用（B）却大幅度上升。如果允许排放量增大，污染控制费用（B）降到低水平，但污染损失费用（A）大幅度上升。只有总费用最低的 P 点才是允许排放量的最佳控制水平。

以某市为例将各规划期（2010 年、2015 年）的水环境目标列表（表 2-16）。

表 2-16　某市全市域"十一五"及 2015 年水环境目标

指标类型	具体指标	水环境目标		指标类型	具体指标	水环境目标	
		2010 年	2015 年			2010 年	2015 年
水环境质量指标	饮用水水源水质达标率/%	100	100	水污染控制指标	工业废水处理率/%	100	100
	地表水 COD 平均值/（mg/L）	30	20		工业废水排放达标率/%	100	100
	各水环境功能区水质达标率/%	95	100		工业废水排放量/（万 t/a）	6 729	6500
					COD 排放量/（t/a）	21 000	16 350
水资源保护及管理	水资源过度开发率/%	≤10	<5		石油类排放量/（t/a）	17.0	12.0
	水资源循环利用率/%	60	80		氧化物排放量/（t/a）	0.50	0.30
	万元 GDP 用水量/（t/万元）	500	300	环境建设	城镇排水管网普及率/%	80	>95
	万元工业产值用水量/（t/万元）	80	60		水源涵养林体系完善率/%	85	>95
					水土保持林体系完善率/%	80	>90
	万元 GDP 用水量年均递减率/%	5	3	环境管理指标	城镇污水处理率/%	60	>90
	水资源重复利用率/%	60	80		水环境保护法规执行率/%	70	>85

提出水环境目标的初步方案后，经广泛征求意见并进行可达性论证，即可作为制定规划方案和主要措施的依据。

三、大气环境规划目标和指标体系

（一）大气环境规划目标

大气环境规划目标是在现状评价、预测基础上，根据大气环境质量要求，对区域社会、经济和环境所做的规划要求，包括大气环境质量目标和大气环境污染总量控制目标两大类。

1. 大气环境质量目标

大气环境质量目标是基本目标，依不同的地域和功能区而不同，由一系列表征环境质量的指标体现。

2. 大气环境污染总量控制目标

大气环境污染总量控制目标是为了达到质量目标而规定的便于实施和管理的目标，其实质是以大气环境功能区环境容量为基础的目标，将污染物控制在功能区环境容量的限度内，其余的部分作为削减目标或削减量。

大气环境规划目标的决策过程一般是初步拟定大气环境目标，然后编制达到大气环境目标的方案；论证环境目标方案的可行性，当可行性出现问题时，反馈回去重新修改大气环境目标和实现目标的方案，再进行综合平衡，经过多次反复论证，最后才能比较科学地确定大气环境目标。

（二）大气环境规划的指标体系

大气环境规划的指标体系是用来表征所研究具体区域大气环境特性和质量的指标体系，确定大气环境指标体系是研究和编制大气环境规划的基础内容之一。目前，国内外已有了为大家所公认的、统一的大气环境系统的指标体系。在大气环境规划中，作为大气环境指标体系要同时考虑环境污染防治、环境建设等因素。大气环境规划指标体系必须具有以下特点：① 能反映大气环境的主要组成要素；② 必须是一个完整的指标体系，各个指标之间是相互关联的；③ 能定量或至少能半定量地表达；④ 表征这些指标的信息是可以得到的。

我国的大气环境规划指标应分为气象气候指标、大气环境质量指标、大气环境污染控制指标、城市环境建设指标及城市社会经济指标等。以下为各类指标的具体内容。

1．气象气候指标

气象气候指标是决定大气扩散能力的最重要因素，也是进行大气环境规划需要首先了解的基础大气资料。主要指标有：气温、气压、风向、风速、风频、日照、大气稳定度和混合层高度等。

2．大气环境质量指标

主要指标有：总悬浮颗粒物、飘尘、二氧化硫、降尘、氮氧化物、一氧化碳、光化学氧化剂、臭氧、氟化物、苯并[a]芘和细菌总数等。

3．大气污染控制指标

主要指标有：废气排放总量、二氧化硫排放量及回收率、烟尘排放量、工业粉尘排放量及回收量、烟尘及粉尘的去除率、一氧化碳排放量、氮氧化物排放量、光化学氧化剂排放量、烟尘控制区覆盖率、工艺尾气达标率和汽车尾气达标率等。

4．城市环境建设指标

主要指标有：城市气化率、城市集中供热率、城市型煤普及率、城市绿地覆盖率和人均公共绿地等。

5．城市社会经济指标

主要指标有：国内生产总值、人均国内生产总值、工业总产值、各行业产值、能耗、各行业能耗、生活耗煤量、万元工业产值能耗、城市人口总量、分区人口数、人口密度及分布和人口自然增长率等。

大气环境规划属于综合性的环境规划，因此指标涉及面广，内容比较复杂。为了编制环境规划，期望从众多的统计和监测指标中科学地选取出大气环境规划指标，要进行指标筛选。一般指标筛选方法主要有：综合指数法、层次分析法、加权平分法和矩阵相关分析法等。

四、城镇生态建设的目标与制定原则

（一）生态建设的总体指导思想和目标

生态建设是城镇实施可持续发展战略的最基本的社会经济活动形式，是可持续发展思想的集中体现。城镇生态建设要以现代生态学、生态经济学及系统科学理论为基础，以改革开放和促进科技进步为动力，以富农强镇、全面建设富裕的现代城镇为主题，以结构调整为主线，依托城镇的自然、社会、经济、生态的实际情况，治理生态破坏区、保护生态良好区、制止不合理的经济活动所产生的生态破坏，保护城镇可持续发展的生产能力，营造优美的城镇生态景观，建立生态保护、生态建设与社会经济建设协调发展的运行机制，实现城镇的经济繁荣、环境优美和社会文明。生态环境规划的指标体系见表 2-17。

表 2-17　生态环境规划的指标体系

	因　素	指　标	替代性指标
自然条件	1. 气候	水热指数	≥10℃年积温（℃）
			年平均降雨量（mm）
	2. 地貌	山地面积率（%）	坡度≥25°面积率
			地貌类型
	3. 土壤	土壤养分含量（N，P，K）	耕作土有机质含量
	4. 植被	森林覆盖率（%）；物种资源量	绿化率
	5. 水文	水域比例（%）	河网密度
生态压力	6. 人口	人口密度（人/km^2）	人均耕地
	7. 土地利用	土地垦殖指数	旱涝保收耕地率
			农药施用量
	8. 能源	农村生活能源供需率（%）	
	9. 产业	产业结构与布局	工业比例与结构
环境质量	10. 水文	径流系数	水资源容量
	11. 生物	生物量（t/km^2）	林地生长量
			自然保护区面积比例
	12. 土地	土壤侵蚀模数（t/km^2）	水土流失面积
	13. 水环境质量	水自净饱和度	
	14. 大气环境质量	大气 SO$_2$ 含量（mg/m^3）	

城镇生态建设应满足以下基本目标：

① 基于生态服务功能，通过生态的集中服务以及其他相关的土地利用设计，形成一个有序的生态系统。

② 形成适宜的人居生态环境，包括清洁的城镇大气环境、水环境、生活卫生环境，以及绿化、美化、净化的绿色环境。

③ 通过景观生态资源的建设，保持、恢复、创造城镇的风貌和个性。

④ 建立稳定、协调、生态功能清晰、独立的复合城镇生态系统。

（二）生态建设的基本原则

1. 全面、整体、协调和可持续发展的原则

城镇生态系统是人与自然交流最为密切的生态区。生态建设的基本任务是协调人类需求与生态完整性、生态稳定性之间的矛盾，基本出发点就是要解决产业发展、社会进步与生态环境之间的协调问题，即在社会、经济和生态环境目标中追求多目标协调、统一。因此，生态建设的主要思路应根据规划地区的社会、经济、生态环境基础条件，以发展为核心、以协调生态环境建设与社会经济发展为关键，在镇域整体上全面规划、整体优化，求得生态、经济、社会协调的统一发展，实现可持续发展目标。

2. 与本地区国民经济与社会发展规划相协调，与上级生态建设规划相衔接的原则

国民经济与社会发展规划是社会进步与经济发展的阶段目标，生态建设规划同国民经济与社会发展规划的协调，不但完善与补充了国民经济与社会发展规划，而且可在政府宏观调控机制、社会参与机制、投资保障等机制下得到落实和有效实施。同时，城镇生态规划与上级生态建设规划的衔接，从建设内容与建设目标上确保了城镇生态系统的稳定与发展。

3. 因地制宜的原则

不同地区生态建设的内容不尽相同，生态建设规划应遵循生态学原理，依据当地自然、生态、资源、社会等基础条件编制。不能违背科学规律搞"样板工程""示范工程"。规划建设的内容要突出城镇独特的地方色彩，遵照生态平衡原则，合理布局、统筹安排，重视镇区与乡村的有机结合，注重与大自然的协调性及返璞归真的自然美。

五、确定城市环境规划的目标和指标体系

城市环境目标体系框图如图 2-6 所示。城市环境保护与生态建设主要指标见表 2-18。

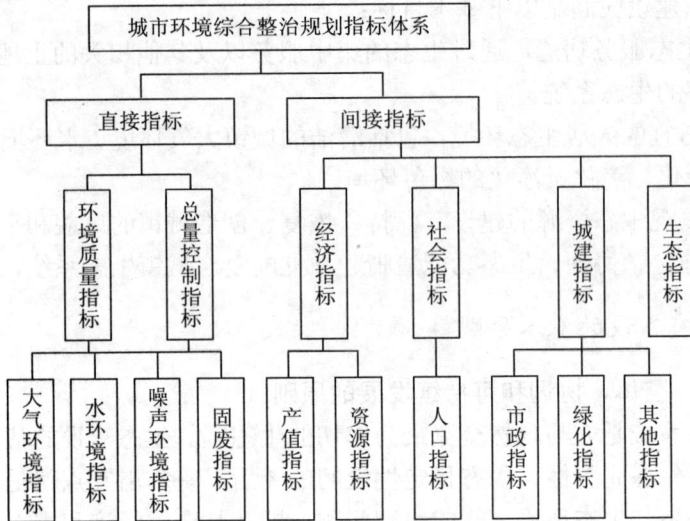

图 2-6　城市环境目标体系

表 2-18　城市环境保护与生态建设主要指标

一级指标	二级指标	三级指标	
环境保护与污染控制	水环境	压力指标	核心指标：人均生活污水排放量、万元 GDP 工业废水排放量 辅助指标：主要污染物年排放量（COD、BOD、石油、氨氮、挥发酚）
		状态指标	核心指标：水质综合指数、城市水功能区水质达标率 辅助指标：主要水污染物年平均浓度（COD、BOD、石油、氨氮、挥发酚）、DO 年平均值、集中式饮用水水源地水质达标率
		响应指标	核心指标：城市污水纳管率 辅助指标：城市生活污水处理率、工业废水达标率、工业废水处理率、用于废水控制的财政支出占环保支出的比重
	空气环境	压力指标	核心指标：万元工业产值废气年排放量、人均二氧化硫排放量、人均氮氧化物排放量 辅助指标：人均二氧化碳排放量、人均损耗臭氧层物质排放量
		状态指标	核心指标：城市空气污染指数 API 辅助指标：主要空气污染物年日均浓度
		响应指标	核心指标：城市烟尘控制区覆盖率、路检汽车尾气达标排放率 辅助指标：用于空气污染控制的财政支出占环保支出的比重
	固体废物	压力指标	核心指标：人均生活垃圾年产生量、万元 GDP 工业固体废物产生量 辅助指标：危险固体废物年产生量
		响应指标	核心指标：工业固体废物的综合利用率、生活垃圾无害化处理率 辅助指标：用于固体废物处理的财政支出占环保支出的比重

一级指标	二级指标	三级指标	
环境保护与污染控制	噪声	状态指标	核心指标：区域环境噪声平均值、城市交通干线两侧噪声平均值
		响应指标	核心指标：城市噪声达标区覆盖率
			辅助指标：用于噪声控制的财政支出占环保支出的比重
	土壤	压力指标	核心指标：单位耕地面积农药使用量、单位耕地面积化肥使用量
		状态指标	核心指标：表土中的重金属含量
		响应指标	辅助指标：用于土壤污染控制的财政支出占环保支出的比重
	近海环境	压力指标	核心指标：排入近海的废水年排放量、排入近海海域的主要污染物质（COD、N、P）年排放量
		状态指标	核心指标：近海海域水质综合指数
			辅助指标：近海海域主要污染物的年平均浓度（油类、COD、无机氮）、DO 年均值
		响应指标	辅助指标：用于海洋环境控制的财政支出占整个环保支出的比重
生态保护与建设	土地利用与土地资源	核心指标：城市地区绿化覆盖率、自然保护区面积比例	
		辅助指标：人均绿地面积、人均公共绿地面积、森林面积比例	
	水资源	核心指标：工业用水循环利用率、年水资源的供需平衡比	
		辅助指标：水体面积占区域面积的比例、水资源循环利用率	
	酸雨	核心指标：酸雨发生频率、酸雨平均 pH 值	
	野生动植物及生物多样性	核心指标：生物多样性指数	
		辅助指标：濒临灭绝物种占区域物种的百分比、受保护的野生动植物占区域物种数的比例	
生态环境管理		核心指标：环境保护投资占 GDP 的比例、公众对城市环境的满意度、建设项目环境影响评价的实施率	
		辅助指标：城市环境综合整治定量考核成绩、卫生城市、通过 ISO 14000 认证占全部工业企业的百分比、政府规划战略环境评价的实施率	

资料来源：罗上华，等. 城市环境保护与生态建设指标体系实证. 生态学报，2003（1）.

任务 5　环境功能区划

一、环境功能区划概述

（一）环境功能区划的含义和目的

1. 含义

功能区是指对经济和社会发展起特定作用的地域或环境单元。环境功能区是按照环境要求的功能划分的，但也是经济、社会与环境的综合性功能区。环境功能区划是为了确定区域内所采用的环境质量标准类别和适应环境质量评价、规划与管理的需要，对环境要素在空间上和时间上所划分的不同功能区类别，是从环境与人类活动相和谐的角度来规划城市或区域的功能区，它与城市和区域的总体规划相匹配。

环境功能区划是环境实现科学管理的一项基础工作。它依据社会经济发展需要和不同地区在环境结构、环境状态和使用功能上的差异，对区域进行的合理划分。它研究各环境单元的承载力（环境容量）及环境质量的现状和发展变化趋势，揭示人类自身活动与环境及人类生活之间的关系。

2. 目的

环境规划的目标是协调环境与社会、经济发展的关系，使社会、经济发展建立在不破坏或少破坏环境的基础上，甚至在发展经济的同时不断改善环境质量。换句话说，其目标是不断提高环境承载力，在环境承载力范围之内制定经济发展的最优政策。环境规划将提供环境与社会经济相协调的最优发展方案，使人类的社会经济行为与相应的环境状态相匹配，使作为人类生存、发展基础的环境在发展过程中得到保护和改善。

每个地区由于其自然条件和人为利用方式不同，具体表现为该区域内所执行的环境功能不同，对环境的影响程度各异，要求不同地区达到同一环境质量标准的难度也就不一样。因此，考虑到环境污染对人体的危害及环境投资效益两方面的因素，在确定环境规划目标前常常要先对研究区域进行功能区的划分，然后根据各功能区的性质分别制定各自的环境目标。

在环境规划中进行功能区的划分，一是为了合理布局，二是为了确定具体的环境目标，三是为了便于目标的管理和执行。环境功能分区，是实施区域环境按功能区进行管理和实施区域环境主要污染物排放总量控制的基础和前提。对于未建成区或新开发区、新兴城市等来说，环境功能区划对其未来环境状态有决定性影响。

功能区的目标要求，原则上应按环境要素的使用用途来确定。例如，对作为集中生活饮用水水源的某范围水域，就应划为生活饮用水水源地功能。功能区内水、气、土壤等要素，一般都具有多种使用用途，为了满足多功能的使用要求，可以取其中环境质量标准要求最高的功能作为该功能区的代表功能（或控制功能）。

功能区的目标，除按实际使用用途确定外，也有根据技术经济条件提出分期规划目标的区划，一般对已污染区和涉及老企业改、扩建的有关区域，环境功能目标可从宽；而对未污染区和涉及新建企业的区域，则环境功能目标应从严。功能区目标及其区划的正式确立，实际上是协调环境质量与经济发展的结果，也是区域环境规划的产物。

（二）环境功能区划的原则、依据、内容和类型

1. 原则

环境功能区划的原则如下。

（1）满足人们生产和生活的需要

环境功能区划要考虑到长远规划和潜在功能的开发，以及环境的承载能力，尽量提高生态环境功能级别，使区域环境质量不断得到改善，在所有的环境要素中，人们的生产和生活需要是第一位的，环境功能区划要考虑到合理利用资源，合理利用环境容量，避免经济（开发）活动给人们带来危害，保证人们生产和生活要求。

（2）符合自然环境的基本要求

自然环境是环境演变的基础，也是人类生存发展的重要条件，它制约着自然过程和人类活动的方式和程度。自然环境的结构和特点不同，人类利用自然资源发展生产的方向、方式和程度亦有明显的不同，人类活动对环境的影响方式和程度以及环境对于人类活动适应能力的不同，使污染物的降解能力也随之不同。这就导致了不同地区在环境污染与破坏的类型和程度，保护和改善环境的方向和措施上的明显差异。保持作为环境演变与控制基础的自然环境的一致性，是环境功能区划的基本原则。

（3）符合人类对环境影响的现状

人类活动受自然环境的影响和制约。但在科学技术高度发展的今天，环境的影响和环境演变方向，并不取决于自然环境。因为人类依靠现代科学技术，能够在很大程度上能动地改造自然、改变原来自然环境的某些特征，而形成新的环境。因而，在相似的自然环境基础上，由于人类活动方式和活动程度不同，形成不同的环境演变方向，造成不同性质的环境问题和环境影响，所以社会环境的相似性是环境功能区划的另一项重要原则。人类活动（主要指经济活动）的方式和强度在区域上表现出来的差异性，则是环境功能区划的另一个基本指标。

（4）满足环境对策的要求

环境功能区划的基本目的，在于通过环境区域分异的综合性分析，寻求建立与经济发展相协调的环境对策。在相同自然环境基础上，经过人类活动相似性影响，形成了相似性的人类环境功能区域，在这个区域，具有相同的环境影响条件和相同的环境问题，因而便形成了保护和改善环境的环境对策上的同一性。反之亦然。因此，环境保护对策措施的同一性，成为环境功能区划的一项不可或缺的原则。而对策措施在类型和尺度上的差异性，成为环境规划的环境指标。

（5）符合生态系统的要求

人类经济活动对自然环境固有属性（生物和非生物）的影响是对自然的一种干扰，长期的定向干扰，使自然环境呈明显差异的稳定性和尚未稳定的生态系统。在同一系统内，具有类别相同的基础生物和生态特性。因此，把趋于稳定型的生态系统，按其类型区分开来，成为环境功能区划的又一项基本原则。

（6）与区域开发相协调

只划分功能区，而不考虑功能区的类型，就会忽视区内不同地段空间所具有的不同环境特点，在开发时容易千篇一律，而不因地制宜。然而，只考虑类型，而不加以合理的组合成为完整的区域，则易蹈于烦琐零碎，也往往会把同一经济活动单位不同地段全部划开，而没有表现出内部的相互联系，这就与日益发展的经济要求不相适应。把区域与类型结合起来，既照顾到不同地段差异性，又照顾到各地段之间的连接性和相对一致性，表现在环境功能区划类型图上是既有完整的环境区域，又有不连续的环境类型存在。因此，在地段比较复杂的地区，从经济社会活动出发，把区域与类型结合起来，是一项必要的原则。

2．依据

环境功能区划的依据如下。

① 保证区域或城市总体功能的发挥与区域或城市总体规划相匹配。

② 依据地理、气候、生态特点或环境单元的自然条件划分功能区。如自然保护区、风景旅游区、水源区或河流及其岸带、海域及其岸带等。

③ 依据环境的开发利用潜力划分功能区，如新经济开发区、绿色食品基地、名贵花卉基地和绿地等。

④ 依据社会经济的现状、特点和未来发展趋势划分功能区。

⑤ 依据行政辖区划分功能。行政辖区往往不仅反映环境的地理特点，而且也反映某些经济社会特点，按一定层次的行政辖区划分功能区，有时不仅有经济、社会和环境合理性，而且也便于管理。

⑥ 依据环境保护的重点和特点划分功能区。一般可分为重点保护区、一般保护区、污染控制区和重点污染治理区等。

3．内容

环境功能区划的内容如下。

① 在所研究的范围内，根据各环境要素的组成、自净能力等条件，合理确定使用功能的不同类型区，确定界面、设立监测控制点位。

② 在所研究范围的层次上，根据社会经济发展目标，以功能区为单元，提出生活和生产布局以及相应的环境目标与环境标准的建议。

③ 在各功能区内，根据其在生活和生产布局中的分工职能以及所承担的相应

的环境负荷，设计出污染物流和环境信息流。

④ 建立环境信息库，以便将生产、生活和环境信息进行实时处理，及时掌握环境状况及其发展趋势，并通过反馈作出合理的控制决策。

4．城市功能区划类型

（1）按其范围分

① 城市环境规划功能区划分。一般包括：工业区、居民区、商业区，机场、港口、车站等交通枢纽区，风景旅游或文化娱乐区，特殊历史文化纪念地，水源区，卫星城，农副产品生产基地，污灌区，污染处理地（垃圾场、污水处理厂等），绿化区或绿色隔离带，文化教育区，新科技经济区，新经济开发区和旅游度假区。

② 区域（省区）环境功能区划分。一般包括：工业区或工业城市，矿业开发区，新经济开发区或开放城市，水系或水域，水源保护区和水源林区，林、牧区，自然保护区，风景旅游区或风景旅游城市，历史文化纪念地或文化古城，其他特殊地区。

（2）按其内容来分

城市综合环境区划主要以城市中人群的活动方式以及对环境的要求为分类准则。一般可以分为重点环境保护区、一般环境保护区、污染控制区和重点污染治理区等。

① 重点环境保护区一般指城市中（或城市影响的邻近地区）的风景游览、文物古迹、疗养、旅游和度假等综合环境质量要求高的地区。

② 一般环境保护区主要是以居住、商业活动为主的综合环境质量要求较高的地区。

③ 污染控制区一般指目前环境质量相对较好，需严格控制新污染的工业区，这类地区应逐步建成清洁工业区。

④ 重点污染治理区主要指现状污染比较严重，在规划中要加强治理的工业区。

⑤ 新建经济技术开发区以其发展速度快、规模大、土地开发强度高和土地利用功能复杂为主要特征，应单独划出。该区环境质量要求以及环境管理水平根据开发区的功能确定，但应从严要求。

（3）按环境要素分

① 大气环境功能区划。

所谓大气环境功能区划并不是指对大气环境的区划，而是指为确定研究地区的大气环境规划目标而对这些地区进行的功能区划。

一般地说，城市大气环境功能区划常划分成工业区、商业区、居民区、文化区、交通稠密区和清洁区六种类型。旅游区域环境应按清洁区来看待。广大的农业环境也可按这一体系进行划分，功能区的划分对于监测点的布置、监测浓度的统计、对照也都有重要意义。

a. 工业区。工业区以各种工业为主体，由于释放大量的烟尘、SO_2、NO_2 等，使这里的大气污染相对严重，空气质量标准不高，故居民区一般都与工业区之间有一定间隔。

b. 商业区。商业区以经营各种商品为主，但由于流动人口多，解决流动人口的食、宿服务设施也就应运而生，各种饮食摊点的污染源释放就成了商业区的重要污染源。

c. 居民区。居民区是居民生活、休息的场所。由于用餐、取暖，因而也释放出大量污染物。

d. 文化区。文化区是指文化、教育、科技相对集中的地区。但我国的实际情况往往是文化区也夹杂着居民区。

e. 交通稠密区。交通稠密地区由于汽车排放出的大量尾气而使污染十分严重。它包括城市交通枢纽和交通干线两侧。一般把交通线两侧到以外 50 m 处的范围都划成交通稠密区。

f. 清洁区。清洁区要求达到一级标准。它包括国家规定的自然保护区、风景游览区、名胜古迹和疗养地等。

② 地表水域环境功能区划。

a. 源头水。源头水是指各地面水域特别是江、河的最上游地段的水体。由于源头水要直接流向江、河的上、中、下游，因此源头水质不好对整条河流的水质都有影响。

b. 国家自然保护区。国家自然保护区是由国家划定的有重要经济价值或生物多样性等需保护的重要水域。

c. 生活饮用水水源地保护区。生活饮用水水源地保护区是指居民通过取水口集中取水的地方。由于地表水饮用水水源多为江河，江河水都是流动水体，同时水体本身还存在回流、分子扩散等现象，所以一般要求取水口上、下游之间一定距离内水质有较高的标准。根据距离的长短，又可把生活饮用水水源地保护区分为一级保护区和二级保护区。

d. 鱼类保护区。鱼类保护区又分为珍贵鱼类保护区、鱼虾产卵场和一般鱼类保护区三类。

e. 一般工业用水区。一般工业用水对水质要求不高。

f. 农业用水区。由于土壤有较强的自净作用，农作物能有选择地吸收各种营养元素，因此农业用水区对水质的要求可更低。

g. 一般景观水域。即那些没有明显的使用功能但是人们时常经过的地方，如具有航运功能的水体和居民集中区的水体，这些水体不能发臭变色或有令人厌恶的水生生物，以免引起人们的不适感。

③噪声环境功能区划。

由于噪声也是在空气中传播、扩散的，其污染源也主要来自工业、交通及人们日常生活、工作时发出的声音，因此噪声功能区划和大气功能区划有着较大的相似性。但由于噪声的衰减速度快等特殊性，噪声功能分区又与大气功能分区有所不同。具体分区类型包括：

a．特殊住宅区。该区是指特别需要安静的住宅区，如康复疗养院等地区。该区昼间的等效声级应小于 50 dB，夜间应小于 40 dB。

b．居民、医疗卫生、文教区。相当于大气功能分区中的居民区、文化区。该区是指居民区和文教、机关区，要求昼间的等效声级低于 55 dB，夜间低于 45 dB。

c．商业金融、集市贸易区，或者居住、商业、工业混杂，需要维护住宅安静的区域。该区昼间等效声级应低于 60 dB，夜间应低于 50 dB。

d．工业生产、仓储物流区，需要防止工业噪声对周围环境产生严重影响的区域。该区昼间等效声级应低于 65 dB，夜间应低于 60 dB。

e．交通干线两侧一定距离之内，需要防止交通噪声对周围环境产生严重影响的区域，包括 4a 类和 4b 类两种类型。4a 类为高速公路、一级公路、二级公路、城市快速路、城市主干路、城市次干路、城市轨道交通（地面段）、内河航道两侧区域，该区昼间等效声级应低于 70 dB，夜间应低于 55 dB。4b 类为铁路干线两侧区域，该区昼间等效声级应低于 70 dB，夜间应低于 60 dB。

功能区划可以重复进行，即根据不同功能需要，按照社会、经济、环境等需求分类。一个区域可以是居住区，也可以是烟尘和二氧化硫控制区，以及噪声控制区等。

二、城镇环境功能区划分类

城镇环境功能区划是城镇环境综合整治规划的重要基础性工作，特别是对新经济开发区的建设更具有特殊意义。环境功能区划一般可以分为两个层次，即综合环境区划和分项（单要素）环境区划。

（一）城镇综合环境区划

城镇综合环境区划主要以城镇中居民的活动方式以及对环境的要求为分类准则。一般可以分为重点环境保护区、一般环境保护区、污染控制区、重点污染治理区、新建经济技术开发区等。

1．重点环境保护区

一般指城镇中（或受城镇影响的邻近地区）的风景游览、文物古迹、疗养、旅游、度假等综合环境质量要求高的地区。

2．一般环境保护区

主要是以居住、商业活动为主的综合环境质量要求较高的地区。

3．污染控制区

一般指目前环境质量相对较好，需严格控制新污染的工业区，这类地区应逐步建成清洁工业区。

4．重点污染治理区

主要指现状污染比较严重，在规划中要加强治理的工业区。

5．新建经济技术开发区

新建经济技术开发区以其速度快、规模大、土地开发强度高、土地利用功能复杂为主要特征，应单独划出。该区环境质量要求以及环境管理水平根据开发区的功能确定，但应从严要求。

城镇综合环境区划也可按照城镇总体规划中土地利用功能分类，即居住区，工业区，自然保护区，集中公共设施区和经济技术开发区等。

（二）城镇分项环境区划

城镇分项环境区划主要有城镇水环境区划、城镇大气环境区划和城镇噪声环境区划等。城镇分项环境区划应以城镇综合环境区划为基础，结合每个环境要素自身的特点加以划分。分项环境区划的目的是确定每个区划内具体的环境目标、相应目标下的污染物控制总量以及相应的环境规划方案。

三、城镇水环境功能区划

城镇水环境功能区划分为两个层次，即水环境功能区和水环境控制单元的划分。水环境功能区划主要任务是将与城镇有关的水体按照其功能加以划分，并确定出明确的环境质量目标。水环境控制单元是指一个水环境功能区与相关的污染源所占的区域的总和，在城镇水环境区划中还可将其概念进一步扩展，如将独立污灌区和它的上游汇水区、土地处理系统和其汇水区、大型污水处理厂及其汇水区（主要指相应的泵站和管网系统）等作为控制单元对待。

（一）水环境功能分区原则

水环境功能区划做到三个基本结合：一是与水资源的自然状况的结合，即结合水资源在某一区域的自然存在形式；二是与开发利用状况的结合，如某一区域的水资源主要用于农业灌溉等；三是与当地的经济发展状况的结合，在经济发达地区可以对保护区域提出严格的保护要求，在经济欠发达地区，通过功能区划可以列出重要的保护区域优先保护。

水环境功能区划是在水功能区划基础上，对开发利用的水功能区，按照不同的用途而对水具有的环境功能进一步作出的划分。水环境功能区划是由生态环境部门组织编制的，主要为水污染防治服务的。地表水环境功能区划分的原则可归纳为以下几点。

（1）集中式饮用水水源地优先保护

在规定的 5 类功能区中，以饮用水水源地为优先保护对象。在保护重点功能区的前提下，可兼顾其他功能区的划分。

（2）不得降低现状使用功能兼顾规划功能

对于一些水资源丰富、水质较好的地区，在开发经济、发展工业、制定规划功能时，应经过严格的经济技术论证，并报上级批准。

（3）统筹考虑专业用水标准要求

对于专业用水区，如卫生部门划定的集中式饮用水取水区及其卫生防护区，渔业部门划定的渔业水域，排污河渠的农灌用水，均执行专业用水标准。

（4）上下游、区域间互相兼顾

划分功能区不应影响潜在功能的开发和下游功能的保障。在功能区划分中，要对可被生物富集的或环境累积的有毒有害物质所造成的环境影响给予充分的考虑。

（5）合理利用水体自净能力和环境容量

在功能区划分中，要从不同水域的水文特点出发，充分利用水体的自净能力和水环境容量。

（6）与陆上工业合理布局相结合

划分功能区要层次分明，突出污染源的合理布局，使水域功能区划分与陆上工业合理布局、城镇发展规划相结合。

（7）对地下饮用水水源地污染的影响

如属地下饮用水水源地的补给水，或地质结构造成明显渗漏时，应考虑对地下饮用水水源地的影响。

（8）实用可行，便于管理

功能区划分方案实用可行，有利于强化目标管理，解决实际问题。

（二）水环境功能分区依据

根据《地表水环境质量标准》（GB 3838—2002）规定，地表水环境保护功能区名目如下：

（1）自然保护区及源头水

自然保护区及源头水指未受污染的源头水，以及国家、省、市已划定的自然保护区水域，执行 II 类标准保护。

（2）生活饮用水区

对集中式供水的饮用水地表水源，可按照不同的水质标准和防护要求分级划分饮用水水源保护区。通常，将饮用水保护区划分为一级保护区和二级保护区，必要时可增设标准保护区。一般情况下，执行 II 类标准。

（3）渔业水域

渔业水域指鱼、虾、蟹、贝类的产卵场、索饵场、越冬场与洄游通道和鱼、虾、蟹、藻类及其他水生动植物的养殖场所等。可分为珍贵鱼类保护区及一般鱼类保护区，分产卵场和养殖场等不同类别分别执行 II 类或 III 类标准。

（4）工业用水区及娱乐用水区

用于工业用水及人体非直接接触的娱乐用水区。应注意色、臭、漂浮物、透明度、水温和总大肠菌群等指标要求，执行 V 类标准。

（5）工农业用水区及一般景观用水区

各工矿企业生产用水的集中取水点为工业用水区，灌溉粮食、蔬菜、水果等食用性作物的集中取水点为农业用水区，执行 III 类或 IV 类标准。

由于 V 类标准的制定依据是以不发生急性公害为基点，以保护水生生物的急性基点为依据。因此，农业用水区按 V 类标准管理，严于农灌用水标准，能保护一般景观用水质量要求。工业用水区按 IV 类标准管理是考虑到工业用水需进行特殊处理，为预处理创造必要的条件。

（三）水环境功能分区步骤

水环境功能区可分为四个阶段，即技术准备、定性判断、定量计算和综合评价。

（1）技术准备阶段

①收集和汇总现有的基础资料、数据。内容包括区域自然环境调查，如气候、地质、地貌、植被以及水文、流量、流速和径流量等；城镇发展规划调查，如人口数量与分布、工业区与农业区和风景游览区布局等；污染源和水污染现状和治理措施调查，如污染源数量和排放口位置、污染物种类和排放量、水体水质及季节变化、水污染治理措施等；水质监测等状况调查，如峰测点位置、断面分布、监测项目和采样频率等；水资源利用情况调查，如水厂位置、各部门用水量及对水质的要求，以及各用水部门间、上下游间用水矛盾；水利设施调查，如工农业和生活取水、调水、蓄水、防洪、水力发电和通航水位等；区域经济发展状况调查，如国民经济和社会发展计划、区域内资源分布和数量等；政策和法规调查，如正执行与拟颁布的地方标准或管理条例等。

② 确定工作方案。初步划分工作范围与工作深度；对需补测的项目，制定必要的现场监测方案；所需专业与行政管理合理组合。

（2）定性判断阶段

① 分析使用功能及其影响因素。分析水体现状使用功能，对水环境现状进行评价，确定影响使用功能的污染因子和污染时段；分析污染源优先控制顺序，将现状主功能区中水质要求不符合标准的水域，依据污染因子列出相应污染源；提出规划功能及相应水质标准，预测污染物排放量的增长与削减。

② 提出功能区划分的初选方案或多种供选方案。

（3）定量计算阶段

① 确定设计条件。设计条件必须在定量计算前进行，其主要包括设计流量、设计水温、设计流速、设计排污量、设计达标率与标准和设计分期目标。

② 选择水质模型及计算。

③ 计算混合区范围。在削减排污量方案费用较高、技术不可行时，为了保证功能区水质符合要求，可考虑改变排污去向至低功能水域，或减少混合区范围以及利用大水体稀释扩散能力。在这些情况下，如开辟新取水口均应进行混合区范围计算。

④ 优化模拟。对功能区达到各个环境目标的技术方案及投资进行可达性分析。

（4）综合评价阶段

① 通过对水环境功能区的综合评价，确定切实可行的区划方案。

② 拟订分期实施方案。

（四）水环境功能区划分类型

水环境功能区目前按照两级区划，即一级区划和二级区划。一级区划是水资源的基本分区，这个基本分区体现了持续、保护和利用相结合的原则，也为流域统一管理提供了依据。一级区划中分为保护区、缓冲区、开发利用区和保留区等四类区。保护的原则体现在两个方面：一是为保护特殊水域或水生生态系统和珍稀濒危物种设立的保护区；二是对一些目前尚未开发的水域设立的保留区。持续的原则突出表现在对保留区的设立上，保留区的设立为今后水资源的开发以及保护留有余地。而开发利用区是目前应该着力管理的水域。

一级区划中的保护区指干流及主要支流源头区，重要的调水水源区，重要的供水水源地，以及对自然生态系统和珍稀濒危物种保护有重要意义的水域。功能区的标准根据具体情况需要，定为《地表水环境质量标准》（GB 3838—2002）中的 I 类或 II 类水质标准或维持现状水质。

保留区指目前开发利用程度不高，为今后开发利用和保护水资源而预留的水域。该区内应维持现状避免遭受破坏。功能区的水质一般不能低于现水质类别。

缓冲区指为协调省际、矛盾突出的地区间用水水质关系而划定的区域。

开发利用区主要指具有满足城镇生活、工农业生产、渔业和娱乐等多重需水要求的水域，功能区按二级功能区分类，分别执行相应的水质标准。

因为水资源的利用形式和服务对象不同，所以为了管理方便，在一级区划的基础上，将开发利用区再划分为饮用水水源区、工业用水区、农业用水区、渔业用水区、景观娱乐用水区、过渡区和排污控制区等七个二级分区，体现了重保护、严管理的基本指导思想。

① 饮用水水源区：满足城乡用水需要的水域。执行地面水 I 类、II 类水质标准。

② 工业用水区：满足城乡工业用水要求的水域。执行地面水 IV 类水质标准。

③ 农业用水区：满足农业用水要求的水域。执行地面水 V 类水质标准。

④ 渔业用水区：指具有鱼、虾、蟹、贝类产卵场、索饵场、越冬场及洄游通道功能的水域，养殖鱼、虾、蟹、贝、藻类等水生动植物的水域。执行地面水 II ～ III 类水质标准。

⑤ 景观娱乐用水区：指满足景观、疗养、度假和娱乐需要的江河湖库等水域。执行地面水 IV ～ V 类水质标准。

⑥ 过渡区：指为使水质要求有差异的相邻功能区顺利衔接而划定的区域。功能区水质类别，以出流断面水质能满足相邻功能区要求为目标选用相应的水质控制标准。

⑦ 排污控制区：指集中接纳生活、生产污废水，但接纳的污废水对水环境无重大影响的区域。

同一水域兼有多类功能的，依最高功能划分类别。有季节性功能的，可分季节划分类别。地表水对不同功能区分别执行不同的水质标准。

四、城镇大气环境功能区划

大气环境功能区划主要以城镇环境功能区划为依据，根据城镇气象特征和国家大气环境质量标准的要求将城镇区域划分为一类、二类和三类区域（注：2012年颁布、2016年1月1日实施的《环境空气质量标准》（GB 3095—2012）将环境空气功能区分为两类，一类区为自然保护区、风景名胜区和其他需要特殊保护的区域；二类区为居住区、商业交通居民混合区、文化区、工业区和农村地区），功能区的数目一般不限，但分区不宜过细。考虑到综合整治的能力和达标的困难程度，可在不同区域之间设置过渡区，过渡区的环境目标要求可相对宽一些。

（一）大气环境功能区的划分要求

① 根据不同的社会功能区域，划分为一类、二类、三类功能区，各区采用不同的标准。还分为居民、商业、工业、文化、旅游等区域。

② 充分考虑规划区的地理、气候，合理划界，注意风向的影响。

③ 对不同的功能区实行不同的控制目标和对策。

（二）大气环境功能区的划分方法

大气环境功能区是不同级别的大气环境系统的空间形式，各种地域上的大气环境的系统特征是大气环境功能区的内容和性质。可以说大气环境功能区是个非常复杂的问题，涉及的因素较多，采用简单的定性方法进行划分，不能很好地揭示出城镇大气环境的本质在空间上的差异及其多因素间的内在关系。划分大气环境功能区的方法一般有：多因子综合评分法、模糊聚类分析法、生态适宜度分析法及层次分析法等。大气环境功能区的划分过程如下：

① 分析区域或城市发展规划，确定环境空气质量功能区划分的范围并准备工作底图。

② 根据调查和监测数据，以及环境空气质量功能区类别的定义、划分原则等进行综合分析，确定每一单元的功能类别。

③ 把区域类型相同的单元连成片，并绘制在底图上；同时将环境空气质量标准中例行监测的污染物和特殊污染物的日平均值等值线绘制在底图上。

④ 根据环境空气质量管理和城市总体规划的要求，依据被保护对象对环境空气质量的要求，兼顾自然条件和社会经济发展，将已建成区与规划中的开发区等所划分区域最终边界的区域功能类型进行反复审核，最后确定该区域环境空气功能区划分的方案。

⑤ 对有明显人为氟化物排放源的区域，其功能区应严格按照《环境空气质量标准》中的有关条款进行划分。

（三）大气环境功能区的划分步骤

根据国家有关规定，属于一类功能区的有自然保护区、风景游览区、国家级名胜古迹、疗养地及特殊区域等。对属于农村的区域，根据国家规定可划为二类功能区。上述两部分在区域划分时较容易确定，只需将剩余的区域分成若干子区，如各小行政区等。依据各个子区所具有的社会功能、气候地理特征及环境现状中功能状态判别要素，将其中有定量描述的要素，按数量范围的变化定性化，在此基础上应用多因子综合评分法，确定这些子区的环境功能划分。大气环境功能区划分可采取以下步骤。

1．确定评价因子

对于二类功能区，评价因子可选择人口密度、商业密度、科教医疗单位密度、单位面积污染物排放量、风向（污染系数）、单位面积工业产值和污染程度。对于三类功能区还需考虑气流通畅程度。使用这些评价因子基本上能反映二类功能区及三类功能区的特征。风向（污染系数）是划分大气环境功能区时应考虑的重要因素。

2．单因子分级评分标准的确定

二类功能区单因子分级评分标准见表 2-19。单因子分级为五级，即很不适合、不适合、基本适合、适合和很适合。为了减少各评价因子定性描述带来的人为因素的影响，使评价结果能较好地与实际相符合，需要制定各评价因子的分级判断标准。对于人口密度、商业密度、科教医疗单位密度、单位面积工业产值及单位面积污染物排放量等，评价指标分别取子区各项指标与所有子区各项指标平均值的比值，根据比值的大小进行分级，评价描述可以分别为很小、较小、一般、较大和很大，风向或污染系数的分级判断标准确定如下：在城镇地图上与确定的风向（污染系数方位）平行的方向上，将城镇分成 5 个区，各区分别在确定的风向（污染系数方位）的上风向（上方位）、偏上风向（偏上方位）、中间、偏下风向（偏下方位）、下风向（下方位）。根据某一子区的大部分面积位于哪一个区来判定该子区在确定的风向（污染系数方位）的评价描述。对于大气质量指数也可按有关规定划分为五级，大气污染程度分别描述为很严重、较严重、一般、较轻和很轻。三类功能区单因子分级评分标准确定方法与二类功能区的类似。

表 2-19　二类功能因子分级评分标准

指　标	评分 描述	1 很不适合	2 不适合	3 基本适合	4 适合	5 很适合
人口密度		很小	较小	一般	较大	很大
商业密度		很小	较小	一般	较大	很大
科教医疗单位密度		很小	较小	一般	较大	很大
单位面积工业产值		很高	较高	一般	较低	很低
风向	主导风行	下风向	偏下风向	中间	偏上风向	上风向
	主导污染系数方位	下方位	偏下方位	中间	偏上方位	上方位
	最小风频	上风向	偏上风向	中间	偏下风向	下风向
	最小污染系数方位	上方位	偏上方位	中间	偏下方位	下方位
	基本风向	下风向	偏下风向	中间	偏上风向	上风向
污染系数	基本污染系数方位	下方位	偏下方位	中间	偏上方位	上方位
	单位面积污染物排放量	很大	较大	一般	较小	很小
	大气污染程度	很严重	较严重	一般	较轻	很轻

3．单因子权重的确定

划分大气环境功能分区时，采用的评价因子较多，每个因子所起的作用各不相同，因此应给每一个因子赋予一个权重。可应用层次分析法等方法确定各评价因子的权重。

4．单因子综合分级评分标准的确定

确定单因子综合分级评分标准就是要确定各评价级的综合评分值的上下限。以二类功能区为例，可取 7 个评价因子均是很适合时的平均评分值为很适合的上限；取 4 个评价因子为很适合，另 3 个评价因子为适合时的平均评分值当作很适合的下限、适合的上限。同样也可以得到所有等级的上限。按照上述方法可以确定的二类功能区的单因子综合分级评分，评价描述分别为很不适合、不适合、基本适合、适合和很适合。以此类推可以得到三类功能区的单因子五级综合评分标准。

5．评价结果的最终确定

对每一个子区，分别按上述方法对其划分为二类功能区的适合程度进行评价，若评价结果为很适合或适合，则该子区为二类功能区；若为不适合或很不适合，则该子区为三类功能区；若评价结果为基本适合，则进一步对其划分为三类功能区的适合程度进行评价。若三类功能区的评价结果为适合或很适合，则该子区为三类功能区；若为不适合或很不适合，则为二类功能区；若也为基本适合，则需通过比较 A 和 B 的大小来确定，具体见表 2-20。

表 2-20　大气环境功能分区的确定方法

评价描述		单因子综合评分值比较	功能区
属于二类功能区	属于三类功能区		
很适合或适合			二类功能区
基本适合	很适合或适合		三类功能区
	基本适合	$A \leqslant B$	二类功能区
		$A > B$	三类功能区
	不适合或很不适合		二类功能区
不适合或很不适合			三类功能区

表 2-20 中的 A 和 B 的计算公式如下：

$$A = \frac{X_{2\max} - X_2}{X_{2\max} - X_{2\min}} \qquad B = \frac{X_{3\max} - X_3}{X_{3\max} - X_{3\min}} \tag{2-97}$$

式中，$X_{2\max}$、$X_{2\min}$、X_2 分别为二类功能区基本适合的上、下限和该子区为类

功能区的综合评分值；X_{3max}、X_{3min}、X_3分别为三类功能区基本适合的上、下限和该子区为类功能区的综合评分值。

（四）大气环境功能区划分类型

大气环境功能区划分见表2-21。一般大气环境功能区可划分为工业区、交通稠密区、商业区、居民区、文化区和清洁区六种类型。旅游区域环境应按清洁区来看待。农业区域也可按这一体系进行划分，但类型可以少至两个，即居民区和清洁区。

表 2-21　大气环境功能区划

功能区	范围	执行大气质量标准
一类区	自然保护区、风景名胜区、特殊保护区	一级
二类区	居民区、商业交通居民混合区、文化区、一般工业区、农村	二级
三类区	特定工业区	三级

备注：凡位于二类区的工业企业，执行二级标准；位于三类区的居民区，执行三级标准。

（1）工业区

工业区可以细分为化工区、机械工业区、轻工业区、重工业区等。

（2）交通稠密区

交通稠密区由于汽车排放出的大量尾气而使污染十分严重。主要包括城市交通枢纽和交通干线两侧，一般把交通干线两侧到以外50 m处的范围都划成交通稠密区。

（3）商业区

商业区以经营各种商品为主，但由于流动人口多，解决流动人口的食、宿服务设施也就应运而生，特别是各种饮食摊点的污染源释放成了商业区的重要污染源。

（4）居民区

居民区是居民生活、休息的场所。由于用餐、取暖因而也释放出大量污染物。

（5）文化区

文化区是指文化、教育、科技相对集中的地区。我国的实际情况往往是文化区也夹杂着居民区。故一般也有一定的污染存在。

（6）清洁区

清洁区要求达到一级标准，保护国家规定的自然保护区、风景旅游区、名胜古迹和疗养地等。

五、城镇声环境功能区划

声环境要素是城镇居民比较敏感的环境要素，但其污染源一般影响范围较小，区域间相互影响较轻微，划分的区域空间可以小一些。可依据城镇规划的环境功能分区的要求按照《城市区域环境噪声标准》的分类方法进行划分。其范围可以参照城镇土地利用规划功能区的范围，落实到相应的网格区划图上。

1. 根据噪声的控制要求分类

（1）0类声环境功能区

指康复疗养区等特别需要安静的区域。

（2）1类声环境功能区

指以居民住宅、医疗卫生、文化教育、科研设计、行政办公为主要功能，需要保持安静的区域。

（3）2类声环境功能区

指以商业金融、集市贸易为主要功能，或者居住、商业、工业混杂，需要维护住宅安静的区域。

（4）3类声环境功能区

指以工业生产、仓储物流为主要功能，需要防止工业噪声对周围环境产生严重影响的区域。

（5）4类声环境功能区

指交通干线两侧一定距离之内，需要防止交通噪声对周围环境产生严重影响的区域，包括4a类和4b类两种类型。4a类为高速公路、一级公路、二级公路、城市快速路、城市主干路、城市次干路、城市轨道交通（地面段）、内河航道两侧区域；4b类为铁路干线两侧区域。

2. 环境噪声限值

各类声环境功能区适用表2-22规定的环境噪声等效声级限值。

表 2-22 环境噪声限值　　　　　　　　　单位：dB（A）

声环境功能区类别		时段	
		昼间	夜间
0类		50	40
1类		55	45
2类		60	50
3类		65	55
4类	4a类	70	55
	4b类	70	60

六、城镇生态功能区划

生态功能区划是根据区域生态环境要素、生态环境敏感性与生态服务功能空间分异规律，将区域划分成不同生态功能区的过程。其目的是为制定区域生态环境保护与建设规划、维护区域生态安全，以及资源合理利用与工农业生产布局、保育区域生态环境提供科学依据，并为环境管理部门和决策部门提供管理信息与管理手段。生态功能区划参照《生态功能区划暂行规程》进行。

（一）生态保护区划的类型

生态保护区划的类型如图 2-7 所示。

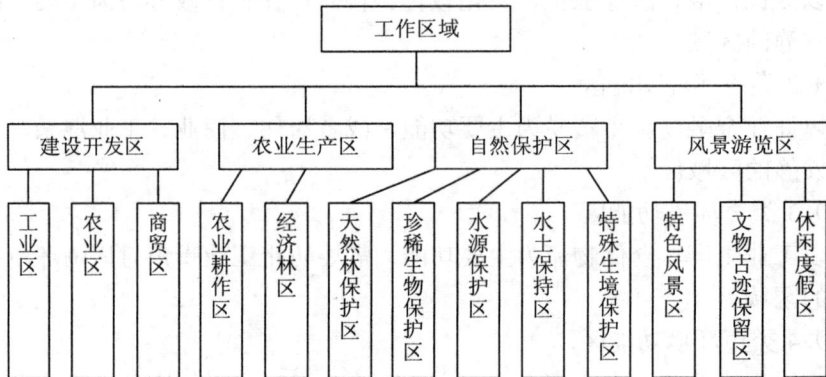

图 2-7　生态保护区划的类型

（二）生态功能区划的依据

一般生态功能区划采用 3 级分区。

（1）一级区划分

以中国生态环境综合区划三级区为基础，各省市可根据管理的要求及生态环境特点，做适当调整。一级区划界时，应注意区内气候特征的相似性与地貌单元的完整性。

（2）二级区划分

以主要生态系统类型和生态服务功能类型为依据。城镇及城镇近郊区可以作为二级区。二级区划界时，应注意区内生态系统类型与过程的完整性，以及生态服务功能类型的一致性。

（3）三级区划分

以生态服务功能的重要性、生态环境敏感性等指标为依据。三级区划界时，应注意生态服务功能重要性、生态环境敏感性等的一致性。

七、城市功能区划

城市功能区划是城市环境综合整治规划的重要基础性工作，特别是对新经济开发区的建设，更具有特殊意义。环境功能区划一般可以分为两个层次，即综合环境区划和分项（单要素）环境功能区划。

（一）城市综合环境区划

城市综合环境区划主要以城市中居民的活动方式以及对环境的要求为分类准则。一般可以分为重点环境保护区、一般环境保护区、污染控制区、重点污染治理区和新建经济技术开发区等。

城市综合环境区划也可按照城市总体规划中土地利用功能分为居住区、工业区、自然保护区、集中公共设施区和经济技术开发区等。

（二）城市分项环境区划

城市分项环境区划主要有城市大气环境区划、城市水环境区划和城市噪声环境区划等。城市分项环境区划应以城市综合环境区划为基础，结合每个环境要素自身的特点加以划分。分项环境区划的目的是确定每个区划内具体的环境目标、相应目标下的污染物控制总量以及相应的环境规划方案。

1. 城市大气环境功能区划

大气环境功能区划主要以城市环境功能区划为依据，根据城市气象特征和国家大气环境质量标准的要求对城市区域划分，功能区的数目一般不限，但分区不宜过细。考虑到综合整治的能力和达标的困难程度，可在不同区域之间设置过渡区，过渡区的环境目标要求可相对宽一些。

2. 城市水环境功能区划

城市水环境区划分为两个层次，即水环境功能区和水环境控制单元。水环境功能区划主要任务是将与城市有关的水体按照其功能加以划分，并确定出明确的环境质量目标。水环境控制单元是指一个水环境功能区与相关的污染源所占区域的总和，在城市水环境区划中还可将其概念进一步扩展，如将独立污灌区和它的上游汇水区、土地处理系统和其汇水区、大型污水处理厂及其汇水区（主要指相应的泵站和管网系统）等作为控制单元对待。

3. 城市声环境功能区划

声环境是城市居民比较敏感的环境要素，但其污染源一般影响范围较小，区域间相互影响较轻微，划分的区域空间可以小一些。可依据城市规划的环境功能分区要求，按照《城市区域环境噪声标准》的分类方法进行划分。其范围可以参照城市土地利用规划功能区的范围，落实到相应的网格区划图上。

任务 6　城镇环境规划方案的生成

城镇环境综合整治的内容主要包括：土地、水资源、能源利用及综合整治；改善工业结构和布局；大气污染综合防治措施；固体废物管理制度；交通及噪声整治办法；重点污染源控制技术；加强监督和管理；加强绿地、生态、保护区建设。

一、城镇工业污染防治规划

（一）调整城镇工业的产业结构

主要包括行业结构、产品结构、技术结构和规模结构等方面的调整。城镇的第一、第二、第三产业应融于整体农村经济发展格局中予以综合分析，推算城镇工业合理比例结构。

调整城镇工业的行业结构，根据国家产业政策和本地区城镇工业的实际情况，将城镇工业分为以下四类。

① 严重污染、浪费资源，应禁止发展、关停取缔的行业。根据《国务院关于环境保护若干问题的决定》应关停取缔的"十五小"企业，即：小造纸、小印染、小制革、土法炼焦、土炼硫、土炼砷、土炼汞、土炼铅锌、土炼油、土选金、小农药、小漂染、小电镀、土法生产石棉制品、土法生产放射性制品。上述"十五小"的共同特点是：规模小、生产工艺落后，浪费资源、效益差，严重污染环境、治理难度大。

② 本地区调查评价确定的重污染行业，都应限制发展。参照国家产业调整目录要求，对重污染企业实行下马、限制、迁移等处理措施。一般将这类行业在本地区城镇工业中所占的比重控制在不超过 5%，最多不超过 10%。

③ 中度污染型的工业，可以在国家政策允许的前提下，合理选择厂址，适度发展。

④ 轻污染及无污染的城镇工业应大力发展。参照国家鼓励发展的产业目录，

选择无污染、少污染的产业加快发展。特别注重发展生态农业、战略新兴产业、静脉产业，以及高新技术产业。

（二）调整城镇工业的规模结构

根据经济发展规律及实践经验，国家的产业政策规定了各个行业的适度规模。如造纸，年产浆 1 万 t 以下的造纸厂，达不到应有的经济效益和环境效益。所以，要按国家的产业政策，调整乡镇工业的规模结构。

在结构调整过程中，大中型城镇工业企业应当主攻"高、名、尖、外"，引进高新技术，加速产品更新换代，并通过兼并联合，优化资产结构和资源配置，发展企业集团，形成规模经营。小型城镇工业，则应向"专、精、新、特"的方向发展，与大公司、大企业配套。

（三）工业企业选址与合理布局

城镇工业布局应重点放在镇上，引导乡镇工业适当集中，逐步形成以镇为基础的农村工业新格局。规划布局应从保护水源和缓解城镇大气污染、保护资源和生态环境入手，并纳入当地经济社会发展总体规划。

1.　进行城镇工业用地生态适宜度分析

如有条件，可将市域（或县域）划分为若干个 1 km^2（或 2～4 km^2）的网格，按网格进行生态登记，在此基础上按规定程序进行城镇工业企业用地生态适宜度分析，并结合农业区划及本地区城镇环境经济特征，提出城镇工业企业用地开发的优先顺序。

在没有条件进行生态登记和生态适宜度分析的地区，可以参照城镇建设总体规划的功能区划和本地区的农业区划，提出城镇工业企业合理布局的方案。

2.　对现有城镇工业布局的环境经济评价

主要是对城镇已建成投产的污染型工业的厂址逐个进行环境经济综合评价，提出调整方案。具体方法是：选定评价因子（一般是 3～5 个），如：经济效益（包括对厂址所在地经济发展的贡献），对城镇环境的影响（包括农业生态环境），污染的可治理性，迁厂难度等。

分级评分、综合分析，将所有参与评价的城镇工业分为三类，即：必迁、可迁可不迁、不迁。征求各部门意见，结合城镇建设总体规划的要求，提出调整现有布局的方案。

（四）工业污染物排放与治理规划

城镇工业企业大多工艺落后、管理不善，至今仍沿用着以大量消耗资源、粗放经营为特征的经济增长模式，所以，排污量大、经济效益差。如果以万元投入净收益（正贡献）、万元投入污染损失（负贡献）两个指标来评价乡镇工业的综合效益，可以发现，相当多的乡镇工业综合效益是负值，"万元投入污染损失"大于"万元投入净收益"。长此以往，不但会严重污染环境，而且城镇工业的经济发展也难以为继，不可能实现可持续发展。

1. 要从粗放型增长模式向集约型增长模式转变

企业的经营管理要十分注重质量和效益，以最低的环境代价和最低的资源消耗取得最佳的综合效益。为此，要因地制宜采取下列措施：

① 依靠技术进步，推行清洁生产。节能、降耗、减少污染物排放量，以无毒无害的原辅材料替代有毒有害的原辅材料。

② 合理利用环境自净能力。将各种污染防治方式有机组合：利用荒滩地、草地等处理废水，合理分配污染负荷。

2. 因地制宜，提高污染治理能力

城镇工业发展要因地制宜，大力发展以农产品废弃物为原料的企业，提高农副产品附加值，同时将各生产环节中废物料综合利用，从而提高资源、能源利用率和"三废"净化转化率。优先发展市场潜力大、竞争力强、有一定效益的产品，使有限生产要素向优势产品的企业流动，实现优胜劣汰。

① 在城镇工业系统内部，设计合理的工业链。

② 污染治理社会化。城镇的废水处理、电镀废水、有机废气的治理社会化，经国内外的实践证明是一条切实可行的途径。这种办法可以拓宽污染治理的投资渠道，提高污染治理的效率和效益。

污染治理社会化引入市场机制，有多种形式。"环境保护设施运营专业化"，就是一种较好的形式。

（五）健全环境法制，强化环境管理

建立健全县、镇两级环境管理机构，逐步建立县、镇、村、工业企业四级城镇环境管理网络，加强环境监察（监理）和监测队伍建设，推行行之有效的环境目标责任制。针对不同情况，分别采取关、停、并、转等措施，有选择地逐步推行有关的各项管理制度和措施。

1. 提高城镇工业管理人员的环境意识

通过宣传教育，提高企业领导及职工的环境保护意识、环境法制意识，树立生态观念和环境道德观。

2. 严格执行各项环境管理制度

主要包括公众参与制度、环境影响评价制度、"三同时"制度、污染物排放量

总量控制制度、排污申报登记和排污许可证制度、排污收费制度等。

3．城镇工业污染全过程控制

对城镇工业的生产过程及产品的生命周期进行全过程监控，并考核其下列指标：万元产值排污量年均递减率、万元产值耗水量年均递减率、万元产值综合能耗年均递减率（万元产值以不变价计算）。

总之，城镇工业作为我国国民经济的重要组成部分，涉及国民经济的各个部门。防治城镇工业污染必须加强政策协调，走可持续发展的道路。

二、城镇水环境综合整治规划

水环境规划方案是由许多具体的技术措施构成的组合方案，这些技术措施涉及水资源开发利用和水污染控制的各个方面，因此，这里不可能将所有与水环境规划有关的技术措施都一一列举，而仅将与水污染控制有关的主要措施提出，以供设计规划方案时参考。

水环境污染整治的途径大致有两种：一是减少污染物排放负荷，二是提高或充分利用水体的自净能力。与第一种途径相应的技术措施包括清洁生产工艺、污染物排放浓度控制和总量控制、污水处理、污水引灌、氧化塘和土地处理系统等。与第二种途径相应的措施包括河流流量调控、河内人工复氧和污水调节等。

（一）减少污染物排放负荷

1．清洁生产工艺

"清洁生产"定义为"对生产过程和产品实施综合防治战略，以减少对人类和环境的风险。对生产过程，包括节约原材料和能源，革除有毒材料，减少所有排放物的排污量和毒性；对产品来说，则要减少从原材料到最终处理的产品的整个生命周期对人类健康和环境的影响"（联合国环境规划署）。清洁生产着眼于在工业生产全过程中减少污染物的产生量，同时要求污染物最大限度资源化；它不仅考虑工业产品的生产工艺，而且对产品结构、原料和能源替代、生产运营和现场管理、技术操作、产品消费，直至产品报废后的资源循环等诸多环节进行统筹考虑。清洁生产具有经济和环境上的双重目标，通过实施清洁生产，企业在经济上要能赢利，环境上也要能得到改善，从而使保护环境与发展经济真正协调起来。因此，实施清洁生产是深化我国工业污染防治工作，实现可持续发展战略的根本途径，也是水环境规划中应采纳的重要措施。

实现清洁生产的途径很多，其中包括资源的合理利用，改革工艺和设备，组织厂内物料循环，产品体系的改革，必要的末端处理以及加强管理等。在水环境规划中，拟采取的详细的清洁生产措施可根据规划对象的具体要求来确定。

2. 浓度控制法

浓度控制是对人为污染源排入环境的污染物浓度所作的限量规定，以达到控制污染源排放量的目的。浓度控制法在水环境污染控制过程中发挥了重大作用。目前，许多发展中国家仍依据排入水体或城镇下水道的污染物浓度的大小征收排污费。但经若干年的实践发现，实施浓度控制之后水体质量改善的程度远未达到预期的目的。究其原因，是因为浓度控制法有下述缺陷：

① 单纯浓度控制不能限制排入环境中的污染物总量。当排放源采用稀释排放法时，可以在浓度不超标条件下无限制地排放任何污染物。

② 浓度控制法未考虑区域环境的现状负荷，如在排放源密集的地区，即使各个污染源都符合排放标准，但整个区域的环境质量也可能超过标准。

③ 浓度控制法未考虑区域的自然环境条件，有些区域由于污染物允许负荷能力较大，统一的标准又可能导致不必要的苛刻要求。

3. 总量控制法

总量控制就是依据某一区域的环境容量确定该区域内污染物允许排放总量，再按照一定原则分配给区域内的各个污染源，同时制定出一系列政策和措施，以保证区域内污染物排放总量不超过区域允许排放总量。总量控制可划分为三种类型：

（1）容量总量控制

从受纳水体允许纳污量出发，制定排放口总量控制负荷指标。容量总量控制以水质标准为控制基点，以污染源可控性、环境目标可达性两个方面进行总量控制负荷分配。

（2）目标总量控制

从控制区域允许排污量控制目标出发，制定排放口总量控制负荷指标。目标总量控制以排放限制为控制基点，从污染源可控性研究入手，进行总量控制负荷分配。

（3）行业总量控制

从总量控制方案技术、经济评价出发，制定排放口总量控制负荷指标。行业总量控制以能源、资源合理利用为控制基点，从最佳生产工艺和实用处理技术两方面进行总量控制负荷分配。

4. 污水处理

建立污水处理厂是水环境规划方案中常考虑采用的重要措施。对城镇生活污水比重较大和可生化性较高的工业废水，建设污水集中处理系统，包括城镇二级污水处理厂和土地处理系统等。对那些不易集中处理的废水（含有难降解、有毒、有害污染物等）进行单独处理和预处理。一般污水处理程度可分为一级处理、二级处理和三级处理，其中一级处理和二级处理技术已基本成熟，三级处理不仅在技术上要求严格而且费用昂贵，目前不宜采用。

5．污水引灌

污水引灌是把城镇生活污水进行一定程度的处理后引至城镇近郊进行农灌。城镇生活污水中含有丰富的氮、磷等植物营养元素，用城镇污水进行农灌，农作物可以利用污水中的水分和养分。同时，土壤中含有大量的微生物可以分解污水中的有机物质。为了避免毒物在土壤和农作物中累积，实施污灌的污水应是至少经过一级处理的城镇纯生活污水，或由不含保守性毒物的工业污水与生活污水组成的，经过适当处理的混合污水。污水土地利用费用包括污水输送费用、蓄存费用、施灌费用等几部分。

6．氧化塘

氧化塘是各式污水处理塘的俗称。其利用自然生态系统的自净功能，是一种成本低、能耗小的城镇污水处理技术。它通常分为 4 种基本类型：兼性塘、曝气塘、好氧塘和厌氧塘。

（二）提高或充分利用水体纳污容量

1．人工复氧

河内人工复氧也是改善河流水质的重要措施之一。其借助于安装增氧器来提高河水中的溶解氧浓度。在溶解氧浓度很低的河段使用这项措施尤为有效。目前我国尚未开展河内人工复氧的研究和实践。

2．污水调节

在河流同化容量低的时期（枯水期）用蓄污池把污水暂时蓄存起来，待河流的纳污容量高时释放，由于更合理地利用了河流的同化容量，从而提高了河流的枯水水质，这项措施称为污水调节。污水在蓄存期间，其中的有机物还可降解一部分。污水调节费用主要是建池费用，若能利用原有的坑塘则更为经济。缺点是占地面积大、有可能污染地下水等。如果是原污水还可能会产生恶臭并影响观瞻。国外蓄存用于调放的污水大都是经过处理的处理厂出水，这就避免或减轻了恶臭现象的发生。

3．河流流量调控

国外对流量调控或称低流量增流以及从外流域引水冲污的研究较早，并已应用于河流的污染控制。世界上很多河流的径流年内分配不均，枯水流量较小，在枯水期水质严重恶化；在低流量期，欲达水质目标则需对污水进行较深度的处理。而在高流量期，河流的环境容量得不到充分利用，造成河流自净资源的浪费。因此，就这类河流而言，提高河流的枯水流量应成为其水质控制的一个值得考虑的措施。实行流量调控可利用现有的水利设施，也可新建水利工程。利用现有水利工程提高河流枯水流量造成的损失，主要包括由于减少了可用于其他有益用途的水量而使来自这些用途的收益的减少量。新建流量调控工程除了控制水质方面的效益外，还同时具有防洪、发电、灌溉和娱乐等效益。由于水利工程具有多目标性，建立其费用函数具有很大的困难。同时，由于流量调控效益的多重性，自Eckstein（1965）首次提出水资源、工程费用分担问题以来，目前仍未找到把费用公平合理地分配给每种用途的方法。

（三）城镇水资源保护措施

城镇水资源保护主要目的是通过城镇水资源的可开采量、供水及耗水情况，制订水资源综合开发计划，做到计划用水、节约用水。

1. 饮用水地表水源保护

在水资源保护中，饮用水水源是水资源保护的重点。对于城镇饮用水水源的保护，主要体现在取水口的保护上。应该明确划分出保护界限，即对于水环境功能区划定的饮用水水源地设一级、二级保护区。

一级保护区：以取水口为圆心，半径 100 m 的区域，包括陆域。一级保护区的水质标准不得低于国家规定的《地表水环境质量标准》Ⅱ类标准，并须符合国家规定的《生活饮用水卫生标准》的要求。

二级保护区：以一级保护区的边缘为起点，上游 1 000 m，下游 100 m 的范围（主要指河流）。二级保护区的水质标准不得低于国家规定的《地表水环境质量标准》Ⅲ类标准，应保证一级保护区的水质能满足规定的标准。

另外，根据需要还可在饮用水地表水源二级保护区外规定一定的水域及陆域作为饮用水地表水源准保护区。其范围一般以二级保护区的边缘为起点，上游 1 000 m，下游 50 m（主要指河流）。准保护区的水质标准应保证二级保护区的水质能满足规定的标准。

上述各保护区应设有明显的标记。其他有关事项应参照原国家环境保护局、卫生部、水利部、地质矿产部联合颁发的《饮用水水源保护区污染防治管理规定》。

2. 饮用水地下水源保护

对于饮用水地下水源保护，也应划分一级、二级保护区，各级地下水源保护区的范围应根据当地的水文地质条件确定，并保证开采规划水量时其水质能达到国家规定的《生活饮用水卫生标准》的要求。

一级保护区：位于开采井的周围，其作用是保证集水有一定滞后时间，以防止一般病原菌的污染。直接影响开采井水质的补给区地段，必要时也可划为一级保护区。

二级保护区：位于饮用水地下水源一级保护区外，其作用是保证集水有足够的滞后时间，以防止病原菌以外的其他污染。

其他有关事项应参照原国家环境保护局、卫生部、水利部、地质矿产部联合颁发的《饮用水水源保护区污染防治管理规定》的有关条款。

3．分析城镇水资源供需平衡情况，制订水资源综合开发计划

① 全面调查、测定、汇总城镇淡水储量。

② 确定城镇淡水可开采量。在探明城镇淡水储量之后，要结合水文地质特征和开采的技术设置水平，分析确定城镇淡水的可开采量。

③ 调查目前城镇用水量。

④ 根据城镇的经济社会发展战略，预测城镇耗水量。

⑤ 水资源供需平衡分析，制定水资源开采计划。

4．合理利用和保护水资源的措施

① 统一管理，控制污染、防止枯竭。

② 合理利用，降低万元产值耗水量。提倡一水多用，积极推广和采用无水和少水的新工艺、新技术、新设备。

③ 限制冶金、化工和食品加工等三大污染行业的工业用水指标，调整工业结构，努力发展深加工的节水型企业，采取"有奖有罚"的经济手段，提高工业用水循环利用率。

④ 严格控制生活用水指标，大力提倡节约用水。加强城镇基础设施建设，提高下水道普及率。

三、城镇大气环境综合整治规划

大气污染防治是一项系统工程，涉及范围很广，如能源的合理利用、城镇的布局、生产工艺的改革、清洁生产工艺的实施、处理设备的费用及效率等。只有对整个大气环境系统进行系统分析，对各种能减轻大气环境污染方案的技术可行性、经济合理性、实施可能性等进行优化筛选和评价，并根据城镇或区域的特点、经济承受能力和管理水平等因素，确定实现整个区域大气环境质量控制目标的最佳实施方案，才能有效地控制大气污染。

大气环境规划方案要顺利实施，就必须有各种大气环境综合措施作保证。大气环境综合措施多种多样，但可归纳为三个方面：减少污染物排放量、合理利用大气环境容量和加强生态建设。

（一）减少污染物排放量

1．采取合理的能源政策

目前最主要的能源是煤、石油、天然气等传统能源。能源的消耗是造成大气污染的主要因素，能源利用方式的改变将直接影响大气污染物的排放，进而影响到大气环境的质量。

（1）使用新能源

传统能源都是不可再生的并对大气环境造成污染，因此人们已经开始探索新能源。我国正在开发使用的新能源主要有太阳能、风能、地热、潮汐能和沼气等。新能源的最大优点是比较清洁，对大气环境无污染或污染较轻，且又可再生。目前太阳能、风能和沼气等新能源在我国已进入实施阶段。从改善大气环境质量角度来看，使用新能源将是我国今后长远发展的方向。

（2）改变现有燃料构成

目前使用的传统能源中，燃煤污染是最重的。从统计数据看，每燃烧 1 t 煤，将排放出粉尘飞灰 6～11 kg，燃烧 1 t 石油产生的粉尘只有 0.1 kg 左右，相当于燃煤产生粉尘量的 1/100～1/50，气体燃烧产生的粉尘量就更少。而且，使用气体燃料和液体燃料还运输方便、起燃容易、燃烧完全、控制方便和燃后残渣少。因此以气体燃料和液体燃料代替燃煤，在燃烧中选用低灰、低硫、低挥发分的煤，是控制大气污染、保护环境的重要途径。

（3）改变煤的燃烧方式

从我国的能源构成来看，仍然是以燃煤为主。预计在今后较长时期内，我国不会改变以燃煤为主的能源构成。因此，当务之急是改变燃烧方式，以降低燃烧过程中排放的大气污染物。煤燃烧热效率及污染物产生量，除了与燃烧设备的性能和操作过程有关外，还与煤的成分和性质密切相关。为了节余燃煤、减少污染物的排放，应避免直接燃烧原煤。通过将煤炭气化、液化或制成型煤，改变煤的燃烧方式，来达到保护环境的目的，这是又一条控制大气污染的途径。

2. 集中供热

所谓集中供热，就是将分散的锅炉以及可以利用的燃烧装置集中起来。

集中供热在两个方面能够有效地控制大气污染：

① 可以充分利用燃烧新技术和消烟除尘新技术，提高热效率，大量地减少燃煤量，节约能源，减少大气污染物的排放，且有利于管理、运输，减少煤灰飞扬的二次扬尘。

② 可以提高集中供热锅炉排放烟囱的高度，代替数量众多的低排放烟囱，充分利用区域大气环境自净能力，减少低空污染物浓度。

目前，我国集中供热的主要方式是热电联产、凝汽式机组改造为循环热水或抽汽式机组供热。此外，还有利用工业余热、地热、核能等供热方式。合理选择供热方式是减少城镇集中供热投资、节约能源、更好地改善城镇大气环境质量的重要措施。

3．采用有效的治理技术

上述各种措施虽然可以有效地减少污染物的排放，改善大气环境质量。但对于污染源来说，还必须采取必要的、有效的治理技术，降低污染物的排放，使之达标排放，甚至达到总量控制所要求的允许排放量。

（1）控制颗粒物排放

在大气污染排放物中包含着大量颗粒物质，它们悬浮在空气中会使大气质量受到损害，因此减少颗粒物的排放受到了相当的重视。控制颗粒物排放的方法与技术很多，目前常用的处理设备有重力沉降设备、旋风式集尘器、洗涤除尘器、过滤集尘器、静电除尘器和声波除尘器。在经济能力允许的情况下，可采用不同类型的除尘设备组成多种除尘组合器，以达到最佳除尘效率。

（2）控制气体污染物排放

气体污染物可采用燃烧、吸收、吸附、催化和回收等方法来控制。对具体污染源究竟采用何种方法，应根据气体污染物的性质和经济能力来决定。目前，大部分气体污染物采用吸收、吸附、催化法来控制。

4．实施清洁生产

大气环境污染，实质上是由资源的不合理利用或浪费造成的，生产工艺路线不合理是造成环境污染的重要原因，因此改革工艺、研究开发无污染或少污染的清洁生产工艺是减轻环境污染的根本措施。清洁生产是指以节能、降低物耗、减少污染为目标，以管理、技术为手段，实施工业生产全过程控制污染，使污染物的产生量、排放量最小化的一种综合性措施。其目的是提高污染防治效果，降低污染治理费用，消除或减少工业生产对人类健康和环境的影响。

清洁生产是与传统的以末端治理为主的污染防治战略完全不同的新概念。实施清洁生产，尽量把污染物消灭在生产过程中，可以大大减少污染物的排放量，避免末端治理可能产生的风险，以减少物耗和能耗。

5．控制汽车尾气排放

随着我国经济的发展，机动车拥有量迅速增加，在对固定源进行严格治理的基础上，城镇大气环境污染有可能从以煤烟型为主，逐步过渡到以氮氧化物为主的机动车燃油氧化型污染，因此必须采取措施加强对机动车污染的控制。具体措施如：制定严格的用车污染排放标准及新车污染排放管理办法，促使新出厂轻型汽油车采用电喷装置、安装三元催化净化装置；重型汽油货车采用废气再循环、氧化催化器；重型柴油车采用电控柴油喷射、增压中冷等手段控制污染排放；对于公共汽车、出租车可采用清洁燃料，并配合安装三元催化净化装置；对于污染排放严重的车辆要进行淘汰；气象条件恶劣时应限制车辆的出行量等。以此大幅降低机动车排放的污染，改善城镇大气环境质量。

（二）充分利用大气自净能力

污染物在大气环境中因发生稀释扩散、沉降和衰减现象，而使大气中污染物浓度降低的能力称为大气自净能力。大气自净能力与当地的气象条件、功能区的划分以及污染源的布局等因素有关。充分利用大气自净能力可以减少污染物的削减，降低治理投资。利用大气自净能力的方法有污染源的合理布局、城镇功能区的合理划分及增加烟囱高度等。

1. 大气污染源合理布局

为了避免对城镇生活居民区造成影响，大气污染源的布局应该是使有烟尘和废气污染的工业区，尽量布置在远离对大气环境质量要求较高的居民区。怎样对大气污染源进行布局，才能使污染源对居民区产生的污染影响最小，这是编制环境规划时应重点解决的问题。

2. 合理布置城镇功能区

一个城镇按其主要功能可分为商业区、居民区、工业区和文教区等。如何安排这些功能区，特别是工业布局，将直接影响人们的生活和工作环境。考虑风向和风速对大气环境质量的影响，在工业较集中的大中城镇，用地规模较大、对空气有轻度污染的工业（如电子工业、纺织工业等），可布置在城镇边缘或近郊区；污染严重的大型企业（如冶金、化工、火电站和水泥厂等），布置在城镇远郊区，并设置在污染系数最小的上风向。

在进行工业布局时，还应该注意各企业的合理布设，使其有利于生产协作和环境保护。

3. 大气污染物总量控制

大气污染总量控制是通过确定区域污染源允许的排放总量，并将其优化分配到具体污染源，以保实现大气环境质量目标值的方法。随着我国城市经济的不断发展，采取浓度控制和 P 值控制已很难阻止污染源密集区域的形成，也不能实现大气环境质量目标。因此，根据我国国情和城市现有大气污染特征，提出在我国城市推行区域大气污染总量控制法。只有实行总量控制，才能建立大气污染物排放总量与大气环境质量的定量关系，建立污染物削减与最低治理投资费用的定量关系，从而确保实现城市的大气环境质量目标。

（1）大气污染物总量控制区边界的确定

大气污染物排放总量控制区（以下简称总量控制区）是当地人民政府根据城镇规划、经济发展与环境保护要求而决定对大气污染物排放实行总量控制的区域。总量控制区以外的区域称为非总量控制区，例如，广大农村及工业化水平低的边远荒僻地区。但对大面积酸雨危害地区应尽量设置二氧化硫控制区（北方）和酸雨控制区（南方），目前我国二氧化硫控制区和酸雨控制区面积达到国土的 1/3 以上。

一般根据环境保护的目标来确定大气总量控制区域的大小。在确定总量控制区域时通常要注意以下几个方面。

① 涵盖面要广，包含超标区和主要污染源。对于大气污染严重的城市和地区，控制区一定要包括全部大气环境质量超标区，以及对超标区影响比较大的全部污染源。非超标区根据未来城市规划、经济发展适当地将一些重要的污染源和新的规划区包括在内。

② 抓主要污染源和主要污染区。对于大气污染尚不严重，但是存在着孤立的超标区或估计不久会成为严重污染的区域，总量控制区的划定要包括其中。如果仅仅要求对城市中某一源密集区进行总量控制，则可以将该源密集区及它的可能污染区划为控制区。

③ 尽量包含新经济开发区和新发展城市。对于新经济开发区和新发展城市，可以将其规划区作为控制区。

④ 考虑主导风向。在划定总量控制区时，无论是哪种情况，都要考虑当地的主导风向，一般在主导风向下风方位，控制区边界应在烟源的最大落地浓度以远处，所以在该方位上控制区应该比非主导风向上长些。

⑤ 控制区不宜随意扩大。总量控制区不宜随意扩大，应以污染源集中区和主要污染区为主，它不同于总量控制模式的计算区，计算区要比控制区大，大出的范围由控制区边缘处烟源的最大落地浓度的距离而定。

（2）大气污染物允许排放总量的计算方法

大气污染物允许排放总量的计算有 A 法、P 法和 A-P 法三种。

① A 法。

A 法属地区系数法。由控制区总面积、各功能区面积、总量控制系数 A 计算总允许排放量。A 法是以地面大气环境质量为目标值，使用简单的箱式模型进行分配。

计算步骤如下：

假设某城市有 n 个区，分区面积为 S_i，总面积 $S=\sum_{i=1}^{n}S_i$；各区允许排量与排放总量关系式为：$Q_{ak}=\sum_{i=1}^{n}Q_{ak_i}$；则各分区污染物排放总量限值为：

$$Q_{ai}=AC_{Bi}\frac{S_i}{\sqrt{S}} \tag{2-98}$$

式中：Q_{ak} —— 总量控制区某污染物年允许排放总量限值，万 t/a；

Q_{aki} —— 第 i 功能区某污染物年允许排放总量限值，万 t/a；

n —— 功能区总数；

i —— 总量控制区内各功能区的编号；

k —— 某种污染物下标；

a —— 总量下标；

C_{Bi} —— 某功能区类别对应的国家、地方大气环境质量标准年月平均浓度限值；

A —— 地理区域性总量控制系数，万 t·km²/a。主要由当地通风量决定，可参照表 2-23 确定。

表 2-23 我国各地区总量控制系数 A，低源分担率 α，点源控制系数 P 值

地区序号	省（区、市）名	A	α	P	
				总量控制区	非总量控制区
1	新疆、西藏、青海	7.0～8.4	0.15	100～150	100～200
2	黑龙江、吉林、辽宁、内蒙古（阴山以北）	5.6～7.0	0.25	120～180	120～240
3	北京、天津、河北、河南、山东	4.2～5.6	0.15	120～180	120～240
4	内蒙古（阴山以南）、山西、陕西（秦岭以北）、宁夏、甘肃（渭河以北）	3.6～4.9	0.20	100～150	100～200
5	上海、广东、广西、湖南、湖北、江苏、浙江、安徽、海南、台湾、福建、江西	3.6～4.9	0.25	50～75	50～100
6	云南、贵州、四川、甘肃（渭河以南）	2.8～4.2	0.15	50～75	50～100
7	静风区（年平均风速小于 1 m/s）	1.4～2.8	0.25	40～80	40～80

② P 法。

利用大气环境质量模型，在标准要求的情况下，反推计算控制区内各污染源的排放总量，也可以规划新源的位置、源强和排放浓度。对于高架源的允许排放量（指大于 30 m 的排放源）由高斯模型计算。对于面源允许排放量，用箱式模型确定。对于既有高架源又有面源的排放量确定，采取分别计算求和的办法。

点源允许排放率计算公式：

$$q_{pi} = P \times \rho_{ki} \times H_e^2 \times 10^{-6} \qquad (2\text{-}99)$$

式中：q_{pi} —— 单源允许排放率，t/h；

H_e —— 有效源高，m；

ρ_{ki} —— 高架源排放标准限值，mg/m³。

点源分为三类：低架源源高小于 30 m，中架源源高 30～100 m，高架源源高大于 100 m。

③ A-P 法。

在 A 法中规定了各区域总的允许排放量，而无法确定每个源的允许排放量。而 P 法则可确定固定的每个烟囱的允许排放量，而无法限值区域内烟囱个数，即无法确定区域的总排放量。所谓 A-P 法是使用 A 法计算控制区的允许排放总量，再用 P 法分配到每个污染源加以控制。

（3）总量负荷分配原则

污染物排放总量分配是实现总量控制目标的关键，是污染源有效控制的基础，因此合理分配显得尤为重要。采取的分配方式有以下几类。

① 按燃料或原料用量的分配方式。按燃料或原料用量的分配方式，就是将计算得到的控制区允许排放总量，按各污染源或工厂（烟源群）使用的燃料和原料用量进行分配，从而控制全区大气污染的方法。采用这种方式对于小型污染源可以进行有效的控制，然而对排放高度没有限制，也没有考虑不同源对环境质量的贡献率，因此不能区别对待不同排放高度和不同位置的污染源实际造成危害的差别。而且，如果燃料供应和燃料品质的选择不能稳定的话，事实上带来了实施过程中的困难。

② 一律削减排放量的分配方式。一律削减排放量的分配方式，通常是在使用大气扩散模式法模拟计算允许排放总量过程中使用的，它是通过对所有源排放量都进行削减，来实现大气环境质量目标，从而确定控制区允许排放总量，并且同时完成总量负荷分配到源的方式。

③ 等比例削减的分配方式。等比例削减的分配方式十分简单，即对所有烟源采取同样的比例削减排放量，从而将允许排放总量分配到源的分配方式，可是不同源对地面大气环境质量浓度超标贡献率大小不一样，自身治理的水平也不相同，所有烟源采取同样的比例削减排放量，存在明显不公平性。这种分配原则，只有在控制区域比较小或污染源相当密集的情况下才能使用，一般情况下不用。

④ A-P 值分配方式。A-P 值分配方式，就是由 A 法计算出控制区或不同环境功能区允许排放总量，然后将其按 P 法分配给源的方法。它需要的条件少，简便易行，短时间内利用常规资料就能完成，而且从宏观意义上讲是很有用处的。但是没有考虑不同位置的污染源对地面大气环境质量浓度超标贡献率的差异。

⑤ 按贡献率削减排放量的分配方式。所谓按贡献率削减排放量，就是按各污染源对控制区地面大气环境质量浓度贡献大小削减排放量。显然，对于环境质量影响大的要多削减，影响小的要少削减。这对各污染源来说是比较公平合理的。但是从总量控制的总体观念上看又是不合理的。因为，它不具备削减量总和或削减率总和最小的源强优化规划特点，也不具备治理费用总和最小的经济优化规划特点。

⑥ 优化规划分配方式。在控制区达到环境目标值的约束条件下，使污染源排放量的削减量总和或削减率总和为最小，从而求出污染源的允许排放量和削减量的最佳分配原则。显然，这样获得的各污染源的允许排放量和削减量，是要获得控制区允许排放总量最大的最佳分配。这样的分配对各污染源来说是不公平合理的。但是从总量控制的总体观念上讲是合理的，它有利于发展生产和降低治理费用投资。

（三）加强城镇生态建设

目前城镇的生态建设主要是增加绿地和建设生态景观，绿色植物除具有美化环境、调节空气温度、湿度及城镇小气候外，还是吸收二氧化碳制造氧气的工厂，并具有吸收有害气体、粉尘、杀菌、降低噪声和监测空气污染等多种作用。因此，大力开展植树、种草，对改善大气环境质量有着十分重要的意义。

1. 植物净化

植物能减少大气中污染物的主要作用有两方面：一是降低大气中污染物的浓度，二是防尘作用。若城镇存在大片的植被，由于增大了地表的粗糙度，加强了地表层的湍流强度，使空气中的大粒子下降增大，或因碰撞而降落；植物叶子的表面粗糙不平、多绒毛及有些植物还能分泌油脂和黏性汁液，对于比较小的粒子来说，植物起到很强的滞留或吸附作用。草地和灌木植物生长茂盛时，其叶面积总和可比其占地面积大 22～30 倍，对污染物的阻挡、滞留和吸附作用相当明显，起到明显的净化空气作用。

另外，由于植被的增加大大减少了裸露的地表，可以直接防止风沙扬尘的产生。对于我国煤烟型污染的城镇，尤其是北方城镇而言，增加城镇植被面积，是减少风沙扬尘，改善大气环境质量的重要措施。一般认为绿地覆盖率必须达到30%以上，才能起到改善大气环境质量的作用。世界上许多国家的城镇都比较重视城镇绿化，公共绿地面积保持较高的指标（巴黎人均 24.7 m^2，伦敦人均 22.8 m^2，纽约人均 19.0 m^2，维也纳人均 15.5 m^2，柏林人均 14.4 m^2，莫斯科人均 9.7 m^2）。因此，要发挥绿地改善环境的作用，就必须保证城镇拥有足够的绿地面积。在大气中污染物影响范围广、浓度比较低的情况下，保证城镇拥有足够的绿地面积，进行植物净化是行之有效的方法。

2. 合理设置绿化隔离带

在城镇中为了减少工业区对居民区的大气污染，在工业区和居民区之间隔开一定的距离，布置绿化隔离带，具有十分重要的意义。绿化隔离带的距离应根据当地的气象、地形条件、环境质量要求、有害物质的危害程度、污染源排放的强度及治理的状况，通过扩散公式或风洞实验来确定。一般情况下污染源高烟囱排放时，强污染带主要位于烟囱有效高度的 10～20 倍的地区，在此设置绿化隔离带，对阻挡、滞留和吸附污染物的作用相当明显。

对于工业区内部，为了避免因污染源跑、冒、漏的现象，在工厂车间周围不宜种植密集的树木，应种低矮的植被，有利于有害气体的迅速扩散，不至于因大量聚集而危害工人身体健康。

四、城镇固体废物综合整治规划

固体废物是城镇"四害"之一，是环境污染控制的重点，也是城镇环境规划必须考虑的主要问题。《中华人民共和国固体废物污染环境防治法》第四条规定："县级以上人民政府应当将固体废物污染环境防治工作纳入国民经济和社会发展计划，并采取有利于固体废物污染环境防治的经济、技术政策和措施。"

（一）概述

1．定义

固体废物指生产建设、日常生活和其他活动中产生的污染环境的固态和半固态废弃物质。工业固体废物，是指在工业、交通等生产活动中产生的固体废物。城镇生活垃圾，是指在城镇日常生活中或者为城镇日常生活提供服务的活动中产生的固体废物以及法律、行政法规规定视为城镇生活垃圾的固体废物。危险废物，是指列入《国家危险废物名录》或者根据国家规定的危险废物鉴别标准和鉴别方法认定的具有危险特性的废物。固体废物的处置，是指将固体废物焚烧和用其他改变固体废物的物理、化学、生物特性的方法，达到减少已产生的固体废物数量、缩小固体废物体积、减少或者消除其危险成分的活动，或者将固体废物最终置于符合环境保护规定要求的场所或者设施并不再回取的活动。

2．分类

目前我国每年的工业固体废物产生量约为 10 亿 t，城镇生活垃圾约为 1.5 亿 t，直接排放不仅造成资源的巨大浪费，而且造成严重的环境污染。固体废物主要分类如下：

（1）工业固体废物

工业固体废物包括高炉渣、钢渣、赤泥、有色金属渣、粉煤灰、煤渣、硫酸渣、废石膏、盐泥废石和尾矿等。

（2）危险废物

我国的工业固体废物中，占总产生量 5%～10% 的废物积聚后具有易燃性、易爆性、化学反应性、腐蚀性、急性毒性、慢性毒性、生态毒性或传染性等。常见的危险废物有治炼渣、化学及化工废物、废原液及母液、铀的生产、加工、回收过程中所排出的放射性固体废物，以及核武器试验时产生的各种放射性碎片、弹壳及其污染物等。

（3）城镇生活垃圾

城镇生活垃圾包括家庭垃圾、食品垃圾、市场垃圾、街道垃圾、医疗垃圾、建筑垃圾等。

（4）农业固体废物

农业固体废物指农业生产产生的植物秸秆等废物。

3. 处理与处置

（1）处理与处置方法

处理与处置方法，是指通过物理、化学、生物等不同方法，使固体废物转化为适宜运输、贮存、资源化利用，以及最后处置的过程。包括：破碎、分选、沉淀、过滤、离心分离、焚烧、熔烧、热解、溶出、好/厌氧分解。固体废物的最终归宿是堆放、贮存、填埋、固化、填海等。

（2）资源化途径

城镇和工业固体废物的资源化途径有物质回收、物质转化和能量回收，主要包括：做建材、工艺原料、回收能源、回收其他资源和生产肥料等。

（3）生活垃圾的处置

生活垃圾的处置包括：垃圾的收运、分选、堆肥、焚烧、卫生填埋等过程。大部分城镇目前仍采用堆放或简单填埋方式处置，部分采取堆肥和焚烧处理。

4. 固体废物管理规划的技术路线

（1）固体废物管理规划

① 固体废物管理的定义。固体废物管理是指对固体废物的产生、收集、运输、贮存、处理和最终处置全过程的管理。

② 固体废物管理系统的定义。固体废物管理系统是由固体废物发生源、处理途径、处置场所和管理程序等构成的完整体系。

③ 固体废物管理规划的定义。固体废物管理规划是在资源利用最大化、处置费用最小化的条件下，对固体废物管理系统中的各个环节、层次进行整合调节和优化设计，进而筛选出切实的规划方案。

（2）城市固体废物管理系统规划的技术路线

城市固体废物管理系统规划的技术路线如图 2-8 所示。包括基础数据的调查分析、污染源预测分析、规划模型建立与调整和规划方案的权衡分析等内容。

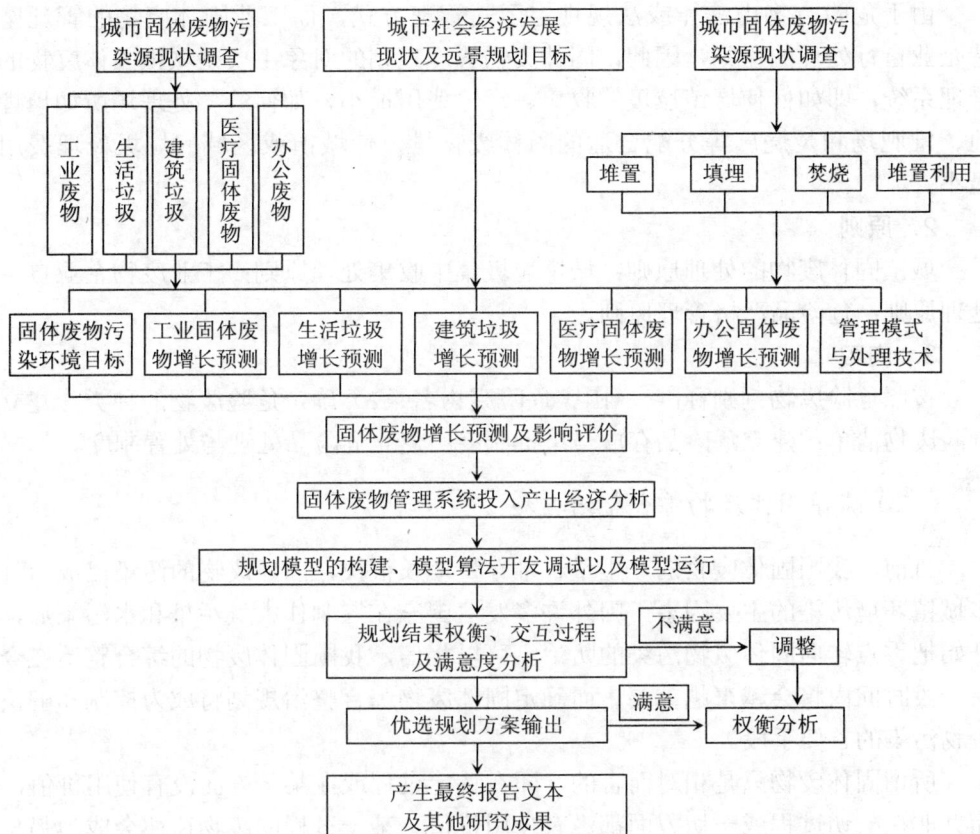

图 2-8 城市固体废物处理和管理规划的程序

（二）固体废物管理规划的对象、原则和内容

1．对象

固体废物管理规划的对象主要是工业固体废物、城镇垃圾和危险废物。在我国，危险废物一般以法律或法规的方式规定其管理程序。原国家环境保护局于1987 年颁布了《城镇放射性废物管理办法》，这是我国第一个危险废物管理的专门法规。对危险废物的管理一般从如下 4 个方面入手：① 制定危险废物判别标准；② 建立危险废物清单；③ 建立关于危险废物的存放与审批制度；④ 建立关于危险废物的处理与处置制度。

工业固体废物是由特定的发生源大量排出，每个发生源排出的固体废物性质、状态基本不变。基于这种情况，我国坚持企业自行处理的原则，开展资源化利用，着眼于生产建材和进行各种"吃灰""消渣"的应用途径研究。

由于危险废物由法律或法规规定了其管理方式，而工业固体废物的管理坚持企业自行处理的原则，因此，固体废物管理规划的对象主要是城镇固体废物的管理系统，即如何使城镇垃圾的收集、运输费用最小，如何给各处理场所如填埋地、堆肥场和焚烧厂等分配合适的固体废物量，使城镇或区域的垃圾处理费用最小。

2．原则

城镇固体废物的处理原则：城镇垃圾集中收集处理原则；工业废物企业自主处理原则；危险品严格管理原则。

3．内容

按照危险废物判别标准（《国家危险废物名录》）确定危险废物的种类；建立危险废物清单；建立危险品存放与审批制度；建立危险品处理与处置制度。

（三）城镇固体废物综合整治措施

目前，我国固体废物的产生量、堆存量增长很快，固体废物的污染已成为许多城镇环境污染的主要因素。国外许多发达国家在控制住大气污染和水污染后，开始把重点转向固体废物污染的防治。可以相信，我国固体废物的综合整治在今后一段时间内将会越来越重要，而确定固体废物综合整治规划将成为控制和解决废物污染的首要手段。

所谓固体废物只是相对而言的，即在特定过程或在某一方面没有使用价值，而并非在一切过程或一切方面都没有使用价值。某一过程的废物往往会成为另一过程的原料，所以有人形容固体废物是"放错地点的原料"。

1．生活垃圾处理

对于生活垃圾，按照《城镇市容和环境卫生管理条例》制定了《城镇生活垃圾管理办法》，采取的措施包括：

① 改变能源结构，减少煤炭等固体能源的使用，多采用气化燃料，减少废渣的产生。净菜进城，减少生活垃圾量。减少不必要的包装，减少一次性商品的使用。

② 促进垃圾的综合利用和分类回收，搞好物质的循环再利用。

③ 实现垃圾的卫生填埋、堆肥或焚烧处置。实现垃圾的无害化处理。

2．一般工业渣的处理处置与利用

（1）处理处置率和利用量的计算

根据一般工业渣的处理处置率和综合利用率目标及一般工业渣的预测产生量，计算全市各行业一般工业渣的处理处置量和综合利用量。

（2）将处理处置量和综合利用量分配到具体污染源

在确定全市及各行业一般工业固体废物的处理处置量和综合利用量后，要将指标落实到具体污染源。

处理处置量和综合利用量在各污染源的分配办法与大气及污染综合整治中污染物削减量的分配办法基本相同。

（3）制定一般工业固体废物的处理处置及综合利用措施

由于固体废物的成分复杂，产生量大、处理难，一般投资很大，所以作为固体废物综合整治的重点就是综合利用，就是发展企业间的横向联系，促进固体废物重新进入生产循环系统。例如，煤矸石可以作为生产硅酸盐水泥的原料（俗称矸石水泥），在工业上也可替代部分煤使用。又如粉煤灰也可作为水泥生产的原料，还可经加工经营制铸石产品和渣棉等。

总之，工业固体废物的综合利用前景是广阔的，作为固体废物综合整治规划应把重点放在综合利用上。对凡有条件综合利用的，要尽量综合利用；对目前没有条件综合利用的，要处理处置、安全存放，待条件成熟时再作为原料重新利用。

3. 有毒有害固体废物的处理与处置

有毒有害固体废物指生产和生活过程中所排放的有毒的、易燃的、有腐蚀性的、传染疾病的、有化学反应性的固体废物。主要采取下列措施处理。

（1）焚化法

废渣中有害物质的毒性如果是由物质的分子结构，而不是由所含元素造成的，这种废渣一般可采用焚化法分解其分子结构。如有机物经焚化为二氧化碳、水和灰粉，以及少量含硫、氮、磷和卤素的化合物等。这种方法效果好，占地少，对环境影响小；但是设备和操作较为复杂，费用大，还必须处理剩余的有害灰分。

（2）化学处理法

应用最普遍的是：

① 酸碱中和法。为了避免过量，可采用弱酸或弱碱就地中和。

② 氧化和还原处理法。如处理氰化物和铬酸盐应用强氧化剂和还原剂，通常要有一个避免过量的运转反应池。

③ 沉淀处理法。利用沉淀作用，形成溶解度低的水合氧化物和硫化物等，减少毒性。

④ 化学固定。常能使有害物质形成溶解度较低的物质。固定剂有水泥、沥青、硅酸盐、离子交换树脂、土壤黏合剂、脲醛以及硫黄泡沫材料等。

（3）生物处理法

对各种有机物常采用生物降解法，包括：活性炭污泥法、滤沥池法、气化池法、氧化塘法和土地处理法等。

（4）安全存放

安全存放主要是采用掩埋法。掩埋有害废物，必须做到安全填埋。预先要进行地质和水文调查，选定合适的场地，保证不发生滤沥、渗漏等现象，确保这些废物或淋溶流体不排入地下水或地表水体，也不会污染空气。对被处理的有害废弃物的数量、种类、存放位置等均应作出记录，避免引起各种成分间的化学反应。对淋出液要进行监测。对水溶性物质的填埋，要铺设沥青、塑料等，以防底层渗漏。安全填埋的场地最好选在干旱或半干旱地区。

4．危险废物管理规定

加强对危险废物的控制和管理，既是保护我国生态环境和人民身体健康的迫切需要，也是我国履行国际公约的责任。有关危险废物管理的规定有：

（1）《中华人民共和国固体废物污染环境防治法》

在《中华人民共和国固体废物污染环境防治法》第四章中，提出了"危险废物污染环境防治的特别规定"。

（2）《国家危险废物名录》

《国家危险废物名录》是原国家环保局、国家经济贸易委员会、对外贸易经济合作部和公安部于 1998 年 1 月 4 日颁布，于 1998 年 7 月 1 日实施的。《国家危险废物名录》把国家危险废物分为 47 类，列出了废物类别、废物来源和常见危害组分或废物名称三部分。

（3）《危险废物申报登记管理规定》

自 1992 年对全国 17 个城镇进行危险废物申报登记试点以来，1994 年在全国范围内开展了申报登记，到 1996 年完成。申报登记内容包括 47 类危险废物的产生、废物来源以及利用、贮存、处置、排放量、处置和利用实施等。每年还将进行动态申报。

（4）《危险废物转移联单管理办法》

为了防止危险废物转移造成环境污染，转移危险废物必须按照国家有关规定填写危险废物转移联单，分别在危险废物产生单位、移出地环境保护行政主管部门、危险废物运输单位、危险废物接受单位、接受地环境保护行政主管部门等存放备查。

（5）《危险废物经营许可证管理办法》

凡从事收集、贮存、运输危险废物经营活动的单位，必须向县级以上人民政府环境保护行政主管部门申请领取经营许可证。领取危险废物收集经营许可证的单位，只能从事机动车维修活动中产生的废矿物油和居民日常生活中产生的废镉镍电池的危险废物收集经营活动。

（6）《控制危险废物越境转移及其处置巴塞尔公约》

联合国环境规划署于 1989 年制定了《控制危险废物越境转移及其处置巴塞尔公约》。原国家环境保护局、对外贸易经济合作部、海关总署、国家工商行政管理局、国家商检局于 1996 年 4 月 1 日颁布了《废物进口环境保护管理暂行规定》。

（7）《危险废物污染防治技术政策》

《危险废物污染防治技术政策》（环发[2001]199 号）中对我国危险废物管理的阶段性目标作出了明确的规定，到 2005 年，重点区域和重点城市产生的危险废物得到妥善贮存，有条件的实现安全处置；实现医院临床废物的环境无害化处理处置；将全国危险废物产生量控制在 2000 年末的水平；在全国实施危险废物申报登记制度、转移联单制度和许可证制度。到 2010 年，重点区域和重点城市的危险废物基本实现环境无害化处理处置。到 2015 年，所有城市的危险废物基本实现环境无害化处理处置。

危险废物污染防治的技术路线是从危险废物产生、收集、贮存、运输、综合利用、处理，到最终处置的全过程控制，重点废物进行特殊管理。具体措施包括：

① 从源头控制危险废物污染，实现废物减量化。通过经济和政策措施鼓励企业进行清洁生产，尽可能防止和减少危险废物的产生。企业需根据经济和技术发展水平，采用低废、少废、无废工艺，实施清洁生产。

② 鼓励和促进危险废物交换，为废物回收利用创造条件。在环境保护主管部门的监督和管理下，产生危险废物的各地区、各企业要互通信息，充分利用危险废物，实现其资源化。

③ 加强对危险废物收集运输的管理，降低环境风险。危险废物必须根据成分，采用专用容器进行分类收集，不得混合收集，并注意与综合利用和处理处置相结合。发展安全、高效的危险废物运输系统，鼓励发展各种形式的密闭车辆，淘汰敞开式危险废物运输车辆，减少运输过程中的二次污染和对环境的风险。

④ 鼓励危险废物综合利用，实现其资源化。通过优惠政策鼓励危险废物回收利用企业的发展和规模化，鼓励综合利用，避免处理和利用过程中的二次污染。对于大型危险废物焚烧设施，必须进行余热的回收利用。

⑤ 发展危险废物的焚烧处置，实现其减量化和资源化。危险废物的焚烧处置目的是危险废物的减量化和无害化，并回收利用其余热。焚烧处置适用于不能回收利用其有用组分并具有一定热值的危险废物。焚烧产生的残渣、烟气处理产生的飞灰，按危险废物进行安全填埋处置。

⑥ 建设危险废物填埋处置设施，实现安全处置。安全填埋是危险废物的最终处置方式。安全填埋处置适用于不能回收利用其有用组分、不能回收利用其能量的危险废物，包括焚烧过程的残渣和飞灰。安全填埋场的规划、选址、建设和运营管理，要严格按照国家有关标准的要求执行。

⑦ 有效控制特殊危险废物，减少环境污染。需建设专用医疗废物处理设施对医院临床废物进行处置。机动车用废铅酸电池必须进行回收利用，不允许利用其

他办法进行处置。含多氯联苯废物因其毒性极大需集中在专用焚烧设施中进行处置。废矿物油需首先进行回收利用，残渣进行焚烧处置。

⑧ 提高危险废物处理相关技术和装备研究和开发水平，推进其国产化。鼓励引进、消化、吸收国外先进技术，同时自行开发、发展危险废物处理技术和装备。

五、城镇声环境综合整治规划

根据噪声污染的预测和各噪声污染控制功能区的要求，确定规定时间内的噪声削减控制目标，从以下几个方面控制噪声污染。

（一）声源控制

噪声污染的声源控制方案包括限制或禁止使用高音喇叭，改进和提高现有汽车、火车、船舶的降噪性能；改进机械设计降低噪声；改革工艺和操作方法降低噪声；维持设备处于良好的运转状态，避免因设备运转不正常造成的噪声增高。

（二）合理分区降低噪声

完善城镇道路系统并进行隔声设计，加强道路绿化及护林带建设，合理利用道路两侧的土地、路旁建筑限制居住区内车流量；合理调整建筑物平面布局，通过规划降低噪声。

（三）从管理上减轻噪声污染

严格执行各种环境管理制度。加强交通违法的处理，加大建筑施工噪声现场管理力度，禁止使用高音喇叭，控制音响设备音量及播放时间，加强市场的管理力度，取缔设备不良、超标严重的车辆，实行噪声达标许可证制度，加强限鸣区的管理。

（四）采取技术措施控制噪声

采取声学控制措施，例如对声源采用消声、隔振和减振措施，在传播途径上增设吸声、隔声等措施。

六、城市生态环境保护规划

（一）建设、完善城市绿化系统

城市绿化系统是城市生态系统的重要组成部分，改善生态结构必须首先改善绿化系统。

1. 城市绿化系统的环境功能

（1）防污、滞尘及减噪的功能

城市绿化系统可以吸收空气中的二氧化碳，放出新鲜氧气，而且可以降低大气中的灰尘，还有吸收二氧化硫等有毒气体的作用。许多水生植物和沼生植物可以净化城市污水，草地可以大量滞留许多城市污水中有害的重金属。植物可以净化土壤，森林绿地可以杀菌。城市中绿化区域与没有绿化的街道相比，每立方米空气中的含菌量要减少85%以上。城市绿地还可以降低噪声。

（2）改善城市生态环境的功能

城市森林绿地可以改善城市小气候，夏季可以降低气温，冬季可以提高气温，有明显的缩短温差的作用。城市绿地还可以调节城市空气的湿度，夏季森林的空气湿度比城市高38%，公园中的空气湿度比城市高27%。防护林可以在冬春季节减低风速，减少风沙；城市绿地可以改善城市通风条件，因为它可以和城市建筑与广场道路之间形成垂直环流，使空气流动。

（3）安全防护的功能

森林绿地具有一些安全防护的功能。在沿海城市，森林绿地可以减轻台风的破坏。在山区城市，森林绿地可以保水固土，防洪固堤，有效地防止塌方、滑坡和泥石流。在地震区，森林绿地是有效的避难场所。绿化植物还可以过滤、吸收和阻隔放射性物质，减低光辐射的传播和冲击波的杀伤力。

（4）提供休息场所的功能

城市的森林绿地是环境优美的重要地段，可以为城市居民及游客提供休息、娱乐、活动的场所。在这里人们可以消除疲劳，陶冶情操，锻炼身体，接受教育。城市绿地也是一种旅游资源，可以接纳游客，增加收入。

（5）城市绿化的景观功能

城市的园林绿地是城市景观的重要组成部分，往往对城市的面貌起决定性的作用。城市的园林绿地与自然地貌、城市建筑一起构成了城市的景观。城市的自然地貌是不可改变的或很难改变的。绿化是改善城市的自然地貌和景观的投资少而见效较快的重要措施。

2. 城市绿地分类

（1）公共绿地

公共绿地指由市政建设投资修建，经过艺术布局，具有一定设施和内容，供群众使用及以美化城市为主要功能的绿地。主要部署在生活居住区范围内，一般城市有以下几种类型的公园：

① 综合公园。大城市每个区至少有一个，中、小城市一般只有一个。市级公园面积一般在 10 hm^2 以上，居民乘车 30 min 可以到达。区级公园面积可在 10 hm^2

以下，步行 15 min 可以到达。居民可在公园内进行半天以上的活动。综合公园既要风景优美，又要节省土地，因此可利用原有条件及不适宜建筑的土地改造而成。

②小型公园。在城市中广泛分布，面积较小而且距居民区近，利用率高。用地一般采取见缝插针的方法，也可和居住区内绿地建设及旧城改造结合起来。

③儿童公园。用地一般 5 hm² 左右，应设在居民区中心，避免穿越交通频繁的干道。

④动物园。大城市中单独设置，中小城市常附设在综合性公园里，动物园应设在距工业污染区、城市喧闹区、居民密集地区有一定距离的地方。

⑤植物园。不应设在居民区，但应设在交通便利的近郊，周围无污染，而且地形、土壤类型较丰富。

⑥体育公园。体育设施与城市绿地相结合，交通必须便利。

⑦纪念性公园。纪念与游览休息相结合，一般设在革命活动故址、烈士陵园等地。

⑧名胜古迹园林。具有悠久历史和较高园艺水平，并有一定保护价值的园林。应按保护级别制定保护距离，以免破坏景观。

⑨带状公共绿地。在河、湖、海岸或道路两侧，主要供游览休息使用。

（2）生产绿地

生产绿地是城市绿化的生产基地，通常安排在与市区交通便利的郊区，一般尽量节约土地。这种绿地有些也可具有供游人观赏的公共绿地的性质，也包括专为城市绿化而设的苗圃、花圃、果园及各种林地。

（3）防护绿地

防护绿地指为改善城市自然条件及卫生条件而设的防护林，其中包括防风固沙林、水土保持林、路基防护林、水源保护林等，其主要功能是改善城市环境和卫生条件，有以下 4 种类型。

①防风固沙林带。一般在城市外围，总宽度 100～200 m，与主导风向垂直。也有些分布在城市周围海岸、河滩的沙地上。有些气候炎热的城市则设置与夏季风平行的通风林带。

②污染防治林带。位于工厂与居住区之间，用以防治工厂的大气污染和噪声等。

③农田防护林带。位于郊区，呈网状，其功能是保护农田。沿海台风地区的海防林也起到类似的作用。

④水土保持林。在山谷、坡地、河床等设置的防止水土流失的林带，在山区中广泛应用这种林带。在水库、堤坝、工厂附近，也可建设这种林带。

（4）风景游览绿地和自然保护区绿地

风景游览绿地和自然保护区绿地指大面积经园林部门开发整修的具有游览功能的园林绿地，也包括自然保护区绿地。位于郊区，面积较大，具有休养地、疗养地的功能，与市中心距离行车不超过 1.5～2 h。自然保护区绿地有些可以对外开放，但必须以保护为前提。

（5）专用绿地

专用绿地指居住区绿地，公共建筑及机关学校内绿地，工业企业绿地。

① 居住区绿地。在居住区内，小型，利用频率很高，用地原则见缝插针。

② 工厂、仓库绿地。有防治污染和改善生产条件的功能，用地与生产设施接近，应充分利用土地。

③ 公用事业绿地。应在停车场、水厂、煤气厂、污水处理厂、垃圾场内建设相应绿地。

④ 公共建筑附近的环境绿地。在车站、码头、影剧院、体育场馆、商业设施、医院、机关、学校内部也要建设相应绿地。

（6）街道绿地

街道绿地指附属于城市道路红线之间的绿地，具有护路、遮阴、防尘、降低噪声、美化街景、组织交通等功能。

① 道路绿地。沿道路两侧建设，应占一定面积以供绿化，乔、灌、草相结合，既美化环境、防治污染，又可以保护路面。

② 交通站场绿地。交通站场也要有一定面积的绿地，既有美化作用，又有防治污染和降低噪声等功能。

（二）建立自然保护区

建立自然保护区是保护生态环境、保护生物多样性、改善生态结构、维护生态系统的良性循环的重要措施。

自然保护区建设首先要根据生物多样性及自然保护区现状调查，按照选择建立自然保护区的条件和标准参考有关自然保护区的法规条例，如《中华人民共和国自然保护区条例》《国家重点保护植物名录》《国家重点保护野生动物名录》《自然保护区类型与级别划分的原则》《森林和野生动物类型自然保护区管理办法》《地质遗迹保护管理规定》《海洋自然保护区管理办法》《自然保护区土地管理办法》《生物多样性公约》《水禽及其栖息地（简称湿地）公约》，以及有关生物多样性保护研究专著等，会同有关部门共同确定保护对象及其类型、级别。

其次是选定自然保护区的具体地点并划定保护范围（包括核心区范围、缓冲区范围），这在很大程度上取决于它所保护的对象和建立的目的，确定自然保护区的边界最好通过地面或航空调查的方式进行划分，沿分水岭划定，尽量使它分布在一个集中的区域（如一条或若干条河流域内），以便管理。

最后要建立自然保护区管理机构，建立必要的工作制度，并提出自然保护的要求，制定相应的保护措施。

（三）规划城市景观

城市景观是城市中由街道、广场、建筑物、园林绿化等形成的外观及气氛。城市景观是城市文明程度最重要和最直观的表现，是城市精神文明建设的载体，是社会经济发展和人民生活水平提高的重要标志。良好的城市景观环境对人民生活水平的提高和生产力的发展起到极大的促进作用。

当前，国内外先进城市在城市建设中，已非常重视城市景观的规划与建设。城市规划在指导城市协调发展的同时，把提高城市质量和丰富城市内涵摆到了重要位置上，着力引导城市建设从粗放型向精细型转变，以实现城市的可持续发展。

城市景观的规划建设必须结合地方实际，体现地方特色，继承和发扬城市历史文脉，塑造文明进步的城市形象，并强调超前性与可操作性相结合，使之与城市社会经济的发展相适应。因此，在指导思想上应强调：以城市发展战略为依据，以科学规划为指导，以经济为基础，突出城市景观建设的系统性和自然景观资源的最有效利用，贯彻以人为本、文明进步的规划理念，有重点、有计划地实施城市景观的规划建设。应重点把握以下几方面原则：

① 坚持社会、环境、经济效益统一的原则。

② 重视城市道路作为景观纽带的作用。重点强化主干道的景观功能，形成城市景观走廊。

③ 加快城市绿化系统的建设步伐，突出山水园林特色。

④ 加强重要街区、地段的空间形态设计和控制，注重立体设计。

⑤ 突出特性，营造个性景观风貌。

⑥ 突出城市历史文脉，丰富城市文化内涵。

（四）规划工业园区

随着工业化进程的不断深入，日益严重的环境污染和资源危机已对人类的生存和社会的发展构成威胁。生态工业的建设成为综合解决资源、环境和经济发展的一条有效途径。生态工业是从区域范围应用生态学和系统工程原理，仿照自然界生态过程物质循环的方式对企业生产的原料、产品和废物进行统筹考虑，通过企业间的物质循环、能量利用和信息共享，使得现代工业实现可持续发展。生态工业追求的是系统内各生产过程从原料、中间产物、废物到产品的物质循环，达到资源、能源、投资的最优利用。生态工业倡导园内企业进行产品的耦合共生，大大提高资源利用率，同时通过副产物和废弃物的循环利用，既降低了园区的环境负荷，又减少了企业废物处理成本和部分原料成本，提高了企业的经济效益，改变了环境污染和经济发展的矛盾，达到资源、环境和经济发展的多赢。

生态工业园区规划的原则是以循环再生为基础，以经济发展为主题，以产业结构调整为主线，以观念创新与利用科技进步为推动，运用科学原理和市场规律加快建设与发展。其遵循以下原则。

1. 自然生态原则

生态工业园区应与区域自然生态系统相结合，保持尽可能多的生态功能。

2. 生态效率原则

在园区布局、基础设施、建筑物构造和工业过程中，应贯彻清洁生产思想。通过园区各单元的清洁生产，尽可能降低资源消耗和废物产生；通过各单元间的副产品交换，降低园区总的物耗、水耗和能耗；通过物料替代、工艺革新，减少有毒有害物质的使用。

3. 综合统筹原则

把握园区建设的积极有利因素，削减各种不利的影响因素，协调企业、市场、政府和社区等各方面力量，多方参与，增加生态工业园区的生命力、竞争力。

4. 区域发展原则

尽可能将生态工业园区与社区发展和地方特色经济相结合，将生态工业园区建设与区域生态环境综合整治相结合。将生态工业园区规划纳入当地的社会经济发展规划。

5. 高科技高效益原则

大力采用现代化生态技术、节能技术、节水技术、再循环技术和信息技术，采纳国际上先进的生产过程管理和环境管理标准。

6. 软硬件并重原则

在加强硬件（工业设施、基础设施、服务设施）建设的同时，注意软件建设，包括园区环境管理体系的建立、信息支持系统的建设、优惠政策的制定等。

七、小城镇生态环境保护规划

（一）小城镇生态建设规划的主要内容与基本要求

小城镇生态建设规划主要涵盖两方面的内容：一是城镇区景观生态建设；二是城镇区生态文化体系建设。进行小城镇生态建设应注意满足以下基本要求。

1．维护小城镇生态系统的稳定性

规划应紧紧围绕城镇社会经济环境发展的总体目标，在坚持发展经济，丰富人类的物质生活、社会文明进步的同时，维护城镇生态系统的稳定性。

2．保护物种及生境多样性

物种的多样性是生态系统稳定的基础，过于单一的植物种类和过于人工化的绿化方式，其绿地系统的综合生态服务功能并不是很强。与之相反，传统的乡镇往往存在着一系列年代久远、多样的生物与环境已形成的良好关系。生态建设规划的任务不是"开发建设"而是"保护性建设"。

3．满足小城镇区域的生态功能定位

小城镇是区域生态环境中的一个特殊的生产综合体，是自然生态系统中的一个特殊组分，因此进行城镇区域生态建设规划，必须将其与城镇生态系统视为一个有机的整体，小城镇的生态规划必须满足城镇区域的生态功能定位。

4．关注人居环境，满足公众需求

小城镇是人类活动相对集中的区域，进行小城镇生态建设规划应从"以人为本、天人合一"的观点出发，从满足人类对生态的需求值的角度，提出规划建设方案，方案应为社会公众所了解并接受。

（二）小城镇景观生态建设

小城镇规划要充分依据区域自然山水格局，树立小城镇体系的人工与自然景观区域的系统观念，确定最佳的城镇区景观生态格局，以维护自然过程的连续性和良好的景观生态质量。

（三）生态农业规划

生态农业是指在环境与经济协调发展思想的指导下，按照农业生态系统内物种共生，物质循环，能量多层次利用的生态学原理，因地制宜地利用现代科学技术与传统农业技术相结合，充分发挥地区资源优势，依据经济发展水平及"整体、协调、循环、再生"原则，运用系统工程方法，全面规划，合理组织农业生产，实现农业高产优质高效持续发展，达到生态和经济两个系统的良性循环和"三个效益"的统一。

1．生态农业模式的类别

生态农业模式的类型很多，主要有以下 3 种类型。

（1）时空结构型

这是一种根据生物种群的生物学、生态学特征和生物之间的互利共生关系而合理组建的农业生态系统，使处于不同生态位的生物种群在系统中各得其所，相

得益彰，更加充分地利用太阳能、水分和矿物质营养元素，是在时间上多序列、空间上多层次的三维结构，其经济效益和生态效益均佳。具体有果林地立体间套模式、农田立体间套模式、水域立体养殖模式、农户庭院立体种养模式等。

（2）食物链型

这是一种按照农业生态系统的能量流动和物质循环规律而设计的一种良性循环的农业生态系统。系统中一个生产环节的产出是另一个生产环节的投入，使得系统中的废弃物多次循环利用，从而提高能量的转换率和资源利用率，获得较大的经济效益，并有效地防止农业废弃物对农业生态环境的污染。具体有种植业内部物质循环利用模式、养殖业内部物质循环利用模式、种养加工三结合的物质循环利用模式等。

（3）时空食物链综合型

这是时空结构型和食物链型的有机结合，使系统中的物质得以高效生产和多次利用，是一种适度投入、高产出、少废物、无污染、高效益的模式类型。

2. 典型生态农业模式

（1）北方"四位一体"生态农业模式

该模式是一种庭院式经济与生态农业相结合的新的生产模式。它以土地资源为基础，以太阳能为动力，以沼气为纽带，种植业和养殖业相结合，通过生物质能转换技术，在农户的土地上，在全封闭的状态下，将沼气池、猪禽舍、厕所和日光温室等组合在一起，所以称为"四位一体"生态农业模式（图2-9）。

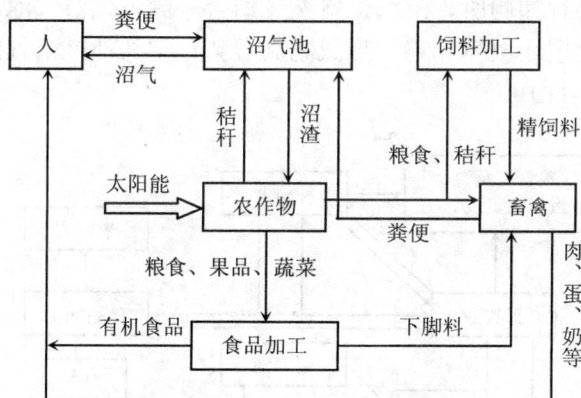

图2-9　"四位一体"生态农业模式

（2）南方"猪—沼—果"生态农业模式

该模式是以沼气为纽带，带动畜牧业、林果业等相关农业产业共同发展的生态农业模式（图2-10）。

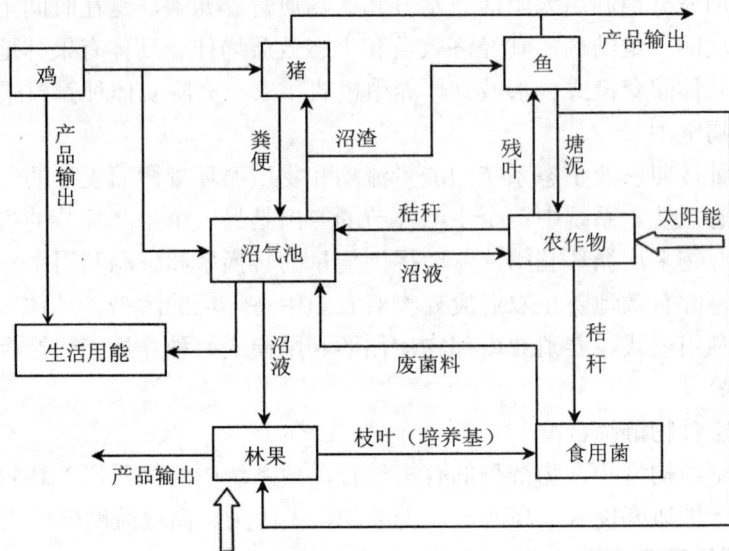

图 2-10 养殖—沼气—果园生态农业模式

（3）西北"五配套"生态农业模式

该模式是解决西北干旱地区的用水问题，促进农业持续发展，提高农民收入的重要模式。具体形式是每户建一个沼气池、一个果园、一个暖圈、一个蓄水窖和一个看营房。实行如厕所、沼气、猪圈三结合，圈下建沼气池，池上搞养殖，除养猪外，圈内上层还放笼养鸡，形成鸡粪喂猪、猪粪池产沼气的立体养殖和多种经营系统（图 2-11）。

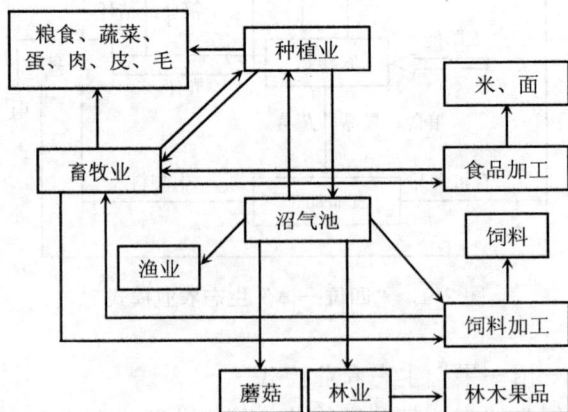

图 2-11 农业—果园—养殖—沼气—蔬菜相结合的农业生态模式

（四）小城镇生态文化体系建设规划

1. 小城镇生态文化建设的内涵

生态文化是一种先进的文化，强调的是遵循生态发展的规律，倡导的是生态消费、生活的理念。生态文化至少包括五个要素：生态价值观、生态认识与认知能力、规范机制、意志与作风、生活方式与外在形象。生态文化体系的建设，不仅能提高城镇文化品位，规范小城镇人们的社会行为，而且能提高公众社会道德水准，改善城镇形象，提高城镇的竞争力。

2. 小城镇生态文化建设的原则

小城镇生态文化体系的建设，应遵循以下原则：

① 尊重自然过程与自然规律，坚持"以人为本、天人合一"的原则；

② 尊重历史文脉的延续，实现历史文化景观与现代建筑、现代精神文明的和谐；

③ 意识与行为相统一的原则。

3. 小城镇生态文化建设的内容

（1）小城镇生态文化资源的调查与评价

我国是一个具有悠久历史的国家，具有深厚的文化底蕴。生态文化建设规划的首要任务是完成本地区生态文化资源的调查。调查内容一般包括：小城镇历史沿革、传统文化、习俗、自然景观、人文景观、历史文化景观、自然遗产等。在调查的基础上，按照历史文化资源与山水林园自然景观有机结合的程度，对小城镇生态文化资源进行评价。

（2）小城镇生态文化建设的方向与建设重点

① 小城镇生态文化建设的方向：生态文化建设定位于生物与非生物之间的相互作用，因此有三方面的建设内容：形态要素的建设（泛指产品、设备、设施、工具、景观实体等）、非形态要素的建设（泛指法规、制度、科学、情感、思维等）、中间形态要素的建设（泛指人们的行为、艺术、技术、表意等）。

② 小城镇生态文化建设的重点：a. 促进小城镇基础设施向生态化转型：小城镇基础设施（包括文化、医疗、教育、体育、科研、饮食、娱乐等），应按照生态系统的理念，运用生态学的原理进行规划、设计和建设。b. 推进传统社区向生态型社区转型：传统的社区仅仅注重人的便利、人的消费，生态型社区更重视人与自然的和谐，人与自然的融合。建立生态型小城镇，应更多地考虑人与自然的时空联系，在设计人类生活、活动空间的同时，也应留有自然生物联系的空间。c. 建立、完善生态建设的法规、制度：建立健全生态建设的法规、制度，是实施生态建设的重要保障，是规范社会公众、团体行为的基本准则。自古以来，"乡规

民约"都是制约人们行为的有效手段。良好的生态文化氛围、健全的生态经济管理机制等,都需要健全的法规、制度来保障。d. 开展生态人格的教育与生态意识的培养:生态人格的教育和生态意识的培养,是关系到生态建设质量的重要因素。意识的转变是社会文明进步的先导和标志,由传统的人文意识向生态意识的转变,需要在社会公众和青少年中大力开展生态教育,倡导生态健康安全的生产、生活和消费方式。

八、土地资源保护规划

土地资源保护规划主要有基本农田保护规划、林地资源保护规划、草地资源保护规划、名优特产地保护规划、特殊物种生长栖息地保护规划、风景名胜和历史纪念地保护规划等类型。

(一)基本农田保护规划

"基本农田"是从战略高度出发,满足整个国民经济和本地区规划期内人口增长对农产品的需求而必须确保的农田。在农产品调出的地区,是指保证规划期内当地人口对农产品的基本需求和完成国家商品任务所必需的农田面积;在农产品自给自足的地区,是指保证规划期内当地人口对农产品基本需求所必需的农田面积;在农产品调入的地区,是指在考虑规划期内农产品可能调入量的基础上,当地人口对农产品需求量所必需的农田面积。

1. 基本农田保护规划方法

(1)基本农田保护区规划的工作内容

① 编制工作方案;

② 确定保护区面积的控制指标;

③ 划定保护片块;

④ 协调安排各类建设用地范围;

⑤ 制定并落实保护措施;

⑥ 提出规划期内解决人地矛盾的战略措施。

(2)基本农田保护区规划的工作程序

① 准备工作;

② 宏观指标的确定;

③ 划区定界;

④ 整理成果;

⑤ 检查验收。

（3）基本农田保护宏观指标的确定

① 粮地面积保护目标：

$$S_{粮} = (M_1 + M_2 \pm M_3)/f_1 \qquad (2\text{-}100)$$

式中：$S_{粮}$ —— 本地粮地面积保护目标，hm^2；

      M_1 —— 规划期末本地人口对粮食的基本需求量，kg；

      M_2 —— 国家的商品粮任务，kg；

      M_3 —— 区域间粮食的调剂量，kg；

      f_1 —— 规划期内粮食的平均单位面积产量，kg/hm^2。

（注：粮食按标准粮换算；粮食的调入用"–"，粮食的调出用"+"）

② 常年蔬菜基地面积的保护目标：

$$S_{菜} = (N_1 \pm N_2)/f_2 \qquad (2\text{-}101)$$

式中：$S_{菜}$ —— 常年蔬菜基地保护面积，hm^2；

      N_1 —— 规划期末本地人口对蔬菜的基本需求量，kg；

      N_2 —— 区域间蔬菜的调剂量，kg；

      f_2 —— 规划期内蔬菜的平均单位面积产量，kg/hm^2。

③ 建设占用耕地控制数的确定：

建设用地主要包括农业建设用地和非农业建设用地两大类。农业建设用地的控制数根据历年农业建设用地情况，结合本地区农业生产特点、水平与发展趋势，合理确定本地区农业建设用地的规模。交通、水利、工业、旅游等部门非农业建设用地的控制数可根据部门提出的用地规划进行综合协调后确定。

④ 农田保护面积的确定：

$$S = S_{现} - S_{非} - S_{农} \pm S_{调} \qquad (2\text{-}102)$$

式中：S —— 农田保护面积；

      $S_{现}$ —— 现有的农田面积；

      $S_{非}$ —— 非农建设规划用地面积；

      $S_{农}$ —— 农业建设规划用地面积；

      $S_{调}$ —— 农业结构调整增减的耕地或土地整理后增加的耕地面积。

2. 基本农田保护规划的实施与管理

（1）制定保护措施

① 在实地标明基本农田的区界，埋设界桩和竖立标志牌，使图上标明的基本农田能在实地有明显的标示。

② 制定有关法规，通过法律和行政的手段对基本农田进行保护，如制定《基本农田保护条例》，由各级政府制定的有关加强基本农田保护的通告和有关的村规民约等。

③ 通过经济手段来管理保护区，签订必要的保护合同，明确责任人，规定保护面积及地力保持水平；建立地力补偿制度。

④ 严格检查制度，加强对保护区情况检查，严格征地审批。

（2）制定实施细则

实施细则包括土地、农业、城建等部门的协调；明确土地、农业各级单位以及农田承包人的具体责任和任务。

（二）林地资源保护规划

林地是土地的生态屏障，保护林地资源是改善土地资源整体生态环境质量的需要，对于维护和提高土地质量、保证土地的生产能力将产生积极的影响。

1. 林地资源保护规划的内容

① 编制工作方案；

② 根据区域林地现状分析和林业发展战略，确定林地保护的有关控制指标；

③ 划定各林种、林型的保护区范围和区界；

④ 协调安排农业用地和各类建设用地范围；

⑤ 制定并落实保护措施。

2. 林地资源保护规划的工作程序

① 准备阶段；

② 宏观指标的确定；

③ 划区定界；

④ 整理成果；

⑤ 检查验收。

3. 林地保护规划有关指标的确定

（1）封山（封沙）育林面积的确定

在非商业采伐区，封山育林面积和范围往往根据区域的林业需求、水土保持需要以及中幼林的抚育需要而确定。特别是一些自然生长的老林，处于地势和自然条件都较为恶劣的地段，一旦被破坏则恢复起来非常困难，因此通常进行封育。

（2）采伐量的确定

在商业采伐区，应根据采伐量不超过生产量的原则，有计划地进行林地封育。林木采伐量往往根据用材林木材产量确定，其公式为：

$$M_j = G_j \times S_j \times K_j \times C_j \qquad （2\text{-}103）$$

式中：M_j —— 用材林木材产量；

　　　G_j —— 用材林平均单位面积生产量；

　　　S_j —— 用材林面积；

　　　K_j —— 蓄积量可及率；

　　　C_j —— 经济出材率。

轮伐采伐率公式为：

$$M_k = Q_k \times K_k \times C_k \qquad （2\text{-}104）$$

其中：$Q_k = V_k \times 2/T$

式中：M_k —— 用材林木材产量；

　　　Q_k —— 年采伐蓄积量；

　　　K_k —— 蓄积量可及率；

　　　C_k —— 经济出材率；

　　　V_k —— 用材林总蓄积量；

　　　T —— 用材林综合轮伐期。

4. 林地资源保护规划的实施与管理

① 以林地资源保护规划为依据，编制各年度的林业发展计划，通过发展计划落实林地资源保护规划中的各项指标。

② 以林地保护规划作为过渡林带用途管制的依据。

③ 采取法律、行政和经济管理手段相结合的办法，保证林地的合理利用与保护。

④ 加强森林资源保护重要性的宣传，增强单位和个人对林地资源合理利用与保护的意识。

⑤ 在实施过程中及时有效地检查规划的执行情况，并根据实际的变化依法定程序对其进行调整。

（三）草地资源保护规划

保护草地资源，加强草地资源规划管理，对于促进草原畜牧业可持续发展，防止沙漠化和降低风沙、尘暴，维护生态环境质量具有重要作用。

1. 草地资源保护规划的内容

① 编制工作方案；

② 根据区域草地现状分析和畜牧业发展战略，确定草地保护的有关控制指标；

③ 划定各草场的保护区范围和区界；

④ 协调安排其他农业用地和各类建设用地范围；

⑤ 制定并落实保护措施。

2．草地资源保护规划的工作程序

草地资源保护规划的工作程序包括准备阶段、分析预测、确定规划方案、确定有关的宏观指标、划定各保护区与功能区的范围和界线、整理规划成果和检查验收等阶段。

3．规划有关宏观指标的确定

（1）季节牧场的划分

季节牧场是指在一定季节内适宜放牧的地段。季节牧场划分的基本依据主要包括气候变化，草层生长和枯萎时间，经营习惯和管理水平等。

（2）畜群放牧地段的配置

通过考虑畜牧场规模、牲畜的性别和年龄、畜牧场的管理等条件，将牲畜划群编组，划拨不同的放牧地段。放牧地段面积的确定公式是：

$$放牧地段面积＝（牧畜头数×放牧天数×每头牲畜每天食草量）÷单位面积草地的产草量$$

（3）轮牧小区数目和面积的确定

轮牧小区是指把一个畜群放牧地段划分为若干个小区，进行轮流放牧。轮牧小区数目按下列公式计算：

$$轮牧小区数＝轮牧周期÷小区内放牧天数＋休闲区数$$

每个畜群的季节牧场面积确定后，将其除以轮牧小区数，即得轮牧小区面积。

4．草地资源保护规划的实施与管理

① 以草地资源保护规划为依据，编制各年度的畜牧业发展计划，通过发展计划落实草地资源保护规划中的各项指标。

② 加强草地资源保护重要性的宣传，增强单位和个人对草地资源合理利用与保护的意识。

③ 及时有效地检查规划的执行情况，并根据实际的变化依法定程序对其进行调整。

九、生态防护林建设规划

（一）指导思想与基本原则

以保护小城镇的人居生活环境和生态环境为指导思想，在妥善保护好小城镇生态环境的基础上，通过生态防护林规划建设，改善小城镇生态环境，调节小城镇的小气候，促进小城镇生态环境向绿化、净化、美化、活化的可持续的生态系统演变，为社会经济发展营造良好的自然环境基础。小城镇生态防护林规划的基本原则是有以下几项。

1. 因地制宜，因害设防的原则

生态防护林建设要与当地经济与文化的发展相协调，结合当地工农业的发展情况、具体污染源以及污染物的种类，以及当地的自然地理特征、灾害性质和防护对象等因素，来决定生态防护林建设的位置、具体走向、树种选择以及规模的大小。

2. 营林树种选择要遵循适地适树的原则

所谓适地适树就是使造林树种的特性，与生态学特性和造林地的立地条件相适应。不同的地区，具有不同的地质地貌、小气候、水文、植被及其他环境状况。不同树种要求的生境条件不一样，所以在生态防护林的建设上应遵循适地适树的原则。

3. 全面规划，综合服务的原则

生态防护林规划的主要目的是充分发挥其生态效益。在规划建设生态防护林时，水、林、田、路、电要统一规划，合理布局和配置。设计防护林时不能只针对某单一的因子，而要从大局出发，充分发挥其生态效益，力求用最小的占地达到最大的生态防护效果。

4. 当前利益与长远利益相结合的原则

生态防护林的建设是一个相对漫长的过程，处理好当前利益与长远利益的关系就显得尤为重要。充分开发利用现有的资源，在保证防护效益的前提下，结合区域总体规划，在特定区域发展一些经济类林木和速生树种，以实现经济效益与生态效益的统一。

5. 建立综合性生态防护林体系的原则

在规划建设的同时，应以生态防护林为主体，结合城市绿地和"四旁"绿化，把各种林种结合起来，建立起相互联系、相互影响的综合性生态防护林体系。运用生态经济学原理，围绕提高防护效能、提高生产能力、获得经济效益为目标，把功能不同的各个林种，按照适当的比例，组合成相互依存、相互制约的有机整体。

（二）农田防护林建设规划

我国幅员辽阔，自然条件复杂，自然灾害频发。北方有风沙、干旱、低温冻害、干热风等；南方有台风、焚风、洪涝、盐碱等。自然灾害给农业生产和人民生活造成了很大危害。农田防护林是人工森林生态系统，利用森林的生态效益，可以消除或减轻自然灾害特别是风害，改善农田小气候环境，保证农作物稳产和高产。农田防护林的林木死亡根系和枯枝落叶分解腐烂后，一方面可以增加土壤有机质含量，改良土壤结构；另一方面也可以增加土壤微生物种群数量，提高土壤肥力。

（三）牧业防护林规划与建设

为了保护草原、保护牲畜，促进畜牧业发展，营造牧业防护林是唯一可行的途径。牧业防护林具有减轻风沙危害、改善土壤结构、改善气温和地温状况、提高空气湿度和土壤温度，以及改善牧草生长条件等多种功能。

牧业防护林的营造就是人为地把林木引进草原地带，合理配置在适宜其生长的地段上，以通过人工改造生物群落组成，利用森林生态效益，提高草原抗御气象灾害的能力。有利于草原生态环境向良性方向发展，改善牧草、牲畜生长发育的生态环境。

（四）水土保持林规划与建设

1. 分水岭防护林

分水岭防护林是指沿分水岭走向设置的林带，其宽度视分水岭宽窄、灾害性质和土地利用情况而定。以防水蚀为主的，林带要宽些；以防风蚀为主的，林带要窄些。林带宽度一般为 5～20 m，营造片林，林带以疏透结构和通风结构为主。

2. 护坡林

护坡林的位置设置必须合理，才能最大限度地发挥其对地表径流的阻截作用。在设置时应该注意不能使地表径流集中在一处集中汇入护坡林，同时，还要尽可能增加起到吸收和调节作用的防护林的面积，如改善护坡林的组成、结构，在林内进行造林整地工程等。一般坡地都为农田，所以要求林带占用较小面积而发挥最大的调节径流的作用。因此林带的位置应设在侵蚀发展最强烈的部分。

3. 侵蚀沟道防护林

为了控制水土流失，减少沟谷土壤侵蚀，防止河流、水塘、水库被淤塞，必须进行沟壑治理，沟谷造林是进行治理的中心环节。此外，沟壑林地不仅可作为林产品的基地，而且可以改善林地附近的水文和小气候状况，有利于土地合理利用。

4. 水域护滩、护岸林

常规平缓河岸上的立地条件较好，护岸林的设置根据河岸的侵蚀程度及土壤情况来确定。在河岸上采用深根性的乔灌木树种营造混交林，在靠近水面的一边，栽种 3～5 行灌木柳。侵蚀不严重且坡度较小的河流岸坡，在紧靠灌木柳的上方营造20～30 m 宽的乔木护岸林带，采用的树种多为耐水性较强的杨、柳类。在岸坡侵蚀严重的情况下，光靠营造护岸林是远远不够的，要与水土保持工程措施相结合，营造20～30 m 的林带，营林采用一些深根性树种，如杨、榆等，在林带边缘距河岸边留出3～5 m 空地，种植一些耐水草本植物。倘若洪水季节，水位很高，根据实际情况，护岸林带要加宽到50～200 m。

5．水库防护林

水库防护林一般由库岸造林、进水沟道造林和坝坡造林三部分所组成（图2-12）。

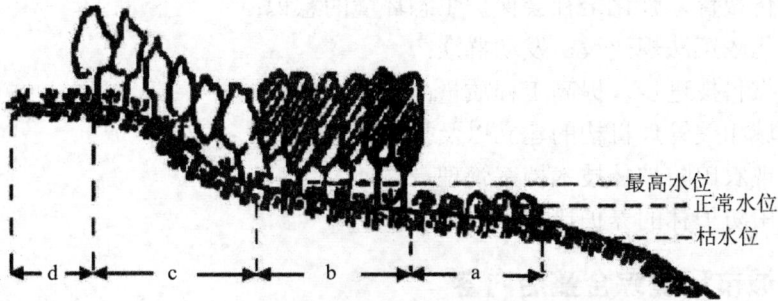

a—灌木柳树林带；b—由喜湿速生树种组成的林带；

c—由抗旱性能较好的树种组成的林带；d—耐旱灌木带

图 2-12 水库防护林配置模式

（五）防风固沙林规划与建设

1．固沙林带的营造

为了固定移动的沙丘，而在沙丘的迎风坡营造固沙林带，同时对天然植被采取保护措施，从而减少进入防沙林带的沙源。造林树种常采用耐旱、耐瘠薄、防沙固沙性能较好的树种，一般为乡土树种。

2．防风阻沙林带的营造

防风阻沙林带设在邻近绿洲的沙漠边缘，是阻沙的第二道防线，进一步减少沙源，削弱风沙流速度，起到屏障的作用。防风阻沙林带常采用紧密结构，由乔木、亚乔木、灌木树种组成的多林冠防护林体系，迎风面常布置大面积的灌木树种，常采用灌木柽柳，因为柽柳具有不怕沙埋，而且愈埋生长愈旺盛的特点。

3．沙地防护林的营造

①沙地防护林间距的确定：沙地防护林的间距应从防止风蚀的实际出发，使得农田内的风速小于起沙风速。

②沙地防护林的结构和宽度的确定：由于沙地防护林营造在农田边缘，为防沉积很厚的堆沙，不适宜采用紧密结构。常采用双带式或多带式稀疏结构的防护林带，带距为 5～7 倍树高，林间种植草本植物。

（六）生态防护林规划建设的支持与保证

为保证生态防护林建设的连续性、均衡性和有效性，保质保量按照规划实现发展目标，应具有以下保证措施：

①计划与投资保证；

②宣传教育，强化全社会保护生态环境的意识；

③强化政策法规建设，发动群众：

④依靠科技进步，提高工程质量；

⑤区域相关管理机构的建立以及执法检查：

⑥实现农田防护林技术档案管理；

⑦农田防护林的养护措施。

十、城市环境综合整治内容

城市环境综合整治的内容主要包括：土地、水资源、能源利用及综合整治；改善工业结构和布局；大气污染综合防治；固体废物管理制度；交通及噪声整治；重点污染源控制技术；加强监督和管理；加强绿地、生态、保护区建设等。

（一）城市大气污染整治措施

大气污染综合整治措施的内容非常丰富。由于各城市大气污染的特征、条件以及大气污染综合整治的方向和重点不尽相同，因此，措施的确定具有很大的区域性，很难找到适合于一切情况的通用措施。这里仅简要介绍我国大气污染综合防治的一般性措施。

1. 合理利用大气环境容量

我国有些城市大气环境容量的利用很不合理，一方面局部地区"超载"严重；另一方面相当一部分地区容量没有合理利用，这种现象是造成城市大气污染的重要根源。合理利用大气环境容量要做到两点。

（1）科学利用大气环境容量

根据大气自净规律（如稀释扩散、降水洗涤、氧化、还原等），污染源定量（总量）、定点（地点）、定形（范围）、定时（时间）地向大气中排放污染物，在保证大气中污染物浓度不超过限值的前提下，应合理地利用大气环境资源。在制定大气污染综合整治措施时，应首先分析该措施的可行性。

（2）结合调整工业布局，合理开发大气环境容量

工业布局不合理是造成大气环境容量使用不合理的直接原因。例如，大气污染源分布在城市上风向，使得市区上空有限的环境容量过度使用，而城郊及广大农村上空的大气环境容量未被利用。再如，污染源在某一小的区域内密集，必然造成局部污染严重，并可能导致污染事件的发生。因此，在合理开发大气环境容量时，应该从调整工业布局入手。

2．以集中控制为主，降低污染物排放量

多年的实践证明，集中控制是防治污染、改善区域环境质量、实现"三个效益"统一的最有效的措施。我国城市中的大气污染主要是"煤烟型"污染，而大气污染物主要是烟尘和 SO_2。因而大气污染综合整治措施应以集中控制为主，与分散治理相结合。所谓集中控制，就是从城市的整体着眼，采取宏观调控和综合防治措施。如：调整工业结构，改变能源结构，集中供热，发展无污染或少污染的新能源（太阳能、风能、地热等），采取优质煤（或燃料）供民用的能源政策，实行污染集中控制措施等。

对局部污染物，如工业生产过程排放的大气污染物，工业粉尘，制酸及氮肥生产排放的 SO_2、NO_x、HF，以及汽车尾气 NO_x、CO、H、C 等，则要因地制宜地采取分散防治措施。

集中控制措施的内容很多，当前我国城市大气污染集中控制主要采取改变能源结构、集中供热和建立烟尘控制区等。

（1）集中供热

城市集中供热系统由热源、热力网和热用户组成。根据热源不同，一般可分为热电厂集中供热系统（选用热电合产的供热系统）和锅炉房集中供热系统。热电厂集中供热系统按照供热机组类型不同，一般可分为四种类型：①装有背压式汽轮机的供热系统，常用于工业企业的自备热电站。②装有低压或高压可调节单抽气汽轮机的供热系统，前者常用于民用供热，后者常用于工业供气。③利用凝汽机组经技术改造，进行低真空运行供热，就是平常说的循环水供热。锅炉集中供热系统根据安装的锅炉类型不同，可分为蒸汽锅炉集中供热系统和热水锅炉集中供热系统。前者多用于工业生产的供热，后者常用于城市的民用供热。锅炉供热根据供热规模的大小，还可以分为区域锅炉供热和小区或大院集中锅炉供热等。

（2）普及型煤

据有关研究机构测定，无烟型煤燃烧时 SO_2 的排放量相当于煤含硫量的 0.1%。这表示大部分硫都被固定在煤灰中。

根据工业锅炉烧煤资料，层燃炉、窑烧型煤除减少二氧化硫污染外，还可减少烟尘排放量 60%～70%，减少氮氧化物 10%～20%，并使总烃类明显减少。因

此，发展型煤是控制燃煤污染的一个重要途径。

（3）煤气化

煤气是一种使用清洁、方便的能源。普及城市煤气供应是建设现代化城市的重要组成部分，它对发展生产、方便人民生活、改善环境质量等方面起了重要作用。

燃料气化是当前和今后解决煤炭燃烧污染大气最有效的措施，气态燃料净化方便，燃烧最完全，是减轻大气污染较好的燃料形式，且技术上比较成熟，经济上也合理，因此应大力发展和普及城市煤气。如天然气、矿井气、液化石油气、油制气、煤制气（包括炼焦煤气）和中等热值以上的工业余气等都可以用来做城市煤气。

3．强化污染源治理，降低污染物排放

在我国目前的能源结构（以煤为主）、燃烧技术等条件下，很多燃烧装置不可能消除污染物排放，加上一些较落后的工艺技术，不进行污染源治理就不可能有效控制污染。因此，在注意集中控制的同时，还应强化污染源治理。

4．发展植物净化

植物具有美化环境、调节气候、截留粉尘、吸收大气中有害气体等功能，可以在较大范围内长时间地、连续地净化大气，尤其是在大气中污染物影响范围广、浓度比较低的情况下，植物净化是行之有效的方法。因此，在大气污染综合整治中，结合城市绿化，选择抗污树种，发展植物净化是进一步改善大气环境质量的有效措施。

（二）城市水环境综合整治措施

城市水环境综合整治规划是在水环境污染现状与发展趋势分析的基础上划分控制单元，确定规划目标，设计规划方案，并对规划方案进行优化分析与决策。根据污染全过程控制的指导思想，污染控制对策应该考虑以下几个方面。

1．改革生产工艺

改造生产工艺与设备，尽量采用清洁工艺，减少水的消耗，减轻水环境压力。

2．改变产品品种

控制产生严重污染的各项产品的生产，对污染严重难以治理的企业和产品生产实行关、停、并、转、迁或改变产品方向。

3．城市污水集中处理

对城市生活污水比重较大和可生化性较高的工业废水，建设污水集中处理系统，包括城市二级污水处理厂和土地处理系统等。

4．加强污染源治理

对那些不易集中处理的废水（含难降解、有毒、有害污染物等）进行单独处理和预处理。

5．积极发展废水综合利用和污水资源化

对于污水资源化费用低于水资源开发费用的城市，或由于开采水资源带来严重生态环境问题的城市，可采用水循环的方式，实现城市污水的资源化。

6．科学排江排海

充分利用大江大海的环境容量，在科学预测的基础上，对处理后达标的废水合理排放。

任务 7　规划方案的综合评价和选择

环境规划方案制定后，为了检验和比较各个方案的可行性与可操作性，可通过费用—效益分析、可行性分析等对规划方案进行综合评价，从而为最佳规划方案的选择与决策提供科学依据。

一、费用—效益分析

（一）环境费用—效益分析的基本程序

环境规划方案的费用—效益分析如图 2-13 所示。

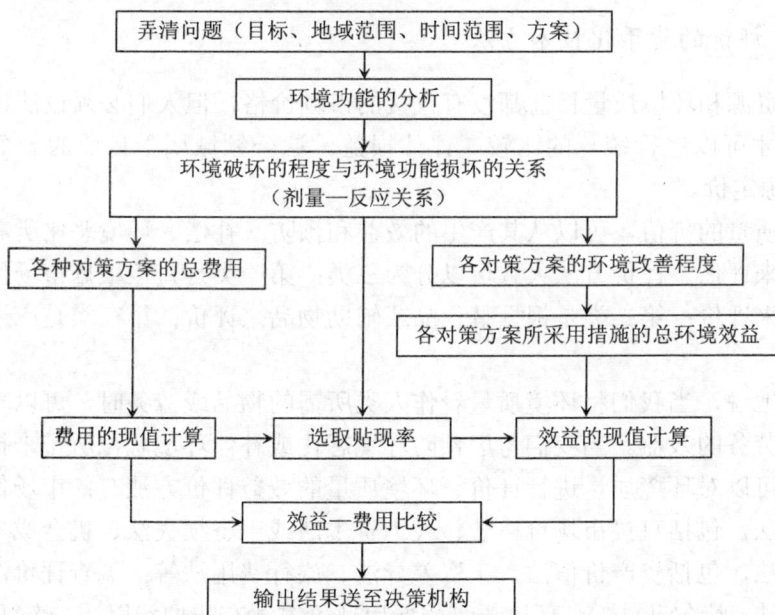

图 2-13　环境规划方案的费用—效益分析

（二）评价准则

对项目方案应用效益—费用分析法论证其优劣的评判方法常有下述三种。

1．净现值法

在一定时间段内，按总净效益现值的大小排序，确定其优势。总净效益现值应当大于或等于零。总净效益现值为负的方案是不合理的、不可行的方案，反之则是可行的、合理的方案，不同方案的比较中，以总净效益现值最大者为优。

2．偿还期法

$$偿还期（年）= 生产的总费用投资/生产后的年净效益$$

本法以项目投产后全部回收该项目方案所用投资费用（包括运转费用及折旧费用，现值为零）的年限（即偿还期）。优点是估算简便，切实可行。缺点是精度较差，属于静态分析，而且市场变化影响对偿还期较大。

3．效益—费用比值法

$$E = 方案的总效益/方案的总费用$$

E 为经济效果。E 大于等于 1 的方案是合理的，可取的；E 小于 1 的方案是不可取的。这是一个很重要的判别准则。

（三）评价的货币化技术方法

环境资源和环境质量目前都没有直接的市场价格，但人们必须设法将其价值货币化，才可以进行统一的比较、评估损益。这一领域属于目前的一个研究热点——资源定价。

环境质量的价值，可以从其产生的效益和预防（补偿）环境恶化所需的费用两个角度来评估。评价方法大致可以分为三类：第一类是直接根据市场价值或劳动生产率来评价；第二类是根据替代品或辅助物品来评价；第三类是应用调查技术来评价。

具体地说，当我们将环境质量看作人类所需的物品或劳务时，可以直接评价该物品或劳务的效益。当我们考虑预防环境恶化或补偿环境恶化所带来损失的费用时，也可以对环境质量进行评价。环境质量的效益评价方法有：市场价值（或生产率）法，包括直接市场价格法、人力资本法或工资损失法、机会成本法等；替代市场法，包括资产价值法、工资差异法、旅行费用法等；调查评价法，包括投标博弈法、特尔菲法等。环境质量的费用评价方法有防护费用法、恢复费用法、影子工程法等。下面简单介绍几种重要的方法。

1．直接市场价格法

直接市场价格法是利用计量因环境质量变化引起的产量和利润的变化来计量环境质量变化的经济效益和经济损失。这是一种直接和应用广泛的方法，如用于因污染造成农产品减产的评价。

2．人力资本法或工资损失法

人力资本法认为一个人的生命价值等于他所创造的价值，即一个人的工资收入减去其消费开支，即为个人生产留给社会的财富。环境质量恶化对人的经济损失有过早死亡、疾病、提前退休等，这些可以通过个人一生创造价值的降低反映出来。如用人力资本法可以评估大气污染对某地区人体造成的危害及其具体的货币损失。

3．机会成本法

机会成本法是指把一定的资源用在生产某种产品时，所放弃的对另一种产品生产的价值。或者说，机会成本法是指利用一定的资源获得某种收入时所放弃的另一种收入。如一块土地，可以种植小麦或大豆，为种植小麦而放弃的大豆产值成为种植小麦的机会成本。

4．资产价值法

资产价值法是用环境质量的变化引起资产价值的变化来估计环境污染或改善环境质量所带来的经济损失或经济收益。噪声污染、大气污染、水污染等都会影响资产价值，特别是房地产的价值，所以可以用房地产价格的变化来评估某一环境质量的影响。

5．工资差异法

工资差异法是利用不同环境质量条件下工人工资的差异，来估计环境质量变化造成的经济损失或经济效益。如果工人可以自由选择工作，污染地区的工作要用高工资来吸引工人，所以工资的地区差异可以部分地归功于工作地点的环境质量。

6．防护费用法

一种环境资源的破坏可以用防护它不受破坏所需的费用，作为该环境资源被破坏带来的经济损失。例如，评估公路噪声的危害，可以用建立噪声隔离墙所需的费用来衡量。

7．恢复费用法

一种环境资源的破坏可以用恢复到原来状态所需的费用来作为该环境资源被破坏带来的经济损失或它的最低经济价值。实际上，环境退化、生态破坏往往很难恢复到原来功能，所以恢复费用也只是它的最低损失费用。

8. 影子工程法

在环境资源受到破坏之后，用人工建造一个工程来代替原来的环境功能所需的费用来估计破坏该环境资源的经济损失。例如，某处地下水受到污染而失去饮用水功能，可以用重新建造一个饮用水水源所需的费用来评估该地下水资源受破坏的经济损失。

二、方案可行性分析

评价环境规划方案的可行性，可以从环境目标的可达性和污染治理投资的可行性两个方面来考察。

（一）环境目标的可达性分析

环境目标的可达性分析可以利用已建立的环境数学模型，通过对各个方案的模拟，来检验规划方案是否能达到预定的环境目标。

（二）污染治理投资的可行性分析

当规划方案确定后，检验其可行性的关键条件是看方案中的投资能否被当地的经济实力所承受。估算城市污染治理投资的方法通常有两种：一种是根据城市环保投资占国民生产总值的百分比，及其中污染治理投资的比率。另一种是根据工业总产值和固定资产投资率，求算污染治理投资占工业基建投资的比率。通常城市固定资产投资率为工业产值的 9%。通过上述任一种方法对不同时期的规划方案的污染治理可能投资进行估算，并将其与相对应的污染治理投资费用进行比较，如果可能的投资额能够满足实际需要的污染治理投资费用，即可认为该方案是可行的。

三、规划方案的优化

（一）环境规划方案优化的内涵

环境规划方案是指实现环境目标应采取的措施以及相应的环境保护投资，力争投资少、效果好。在制定环境规划时，一般要做多个不同的规划方案，对比各方案，确定经济上合理、技术上先进、满足环境目标要求的几个最佳方案作为推荐方案，供领导决策。方案优化是编制环境规划的重要步骤和内容。方案的对比要具有鲜明的特点，比较的项目不宜太多，要抓住起关键作用的因素做比较。对比各方案的环境保护投资和三个效益的统一，达到投资少、效果好的目的。值得注意的是，不要片面追求先进技术或过分强调投资，要从实际出发，选择最佳方案。

（二）环境规划方案优化的步骤

① 分析、评价现存和潜在的环境问题，寻求解决的方法和途径，研究为实现预定环境目标而采取的措施。

② 对所有拟定的环境规划草案进行经济效益分析、环境效益分析、社会效益分析和生态效益分析。

③ 分析、比较和论证各种规划草案，建立优化模型，选出最佳总体方案。

④ 预测评价区域环境规划方案的实施对社会、经济发展和环境产生的影响。

⑤ 概算实施区域环境规划所需的投资总额，确定投资方向、重点、构成与期限以及评估投资效果等。

四、规划方案的选择

（一）方案决策定义

在特定的历史阶段中，根据人类社会生存和持续发展的需要，制定一定时期的环境目标，并从各种可供选择的实施方案中，通过分析、评价、比较，选定一个切实可行的环境规划方案的过程。

（二）方案决策过程和步骤

1. 环境规划方案决策过程

环境规划方案的决策过程是指为了解决某一问题对拟采取的行动所作出的决定。决策过程包括明确决策目的、确定备选方案、选择合适方案和组织方案实施四个过程。

决策过程表示为：

$$D = f(A, Y, P, O, C)$$

式中：A —— 备选方案集；

Y —— 决策的环境条件；

O —— 决策的目标集；

P —— $O \times A \times Y$ 的映射，即备选方案在不同条件下对目标的贡献；

C —— 决策准则；

D —— 决策活动空间。

环境规划的决策分析过程是基于决策树建立的，按照因果关系、隶属关系、复杂程度把环境规划决策过程分为若干有序的方案和若干等级的目标。形成决策—目标组成的树状结构。在决策分析上采用两种模式，一是基于最优化技术来构造的决策模型（最优化决策分析模型）；二是基于各种备选方案进行系统目标模拟的分析模型。

"最优化决策分析模型"是利用数学模型进行的分析，因此需要对其他因素加以约束，造成预测结果与实际有偏差；该决策分析过程往往没有专家和决策者的主观意见，造成结果与实际不符；再加上数据不足，建模困难，预测结果的可靠性差，因此不能单独使用于决策分析中。

"目标模拟的分析模型"是直接基于环境规划决策分析的对策—目标树框结构分析出来的，就每个备选方案分别进行多目标和综合指标的模拟和评估。既考虑了环境质量的功能要求，也考虑了污染源控制问题，便于决策者、分析者、专家交流参与，被广泛接受和采用。

2．环境规划方案决策步骤

（1）目标制定阶段

根据人类社会生存和发展的需要，对现实存在的或潜在的环境问题性质、走向、危害程度和影响范围等各方面加以研究，并进而根据社会经济水平提供的可能，提出环境决策所要达到的目标。

（2）信息调查阶段

搜集决策过程中所需的各种资料和数据。

（3）方案设计阶段

分析与实现目标有关的各种因素，从技术、经济、社会等方面的条件考虑，拟订各自所能达到目标的方案。

（4）方案评估阶段

对制定出的各种方案进行分析、比较，作出评估。

（5）方案选定阶段

在确保能实现环境决策目标的前提下，选择一个现实社会经济技术条件能接受的方案作为实施方案。

（6）反馈调查阶段

在出现所有可能的方案均不能为当时的社会经济技术条件所接受的情况时，环境目标应加以修正或调整。

任务 8　环境规划的实施与管理

一、环境规划的实施

（一）实施具备的基本条件

1．环境规划纳入总体规划

环境规划的编制、审批和下达只是规划工作的一部分，而重要的工作是组织规划的实施。

把环境保护纳入经济和社会发展规划是人类认识客观规律的进步。以往的环境规划一般是在经济和社会发展目标已确定、产业结构和布局已定局的前提下进行的规划，它对城市经济社会发展规划很少反馈或制约，这类规划本质上是经济制约型的规划。目前各类建设首先需要环境规划论证，也就是说环境规划从经济制约型向经济环境协调型转变。

环境规划指标体系纳入国民经济和社会发展规划体系中应本着先成熟先纳入、后成熟后纳入，逐步发展、逐步纳入和积极创造条件促进纳入的原则进行。指标纳入的要求是尽可能具体，具有可操作性，并要有针对性，有重点，要体现规划时段需要解决的重点城市环境问题。要特别注意国家一级纳入指标少而精，地方性的纳入指标注意包括上一级的指标在内。

2．编制年度环境保护计划

环境保护规划按跨越时间分为：长远规划（即长期规划）、五年规划（即中长期规划）和年度计划。编制的时间顺序应先编制长远规划，接着编制五年规划，然后在五年规划的基础上再编制出年度计划。

中长期环境规划的实施，必须靠年度环境保护计划层层分解具体落实到各地区、各部门和各单位逐步实施，否则制定的规划再好也将会成为一纸空文。因此各级政府在制定年度国民经济和社会发展计划的同时要把编制年度环境保护计划作为一项重要的内容。

3．全面落实环境保护资金

环境保护投资比例问题是协调环境保护与经济和社会发展之间的一个重要问题。比例多少与规划目标相关，是实现规划目标全部措施中最根本的一环，同时又是制约规划目标的主要因素之一。

为解决环境问题，防治环境污染和改善生态环境，达到环境规划所确定的目标，可以通过制定有关的环境保护政策，强化环境管理和依靠科技进步等措施，使环境污染和生态破坏得到一定程度的缓解。但是关于一个国家的未来环境，不仅取决于目前的环境基础，更主要的是取决于一个国家的财力和物力，也就是取决于一个国家的经济发展水平。尤其是对于环境污染欠账较多和自然生态破坏严重的我国来说，要想从根本上解决环境问题，没有一定比例的环境保护投资是不行的。

环境保护资金来源之一是资金纳入，即指城市环境规划参与城市国民经济和社会发展规划的综合投资计划中的城市环保投资计划，分配给城市环保一定投资比例和贷款份额，以保证城市环保有稳定的资金来源。

环境保护资金的筹集本着"污染者负担，受益者分摊"的原则进行。对污染治理和综合利用的贷款实行低利率或采用一定的贴息补偿，对环保项目实行免交或少交能源税、交通税等措施以确保有足够的资金保证环保工作的实施。

另外，还需利用非直接环保投资项目，如国家在水土流失、沙漠化治理、绿化工程建设、水利、农业、林业、自然灾害防治等方面的资金，均含有环保意义，这是完成生态环境目标的主要投资保证。

同时积极寻求和推进国际环境合作，努力争取国际援助和世界银行贷款。

4．实行环境保护目标管理

（1）城市环境保护目标责任制

为了实现环境保护的规划目标，仅靠一般化的行政管理模式已经不能适应目前环境保护工作的需要。把环境保护规划目标和任务与责任制紧密结合起来，实行各级领导的环境保护目标责任制的管理制度，是顺利实现规划目标和任务的重要措施。

实行环境规划目标责任制，有利于将纳入国民经济和社会发展规划中的环境保护规划目标和任务具体化，有利于调动各地区、各部门和各单位的力量共同保护和改善环境。

（2）城市环境综合整治定量考核制度

城市环境综合整治是实施城市环境规划的关键步骤。运用城市环境综合整治定量考核制度保障城市环境规划的实施需注重以下几点。

① 城市环境规划的编制要改善城市环境质量，注意与城市总体规划相协调；

② 城市环境综合整治规划目标应本着从实际出发、量力而行、远近结合、分步实施的原则，应取得市政府认可，纳入城市工作年度计划，层层分解落实，做到城市环境规划有可操作性；

③ 城市环境污染防治应采取多种途径，因地制宜；

④ 采取灵活的城市管理政策，使城市环保工作与城市经济发展相协调；

⑤ 城市环境规划管理部门在技术政策、投资政策、城市环境管理等方面当好

市政府参谋；

　　⑥ 配合市政府做好城市环境综合整治考核工作。

　　（二）实施的基本措施

　　1．采取协调和审议的措施

　　区域经济、资源、环境协调发展规划包括多方面、多层次的内容，同时也涉及各地区、各团体的局部利益，因此对于这样一个庞大的规划应有一个反复磋商、质疑和调整的过程。调整阶段是十分重要的，调整的目的是协调各方面的关系，突出中心问题和亟待解决的问题，满足各层次、多样化和复杂化的要求，使各方面对环境规划达成一致意见。

　　（1）规划部门内部的协调和调整

　　在规划部门内部有各专项规划单位，因此环境规划应首先和这些专项规划单位相协调。

　　（2）与有关部门进行协调和调整

　　环境规划涉及的部门包括规划实施部门、政策法令制定部门以及投资部门等，要根据本部门的需要对规划提出调整意见。

　　（3）与区域周围邻近地区间的协调和调整

　　环境规划的地域性决定了其在实施过程中，必须对环境功能相近或不同的行政区划范围的规划内容进行协调。

　　（4）与国家办事机构的协调和调整

　　协调的目的在于和国家的规划相统一，以便使国家对该区域的资源分配、经济发展速度和环境质量目标有统筹的安排。

　　2．组织管理方面的措施

　　（1）制定资源利用开发标准

　　国家标准委员会同有关部委合作负责有关环境保护和资源利用的规划标准以及名词解释的工作，使资源利用有章可循，使资源管理规范化，提高资源综合利用率或减少排放量，以利于环境规划目标实现。

　　（2）统计报表制度

　　对污染物治理和生产废物的综合利用实行统计报表制度。表格和指标统一规定，为今后的规划提供了依据，并奠定了基础，也可使国家及时掌握资源和环境污染物治理的变动情况。

　　（3）依法控制保证规划的实施

　　环境法规的实施使协调发展的体系得到了充分的保障，为环境规划的实施铺平了道路。

3．科学研究方面的措施

（1）协调发展规划方法的研究

环境规划过程中采用计算机模拟技术以来，给规划方法的开拓提供了广阔的前景。为了保证环境规划的有效实施，应采用综合集成技术把大规模系统优化理论应用于环境协调发展规划，使环境规划更切合实际。

（2）生态工程、工艺方面的研究

生态工程、工艺方面的研究是制定和实施环境协调发展规划的必不可少的基础工作。

（三）健全机制和机能

1．建立综合、合理的推行体制

根据区域性环境规划，为综合地、系统地、有力地推动各项环境事业的发展，要建立综合、合理的推行体制，同时也应考虑建立与市、省、国家有关机关协作地推行环境规划功能的体制。

2．共同参与机制

区域性环境规划作为政府进行环境保护的指导方针应进行广泛的宣传、指导并得到广大居民、企业家的参与和协助，努力贯彻实施环境规划的目标和任务。

3．利用先进技术和手段

为迅速准确地掌握区域环境的现状、特征和变化趋势要积极引进和充分利用先进技术和手段。

4．建立内部调整机制

当规划区域实施个别开发项目时，为实现环境规划的内容，根据环境影响评价制度充分利用内部调整的条件，从环境方面求得适当的控制。同时，根据大量确凿的事实，对其他的规划，从环境方面进行充分调整是极其重要的。

5．资金、政策保证机制

为保证区域环境质量，掌握各种实施政策执行状况及规划进展状况，必须确保各种实施政策的必要资金。但是为了推行更具体的、个别的实施政策，制定个别实施规划是必要的。

二、环境规划的管理

环境规划的编制、实施与管理是一个动态追踪的发展过程。环境规划实施与管理要适应区域社会经济发展，规划通过对区域经济社会发展规律和环境质量演化规律的揭示，引导区域社会和经济向更适合人类生产生活需要的方向发展。环境规划既是区域未来预期状态的模拟设想和预先协调的行动纲领，同时又是一个不断积累的追踪决策过程。

（一）动态追踪过程

1．动态追踪管理

环境规划实施管理过程中，在区域内部各组成要素的协同作用下，通过动态追踪监控行为，使规划适应区域经济社会发展的动态变化要求，并在区域发展的某些未曾预测到的环境突发性事件发生的情况下，仍能保证环境规划目标得到顺利实现。

2．动态追踪干扰因素作用管理

环境规划实施管理过程中，在各种干扰因素的作用下，环境规划不仅能适应区域经济社会发展的需求，而且通过会诊、会鉴、检讨、纠错和置换等追踪控制行为，使其本身仍能保持其完整的科学性和合理性，在发挥环境规划功能与作用的同时，使环境规划本身不断得到更新、完善和发展。

3．环境追踪技术的可操作管理

环境规划实施管理过程中，在充分考虑规划实施准则及技术上可操作性的前提下，通过动态追踪监控过程，可及时掌握地方政府和规划部门对规划实施的承受能力（可接受能力）和控制能力。根据承受和控制力的动态变化特点，调控规划实施的追踪监控强度，进而调控、修编、校正已编成的环境规划方案，使规划方案得以实施。

4．动态追踪的定量化管理

环境规划实施管理过程中，在规划的战略纲要与宏伟蓝图指导下，为便于环境规划实施追踪监控行为的顺利进行，要求规划对实施的指导应该落到实处。力求能够从量上予以确定，但这种量的规定性，不能全都是固定且唯一的，应有适当的弹性和较强的适应性，能适应不同环境功能区、不同时间和社会、经济、自然环境条件的变化。

（二）动态控制管理

环境规划实施的动态全过程控制管理，是使环境规划实施与管理相结合，使规划目标及其变化方向符合社会经济发展规律、环境质量变化特点，符合人们的预期目标并沿正常的轨道运行。

1．环境规划空间控制

环境规划实施的全过程是由一个集中控制机构来执行。在集中控制基础上，建立相对独立的几个二级机构，对环境规划的数量指标、质量指标进行评估和决策。各个相对独立的二级控制机构之间通过信息传递与反馈行为实现横向协调控制，环境规划的二级控制机构与总控制机构之间通过环境规划信息的传递与反馈实现纵向控制，纵向控制最后通过信息交叉反馈，实现环境规划实施的动态全过程控制管理。

2．环境规划的时间控制

环境规划的时间控制是指环境规划信息反馈时间和反馈回路控制。其一为闭路控制，指在规划实施管理中具有完整反馈回路的时间控制。规划管理者根据环境规划实施者反馈的情报信息，有效控制和改善规划实施过程。其二为规划过程中具有不完整反馈回路的半闭路时间控制。由于环境规划实施中大量随机因素干扰，用信息反馈适时调节控制。其三为开路控制，即环境规划实施管理，不具备反馈回路控制。在环境规划的时间控制中，一般是要用开路、闭路结合控制，闭路、半闭路和开路控制信息反馈实施协调控制管理。

3．时空耦合的全过程控制

这里针对环境规划实施的空间和时间控制管理无法沟通的情况，在二者之间架起一座信息桥梁，通过信息反馈、资源共享等协调途径，化解时空控制管理的冲突，达到环境规划实施的动态控制管理。

（三）组织管理的实施

1．建立与完善环境规划管理的组织机构

环境规划的实施管理主要依靠现已建立的环境管理组织系统，也可根据需要建立专门的机构来负责规划的组织实施。如按规划的管理范围来设立某流域或某区域的专门环境管理委员会等。专门成立的规划管理机构应由当地分管环保的最高行政领导牵头，环保部门和政府有关部门及产业部门有关领导共同组成，下设具体办事机构（如办公室），负责处理日常事务。

规划管理机构负责规划的分解、执行、检查、考核、协调和调整。这种机构也可设在各级环境保护委员会中。

2．形成完善的环境规划管理手段

（1）环境规划的行政管理

在环境规划实施过程中，行政组织系统要按层次和职能，做到各司其职，各尽其责，密切配合，共同管理。各级人民政府是规划实施的主要领导者、组织者和责任承担者，各产业部门和企事业单位是规划的具体执行者。人民政府领导下的环境委员会是环境规划实施的主要协调机构，协调规划执行过程中出现的各种跨域问题。

环境保护局是政府的职能部门，也是各级环境保护委员会的办事机构，是对规划实施行使监督检查和进行各种组织、沟通、协调和服务的机构。

各级人民代表大会是对本地区环境规划行使决策与监督管理的最高权力机

构。人民代表大会下设的资源环境工作委员会，将负责组织和拟定有关环境保护的议案和法规，审议现有规划和各种环境保护的命令、法规；审议经费预算；调查重大环境问题和环境案件，并提出建议和意见；监督政府对环境规划和其他环保计划的执行情况等。

（2）环境规划的协调管理

由于环境规划的广泛性和跨域性特点，在规划实施过程中必须注重各部门、各地区间的行动协调，以解决规划执行过程中的上下之间和横向关系中出现的矛盾和冲突。在任务分配、资金筹集与投放、环保设施的建设与运行等方面，都有很多协调工作需要做好。

协调的手段包括经济手段、行政手段、法律手段以及必不可少的思想协调工作，要依靠各级环境保护委员会进行组织协调，其总的目的是保证规划目标的实现。

此外，由于事物本身的不断变化和发展以及人们认识的深化，任何规划在施行过程中，都会出现规划与实际情况不符的现象，都会发现规划的不足。因此，对规划作出必要的修正、补充是不可避免的。在规划实施中及时调整规划，是保证规划目标圆满实现的重要工作措施。

（四）环境规划的制度管理

20世纪80年代形成的环境保护目标责任制、城市环境综合整治定量考核制度、环境影响评价制度、"三同时"制度、排污收费制度、限期治理制度、污染集中控制制度、排污申报登记与排污许可证制度等八项环境管理制度构成了以控制新污染源为主、兼顾老污染源治理的环境管理体系。八项制度围绕着一个中心，并用一根主线串起来，形成一个有机整体。一个中心就是环境保护规划目标，一根主线就是环境规划。因此，环境规划是八项制度的先导和依据，而八项制度是环境规划的实施措施和手段。

我国现行的管理制度是一个分层次、有重点的结构体系。其中，环境保护目标责任制是由国情、政体决定的体现决策层管理作用的根本制度，处于管理结构的最高层。城市环境综合整治是这个体系的主体，其他制度构成了整个管理体系的基础。这些制度之间存在着相互补充、各有侧重以及系统和包含关系，形成一种网络结构。正确运用这些制度，为环境保护管理机构提供环境规划监督管理的法规支持，为环境规划的实施管理提供最大的支持。

复习思考题

1. 对比论述水环境规划、大气环境规划和土地资源保护规划的内容和工作程序。

2. 设计城镇环境规划的工作计划。

3. 编写城镇环境规划的大纲。

4. 小城镇存在的主要环境问题有哪些？

5. 小城镇环境现状调查和评价的内容主要有哪些？

6. 制定小城镇环境现状调查收集资料清单，各种资料常用的收集方法及资料来源是什么？

7. 水、大气、噪声污染源调查的对象、内容和方法都有哪些？

8. 土地资源调查的工作程序包括哪几个阶段？

9. 小城镇生态环境调查的内容及对应的指标有哪些？

10. 简述地面水、大气环境现状评价的方法和依据。

11. 简述大气环境现状评价的方法和程序。

12. 如何进行土地利用生态适宜度评价？

13. 环境预测工作程序包括哪些阶段和步骤？

14. 常用的定性和定量环境预测方法有哪些？

15. 环境预测的依据和内容有哪些？

16. 常用的人口、国内生产总值和能源消耗预测的数学模型是什么？

17. 请简单介绍 Streeter-Phelps（S-P）模型。

18. 请简单介绍大气环境质量箱式预测模型。

19. 城市环境规划中环境预测的内容主要有哪些？

20. 如何进行环境预测结果的综合分析？

21. 常用的环境规划指标包括哪些？

22. 什么是环境功能区？

23. 环境功能区划的原则和内容是什么？

24. 水和大气环境功能分区的步骤分别有哪些？

25. 城市环境噪声功能区划是怎样的？

26. 生态功能区如何划分？

27. 城镇水环境综合整治技术措施有哪些？

28. 城镇大气环境规划的综合整治措施有哪些？

29. 常见的固体废弃物处理与处置的方法有哪些？

30. 城镇固体废物的处理原则是什么？

31. 有毒有害固体废物主要采取的处理和处置措施有哪些？

32. 结合实际分析环境规划方案设计的基本过程。

33. 城市绿化系统的环境功能有哪些？

34. 城市绿地可以分为哪几类?
35. 建立自然保护区可以划分为哪几个步骤?
36. 什么是生态工业?
37. 生态工业园区规划遵循的原则是什么?
38. 小城镇生态建设的基本要求是什么?
39. 城镇生态建设规划的主要内容有哪些?
40. 什么是生态农业?
41. 什么是北方"四位一体"生态农业模式?
42. 什么是南方"猪—沼—果"生态农业模式?
43. 什么是西北"五配套"生态农业模式?
44. 什么是基本农田?
45. 基本农田保护规划的工作内容都有哪些?
46. 如何确定建设用地控制数?
47. 林地资源保护规划的工作内容都有哪些?
48. 如何确定用材林产量?
49. 草地资源保护规划的基本内容包括哪些?
50. 小城镇生态防护林规划的基本原则是什么?
51. 水土保持林包括哪些类型,一般如何配置水库防护林?
52. 如何营造沙地防护林?
53. 如何调整城镇工业的产业结构和规模结构?
54. 我国大气污染综合防治的一般性措施有哪些?
55. 城市水污染控制对策一般应考虑哪些方面?
56. 如何保护城市水资源?
57. 固体废物主要分为哪几种类型?
58. 如何对城市固体废物管理进行系统规划?
59. 我国城市固体废弃物综合整治方法有哪些?
60. 危险废物污染防治的具体措施包括哪些?
61. 如何进行噪声控制分区?
62. 如何对环境规划方案进行费用—效益分析?
63. 如何进行环境规划方案的可行性分析?
64. 如何进行环境规划中环境目标的可达性分析?
65. 试说明环境规划动态管理的内容。
66. 环境规划实施需要具备哪些基本条件和基本措施?

【阅读材料】

某小城镇环境规划报告

第一章 总 论

1.1 指导思想

以人为本，以生态学理论为基础，以实施可持续发展为目的，以改变粗放型生产经营方式，走生态经济型发展道路为中心，以改善区域生态环境质量，维护生态环境功能，把国民经济和社会发展与环境保护建设相结合，统一规划，严格监管，努力解决小城镇建设与发展中的生态环境问题，加强城镇生态环境综合整治，改善城镇生态环境质量，实现区域经济、社会和环境协调、可持续发展。

1.2 规划目标

（1）增强小城镇生态功能，提高消纳污染物的能力，完善小城镇基础设施建设。

（2）提高资源综合利用率，增强可持续发展能力。

（3）提高规划区内人民群众生活水平，享受健康安全，优美的生活环境。

（4）退化的生态功能得到恢复与重建，生态系统向良性循环方向发展。

1.3 规划的任务

环境规划是城镇总体发展规划的有机组成部分，其基本任务是：

（1）根据城镇"新陈代谢"和"吐故纳新"的基本功能，对人类在从事经济活动中对环境产生的负面效应进行有效治理，特别对从事物质生产的企业，必须提高其对环境要求的适应能力。

（2）根据城镇生产、消费的基本功能，必须提高区域和增强城镇对整体环境适应能力，完善城镇的环境净化功能。

（3）依据人类生产、生活及环境质量标准的基本要求，提出城镇在规划区域内所要达到环境质量目标，并为此提出实现此目标的对策、措施和技术方案。

1.4 规划的基本原则

（1）整体性原则

（2）协调性原则

（3）循环再生原则

（4）主体性原则

（5）保护优先、预防为主、防治结合原则

（6）动态性及弹性原则

1.5 规划编制依据

（1）《中华人民共和国环境保护法》

（2）《中华人民共和国水污染防治法》

（3）《中华人民共和国大气污染防治法》

（4）《中华人民共和国固体废物污染环境防治法》

（5）《中华人民共和国环境噪声污染防治法》

（6）《中华人民共和国城乡规划法》

（7）《国务院关于落实科学发展观　加强环境保护的决定》

（8）《小城镇环境规划编制导则（试行）》

（9）《河北省小城镇环境规划编制技术导则》

（10）《区域国民经济和社会发展第十二个五年规划纲要》

1.6 规划时段

规划基准年为 2011 年，规划期限分为 2 个时段，近期 2012—2015 年，远期 2015—2020 年。

1.7 规划范围的界定

本次环境规划范围面积 15.11 km²。

1.8 规划编制的技术方法及技术路线

规划编制的技术方法：现状调查，系统辨识，综合分析，定量数学模型预测与环境保护对策定性分析相结合的方法。

技术路线见图 1-1。

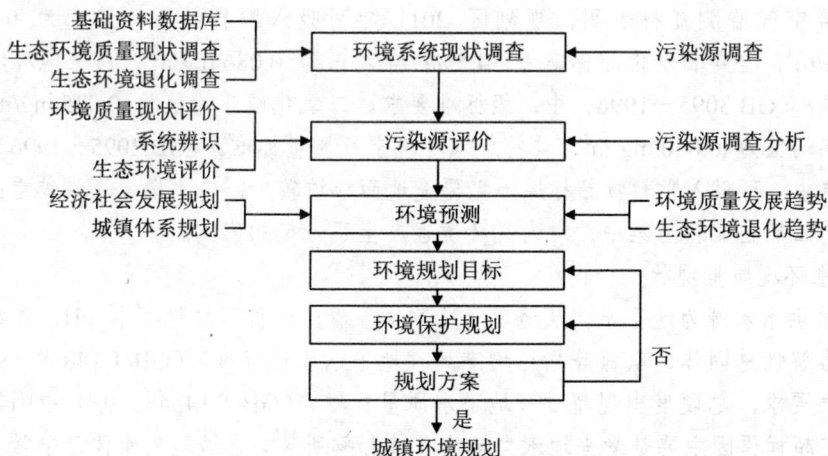

图 1-1　城镇环境规划技术路线

第二章 规划区现状及城镇发展总体规划

2.1 概况

2.1.1 地理位置（略）

2.1.2 自然概况（包括地形地貌、地表水、水文地质、气候特征、土壤植被、生物资源、矿产资源、旅游资源、社会经济概况等，具体内容略）

2.2 现状

2.2.1 位置及规模（略）

2.2.2 自然环境概况（略）

2.2.3 社会经济概况

2011 年年底规划区在册总人口为 14 671 人，耕地面积 500.76 hm²。第二产业以钢铁、电力、煤炭等为主导产业，第三产业较为发达，主要有商业、地产、餐饮等。2011 年规划区地区生产总值为 240 475 万元，其中第一产业产值 2 504 万元，占 1.04%；第二产业产值 194 973 万元，占 81.08%；第三产业产值 42 998 万元，占 17.88%。农民人均纯收入为 8 461 元。

2.2.4 乡域基础设施现状

规划区建成区面积为 1.159 km²，2011 年人均居住面积约 49.6 m²。供水全部为自来水，自来水普及率为 100%；位于建成区部分村庄生活区的生活污水排入市政污水管网，进入矿区污水处理厂处理，但由于管网覆盖不健全，污水收集率较低；集中供热面积 8.6 万 m²，集中供热率为 21%。

2.2.5 环境质量现状

2.2.5.1 大气环境质量现状

环境空气监测资料表明，规划区 2011 年可吸入颗粒物日均浓度为 0.040～0.173 mg/m³，全年日均值超标率为 14.5%；年均值为 0.086 mg/m³，符合《环境空气质量标准》（GB 3095—1996）中二级标准要求。二氧化硫年均值为 0.035 mg/m³，二氧化氮年均值为 0.040 mg/m³，均符合《环境空气质量标准》（GB 3095—1996）中二级标准要求。可吸入颗粒物超标原因主要是地面植被较少，二次扬尘污染较重；其次是区域内工矿企业较为集中，对大气环境也产生了一定的影响。

2.2.5.2 水环境质量现状

区域供水水源为地下水。从地下水监测结果看，评价区域地下水 pH、高锰酸盐指数、溶解性总固体、氨氮等指标均满足《地下水质量标准》（GB/T 14848—93）中Ⅲ类标准要求，总硬度出现超过《地下水质量标准》（GB/T 14848—93）中Ⅲ类标准现象，其超标原因主要是受当地水文地质条件影响所致。区域地表水体几乎常年无天然径流。

2.2.5.3 声环境质量现状

环境噪声监测资料表明,生活区声环境质量总体较好,能满足相应的声环境质量标准,但夜间交通噪声有所超标。

2.2.5.4 生态环境质量现状

规划区为一个以人工生态系统为主的复合生态系统,区内自然景观已基本被人造生态景观所取代。平均人口密度适中,基础设施建设水平和城区居住环境较为完善。城区主要植被为人工种植的绿化树种,包括杨、柳、槐、梧桐等乔木和灌木、花卉等,近年来随着工业结构调整,大力发展第三产业,加强对污染企业的环境治理,对城区环境进行绿化美化,使城市环境质量得到显著改善。

2.3 区域建设规划

考虑小城镇环境规划应与其城镇总体规划相结合的原则,区域建设规划的相关内容如下。

2.3.1 规划年限

近期:2012—2015 年。

远期:2016—2020 年。

2.3.2 镇区性质

立足服务主城区,完善产业配套设施,重点在新民居、服务业和高科技产业等方面寻求突破;强化核心城区的综合服务功能,重点发展商贸、物流、社会信息、城市公共服务等行业,率先实现城乡统筹发展目标,最终与主城区融为一体。

2.3.3 发展规模

(1)人口规模

2011 年镇区人口为 8 253 人,预测至 2015 年和 2020 年,规划区人口将分别达到10 000 人和 12 000 人。

(2)用地规模

2011 年乡区建设用地为 115.9 hm^2,人均综合用地 140.4 m^2。至 2015 年,控制总建设用地 124.3 hm^2,人均建设用地指标 124.3 m^2;2020 年,控制总建设用地 129.6 hm^2,人均建设用地指标 108.0 m^2。

2.3.4 规划区主要用地规划

(1)居住用地

现状住宅建筑用地受地形限制布局较凌乱;建筑以平房为主,造成土地资源浪费;居住区道路及市政设施配备不完善,人居环境不理想。因此,居住用地规划坚持"旧区改造与新区开发相结合"的原则,提倡成片开发,上规模改造,尽量避免城区内见缝插针式建设,改善城区整体居住环境,完善居住区内部小学、幼儿园、商业服务中心、卫生所等公共设施配套建设。

规划居住用地以旧区改造为主，旧区以"改善环境、完善配套、适当调整、逐步改造"为原则，通过增加城区绿地面积，完善配套设施，提高居住环境质量。

新区开发以"统一规划、集中建设、综合配套、分期实施"为原则，高质量、高起点进行开发建设。并根据规模配备相应的公共服务设施，营造良好的居住环境。

（2）公共设施用地

强化城市公共设施中心功能，充分、细致、合理地安排落实不同等级的社会服务设施，以促进城乡社会共同发展。规划公共设施按二级进行配置，即区级和社区级。

（3）生产建筑用地

当地的主导风向是西南风，因此规划在镇区（即矿市镇）东北部建设集中发展的钢铁煤炭产业园区，在东南部规划污染相对较轻的机械铸造产业园区，实施规模建设，统一管理，综合治理。同时加强防护绿地建设，在工业园区外围做好绿化防护，内部做好绿化工作，建设花园式工业区。

（4）对外交通用地

为加强镇区与区域的交通联系以及各功能组团间的联系，完善交通网络，规划拓展改造旧路，改线影响居民生活的道路。按功能分为交通性道路和生活性道路。干路联系城区各功能区之间的交通；支路作为城区各片区内部用于生活和交通联系道路。形成主次分明、功能明确、快慢有别、人车分流和符合现代化城市功能与环境要求的城市道路系统。

（5）绿化用地

包括公共绿地和防护绿地的规划。

结合城区道路的建设、工业区的生产防护，构筑城区"两环""一区"的城市生态绿化带。

"两环"：沿规划环路，结合道路两侧自然环境特点，进行重点绿化，形成环绕城市的景观林带和防护性绿环；另外结合城区工业企业的布局，以减少工业生产对城市生活的影响和干扰，环绕工业生产用地周围规划生产防护绿带。

"一区"：规划通过对采空区的治理和工业区的搬迁，控制建设用地的开发，构建多层次的绿化体系，形成城市"绿肺"，提高城市生态环境质量。

"多点"：结合城区公园、居住区公园、文物古迹保护区、街头广场绿地等形成多功能的城市公共绿化中心。

规划在工业区与居住区之间设置 50～100 m 宽的绿化防护带，以减小对居住区的污染；市政公用设施周围设置不小于 15 m 宽的绿化带，对市政设施加以防护。

区域规划建设用地构成见表 2-1。区域用地规划如图 2-1 所示。

表 2-1 区域规划建设用地构成

序号	用地代号		用地名称	现状（2011年）			近期（2015年）			远期（2020年）		
				面积/hm²	比例/%	人均/m²	面积/hm²	比例/%	人均/m²	面积/hm²	比例/%	人均/m²
1	R		居住用地	44.81	38.67	54.30	40.45	32.54	40.45	33.84	26.11	28.20
2	C		公共设施用地	9.66	8.33	10.5	11.80	9.49	11.80	13.16	10.15	10.97
	其中	C1	行政办公用地	—	—	—	1.13	0.91	1.13	1.37	1.06	1.14
		C2	商业金融用地	—	—	—	4.92	3.96	4.92	5.15	3.97	4.29
		C3	文体娱乐用地	—	—	—	0.83	0.67	0.83	1.09	0.84	0.91
		C4	医疗卫生用地	—	—	—	0.46	0.36	0.46	0.69	0.53	0.58
		C5	教育科研用地	—	—	—	4.46	3.59	4.46	4.86	3.75	4.05
3	M		工业用地	32.59	28.12	39.49	35.52	28.58	35.52	38.10	29.40	31.75
4	W		仓储用地	1.50	1.29	1.82	2.31	1.86	2.31	2.77	2.14	2.31
5	T		对外交通用地	6.19	5.34	7.50	7.45	5.99	7.45	8.14	6.28	6.78
6	S		道路广场用地	5.96	5.14	7.22	7.88	6.34	7.88	8.05	6.21	6.71
7	U		市政公用设施用地	1.01	0.87	1.22	1.66	1.34	1.66	1.99	1.54	1.66
8	G		绿化用地	14.18	12.23	9.91	17.23	13.86	17.23	23.55	18.17	19.63
	其中	G1	公共绿地	6.02	5.19	7.30	8.00	6.43	8.00	13.20	10.18	11.00
		G2	生产防护绿地	8.16	7.04	9.89	9.23	7.43	9.23	10.35	7.99	8.63
			镇区建设总用地	115.9	100	140.4	124.3	100	124.3	129.6	100	108.0

注：2011 年现状总人口 8 253 人；2015 年规划总人口 10 000 人；2020 年规划总人口 12 000 人。

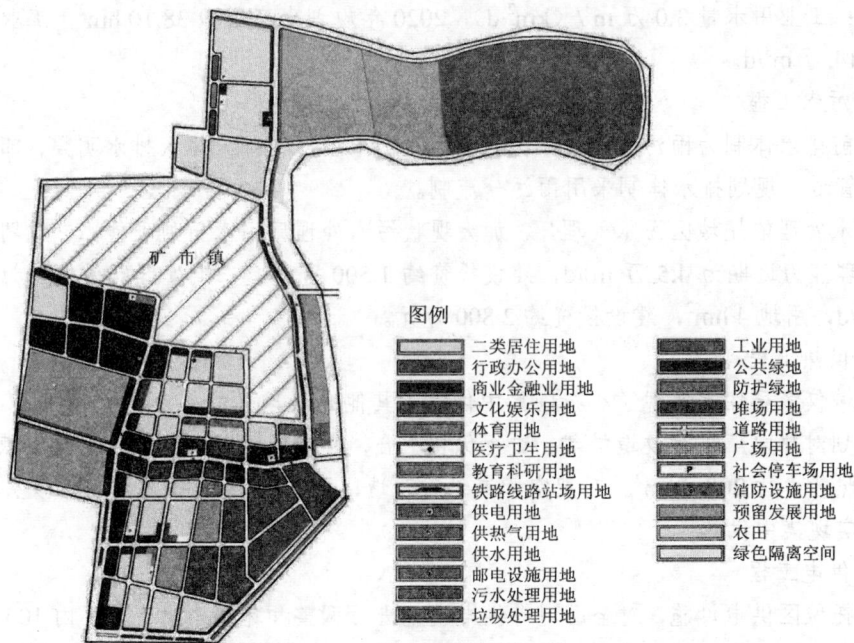

图例

二类居住用地　工业用地
行政办公用地　公共绿地
商业金融业用地　防护绿地
文化娱乐用地　堆场用地
体育用地　道路用地
医疗卫生用地　广场用地
教育科研用地　社会停车场用地
铁路线路站场用地　消防设施用地
供电用地　预留发展用地
供热气用地　农田
供水用地　绿色隔离空间
邮电设施用地
污水处理用地
垃圾处理用地

图 2-1 区域用地规划

2.3.5 基础设施规划

2.3.5.1 道路

采取"环状+方格网"式的道路网格局，形成"一环两纵四横"的道路骨架结构。道路等级结构按四级设置，其中一级路红线 36 m（以过境交通为主），二级路 16～24 m，三级路 10～14 m，四级路 6～8 m。完善公共交通和停车场的规划，依据《城市道路交通规划设计规范》中的各项有关规定，确定公共交通和停车场的人均用地指标。在城市出入口附近规划交通广场，疏解交通；结合城市商业中心、行政中心、居住区中心等位置规划游憩娱乐广场；结合旧城改造规划，设置商业步行广场街区。

2.3.5.2 供水工程

（1）供水现状

矿区供水站有供水深井 4 眼，供水管 2 250 m，管径在 100～200 mm，出水能力 120 万 m^3/a，供水量 80 万 m^3/a。矿务局有供水深井 3 眼，供水管道 2 369 m，管径在 50～200 mm，出水能力 30 万 m^3/a；一矿有水源井 4 眼，供水量为 131.4 万 m^3/a，最大管径为 DN150；另外还有其他自备井 8 眼，供水量为 73 万 m^3/a，主要是企业生产用水。

（2）供水规划

居民生活用水 160 L/（人·d），2020 年镇区规划人口 1.2 万，生活用水量约 0.192 万 m^3/d；工业用水量 3.0 万 m^3/（km^2·d），2020 年规划生产用地 38.10 hm^2，工业用水量为 1.14 万 m^3/d。

2.3.5.3 污水工程

目前排水体制为雨污合流制，现状生活污水未经处理部分排入排水明渠，部分进入污水管道。规划排水体制采用雨污分流制。

污水处理依托城区污水处理厂。加大现状污水处理厂污水日处理能力，规划近期污水处理能力近期为 4.5 万 m^3/d，建设投资约 1 500 万元；二期处理能力扩大为每日 9 万 m^3/d，用地 4 hm^2，建设投资约 2 800 万元。

2.3.5.4 供热工程

区域仅多层住宅实现了小范围集中供热，其他的以各户自备土暖气为主。

规划对热电厂进行改造扩建，进行优化组合，实行联网互补，增大供热面积，改造后供热能力达 200 万 m^2。对架空管道进行改造，至 2020 年，镇区居民区及公共设施全部实现集中供热。

2.3.5.5 供电工程

依托城区供电设施，对全区现有供电设施进行调整和完善。改造城区内 10 kV 的配电线路，逐步更换原来的陈旧设备，配电线路逐步实现埋地敷设，增加供电的可靠性，同时改善城区的视觉环境。

2.3.5.6 燃气工程

调节燃料结构，减少对环境的污染，改造燃煤锅炉，充分利用现有的煤气资源，增大煤气供应。规划期末，居民日用气量为 9.75 万 m^3，工业日用气量为 22.75 万 m^3，总用气量为 32.5 万 m^3/d，年用气量为 1.2 亿 m^3。通过预测，矿区煤气产量能够满足矿区的用气要求。到 2020 年，区域内气化率达到 100%。

2.3.5.7 环卫

区域建设有垃圾处理场，规划在区域内设置垃圾转运站 2 处，垃圾清运率做到100%，无害化处理达 70%；主要道路设置果皮箱，商业街设置间距为 25～50 m，主干道为 50～80 m，一般道路为 80～100 m。

2.4 目前存在的主要环境问题

（1）由于特殊的区域位置，没有专门的城镇总体规划，其城镇发展又受到一定的制约，难以形成完整的、独立的城镇体系。

（2）功能分区不合理。目前乡区主要由住宅、工业、商贸等几部分组成，各个部分相互渗透，没有明显的界线，建设用地布局零散，城镇基础设施配套不完善，成为改善区域环境的主要限制因素。

（3）规划区内村庄分散，现有住房以平房为主，集中供热、供气、污水收集率低，居住区卫生状况较差，生活垃圾随意堆放，居住条件差，同时也浪费了土地资源。

（4）基础设施不配套。城区生活供水不成系统，供水管网管径偏小，调节能力差；城区内现状排水管道建设标准低，还有排水明沟存在，污水渗漏严重；能源消耗以煤为主，清洁燃料利用率低，煤气使用率有待于进一步提高；集中供热率低，分散采暖对空气环境产生污染；区域环境有待改善。

（5）城市公共绿地少，生产绿地和防护绿地不成规模，不能有效改善区域生态环境。建成区现状绿化覆盖率为 32.6%，人均公共绿地面积 7.3 m^2，与河北省规定的优美小城镇的指标要求有差距，与建设部颁布的建设用地标准中规定的人均 9 m^2 绿地指标差距较大。

2.5 规划区社会经济发展预测

2.5.1 国民经济发展预测

2.5.1.1 总体目标

规划区社会经济建设的总体目标是：① 凭借地理区位优势和资源优势，加快小城镇综合建设步伐，改善城镇投资环境；② 以第一产业为基础，大力发展第二产业，加快发展第三产业，实现一、二、三产业协调发展的趋势，促进经济快速增长；③ 改善镇区生态环境，创建环境优美的宜居城镇；④ 抓好能源、交通、邮电、通信等基础设施建设，增强经济发展后劲；⑤ 加快教育事业发展，积极推广科学进步，实现经济效益、环境效益、社会效益的统一，确保规划区的经济、社会步入可持续发展之路。

社会经济建设的具体目标为：

①规划近期（2015 年）地区产业总值达 33.95 亿元，年递增 9%；远期（2020 年）达 51.0 亿元，年递增 8.5%。

②规划 2015 年，镇区常住人口为 10 000 人；规划 2020 年，镇区常住人口为 12 000 人。

③经济结构合理化。大力发展第三产业，使业结构更趋合理。工业产业支撑拉动作用进一步增强，规模以上工业增加值、实现利税年均分别增长 20%和 26%。

2.5.1.2 第二产业规划

根据《区域国民经济和社会发展第十二个五年规划纲要》，结合国家经济转型和产业结构调整的政策导向，确定 2011—2015 年和 2016—2020 年规划区第二产业增长率分别保持在 9.0%和 8.5%，预计 2015 年和 2020 年规划区内第二产业产值将分别达到 27.5 亿元和 41.4 亿元。

2.5.1.3 第三产业发展规划

依托区位、交通和资源优势，发展商贸服务业，强化物资集散功能，扩大市场辐射范围；抓好住宅小区的配套设施建设；充分利用旅游资源积极发展生态旅游，挖掘拉花、剪纸等民俗文化，以突出地方特色；着重发展交通运输、邮电、通信业，完善市场运营机制，促进信息化市场建设，为工农业产品购销提供条件。

2.5.2 社会发展预测

预计 2015 年规划区总人口 10 000 人，建成区面积 124.3 万 m^2；2020 年规划区总人口为 12 000 人，建成区面积达 129.6 万 m^2。

2.5.3 用水量预测

区域用水量包括大生活用水量、工业用水量、浇洒道路及绿化用水量和管网漏失水量等。其计算如下：

（1）居住区生活用水量

$$Q_1 = Q \cdot G \cdot k$$

式中：Q_1 —— 预测年的居住区生活用水量，万 m^3/d；

　　　Q —— 预测年的人均最高生活用水标准，L/（人·d）；

　　　G —— 预测年的居住区人口规模，万人；

　　　k —— 用水普及率。

（2）工业用水量

$$Q_2 = K_1 S_1$$

式中：Q_2 —— 预测年工业用水量，万 m^3/d；

K_1 —— 单位建设用地用水量指标，万 m^3/（$km^2 \cdot d$）；

S_1 —— 预测用地面积，hm^2。

（3）浇洒道路及绿化用水量

$$Q_3 = K_2 S_2$$

式中：Q_3 —— 预测年浇洒道路及绿化用水量，万 m^3/a；

K_2 —— 单位道路及绿地用水量指标，L/m^2。

S_2 —— 预测用地面积，hm^2。

（4）漏失水量按生活用水量、工业用水量、浇洒道路及绿地用水量总和的15%计

参照地方人均日生活用水量标准，至2020年，人均最高日用水量按160 L/（人·d），单位建设用地用水量取 3.0 万 m^3/（$km^2 \cdot d$）。按以上标准计算规划近期（2015 年）用水量约为 1.489 万 m^3/d，规划远期（2020 年）日用水量为 1.623 万 m^3/d，详见表2-2。

表2-2　规划区用水量预测表

项目	指标及用水量	2015 年	2020 年
居住区生活用水量 Q_1	规划人口/万人	1.0	1.2
	用水量指标/[L/（人·d）]	160	160
	用水普及率/%	100	100
	Q_1/（万 m^3/d）	0.160	0.192
工业用水量 Q_2	用地面积/hm^2	35.52	38.10
	用水量指标/[万 m^3/（$km^2 \cdot d$）]	3.0	3.0
	Q_2/（万 m^3/d）	1.07	1.14
浇洒道路及绿化用水量 Q_3	道路及绿地面积/hm^2	32.56	39.74
	用水量指标/（L/m^2）	2.0	2.0
	Q_3/（万 m^3/d）	0.065	0.079
未预见及漏失水量 Q_4	$Q_4=(Q_1+Q_2+Q_3) \times 15\%$	0.194	0.212
总用水量 Q_5	$Q_5=Q_1+Q_2+Q_3+Q_4$	1.489	1.623

第三章　规划区环境质量现状调查与评价

3.1 污染源调查与评价

3.1.1 大气污染源调查与评价

本次污染源调查包括工业污染源、生活污染源和交通污染源。工业污染源主要调查工业企业耗煤量及污染物排放量；生活污染源调查区域内居民生活燃料结构、消耗量及污染物排放量；交通污染源调查区域内各种车辆数量、污染物排放量。

3.1.1.1 工业污染源调查与评价

规划区工业以钢铁、煤炭、电力为主导产业，工业企业大气污染源以工业炉窑、燃煤、燃气锅炉烟气排放为主，另有洗煤厂、贮煤场等粉尘排放，主要污染物为烟（粉）尘、SO_2、NO_x。规划区主要工业企业污染源调查情况见表 3-1。

表 3-1　规划区工业企业污染源调查情况

序号	名　称	主要产品及产量	能源消耗量	用水量/(万 t/a)	废气排放量/(万 m^3/a)	SO_2排放量/(t/a)	烟粉尘排放量/(t/a)	NO_x排放量/(t/a)	废水排放量/(t/a)	COD排放量/(t/a)	氨氮排放量/(t/a)
1	丰达钢铁有限公司	生铁33.3 万 t	焦炭1.99 万 t	581.256	634 345.6	159.2	938.83	317.29	—	—	—
2	恒兴热电有限公司	电 5 000万 kW·h	煤气 28 168万 m^3	37.89	169 008	2.60	—	253.51	32 850	2.83	0.58
3	世纪三虎工贸有限公司	不干胶带 4 982万 m^2	煤 216 t	2.5	237.6	1.38	0.43	0.47	4 800	0.72	0.14
4	德瑞特电器有限公司	配电柜300 台	电	0.1	—	—	—	—	—	—	—
5	宝隆源金贸有限公司	年产 10万 t 洗精煤	电	5.5	—	—	—	—	—	—	—
6	清源贸易有限责任公司	年产 10万 t 洗精煤	电	5.5	—	—	—	—	—	—	—
7	嘉鹏贸易有限公司	年产洗精煤 19万 t	电	10.2	—	—	—	—	—	—	—
8	天星煤焦有限公司	年产 120万 t 洗精煤	电	64.5	—	—	—	—	—	—	—
9	聚鑫源工贸有限公司	年产洗精煤 6.5万 t	电	3.3	—	—	—	—	—	—	—
	合　计			710.746	803 591.2	163.18	939.26	571.27	37 650	3.55	0.72

由表 3-1 可见，规划区内主要工业企业废气排放量为 803 591.2 万 m^3/a，排放烟（粉）尘 939.26 t/a，排放 SO_2 163.18 t/a，排放 NO_x 571.27 t/a。采用等标污染负荷法进行评价，计算公式如下：

$$P_i = \frac{C_i}{C_{0i}} \times Q \times 10^{-6}$$

$$P_i = \frac{q_i}{C_{0i}} \times 10^{-9}$$

式中：P_i —— 废气或废水中某污染物的等标污染负荷；

C_i —— 某种污染物的实测浓度，废气污染物为 mg/m^3，废水污染物为 mg/L；

C_{0i} —— 某种污染物的评价标准，废气污染物为 mg/m^3，废水污染物为 mg/L；

q_i —— 废气中某种污染物的绝对排放量，t/a；

Q —— 废水排放量，t/a。

$$P_n = \sum_{i=1}^{n} P_i$$

$$P = \sum_{n=1}^{k} P_n$$

式中：P_n —— 某污染源（工厂）的等标污染负荷；

P —— 某区域的等标污染负荷之和。

$$K_j = \frac{P_n}{P} \times 100\%$$

式中：K_j —— 某污染源在区域中的污染负荷比。

规划区工业企业废气污染源评价结果见表 3-2。

表 3-2　规划区主要工业企业废气污染源评价结果

序号	企业名称	等标污染负荷 P_i			P_n	K_i/%	名次
		烟（粉）尘	SO₂	NOₓ			
1	×××钢铁有限公司	3 129.44	1 061.33	3 966.1	8 156.87	71.25	1
2	×××热电有限公司	0	112.7	3 168.9	3 281.6	28.66	2
3	×××工贸有限公司	1.43	2.87	5.9	10.2	0.09	3
合　计		3 130.87	1 176.9	7 140.9	11 448.67	100	—

评价结果表明，规划区现有企业中，废气等标污染负荷比居第一位的为×××钢铁有限公司，居第二、第三位的分别是×××热电有限公司和×××工贸有限公司。

3.1.1.2　生活污染源调查

目前机关、服务业及居民生活等所用能源以焦化厂煤气为主，部分使用液化气，2011 年镇区燃气普及率达到 40%；村庄及商业餐饮店采暖以分散式小锅炉、土暖气为主，部分楼房居民区采暖以热电厂热力为热源，集中供热率为 21%。生活污染源主要来自冬季未实现集中供热的居民、餐饮商店等采暖时燃煤产生的污染，镇区居民生活用煤量约 0.9 kg，采暖期每天耗煤人均用量约 3.5 kg，采暖期为 120 天，氮氧化物产物系数按 13.8 kg/t 煤计，2011 年规划区镇区居民能耗及排放的污染物情况见表 3-3。

表 3-3　规划区镇区居民能耗及排放的污染物汇总表

污染源类型	燃煤消耗量/（t/a）	烟（粉）尘/（t/a）	SO$_2$/（t/a）	NO$_x$/（t/a）
居民生活	1 626.7	9.75	20.82	22.45
采　暖	2 831.9	17.00	36.25	39.08
合　计	4 458.6	26.75	57.07	61.53

居民燃煤污染物主要为烟尘、SO$_2$ 和 NO$_x$，以面源的形式排放到大气中，经估算，合计烟（粉）尘排放量为 26.75 t/a，SO$_2$ 排放量为 57.07 t/a，NO$_x$ 排放量为 61.53 t/a。

3.1.1.3 交通污染源

根据镇区内各交通道路的车流量，各种类型车辆的比例及车辆平均行驶污染物排放系数估算污染物排放量。区域目前拥有各类大中小型车辆 500 辆左右，主要干线车流量约 5 200 辆/d，据此估算大气污染物排放量 NO$_x$ 为 4.8 t/a，CO 为 12.6 t/a。

3.1.1.4 规划区大气污染物排放汇总

规划区工业污染源和生活污染源及交通污染源情况，汇总于表 3-4。

表 3-4　规划区大气污染物排放量汇总表

污染源类型	烟（粉）尘/（t/a）	SO$_2$/（t/a）	NO$_x$/（t/a）	CO/（t/a）
工业污染源	939.26	163.18	571.27	—
生活污染源	28.38	60.54	65.27	—
交通污染源	—	—	4.8	12.6
合　计	967.64	223.72	641.34	12.6

3.1.2 废水污染源调查与评价

（1）工业污染源调查

2011 年规划区主要工业企业废水排放量为 81 450 m³/a，主要工业企业废水排放情况见表 3-5。

表 3-5　主要工业企业废水污染物排放量

序号	企业名称	废水量/（m³/a）	COD 排放浓度/（mg/L）	COD 排放量/（t/a）	比例/%
1	×××热电有限公司	76 650	60	4.60	86.47
2	×××工贸有限公司	4 800	150	0.72	13.53
	总　计	81 450		5.32	100

　　规划区主要工业企业 COD 排放量 5.32 t/a。由表可以看出，×××热电有限公司是乡内主要的废水污染源，所排 COD 占总计量的 86.47%，其次是×××工贸有限公司。

　　（2）生活污染源调查

　　目前生活污水管网覆盖程度低，污水收集率低，许多生活污水通过明渠排放，渗漏严重。2011 年规划区总人口 14 671 人，其中镇区总人口 8 253 人，农村 6 418 人。城镇人均排水量为 90 L/（人·d），农村人均排水量 70 L/（人·d），镇区生活污水量为 27.11 万 m³/a，农村生活污水量为 16.40 万 m³/a。生活污水 COD 产生系数按 13.1 kg/（a·人）计，总氮产生系数按 1.3 kg/（a·人）计，总磷产生系数按 0.33 kg/（a·人）计，则规划区生活废水污染物 COD 产生量为 192.18 t/a，总氮产生量为 19.07 t/a，总磷产生量为 4.84 t/a，各类污染物排放情况见表 3-6。

表 3-6　规划区生活废水污染物排放情况

项目	生活污水	COD			总氮			总磷		
		镇区	农村	全乡	镇区	农村	全乡	镇区	农村	全乡
产生系数	—	13.1 kg/（a·人）			1.3 kg/（a·人）			0.33 kg/（a·人）		
排放量/（t/a）	43.51 万 m³	108.11	84.07	192.18	10.73	8.34	19.07	2.72	2.12	4.84

　　（3）农业污染源调查

　　据调查统计，全乡耕地面积 7 511.4 亩，耕地使用氮肥、磷肥、钾肥及复合肥，氮、磷流失对水体造成污染。据有关资料，耕地总氮产生系数以 36 kg/（a·亩）计，流失率为 9%；总磷产生系数以 4.6 kg/（a·亩）计，流失率为 0.5%。农田中总氮、总磷的产生、排放情况详见表 3-7。

表 3-7　农田中总氮、总磷的产生、排放情况

项目	产生系数/[kg/（a·亩）]	流失率/%	产生量/（t/a）	排放量/（t/a）
总氮	36	9	270.41	24.34
总磷	4.6	0.5	34.55	0.17

　　规划区 2011 年大牲畜存栏数为 150 头，猪存栏数 2 000 头。畜禽粪便中 COD、总氮、总磷未经处理直接排放，对水体产生一定的影响。具体情况见表 3-8、表 3-9。

表 3-8　畜禽养殖耗水及污染物产生系数

种类	新鲜水消耗系数/[kg/（头·d）]	污水排放系数/[kg/（头·d）]	COD 产生系数/（10³ mg/L）	总氮产生系数/（mg/L）	总磷产生系数/（mg/L）
猪	15	7.5	2.64	368.5	43.5
大牲畜	40	20	0.887	41.1	5.33

表 3-9　畜禽养殖污染物排放量　　　　　　　　　　单位：t/a

种类	新鲜水用量	污水排放量	COD 排放量	总氮排放量	总磷排放量
猪	10 950	5 475	14.45	2.02	0.24
大牲畜	2 190	1 095	0.97	0.04	0.006
合计	13 140	6 570	15.42	2.06	0.246

综上所述，规划区各类废水污染物综合排放情况汇总见表 3-10。

表 3-10　规划区各类污染源现状污染物排放量　　　　　单位：t/a

种类	COD 排放量	总氮排放量	总磷排放量
工业	5.32	—	—
生活	192.18	19.07	4.84
农业	—	24.34	0.17
畜禽养殖	15.42	2.06	0.246
合计	212.92	45.47	5.256

3.1.3　固体废物污染源现状调查

规划区内固体废物主要是城市生活垃圾、工业固体废物、建筑垃圾和危险废物等。生活垃圾由区内居民、机关团体办公场所和饭店等服务行业产生，具体内容包括废纸类、废玻璃陶瓷、废纤维类、废塑料类物质和厨余垃圾等；一般工业固体废物包括锅炉燃煤灰渣、工业下脚料、农副产品加工产生的废渣或下脚料等；商业垃圾包括废纸、废纤维、废塑胶塑料类包装用品；垃圾包括卫生清扫垃圾、垃圾焚烧残渣和污泥等；建筑垃圾包括碎砖瓦、土石块、废水泥制品、废铁、废木材；危险固体废物由医院和部分生产企业产生，具体包括：医院临床废物、医药废物，或部分企业生产中排放的根据国家规定的危险废物鉴别标准和鉴别方法认定的具有危险特性的其他固体废弃物。

3.1.3.1　生活垃圾

规划区 2011 年总人口为 8 253 人，农村人口为 6 418 人。按平均每人每天产生垃圾量约为 1.0 kg 计算，镇区全年共产生生活垃圾 3 012 t，农村垃圾产生量 2 343 t，全乡垃圾产生量共计 5 355 t。根据我国北方小城镇垃圾容重标准，取为 0.6 t/m³，垃圾总产生量约为 8 925 m³。规划区内未建立垃圾集中收集点及垃圾中转站，机械化清运设备少，生活垃圾在村庄外围随坑堆放或弃于道旁，目前无垃圾填埋场。

3.1.3.2　工业固体废物

工业固体废物是工业生产过程和工业加工过程中产生的废渣、粉尘、碎屑、污泥等。据调查，规划区内水泥行业粉尘经回收后均作为生产原料再加以利用，焦化行业产生的焦粉、煤粉、焦油渣、废水处理污泥等固废均全部综合利用，不外排。现状各企业工业废渣基本上得到了综合利用。

3.1.3.3　建筑垃圾

2011 年规划区产生建筑垃圾约达 1 500 m^3。但是，规划区内目前没有单独的建筑垃圾填埋场，主要用于填筑低洼沟谷。

3.1.3.4　危险废物

据调查，规划区内工业危险废物主要为废机油、废活性炭等，送具有危废处置资质的单位焚烧处置；医疗废物产生于镇卫生院，现镇卫生院共拥有病床 15 张，医院产生医疗废物指标为 2.7～4.1 kg/（床·d），取其低限值 2.7 kg/（床·d），估算规划区 2011 年产生医疗废物 14.8 t，全部送医疗垃圾焚烧站焚烧处理。

3.1.3.5　主要环境问题

（1）大气环境质量有待改善

由于规划区内及周边地区多为洗煤厂、贮煤场、焦化厂、水泥厂等粉尘产生量较大的企业，导致区域内粉尘等污染较严重，对环境空气质量造成不利影响。

（2）生活污水未得到应有处理

规划区内工业废水基本得到了有效治理，但居民生活相对较分散，排水采用明沟且未进行防渗，现状生活污水大部分未进行应有处理。

（3）存在环境噪声扰民现象

近年来，随着机动车辆的增加，交通噪声呈上升趋势，对居民生活产生一定的干扰；建筑施工夜间施工噪声也存在超标。

（4）生活垃圾污染现象普遍

生活垃圾收集和运输处置方式落后，规划区内无垃圾中转站及预处理设备；生活垃圾和建筑垃圾混填，可能引起交叉污染，导致固体废物对环境的污染更加复杂；对垃圾仅进行简单的堆填，没有防渗措施，也没有相应的覆土和渗滤液回收装置，对土壤和地下水造成一定污染。

（5）生态环境形势严峻

区域绿化覆盖率低，风尘大，造成二次扬尘污染严重；原来的煤炭开采造成生态环境退化尚未完全恢复。

3.2　大气环境质量现状调查与评价

3.2.1　现状分析

2011 年开展了可吸入颗粒物、二氧化硫、二氧化氮监测，采样时间为每周 7 日连续采样 24 h。采样仪器 PM$_{10}$、SO$_2$ 和 NO$_2$ 采用 DKJ 型空气自动监测系统，流量为 0.2 L/min。监测结果见表 3-11。

表 3-11 大气环境质量监测结果

时间	区域	平均浓度		
		SO₂	NO₂	PM₁₀
日均浓度/（mg/m³）	城区	0.005 4～0.049 0	0.030～0.055	0.040～0.173
超标率/%	城区	0	0	14.5
年均值/（mg/m³）	城区	0.035	0.040	0.086

由监测结果可知，2011 年区域可吸入颗粒物日均浓度为 0.040～0.173 mg/m³，全年日均值超标率为 14.5%；年均值为 0.086 mg/m³，符合《环境空气质量标准》（GB 3095—1996）中二级标准要求。二氧化硫年均值为 0.035 mg/m³，二氧化氮年均值为 0.040 mg/m³，均符合《环境空气质量标准》（GB 3095—1996）中二级标准要求。

3.2.2 环境空气质量现状评价

（1）评价方法

采用单因子污染指数法：

$$P_i = C_i / S_i$$

式中：P_i —— 某污染物的标准指数；

C_i —— 某污染物的实测浓度，mg/m³；

S_i —— 该污染物的评价标准，mg/m³。

（2）评价标准

规划区域环境空气质量执行《环境空气质量标准》（GB 3095—1996）二级标准，见表 3-12。

表 3-12 环境空气质量标准

类 别	项 目	限值/（mg/m³）	
		年平均浓度	日均浓度
环境空气（二级）	SO₂	0.06	0.15
	NO₂	0.04	0.08
	PM₁₀	0.10	0.15

（3）评价结果

根据上述评价方法和评价标准，对监测数据进行评价，评价结果列于表 3-13。

表 3-13　环境空气质量现状评价（P_i）

评价因子	项目	标准指数	最大标准指数
SO$_2$	日均浓度	0.036～0.327	0.327
	年均浓度	0.583	0.583
NO$_2$	日均浓度	0.375～0.687	0.687
	年均浓度	1.00	1.00
PM$_{10}$	日均浓度	0.267～1.153	1.153
	年均浓度	0.86	0.86

评价结果表明，井陉矿区城区 SO$_2$ 和 NO$_2$ 环境质量较好，日均值和年均值均能满足《环境空气质量标准》（GB 3095—1996）二级标准；PM$_{10}$ 日均值存在超标现象，日均值超标率为 14.5%；年均值则满足《环境空气质量标准》（GB 3095—1996）二级标准要求。超标原因一是道路及建筑施工产生的二次扬尘污染；二是洗煤厂、水泥企业在生产过程中所产生大量的粉尘是造成 PM$_{10}$ 高的主要原因；三是采暖期的烟尘、烟气、秋季焚烧秸秆、树叶也是造成污染的主要原因；四是城区地面风速较小，稳定类天气多，且干旱少雨，地表植被少，也是造成区域大气污染的原因之一。

3.3 水环境质量现状调查与评价

3.3.1 地表水环境质量现状调查

规划区境内无天然地表水系，沟渠主要是农灌渠和排洪沟。农灌渠灌溉水质满足《农田灌溉水质标准》要求。

3.3.2 地下水环境质量现状监测及评价

3.3.2.1 地下水现状监测

监测结果见表 3-14。

表 3-14　地下水监测结果

监测点	pH	高锰酸盐指数/ （mg/L）	溶解性总固体/ （mg/L）	总硬度/ （mg/L）	氨氮/ （mg/L）	井深/ m
横南村水井	7.3	0.38～0.39	878～882	545～546	0.02	280
青泉村水井	7.3	0.52～0.53	995～996	622	0.02	290
东岗头水井	7.65	1.24	798	446	0.02	400

3.3.2.2 地下水现状评价

（1）评价方法

采用标准指数法进行现状评价，指数＞1，视为污染。单因子标准指数法计算公式为：

$$P_i = C_i / C_{oi}$$

另外，pH 的标准指数表达式为：

$$S_{pH,j} = \frac{7.0 - pH_j}{7.0 - pH_{sd}} \quad (pH_j \leqslant 7.0)$$

$$S_{pH,j} = \frac{pH_j - 7.0}{pH_{sn} - 7.0} \quad (pH_j > 7.0)$$

式中：P_i —— 水质参数 i 的标准指数；

C_i —— 水质参数 i 监测浓度值，mg/L；

C_{oi} —— 水质参数 i 的标准值，mg/L；

$S_{pH,j}$ —— pH 标准指数；

pH_j —— j 点的实测 pH 值；

pH_{sd} —— 标准中 pH 值的下限值；

pH_{su} —— 标准中 pH 值的上限值。

（2）评价标准

评价标准采用《地下水质量标准》（GB/T 14848—93）Ⅲ类标准，见表 3-15。

表 3-15   地下水评价标准   单位：mg/L，pH 除外

评价因子	pH	高锰酸盐指数	溶解性总固体	总硬度	氨氮
评价标准	6.5～8.5	≤3.0	≤1 000	≤450	≤0.2

（3）评价结果

采用标准指数法计算各监测因子的评价指数，见表 3-16。

表 3-16   地下水水质状况评价结果

点位	pH	高锰酸盐指数	溶解性总固体	总硬度	氨氮
横南村	0.20	0.12～0.13	0.88	1.21	0.1
青泉村	0.20	0.17～0.18	0.99	1.47	0.1
东岗头	0.43	0.41	0.80	1.77	0.1

评价结果表明，评价区域地下水 pH、高锰酸盐指数、溶解性总固体、氨氮指标标准指数均小于 1，满足《地下水质量标准》（GB/T 14848—93）中Ⅲ类标准要求，各点位总硬度出现超过 GB/T 14848—93 中Ⅲ类标准现象。

3.4 声环境质量现状调查与评价

噪声监测按照《声环境质量标准》（GB 3096—2008）及《环境监测技术规范》中的有关规定进行监测。噪声环境质量现状监测结果见表3-17。

表3-17 声环境质量监测与评价结果　　　　　　　单位：dB（A）

时间	镇生活区			干线公路路边 20 m		
	监测值	评价标准	评价结果	监测值	评价标准	评价结果
昼	45.6～48.8	55	达标	64.5	70	达标
夜	38.9～42.0	45	达标	56.3	55	超标

生活居住区噪声现状评价执行《声环境质量标准》（GB 3096—2008）1 类标准，交通干线两侧执行《声环境质量标准》（GB 3096—2008）4a 类标准。评价结果表明，规划区生活区声环境质量总体较好，能满足相应的声环境质量标准，干线公路两侧昼间能够满足交通干线两侧要求，夜间则有所超标。

3.5 生态环境现状调查与分析

3.5.1 规划区生态系统结构

规划区生态系统属于城镇生态系统，以人工生态系统为主，人工生态系统与自然生态系统相结合的人工复合生态系统。生态系统结构见图3-1。

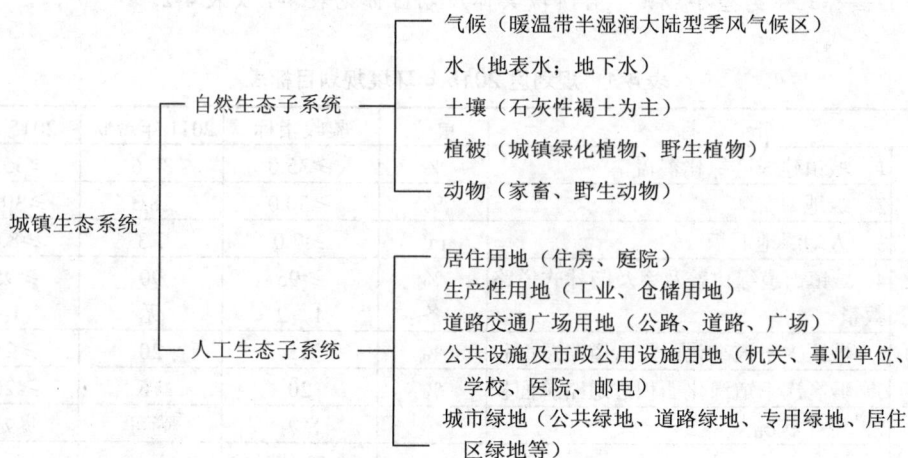

图 3-1　规划区城镇生态系统结构图

3.5.2 人工生态系统现状分析

规划区绿地系统包括公园绿地、道路绿地、宅间绿地及厂矿绿地等。城镇建成区面积 1.159 km^2，现有绿化面积 37.78 hm^2，绿化覆盖率达 32.6%。从绿地系统现状看，镇区道路绿地相对偏少，绿化覆盖率低于35%以上要求。

3.5.3 规划区主要生态环境问题分析

（1）镇区基础设施较为落后，道路等级低，排水设施不完善，以路边明沟排放为主，集中供热率低，镇区内脏、乱、差的现象较为普遍。

（2）城镇建设使土壤表层结构发生了根本变化，已丧失原有生态功能；镇区原有动植物资源已消失殆尽，植物生态系统已被人工植物生态系统所取代。

（3）建城区现状绿化用地面积、绿化覆盖率还有待于提高。另外镇区还缺少防护绿地及生态绿地，难以保证生态功能的发挥。

（4）镇区现状集贸设施、文体科技、医疗保健、公用工程等用地和人均拥有指标都偏低，城区社会服务与保障条件有待提升。

（5）从景观生态角度分析，系统内景观要素类型较单一，景观生态系统异质性较差，系统稳定性和恢复能力较低，缺乏必要的绿色廊道。

第四章　规划区环境规划总体目标

4.1 总目标

各类污染源和环境功能区全面达标，各污染物得到妥善处理（置），城镇居住和生活环境得到明显改善，乡容乡貌得到改观，最终将规划区建设成为国家级环境优美城镇和园林式生态型小城镇。各阶段具体规划目标见表4-1及表4-2。

表4-1　规划区2015年环境规划目标表

	指　　标	单位	验收指标	2011年现状	2015年
城镇绿化卫生指标	1. 城镇建成区绿化覆盖率	%	≥35.0	32.6	≥35.0
	2. 绿地率	%	≥30.0	28.3	≥30.0
	3. 人均绿地面积	m²	≥7.0	7.3	≥8.0
	4. 城镇街道绿化普及率及园林式道路数量	% 条	≥95 1～2	90 无	≥95 1
	5. 城区主干道绿化面积占道路总面积	%	25	20	≥25
	6. 城区次干道绿化面积占道路总面积	%	20	16	≥20
	7. 卫生状况		良好	尚可	良好
城镇环境质量指标	1. 空气质量	PM₁₀年平均值	mg/m³	≤0.10或功能区要求	0.086	≤0.10
		SO₂年平均值	mg/m³	≤0.06或功能区要求	0.035	≤0.06
	2. 烟囱冒黑烟情况		无	无	无
	3. 环境噪声平均值	dB（A）	达功能区要求	基本达功能区要求	达功能区要求

指　标	单位	验收指标	2011 年现状	2015 年
4. 饮用水水源水质达标保证率	%	≥95	100.0	100.0
5. 城镇工业废水排放达标率	%	100	100.0	100.0
6. 地面水高锰酸盐指数		达功能区要求	符合Ⅲ类	达到Ⅲ类
7. 工业固废综合利用率	%	≥80	100.0	100.0
8. 危险废物无害化处理率	%	100	—	100.0
9. 生活垃圾处理率	%	100	70	100.0
10. 民用清洁能源使用率	%	≥80	40	≥80
11. 城镇周围农作物秸秆禁烧和综合利用率	%	100	100	100
当地群众对环境质量满意率	%	≥80	70	≥80

（城镇环境质量指标）

表 4-2　规划区 2020 年环境规划目标表

	指　标	单位	验收指标	2011 年现状	2020 年
社会经济发展	1. 农民人均纯收入	元/a	≥4 500	8 461	≥17 000
	2. 城镇居民人均可支配收入	元/a	≥8 000	15 641	≥30 000
	3. 公共设施完善程度	—	完善	基本完善	完善
	4. 城镇建成区自来水普及率	%	≥98	100	100
	5. 农村生活饮用水卫生合格率	%	≥90	100	100
	6. 城镇卫生厕所建设与管理		达到国家卫生镇有关标准	卫生厕所达90%以上	达到国家卫生镇有关标准
城镇建成区环境	1. 地表水环境质量	—	达到环境规划要求	基本达到	达到环境规划要求
	2. 空气环境质量	—		达到	
	3. 声环境质量	—		基本达到	
	4. 重点工业污染源排放达标率	%	100	100	100
	5. 生活垃圾无害化处理率	%	≥90	70	100.0
	6. 生活污水集中处理率	%	≥70	50	100.0
	7. 人均公共绿地面积	m²/人	≥11	7.3	≥12
	8. 主要道路绿化普及率	%	≥95	90	100.0
	9. 清洁能源普及率	%	≥60	40	≥90
	10. 集中供热率	%	≥50	21	100
乡镇辖区生态环境	1. 森林覆盖率	%	≥40	36.8	≥40
	2. 水土流失治理度	%	≥70	70	≥70
	3. 农用化肥施用强度	kg/hm²	≤280	356	≤280
	4. 主要农产品农药残留合格率	%	≥85	99.0	≥99.5
	5. 规模化畜禽养殖场粪便综合利用率	%	≥90	100	100
	6. 规模化畜禽养殖场污水排放达标率	%	≥75	80	≥80
	7. 农作物秸秆综合利用率	%	≥95	100	100

4.2 大气环境规划目标

将规划区确定为大气环境功能二类区。规划到 2015 年，污染物日均浓度满足环境空气质量二级标准的天数达到 310 天以上。到 2020 年，污染物日均浓度满足环境空气质量二级标准的天数达到 320 天以上。

4.3 水环境规划目标

规划 2015 年，区域内地表水达到《农田灌溉水质标准》（GB 5084—1992）中旱作及蔬菜标准；规划 2020 年，地表水体稳定达到环境功能区划要求，地下水水质达到《地下水质量标准》（GB/T 14848—93）中Ⅲ类标准，饮用水水源达标率 100%。

4.4 声环境规划目标

2015 年环境噪声功能区达标率达 90%以上。2020 年环境噪声功能区达标率达95%。2015 年和 2020 年工业企业厂界噪声达标率达 100%。

4.5 固体废物控制规划目标

2015 年，城镇生活垃圾清运机械化程度达到 50%，收集率达到 90%，无害化处理率达到 90%；工业固体废物的综合利用率达到 100%，无害化处理率达到 100%；危险废物无害化处理率达 100%。

2020 年，城镇生活垃圾清运机械化程度达到 80%，收集率达到 100%，城市生活垃圾全部达到无害化处理，处理率达到 100%；工业固废全部得到综合利用或无害化处理；危险废物无害化处理率达 100%。

4.6 生态环境规划目标

城镇绿地率 2015 年、2020 年分别达 30%、35%以上，人均公共绿地分别达到8.0 m²、12.0 m²以上，居民清洁燃料使用率分别达 80%、90%以上。

第五章 环境功能分区

5.1 环境空气功能区划

规划区常年主导风向为 SW、次主导风向为 WSW 和 NE，城镇总体规划中将生产发展用地主要规划在镇区东北部和东南部，位于生活居住区下风向和侧风向，有利于减轻对居住区环境空气污染影响。为保护规划区环境空气质量，所有建成区均确定为环境空气二类区，执行《环境空气质量标准》（GB 3095—2012）二级标准。规划区的环境空气质量分区如图 5-1 所示。

5.2 水环境功能区划

区域划分为准保护区，禁止新建化工、电镀、造纸、制革、冶金、炼油、农药、染料、印染等建设项目。规划区实行污染总量控制。

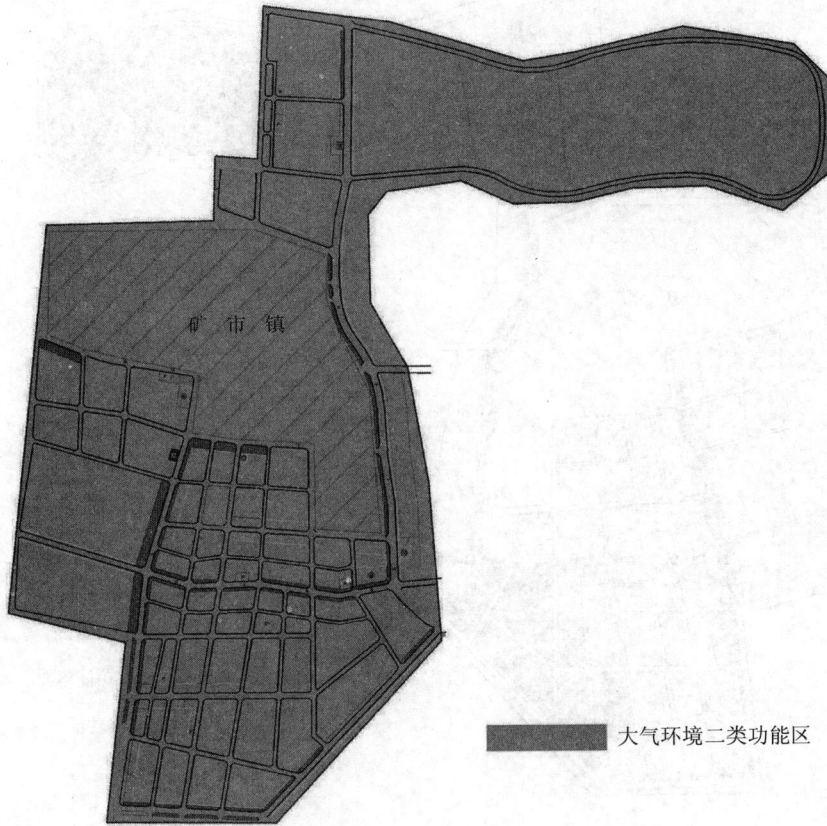

大气环境二类功能区

图 5-1　规划区大气功能区划图

5.3 环境噪声功能区划

将镇区声环境功能区划分为 3 个类别功能区，结果见表 5-1。声环境功能分区如图 5-2 所示。

表 5-1　环境噪声功能区划

功能区类别	功能区名称	范围及功能	执行标准
2 类区	居住、商业、工业混杂区	规划区区规划范围内除 3 类、4a 类区以外的范围，为工业、商业和居住混杂功能区	GB 3096—2008 中 2 类
3 类区	工业用地区	规划范围内工业区	GB 3096—2008 中 3 类
4 类区	交通干线两侧	主干道平涉公路、南纬路、金川路两侧	GB 3096—2008 中 4a 类

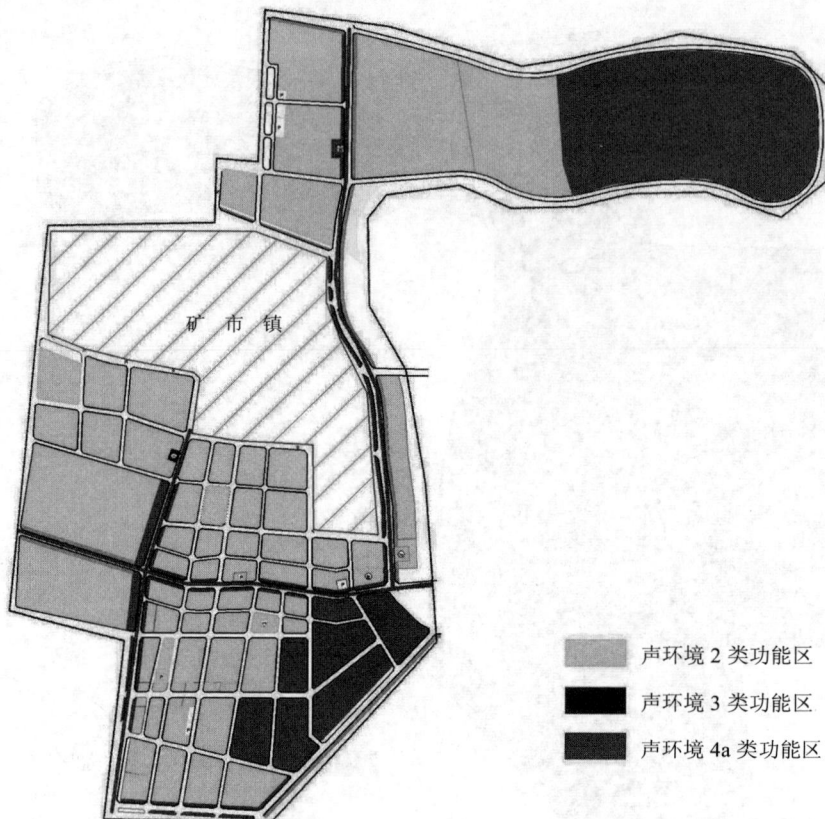

图 5-2　声环境功能区划图

第六章　环境空气保护规划

　　规划区的环境空气质量与能源利用和能源结构、下垫面的风向、风速等气象特征等相关联。

6.1 能源结构分析与消耗量预测

6.1.1 燃煤量预测

　　（1）燃煤量预测方法

　　工业耗煤量增长预测采用工业产值弹性系数法，并考虑到技术进步和工业水平提高的影响，其测算公式为：

$$E=E_0\times(1+\alpha)^{T-t}$$
$$M=M_0\times(1+\beta)^{T-t}$$

式中：E —— T 预测年耗煤量，t/a 或 ×10^4 t/a；

E_0 —— t 基准年耗煤量，t/a 或 ×10^4 t/a；

M —— T 预测年工业总产值，万元/a；

M_0 —— t 基准年工业总产值，万元/a；

T —— 预测年；

t —— 基准年（或起始年）。

工业耗煤增长预测采用弹性系数（C_E）法，测算公式如下：

$$C_E = \alpha / \beta$$

式中：C_E —— 预测时段的工业耗煤增长弹性系数，分别取 0.6 和 0.4；

α —— 预测时段的工业能耗年平均增长率，%；

β —— 预测时段的工业产值年平均增长率，%。

弹性系数及工业产值增长率的确定均采用经验类比判断法。

（2）居民生活耗煤量预测方法

城镇居民生活耗煤量增长预测采用人口比例法，测算公式如下：

      a 非采暖耗煤量 $E_1 = d_1 \times A$

      b 采暖耗煤量 $E_2 = S \times A_s$

      c 生活耗煤量 $E = E_1 + E_2$

式中：E_1 —— 非采暖期居民生活耗煤量，t/a；

d_1 —— 每人每年非采暖耗煤量，t/（人·a）；

A —— 预测年评价区城镇居民人口数，人；

E_2 —— 采暖期耗煤量，t/a；

S —— 预测年采暖面积，m^2；

A_s —— 单位面积年采暖耗煤量，t/（m^2·a）；

E —— 预测年城镇居民生活耗煤量，t/a。

（3）预测参数的确定

依据规划区经济发展资料，对各项参数进行预测和确定，结果列于表 6-1。

表 6-1 规划区未来人口及工业产值预测结果

项目	预测年	2011 年（现状）	2015 年	2020 年
人口	数量/万人	0.825 3	1.0	1.2
	采暖面积/万 m^2	8.6	36.0	48.0
第二产业产值	总产值/亿元	19.50	27.5	41.4
	增长率/%	——	9	8.5

（4）燃煤消耗量预测

对居民生活用煤的测算，充分考虑了规划区居民生活用能的实际和居住小区建设总体规划。当前规划区居民生活已部分采用焦炉煤气、液化气甚至沼气，到 2015 年规划区继续扩大焦化厂煤气使用规模。同时随着社会和科学技术的进步，以及镇区经济的快速发展和人民生活水平的提高，规划区的能源消费结构将发生较大的变化，煤气将会得到进一步推广使用，另外沼气、煤气制天然气、液化石油气、电力、太阳能等清洁能源的消耗比重将会逐步提高，煤的消耗比重将会显著降低。

预计：① 民用气化率到 2015 年达到 80%，到 2020 年达到 90%；② 近期集中供热率达到 50%以上，2015—2020 年逐步实现集中供热。结果列于表 6-2。

表 6-2　规划区耗煤量预测结果　　　　　　单位：万 t/a

预测年	工业耗煤	生活耗煤		合计
		采暖耗煤	非采暖耗煤	
2015 年	2.59	0.445	0.394	3.429
2020 年	3.06	0	0.236	3.296

根据以上分析，各规划年规划区耗煤量预测为：2015 年 3.429 万 t/a，2020 年 3.296 万 t/a。

6.1.2 煤气用量预测

6.1.2.1 生活用气量预测

生活用气量包括居民生活用气及饮食服务业用气等。居民生活用气量按人口或户数进行估算，至 2015 年规划区镇区人口近 2 857 户；至 2020 年规划区镇区人口近 3 640 户。每户日用气量按 1.0 m^3 计算，城市燃气普及率 2015 年、2020 年将分别达到 80%、90%计，居民日用气量 2015 年为 2 286 m^3，合 83.42 万 m^3/a；2020 年为 3 276 m^3/d，合 119.57 万 m^3/a。

饮食服务业用气量根据万元产值系数进行估算，据调查饮食业万元产值使用煤气量为 120 m^3。2011 年规划区餐饮业产值约 1 250 万元，根据其第三产业发展规划，规划近期、远期年增长率分别为 11%和 12%，2015 年和 2020 年餐饮业产值将分别达到 1 900 万元和 3 350 万元，煤气用量估算分别为 22.80 万 m^3/a、40.20 万 m^3/a。

生活用气总量至 2015 年约达 106.22 万 m^3/a，2020 年约 159.77 万 m^3/a。

6.1.2.2 工业用气量预测

工业用气量根据万元产值能耗指标进行估算。据调查 2012 年规划区单位 GDP 能耗为 3.628 t 标煤/万元，另据×××矿区生态区建设要求，至 2015 年、2020 年单位 GDP 能耗将分别降为 1.4 t 标煤/万元、1.2 t 标煤/万元。通过规划区工业产值占 GDP 的比重，以及标煤与焦炉煤气热值关系进行预测，规划近、远期单位工业产值煤气用量分别约 2 520 m³/万元、2 360 m³/万元；考虑到企业还使用电、煤、焦炭等其他能源，故 2015 年按工业产值的 15% 使用煤气、2020 年按工业产值的 20% 使用煤气计。经预测规划近期、远期规划区第二产业产值分别为 27.5 亿元、41.4 亿元，且根据煤气普及率的提高，预计 2015 年、2020 年工业用煤气分别约 1.04 亿 m³、1.95 亿 m³。

6.1.2.3　煤气用量汇总

根据以上分析，2015 年、2020 年煤气用量分别为 1.051 亿 m³/a、1.966 亿 m³/a。

6.2　污染物排放量预测

6.2.1　燃煤污染物排放量预测

6.2.1.1　预测因子与污染源

造成规划区区域大气污染的物质主要来自工业生产和居民生活燃煤排放的烟尘、二氧化硫和氮氧化物等。因此，本次预测将工业生产和居民生活燃煤作为污染物的主要产生源，将烟尘、二氧化硫和氮氧化物作为污染物排放预测因子。

6.2.1.2　预测方法

（1）燃煤烟尘排放量

$$G_{烟}=A \times d_{th} \times B（1-\eta）$$

式中：$G_{烟}$ —— 预测年烟尘排放量，t/a；

A —— 煤的灰分，%；

d_{th} —— 烟气中烟尘占灰分的百分比，%；

B —— 燃煤量，t/a；

η —— 除尘效率，%。

（2）燃煤 SO_2 排放量

$$G_{SO_2}=1.6 \cdot B \cdot S（1-\eta）$$

式中：G_{SO_2} —— 预测年 SO_2 排放量，t/a；

B —— 燃煤量，t/a；

S —— 煤中的含硫量，%；

η —— 脱硫效率，%。

（3）燃煤 NO_x 排放量

燃煤 NO_x 排放量与燃煤煤质、燃烧方式密切相关，考虑到低氮燃烧、脱硝等技术的发展，参照有关燃煤污染物排放系数统计资料，氮氧化物产物系数按 9 kg/t 煤计，2015 年脱氮效率为 25%，2020 年脱氮效率为 50%。

6.2.1.3　预测参数的确定

（1）燃煤含硫量及灰分的确定

规划区工业生产和居民生活用煤以本地煤及山西煤为主，组分中一般含硫分（S_{ar}）

1.0%，灰分（A_{ar}）25.0%。考虑到社会发展和技术进步等因素，消费需求对煤炭质量的要求会越来越高，洗精煤及清洁型煤的市场占有量会越来越大，含硫量将向降低的趋势发展。2015 年、2020 年预测年燃煤含硫量均按 0.8%的系数计算，灰分按 20%计算。烟尘去除率 2015 年以 96%计，2020 年以 98%计算；SO_2 平均去除率 2015 年以 75%计算，2020 年以 80%计算；烟气中烟尘占灰分的比例按 20%计算。

（2）万元产值粉尘排污系数

规划区工业生产工艺粉尘排污系数，2015 为 0.001 0 t/万元、2020 年为 0.000 5 t/万元。2011 年工业产值为 19.50 亿元，2015 年、2020 年工业产值预测分别为 27.5 亿元和 41.4 亿元。

6.2.1.4 预测结果

根据以上预测因子、模式及参数取得的规划区镇区预测结果列于表 6-3。

表 6-3 规划区镇区燃煤产生的大气污染物排放量预测结果　　　　　单位：t/a

污染物 ＼ 预测年	2011 年（现状）	2015 年	2020 年
烟（粉）尘	939.26	329.86	233.37
SO_2	223.72	109.7	105.47
NO_x	317.76	259.2	148.32

6.2.2 燃气污染物排放量预测

燃气污染物主要考虑 SO_2 和 NO_x 的排放量。工业用气与民用煤气均为经脱硫净化后的煤气，其 H_2S 含量在 20 mg/m³ 以下，根据预测的燃气量计算，2015 年约排放 SO_2 2.10 t/a，2020 年约排放 SO_2 3.93 t/a；燃气 NO_x 产生系数按 7.0 kg/万 m³ 计，NO_x 排放量 2015 年约 73.57 t/a，2020 年约排放 137.62 t/a。

6.2.3 污染物排放量汇总

根据燃煤、燃气产生污染物预测，规划区 2015 年、2020 年废气污染物排放量见表 6-4。

表 6-4 规划区镇区大气污染物排放量预测结果　　　　　单位：t/a

污染物 ＼ 预测年	2011 年（现状）	2015 年	2020 年
烟（粉）尘	939.26	329.86	233.37
SO_2	223.72	111.80	109.40
NO_x	641.34	332.77	285.94

6.3 地面气象特征分析

根据区域近五年的常规气象统计资料，对评价区域污染气象条件进行分析。评价区域风向频率、平均风速及污染系数统计计算结果列入表 6-5。

表 6-5 评价区域风向频率、平均风速及污染系数统计表

项目 / 风向	风向频率/%					平均风速/（m/s）					污染系数				
	1月	4月	7月	10月	全年	1月	4月	7月	10月	全年	1月	4月	7月	10月	全年
N	4.19	5.33	5.15	2.90	4.39	1.37	2.31	1.56	0.88	1.55	7.57	6.65	6.33	6.60	6.76
NNE	3.55	3.67	4.52	2.58	3.58	1.04	1.81	1.61	1.24	1.42	8.42	5.82	5.38	4.18	6.02
NE	6.94	8.17	6.45	5.65	6.79	1.25	2.04	1.28	1.17	1.44	13.75	11.53	9.63	9.73	11.27
ENE	4.68	6.67	5.32	5.48	5.53	1.47	2.21	1.62	1.47	1.69	7.84	8.66	6.31	7.51	7.79
E	3.71	6.83	9.35	4.52	6.10	1.28	2.32	1.46	1.44	1.60	7.14	8.46	12.30	6.31	9.08
ESE	0.65	3.67	4.03	3.71	3.01	0.75	2.17	1.69	1.33	1.62	2.13	4.87	4.56	5.60	4.45
SE	0.81	4.67	6.13	1.29	3.21	0.84	2.27	1.55	0.99	1.57	2.37	5.90	7.56	2.62	4.88
SSE	0.16	2.83	2.26	0.97	1.54	0.60	2.04	1.44	1.04	1.48	0.66	3.99	3.02	1.88	2.48
S	1.45	2.50	2.58	2.42	2.24	0.73	1.44	1.17	0.61	0.98	4.88	5.00	4.22	8.02	5.46
SSW	5.00	4.67	4.19	7.10	5.24	0.95	1.51	0.98	0.88	1.16	12.98	8.91	8.15	16.25	11.75
SW	11.77	9.17	7.26	9.68	9.47	1.82	2.04	1.00	0.15	1.56	15.93	12.94	8.44	16.92	14.46
WSW	10.00	7.33	7.10	5.16	7.40	2.47	2.58	1.25	1.31	2.00	9.98	8.16	10.89	7.93	8.82
W	3.39	2.83	2.90	2.74	2.97	2.70	3.03	0.96	1.36	2.04	3.10	2.69	5.76	4.03	3.47
WNW	1.94	1.83	0.65	0.48	1.22	2.96	3.64	0.69	1.32	2.76	1.62	1.45	0.90	0.73	1.06
NW	1.29	3.50	0.81	0.97	1.63	2.86	4.13	2.50	1.79	3.09	1.11	2.43	0.62	1.09	1.26
NNW	0.65	3.17	0.65	0.97	1.34	3.16	3.60	1.77	3.21	3.19	0.51	2.53	0.45	0.61	1.00
C	39.82	23.16	30.64	43.38	34.34										
平均						1.72	2.34	1.39	1.22	1.66					

（1）风向

本地年主导风向西南风（SW），频率为 9.47%；次主导风向西南西风（WSW）和东北风（NE），频率分别为 7.40% 和 6.79%；本地静风频率较大，年均 34.34%。

（2）风速

评价区域内年平均风速 1.66 m/s，最大风速出现风向为北北西风（NNW），风速为 3.19 m/s。1 月、4 月、7 月、10 月平均风速分别为 1.72 m/s、2.34 m/s、1.39 m/s、1.22 m/s。

（3）污染系数

某方位污染系数越大，表明污染源在该方位下风向污染程度越高，反之表示相对较轻。污染源通常应设在污染系数最小方位的上侧，使其对保护目标影响最小。污染系数计算式为：

$$C_p = \frac{2u_0}{u_0 + u} \times f$$

式中：C_p —— 污染系数，%；

u_0 —— 某时段各风向平均风速，m/s；

u —— 某时段某风向平均风速，m/s；

f —— 某风向频率，%。

该区域年污染系数最大值出现在 SW 方位，污染系数为 14.46%，说明其下风向 NE 方向受污染的程度最高。

（4）大气稳定度

采用《制定地方大气污染物排放标准的技术方法》（GB/T 13201—91）中推荐的 P—T 稳定度分类方法计算，其全年及各代表月出现频率结果见表 6-6。

表 6-6 大气稳定度频率表   单位：%

稳定度 风速/（m/s）	B	B-C	C	C-D	D	E	F
1 月	6.29	0.00	12.58	0.00	41.29	27.74	12.10
4 月	10.00	8.00	9.83	2.67	42.50	18.50	8.50
7 月	28.71	9.68	5.97	0.32	25.81	20.00	9.52
10 月	20.48	7.42	8.87	0.32	27.90	24.19	10.81
全年	16.42	6.26	9.31	0.81	34.31	22.64	10.24

由表 6-6 可以看出，全年 D 类稳定度为 34.31%，E 类、F 类所占比例之和为 32.88%，中性和稳定类近 70%，从全年来看，大气处于稳定状态，不利于大气污染物的扩散。

6.4 环境空气质量预测

6.4.1 预测方法

规划区内污染源以工业污染源为主，源多而分散。本次预测计算采用箱式模型，即黑箱模型。

箱式模型是在假定系统中的现象作为一个"黑箱"来处理的，因此对应于箱容积内的粗略的平均风速数据和大气稳定度等数据都较容易得到。其箱子取得很大，则箱式模型可以用于排放源分布比较均匀的城市（镇）预测总量和控制规划等方面，其计算式为：

$$C_A = \frac{P}{L \cdot H \cdot \overline{u}} + C_0$$

式中：C_A —— 预测年污染物浓度，mg/m³；

L —— 箱边长，m；

H —— 混合层高度，m；

$\bar{u}$ —— 平均风速（箱体内），m/s；

P —— 源强（排放率），mg/s；

C_0 —— 背景浓度，mg/m^3。

6.4.2 参数选取

（1）箱式模型箱边长，根据规划区规划的镇区面积，并考虑规划区镇区围绕矿市镇周边分布，实际分布区域较大，故 L=3.55 km。

（2）规划区全年以 D 类稳定度最高，据本区域气象特征调查，混合层高度为578 m。

（3）根据气象观测资料统计，平均风速取 1.70 m/s。

（4）背景浓度：根据规划区环境空气质量监测资料，规划区 2011 年环境空气中 SO_2 年均浓度值为 0.035 mg/m^3，NO_2 年均浓度值为 0.040 mg/m^3，PM_{10} 为 0.086 mg/m^3，参照石家庄市大气 PM_{10} 源解析成果，取道路及建筑等自然因素造成的扬尘占 60%，根据箱式模型反推，得 SO_2 背景浓度 $C_{0\,SO_2}$=0.032 mg/m^3，NO_2 背景浓度 $C_{0\,NO_2}$=0.034 mg/m^3，PM_{10} 背景浓度 $C_{0\,PM_{10}}$=0.064 mg/m^3。

6.4.3 预测结果

预测结果列于表 6-7。

表 6-7　环境空气质量预测结果　　　　　　单位：mg/m^3

预测年份	SO_2 年均浓度	NO_2 年均浓度	PM_{10} 年均浓度
2015 年	0.033 0	0.037 0	0.067 0
2020 年	0.033 0	0.036 6	0.066 1
标准值	0.060	0.040	0.070

预测结果表明，在采取推广使用焦炉煤气、液化气以及洗精煤、电能等清洁能源等措施，逐步实施集中供热，并加强环境管理及治理力度的基础上，规划区环境空气质量将得到改善，可稳定达到《环境空气质量标准》（GB 3095—2012）二类功能区标准。

6.5 环境空气规划目标

6.5.1 总体目标

2020 年规划区环境空气质量达到二级标准，使规划区的生产环境清洁、生活环境舒适、景观环境优美。

6.5.2 环境空气规划控制目标

2015 年主要大气污染物日均浓度全年有 310 天达到二级标准，2020 年主要大气污染物日均浓度全年 320 天达到二级标准。

6.6 环境空气污染综合防治规划

6.6.1 优化产业结构，调整生产布局

根据规划区建设总体规划，规划区建设以发展第二产业为主，发展第三产业为辅，在镇区东北部和东南部设置集中的工业用地。使区域工业生产、服务业发展、居民生活等构成一个既互不干扰，又彼此协调的有机整体。严格按照功能区的性质设置，对于新建项目，要结合城市总体规划和规划区发展规划，合理布局，工业企业要实现集中布局。对原有的与功能区性质不符且影响大的生产企业，限期改造搬迁，进入规划工业园区。

6.6.2 发展清洁能源，改善能源结构

发展清洁能源，逐步优化规划区的能源结构。规划到 2015 年镇区通过普及焦炉煤气、发展沼气及太阳能的使用，使镇区居住用户气化率提高到 80%，宾馆、饭店等公共场所灶具全部改为燃气；工业燃煤全部采用低硫煤（含硫量＜0.8%），加大集中供热覆盖率，少量无法集中取暖的住户取暖燃煤全部采用清洁型煤。

建设配套管网使得煤气进区，配以积极开发新型能源，用于居民、企事业单位生活生产及冬季采暖；推进太阳能、沼气等新能源的使用，大大提高电力在能源结构中的比例。结合农村改厕工程的实施，发展沼气工程，积极推广农作物秸秆气化技术。

6.6.3 推广清洁生产技术，发展循环经济

制定污染企业进行技术改造的规划，通过规划的实施，逐步淘汰技术落后、耗能高的设备（锅炉、窑炉等）和生产工艺，采用技术含量高、环境保护指标先进的设备和生产工艺。采用先进的污染物处理和回收利用技术，选择替代原材料和能源，开展生产过程中物料回收利用和循环套用。推广清洁生产审核，提高资源、能源利用率，提高企业的清洁生产水平，从源头减少污染物的产生和排放。积极推进循环经济理念，延长钢铁、煤炭等企业的产业链条，促进产业聚集，带动区域产业结构优化升级，实现能源占主导型的经济结构向复合型经济结构转型。

6.6.4 加强工业污染源治理力度

加强监管力度，完善企业废气处理措施，提高除尘脱硫效率，加强对工业粉尘无组织排放的控制，加强对钢铁厂、洗煤厂、储煤站扬尘的防治措施。改进生产工艺，建设燃气替代工程，可大大降低烟尘及 SO_2 的排放。积极发展低氮燃烧及脱硝技术。

6.6.5 联片建设住宅小区，发展集中供热

提倡联片建设，发展集中供热，从而减少燃煤污染物的排放量。至 2015 年集中供热率达 50%，至 2020 年集中供热率将达到 100%。

6.6.6 加强镇区绿化，减少扬尘污染

建筑施工场地严格管理，施工场地除必须设置高度 1.8 m 以上的围栏外，暂时不

用的土方必须遮盖，运输车辆出口要设置冲洗车的水池；遇四级以上大风天气，工地必须停止施工。加强镇区内的公共绿地、防护绿地的建设和道路两侧、沟渠两侧绿化带的建设。主要街道加大洒水抑尘力度，保持路面及人行道的清洁。

6.6.7 加强机动车尾气治理

严格执行机动车排放标准，全面执行机动车尾气检验，加大执法力度，开展对超标汽车的治理和监控工作，对超期服役车施行强制报废制度；新购或过户的机动车尾气排放必须经监测达标方可报牌报证，禁止尾气超标机动车辆进入镇区；推广应用尾气治理新技术，改变传统的燃料品质，提倡使用清洁燃料。

6.7 环境空气污染控制工程环保投资估算

规划 2012—2020 年，环境空气污染控制工程环保投资约 5 700 万元。目前至 2015 年投资约 1 750 万元，2016—2020 年投资约 3 950 万元。此外，绿化及生态保护投资将另行考虑，见表 6-8。

表 6-8 大气污染综合整治工程环保投资估算表

治理项目名称	完成年限	投资/万元	预期目标
完善燃气管网及配套设施，扩大煤气使用规模	2015 年	300	燃气普及率达 80%
	2020 年	450	燃气普及率达 90%
集中供热管网工程	2015 年	1 000	集中供热率达 50%
	2020 年	2 500	集中供热率达 100%
集中供热区域内取消燃煤采暖锅炉、企业燃煤设施及工艺设备除尘、脱硫、脱硝措施	2015 年	300	削减颗粒物、SO_2、NO_x 排放总量，工业废气污染源全部达标排放
	2020 年	700	
秸秆气化站、发展沼气工程	2015 年	150	减少农村面源污染
	2020 年	300	
合 计	2015 年	1 750	
	2020 年	3 950	

6.8 大气环境规划目标的可达性分析

6.8.1 资金保证

环保资金来源：① 排污收费，其中按 50%收费返还使用时，企业需拿出同等的资金用于污染治理；② 新建项目的污染防治配套工程，或技改项目的污染治理费用；③ 企业挖潜改造，其中有用于污染治理的资金。

根据规划区的财政经济情况，环保总投资应占同期国民生产总值的 1%以上，其中可用于大气污染防治的环保投资：2012—2015 年为 2 000 万元；2016—2020 年为 4 000 万元。因此，从资金上是有保证的。

6.8.2 污染负荷削减的技术可行性论证

规划区大气污染负荷削减，一方面要加强工业废气治理技术，另一方面要加强推广清洁生产技术，同时加大清洁能源的利用率。随着污染治理技术的不断发展，大气污染负荷削减的技术将趋于更加高效、成本低廉，清洁生产及清洁能源的大力推广，也为实现未来的规划目标提供可靠的技术保障。

6.8.3 从环境可行性论证目标可达性

通过前面分析，在预测的大气污染物排放水平条件下，规划区环境空气质量能够达到《环境空气质量标准》（GB 3095—2012）二类功能区的标准要求。在采取各项大气污染控制措施后，大气污染物排放量大大减少，也可满足井陉矿区污染物总量控制要求。因此，只要加强环境保护管理，切实落实污染治理资金，规划的环境保护目标是可以如期实现的。

第七章　水环境保护规划

7.1 水环境质量预测

7.1.1 废水及污染物排放量预测

废水的来源由两部分组成：一是工业废水，二是城市生活污水。

7.1.1.1 废水量预测

① 工业废水产生量预测采用万元产值产污系数法，并考虑到社会、技术进步对排污系数的影响，其计算式为：

$$W_i = K \cdot Q$$

式中：W_i —— 预测年工业废水产生量；

　　　K —— 预测年的万元工业产值产污系数，m^3/万元；

　　　Q —— 预测年的工业产值，万元。

万元工业产值产污系数根据现状调查资料，并考虑到镇区工业企业以钢铁、电力、洗煤行业为主的结构特点，万元工业产值产污系数 2015 年和 2020 年分别取 2.0 m^3/万元和 1.0 m^3/万元。

② 生活污水产生量预测按生活用水量的 80% 估算，生活用水量见 2.5.3。

③ 根据上述预测模式进行预测，规划区工业废水产生量 2015 年、2020 年分别为 55.0 万 m^3/a、41.40 万 m^3/a；生活污水年产生量 2015 年、2020 年分别为 46.72 万 m^3/a、56.06 万 m^3/a；生产和生活废水共计为：2015 年 101.72 万 m^3/a，2020 年 97.46 万 m^3/a。预测废水产生量见表 7-1。

表 7-1　镇区废水产生量预测情况

类别	单位	2015 年	2020 年
工业废水	万 m³/a	55.0	41.40
生活污水	万 m³/a	46.72	56.06
合计	万 m³/a	101.72	97.46

7.1.1.2　废水污染物排放量预测

（1）预测因子

根据规划区废水污染源特征，废水预测因子取 COD 一项。

（2）废水污染物排放量预测

各预测年污染物 COD 的排放量均按排放浓度为 50 mg/L 估算，COD 排放量列于表 7-2。

表 7-2　镇区污染物 COD 排放量预测

项目	类别	单位	2011 年（现状）	2015 年	2020 年
COD 排放量	工业	t/a	5.32	27.60	20.70
	生活	t/a	108.11	23.36	28.03
	合计	t/a	113.43	50.96	48.73

规划区工业及生活污水经过处理后，COD 排放量为：2015 年 50.96 t/a，2020 年 48.73 t/a。

7.1.2　水环境质量预测

由于规划区位于集中式饮用水水源准保护区，其区域内地表水体功能要求较高，故处理达标的废水首先要尽可能进行回用，如用于锅炉除尘、洗煤用水、电厂用水、城镇绿化、农田灌溉等。规划区工业及生活污水规划全部进入污水处理厂处理，所以规划实施后将大大减少城镇污水及污染物的排放，减轻对区域水环境影响。

7.2　水环境结构及规划目标

7.2.1　水资源利用现状

规划区目前生活生产用水均以地下水为水源，其中生产用水由供水厂供给。区域内地下水净储量约 0.675 亿 m³，目前年可开采量 3 151.4 万 m³，实际年开采量约 1 200 万 m³，地下水量具有一定的余量。

7.2.2　水环境规划目标

（1）分质供水

生活用水采用地下水为水源，并保证生活用水达到饮用水标准；工业用水及市政、公共设施等用水考虑采用污水处理厂的中水，充分利用污水处理厂处理达标后的中水作为镇内洗煤厂洗煤及其他企业循环用水。

（2）用水

鼓励一水多用，提高工业用水重复利用率，尤其减少洗煤用一次水，实现水的多级利用。2015 年工业用水重复利用率达到 85%，2020 年达到 90%。

（3）排水

① 加快建设配套城镇污水管网，提高城镇污水处理厂的处理能力，完善企业废水治理设施。2020 年城镇污水集中处理率要达到 100%。② 完善城镇排水管网，企业废水自行处理达标后排入井陉矿区污水处理厂进一步处理达标后回用或外排。③ 污染物总量控制目标：2015 年 COD 总量 50.96 t/a，2020 年 COD 总量 48.73 t/a。

7.3 水环境保护规划

7.3.1 水资源保护规划

7.3.1.1 地表水资源保护规划

本区域为准水资源保护区，严格按照有关规划执行，执行环评规定，污水排放执行国家《污水综合排放标准》的一级标准，污水处理设施完好运行，禁止新建、扩建对水体污染严重的建设项目，改建项目不得增加排污量。禁止从事网箱养殖、旅游等活动，确保区域水环境质量达到相应的环境功能区划要求。

7.3.1.2 地下水资源保护规划

加强地下水开采管理力度，禁止私自打井。严格控制建设需水量大的工业项目，采用先进的工艺，提高水的重复利用率，尽量不增加新鲜水用量。完善城市供水管网，建设自来水厂，逐步推行集中供水，统一管理，统一调配。地下饮用源水井一级保护区位于开采井周围 50 m 范围内，二级保护区为开采井周围 300 m 范围内，其作用是保证集水有一定滞后的时间，以防止病原菌的污染，直接影响开采井水质。

7.3.2 水污染治理规划

（1）加大污染治理力度，发展循环经济

完善洗煤厂洗煤水的回用措施，为避免洗煤水外排，建设压滤车间和水处理车间，实现洗煤水全部回用。更新高效洗煤设备，减少洗煤水用量。鼓励电厂使用城市污水处理厂中水作为循环冷却水，企业通过自身循环实现废水零排放。对废水污染重点企业，安装在线监测设备，保证达标排放。

（2）完善给排水管网，分质供水

建设集中式供水水厂及管网，避免自备水井的无序使用。加快建设排水管网，将镇区排水系统与矿市镇相接，提高污水集中处理率。市政用水及公共设施用水可考虑使用污水处理厂处理后的中水。

（3）尽快完善城镇污水管网建设

完善镇区排水管网建设，规划污水处理能力近期为 4.5 万 m^3/d，二期处理能力扩大为 9 万 m^3/d，满足城市污水处理需求。

（4）保护水源，保障用水安全

合理规划工业区内产业布局。禁止新建不符合国家产业政策的小型造纸、制革、印染、染料、炼焦、炼硫、炼砷、炼汞、炼油、电镀、农药、石棉、钢铁以及其他严重污染水环境的生产项目。企业应当采用原材料利用效率高、污染物排放量少的清洁工艺，并加强管理，减少水污染物的产生。

（5）加强农业污染控制

合理施用化肥、农药，提倡使用有机肥，控制化肥、农药施用量，推广使用生物农药，采用综合防治措施防治病虫害，淘汰高残留农药。开展绿色农业、生态农业建设。改进灌溉技术，节约水资源。控制水土流失，减少氮、磷面源污染。控制畜禽养殖业污染，规模化畜禽养殖场要建设养殖污水处理设施，畜禽粪便要通过建设沼气池或堆肥处理得到综合利用。

改善农村住区环境，加强对农村住区污水、垃圾、粪便的治理，防止雨水冲刷与浸泡，防治污染地下水。

水污染控制工程规划投资概算见表 7-3。

表 7-3 水污染控制工程规划投资概算表

序号	项目名称	投资/万元	
		2015 年	2020 年
1	城镇污水管网及中水管网工程	650	500
2	工业污染源治理	200	300
3	农业面源污染控制工程	200	300
4	地下水源保护工程	50	50
合　计		1 100	1 150

7.4 水环境规划的可达性分析

（1）规划区经济实力逐步改善，有足够的资金支持。根据规划区的经济现状和发展规划，预测到 2015 年可用于水污染防治的环保投资为 1 200 万元，到 2020 年为 1 500 万元，因此，从资金上是有保证的，水环境保护投资充分保证水环境质量的改善。

（2）科技进步对水环境的治理能够提供完整的解决方案。对城市污水的治理达到城镇污水处理厂污染物排放标准中一级 A 标准要求，从工艺技术，设备设计制造技术，以及运行管理技术，都比较成熟，能为水环境治理提供完整的技术方案。

（3）国家政策法规的要求，地方政府的高度重视，公民环保意识的提高，为水环境治理提供良好的氛围和难得的机遇。

第八章 声环境保护规划

8.1 规划期声环境质量预测

8.1.1 环境噪声预测

8.1.1.1 预测方法

目前，环境噪声的预测一般采用经验公式预测，该经验预测模式是建立在人口密度变化基础上的。通过区域人口密度的变化，预测环境噪声总体水平的变化。预测模式如下：

$$\Delta L_{eq} = 10 \lg \left(\frac{\rho_2}{\rho_1} \right)$$

式中：ΔL_{eq} —— 预测年城区环境噪声变化值，dB（A）；

ρ_1 —— 基准年城区平均人口密度，人/km^2；

ρ_2 —— 预测年城区平均人口密度，人/km^2。

8.1.1.2 预测结果

在考虑人口增长情况下，各规划水平年城区环境噪声预测值见表 8-1。

表 8-1　规划区城区各规划水平年环境噪声预测值

项　目	时段	现状值	预测值		环境质量标准
			2015 年	2020 年	
平均人口密度/（人/km^2）	—	7 120	8 045	9 259	—
纯居住区/dB（A）	昼	48.8	49.3	49.9	55
	夜	41.9	42.4	43.0	45
居住、商业、工业混杂区/dB（A）（类比值）	昼	52.2	52.7	53.3	60
	夜	42.1	42.6	43.2	50

注：居住、商业、工业混杂区现状值类比其他工业型小城镇的监测数据。

由预测结果可见，随人口密度的增加，环境噪声水平有所增加。不过预测规划年 2015 年和 2020 年，环境噪声水平仍可满足各功能区环境噪声标准要求。

8.1.2 交通噪声预测

8.1.2.1 预测方法

预测模式采用《公路建设项目环境影响评价规范（试行）》中推荐的预测模式。

（1）交通噪声源强

各类型车辆的声源强按下式计算：

$$大型车：L_{w \cdot L}=77.2+0.18V_L$$

$$中型车：L_{w \cdot M}=62.6+0.32V_M$$

$$小型车：L_{w \cdot S}=59.3+0.23V_S$$

式中，V_L、V_M、V_S分别为大、中、小型车辆的平均行驶速度，km/h。

（2）车速取值

小型车：$V=237 \times N^{-0.160\,2}$；

中型车：$V=212 \times N^{-0.174\,7}$；

大型车：V按中型车的80%计算。

式中：V——第 i 类型车辆的平均行驶速度，km/h；

N——预测年总交通量中的 i 类型车小时交通量，辆/h，并按以下要求进行修订：

a. 当设计车速小于 120 km/h 时，模式计算按比例递减；

b. 当小型车交通量小于总交通量的50%时，每减少 100 车次，其平均车速按30%递减；

c. 上述模式适用于昼间，计算值折减20%作为夜间平均车速。

（3）交通噪声预测模式和参数取值与修正

i 型车辆行驶于昼间或夜间，预测点接收到小时交通噪声值预测模式如下式：

$$(L_{Aeq})_i = L_{w \cdot i} + 10 \lg[N_i/(V_i \times T)] - \Delta L_{距离} + \Delta L_{纵坡} + \Delta L_{路面} - 13$$

式中：$(L_{Aeq})_i$——第 i 型车辆在预测点的小时交通噪声值，dB（A）；

$L_{w \cdot i}$——第 i 型车辆的平均辐射声级，dB（A）；

N_i——第 i 型车辆的平均小时交通量，辆/h；

V_i——第 i 型车辆的平均行驶速度，km/h；

T——L_{Aeq} 的预测时间，在此取 1 h；

$\Delta L_{距离}$——在距等效车线距离为 r 处的噪声衰减值，在此取 7.5 dB（A）；

$\Delta L_{纵坡}$——纵坡引起的噪声修正值，在此可不计；

$\Delta L_{路面}$——路面引起的噪声修正值，在此取 0。

各型车辆昼间或夜间对噪声预测点的叠加交通噪声影响值：

$$(L_{Aeq})_交 = 10 \lg[10^{0.1(L_{Aeq})L} + 10^{0.1(L_{Aeq})M} + 10^{0.1(L_{Aeq})S}) - \Delta L_1 - \Delta L_2$$

式中：$(L_{Aeq})_交$——预测点接收到的昼间或夜间交通噪声值，dB（A）；

$(L_{Aeq})_L$、$(L_{Aeq})_M$、$(L_{Aeq})_S$——分别为大、中、小型车辆在预测点的交通噪声值，dB（A）；

ΔL_1——公路曲线或有限长路段引起的交通噪声修正值，在此可不计；

ΔL_2 —— 公路与预测点之间障碍物引起的交通噪声修正值，在此可不计。

预测点昼间或夜间环境噪声预测值：

$$(L_{Aeq})_{预} = 10\lg[10^{0.1(L_{Aeq})交} + 10^{0.1(L_{Aeq})背}]$$

式中：$(L_{Aeq})_{预}$ —— 预测点昼间或夜间环境噪声预测值，dB（A）；

$(L_{Aeq})_{交}$ —— 预测点昼间或夜间交通噪声预测值，dB（A）；

$(L_{Aeq})_{背}$ —— 预测点预测时环境噪声现状值，dB（A）。

有关参数取值参照《公路建设项目环境影响评价规范（试行）》进行。

8.1.2.2 预测结果

按照上面的预测模式以及由实际情况确定的有关参数，对镇区主要道路交通噪声值按不同水平年分别进行预测，计算出镇区各主要街道两侧 20 m 处的声级预测值。交通量及交通噪声预测结果分别列于表 8-2 及表 8-3。

表 8-2　规划区主要交通干线交通量及车型比预测成果表　　单位：辆/h

道路名称	年 限	类别	小型车	中型车	大型车
平涉公路 （古桥北街）	现状	昼间	58	49	97
		夜间	27	23	45
	2015 年	昼间	77	64	128
		夜间	36	30	61
	2020 年	昼间	110	93	187
		夜间	53	43	85
南纬西路	现状	昼间	59	31	28
		夜间	28	14	13
	2015 年	昼间	78	40	37
		夜间	37	19	17
	2020 年	昼间	93	54	58
		夜间	46	25	28

表 8-3　主要交通干线交通噪声预测结果

规划期	时段	路肩边沿外 20 m 处交通噪声预测值/dB（A）		
		现状	2010 年	2020 年
平涉公路 （古桥北街）	昼间	64.5	66.3	67.1
	夜间	56.3	59.4	62.2
南纬西路	昼间	—	63.8	65.3
	夜间	—	52.9	54.7

由预测结果可见,随着经济的不断发展,道路车流量在不断增长,由此引起的交通噪声也在逐年增高。由于穿越规划区的主要干道,过往车辆均较多,夜间货车交通量较大,据预测,公路两侧 20 m 内夜间交通噪声超标,昼间不超标。为此,应加强主要道路的交通噪声治理,以达到声环境规划目标。

8.2 噪声控制规划

8.2.1 环境噪声达标区建设

环境噪声达标区建设规划措施:

① 在规划区的居住生活区建立噪声功能达标区,以保护广大镇区居民的生活环境质量。

② 加强商业区及商业、居住、文教混杂区内的商业宣传噪声、交通噪声及文化娱乐噪声的综合管理。

③ 对噪声污染的单位和企业,征收排污费,并限期改正和治理。

④ 制定《规划区噪声功能区管理办法》,明确噪声功能区及相应的管理措施,依法管理。

8.2.2 交通噪声控制规划

规划区交通噪声的控制需要由环保局、交通局、公安局交警大队、车辆管理部门和城建局等部门共同协作,目标明确、分工负责。主要措施如下:

① 公路干线进入规划区前,设置限速、禁鸣标志;设置车速电子监控系统;加强道路养护,减轻交通噪声;加快园林式道路建设步伐,绿化带绿化、美化、隔声降噪;临路不再建设噪声敏感的学校、医院、居住区等。

② 逐步实现拖拉机、机动三轮车限线、限时行驶,避开对噪声敏感区的影响。

③ 加强机动车管理,在车辆年检中对车况不佳、噪声超标的车辆应限期进行降噪治理,如仍不能达标的,则强制报废。

④ 环保部门与交通管理部门联合执法,制定交通噪声防治规定,明确双方的责任和权利。

⑤ 完善镇区道路系统建设,保证道路网规划合理;提高道路密度和镇区道路的面积率,以降低交通拥堵,减轻交通噪声。

⑥ 主干道中心线两侧 50 m 范围内不适宜建设居住区和噪声敏感单位,50 m 范围内宜安排商业、公建用地或降噪绿化带和公园绿地。

⑦ 对主干道两侧交通噪声可通过交通噪声管理与两侧用地功能调整加以控制,干线两侧适宜发展多层商业楼和商贸区,以阻挡交通噪声的传播,实现干线两侧声环境达标。

⑧ 对现状主干道两侧已建的噪声敏感区,临街一侧可采取必要的隔声降噪措施,以减轻交通噪声的影响。

⑨加强道路沿线降噪绿化带建设。

8.2.3 工业企业噪声控制规划

① 对现有工业企业厂界噪声进行有计划的现状监测，对未达标企业进行限期治理，采取合理调整厂内布局、噪声源封闭、更换高噪声设备、设置隔声罩、安装消声器、隔声消音墙等措施，规划近期全部验收合格。

② 对新上或改扩建项目实行"三同时"和环境影响评价制度，对不能达标的项目限期整改，杜绝后患问题的产生，并确保工厂与居民区的噪声防护距离。

③ 实行环境保护目标责任制，对企业噪声进行定期监测，发现问题，及时解决。

④ 采用先进的清洁生产工艺，推广使用先进的工业噪声治理技术。在达标的基础上进一步优化设置，采用更严格的标准，尽量降低噪声对环境的影响。

8.2.4 建筑施工噪声控制规划

① 合理安排施工时间和施工进度，可避免施工噪声扰民、干扰周围居民的正常休息，不得在 12:00—14:00、22:00—6:00 施工。

② 选用低噪声机械、设备是从声源上对噪声进行控制，淘汰高噪声施工机械，推广使用低噪声的施工机械，对控制施工噪声的影响很有效，如液压机械较燃油机械平稳，噪声低 10 dB（A）以上。对于施工噪声影响大的敏感地段，应设置围挡、隔声屏障等降噪措施。

③ 施工单位应设专人对设备进行定期养护并负责对现场工作人员进行培训，以使每个员工严格按操作规范使用各类机械，避免因机械故障产生突发噪声。通过采取以上措施后，可有效地控制施工期噪声对周围环境的影响。

8.3 投资估算

噪声污染控制工程规划投资概算见表 8-4。

表 8-4 噪声污染控制工程规划投资概算表

序号	项目名称	内　容	投资/万元	
			2015 年	2020 年
1	交通噪声控制工程	控制噪声产生源，改善城镇道路路面质量，加强道路交通管理，道路两侧绿化带建设	50	80
2	工业企业噪声控制	合理布局企业，加强企业噪声源隔声降噪措施，确保噪声达标排放，厂界噪声达标	30	50
3	环境噪声控制	对各环境噪声控制区按照噪声达标标准进行管理	20	30
4	建筑施工噪声控制	加强施工噪声隔声设施建设，控制施工噪声排放	20	40
合　计			120	200

8.4　声环境规划的可达性分析

①噪声污染治理主要依靠管理，资金需求量不大。根据规划区的经济现状和发展规划，预测到 2015 年可用于噪声污染防治的环保投资为 150 万元，到 2020 年为 240 万元，因此，从资金上是有保证的。

②科技进步能够为声环境的治理提供可靠手段。交通噪声是影响镇区声环境的主要因素，随着城市基础设施建设的完备，道路通行能力大大提高，而车辆自身噪声水平不断降低。随着科技进步，各种降低噪声的技术、装备越来越成熟，成为声环境治理的可靠手段。

③国家政策法规的要求，地方政府的高度重视，公民环保意识的提高，使噪声污染治理越来越受到人们的重视。

第九章　固体废物控制规划

9.1　固体废物的预测

9.1.1　生活垃圾的预测

随着规划区镇区人民生活水平的提高，物质消耗的增多，人均生活垃圾产生量呈增大趋势，类比我国部分小城镇生活垃圾产生系数，预计 2012—2015 年规划区镇区生活垃圾产生量按 1.0 kg/（人·d）估算，2016—2020 年生活垃圾产生量按 0.9 kg/（人·d）估算，由人均指标法：

$$W_t = W_o \times R_t \times 365$$

式中：W_t —— 规划年镇区生活垃圾产生量；

　　　W_o —— 规划年人均每天生活垃圾产生量；

　　　R_t —— 规划年人口数。

根据对镇区人口的预测，2015 年镇区总人口为 1.0 万人，2020 年镇区总人口为 1.2 万人。由上式可推测出，到 2015 年城市生活垃圾产生量为 3 650 t，收集率为 90%；2020 年城市生活垃圾产生量为 3 942 t，收集率为 100%。规划区镇区内生活垃圾产生量预测结果见表 9-1。

表 9-1　生活垃圾产生量预测表

规划年限	人口总数/万人	人均垃圾产生量/（kg/d）	垃圾产生量/（t/a）	收集率/%	垃圾收集量/（t/a）
2015 年	1.0	1.0	3 650	90	3 285
2020 年	1.2	0.9	3 942	100	3 942

9.1.2 工业固体废物预测

规划区工业固体废物主要是钢铁厂产生的高炉渣、钢渣，洗煤厂产生的煤泥、煤矸石，以及企业自备锅炉炉渣、工业下脚料等。依据规划区现有工业发展情况，并结合集中供热的普及与推广，由万元产值法对规划区镇区工业固体废物产生量进行预测：

$$A_n = A_o(1+a)^n$$
$$W_n = C \cdot A_n$$

式中：A_n —— 规划年工业产值，万元；

A_o —— 2011 年工业产值，万元；

a —— 工业产值增长率，%；

n —— 规划年时段；

W_n —— 规划年产生固体废物量，t；

C —— 固体废物产生系数，t/万元。

炉渣和粉煤灰产生量根据大气专题规划中工业和采暖耗煤量按以下公式预测：

$$W_{炉渣}=耗煤量×灰分系数\ 0.2×含渣系数\ 0.75$$
$$W_{粉煤灰}=耗煤量×灰分系数\ 0.2×含烟尘系数\ 0.25×除尘效率\%$$

其他废渣产生系数为 0.04 t/万元，预测如下：

2012 年耗煤量为 3.429 万 t，产生燃煤灰渣量为 0.53 万 t，产生粉煤灰量为 0.17 万 t，产生其他废渣量为 1.38 万 t；2020 年耗煤量为 3.296 万 t，产生燃煤灰渣量为 0.50 万 t，产生粉煤灰量为 0.17 万 t，产生其他废渣量为 2.07 万 t。详细预测情况见表 9-2。

表 9-2 规划区工业固体废物预测表

规划年限	耗煤量/万 t	工业总产值/亿元	燃煤灰渣量/万 t	粉煤灰量/万 t	其他废渣量/万 t	合计/万 t
2015 年	3.429	27.5	0.53	0.17	1.38	2.08
2020 年	3.296	41.4	0.50	0.17	2.07	2.74

9.2 固体废物控制方案

9.2.1 生活垃圾的控制方案

（1）改变居民的燃料结构，提倡使用清洁能源

目前镇区燃气普及率达到 40%，服务业及多数居民生活以焦炉煤气为主要燃料，少量的居民仍以煤为燃料，生活垃圾中以有机成分为主，仍有少量的燃煤灰渣等无机成分。随着其他清洁能源如沼气、液化石油气、电能、太阳能等的进一步推广，并大

力发展城区的集中供暖，生活垃圾将趋于以有机成分为主。在实行分类收集、集中处置的情况下，可有效控制生活垃圾对环境的影响。

（2）实现垃圾分类收集

逐步实现可回收垃圾和不可回收垃圾的分类收集。可回收垃圾包括纸制品、包装容器、玻璃、器皿、金属、纺织品、废塑料制品等，可由居民自行分类和集中存放后，出售给个体废弃物回收者，也可由环卫部门收集。不可回收的垃圾包括厨余、渣土、树枝树叶、瓜皮果壳等，由环卫部门统一收集处理。

到 2015 年居民垃圾收集采用袋装化分类收集，以企事业单位、居住小区、居委会为主设立垃圾收集点。不可回收垃圾进一步分类为有机垃圾和无机垃圾，单独收集，有机垃圾运至垃圾处理厂进行堆肥化资源处理，而无机垃圾则运往垃圾处理厂填埋处置。实现垃圾封闭容器化，做到日产、日清、日洁。

（3）提高垃圾清运机械化水平，建立垃圾转运系统

规划到 2015 年生活垃圾清运的机械化程度达到 50%，2020 年达到 80%。按照每 80～100 m 设置一座垃圾收集点的标准，设置垃圾收集系统，并设计最短的转运路线，各收集点通过就近原则将垃圾运至转运站，可回收垃圾运至回收单位进行回收处理，实现垃圾的资源化，不可回收垃圾由密封车运至无害化垃圾处理厂。

（4）建设现代化的垃圾处理厂

规划建设无害化垃圾处理厂统一处理生活垃圾。该垃圾处理厂投资 1 000 万元，于 2007 年 11 月开始动工建设，目前已建设完毕，并投入运营。处理规模为日处理生活垃圾 120 t，建筑垃圾填埋区规模为 18 000 m^3。垃圾处理厂对收集的垃圾采取分选、生物发酵、制肥等工艺，分别对有机成分进行资源化，对建筑垃圾、灰土等无机成分于填埋区进行填埋处置。

9.2.2 工业固体废物控制方案

工业固体废物采用"谁产生、谁处理"的原则，一是防治固体废物污染，二是综合利用废物资源。主要控制措施有：

（1）改革生产工艺

结合技术改造，从工艺入手采用无废或少废的清洁生产技术。从发生源消除或减少污染物的产生。通过改造锅炉性能，提高燃煤效率，减少炉渣产生量。引进先进设备，提高加工精度，向精深方向发展，充分利用原料，减少浪费，大力推广清洁能源的使用。

（2）物质的循环利用和综合利用

以发展循环经济为导向，开发物质循环利用工艺，使一种产品的废物成为另一种产品的原料。鼓励不同行业企业在自愿、互利原则下开展固体废物的横向交换以进行综合利用。

（3）一般工业固废处置方案

一般工业固废包括锅炉炉渣、除尘灰、废砂、金属屑、废边角料、污水处理厂污泥等，不得混入生活垃圾中。对于可回收和资源化的一般工业固废应按照循环经济理论，积极探索工业固废的循环利用途径，进行回收和利用，提高经济效益，减轻对环境的不利影响。

（4）危险废物处置对策

工业企业严格按照国家有关危险废物储存、处置、运输等管理规定要求，落实相应的环保措施。对于废机油可由润滑油供货厂家回收；废乳化液可采取破乳、隔油处理后入污水处理厂处理，或者送到有资质的危废处置单位焚烧处置；对于废活性炭可采用由供货厂家回收再生的方法进行处理，或送到有资质的危废处置单位焚烧处置；废催化剂主要由供货厂家回收处置；电子垃圾送有资质的处置单位进行无害化处理。对医院医疗废物进行有效控制。强化对医疗废物的收运和集中处置工作，医疗单位应设立专门的医疗废物密闭储存间，并采用必要的防渗措施。规划区工业固体废物综合利用措施见表9-3。

表 9-3 规划区工业固体废物综合利用措施

污染物	规划年	产生量/万 t	综合利用措施	综合利用或处置率/%
粉煤灰	2015	0.53	生产建筑材料，如水泥、烧结砖等，筑路、回填、堆肥	100
	2020	0.50		
燃煤灰渣	2015	0.17	生产建筑材料，如制造砌砂浆和墙体材料，作层面保温材料等，还可用于筑路	100
	2020	0.17		
其他废渣	2015	1.38	一般固废：高炉渣、钢渣做水泥原料；煤矸石做内燃砖，边角料回收综合利用	100
	2020	2.07	危险固废：送有资质的处置单位无害化处置	100

9.2.3 建筑垃圾控制方案

建立单独的建筑垃圾填埋场地，鼓励建筑单位自行处理和综合利用建筑垃圾。其他生活中的危险废弃物如含重金属的干电池、日光灯管、水银温度计等，则尽量单独分类收集处理。特殊种类的危险废物如果暂无能力处置，则集中存放，由环卫部门定期收集，运至市级或省级危险废物处置中心或其他单位进行处理处置。

9.3 固体废物控制工程投资估算

固体废物控制规划估算投资总额为 300 万元。

9.4 固体废物控制规划目标的可达性分析

9.4.1 从经济发展和资金投入方面分析规划的可行性

固废处置需总投资 300 万元，约占 2020 年当年社会生产总值的 0.06%，治理资金是有保障的，用于固体废物的污染控制是切实可行的。

9.4.2 从科技发展方面分析规划的可行性

规划区依靠科技进步和创新，大力发展高科技企业，使其由资源型向质量型、技术密集型转变，科学技术的推广应用，提高了生产工艺的水平，也加大了对固体废物的回收利用和综合利用。

9.4.3 从环境管理和环保意识方面分析规划的可行性

国家、省、市、地区出台了一系列环保法令、法规，详细规定固体废物排放、运贮以及处置的具体方式和标准，加强对固体废物的管理。随着人们素质水平的提高，自觉环保的意识也随之增强，为固体废物控制规划的进行提供了必要的思想保证。

第十章　生态环境保护规划

10.1 生态环境现状分析

10.1.1 规划区生态系统现状分析

10.1.1.1 自然生态子系统现状分析

镇区内由于房屋、道路、广场、庭院硬化等人工建筑的建设，使镇区保留下的自然裸露土壤较少，不利于城镇绿化系统建设。基本建设已将自然生态系统的结构打乱，使镇区内野生动、植物资源消失殆尽。城镇植物物种以人工栽培植物替代了原有植物物种，植物生态系统为人工植物生态系统。现状城镇生态系统也极不适于野生动物的生存。

10.1.1.2 人工生态系统现状分析

（1）人工绿地系统现状分析

规划区建成区绿化覆盖率为32.6%，绿地率为28.3%，均低于《河北省省级环境优美城镇标准（试行）》中绿化覆盖率应达到35%以上、绿地率应达到30%以上的标准。

（2）从居住环境角度分析

建成区现状有人口约8 253人，人均建设用地面积140.4 m^2；镇区居住用地面积44.81万 m^2，人均居住用地面积54.3 m^2。人均用地为《村镇规划标准》第五级120～150 m^2/人的标准。

（3）其他社会环境现状分析

从现状分析，商业金融、文体科技、医疗保健、公用工程等用地和人均拥有指标都很低，人居环境有待改善。

10.1.2 生态环境主要问题分析

（1）建设使土壤表层结构发生了根本变化，大部分镇区表层土壤已丧失原有生态功能。镇区原有动植物生态系统已被人工生态系统所取代。

（2）建成区现状绿化用地面积、绿化覆盖率、公共绿地面积以及相应的人均指标都较低，达不到维持正常城市生态平衡和环境优美小城镇各绿化指标的要求。另外镇区还缺少防护林，居住区绿化用地面积也很少。

（3）建成区内现状建筑设施多以一、二层低层为主，多层和高层建筑少，建筑密度高，建筑容积率低，居住区环境拥挤。

（4）从景观生态角度分析，建成区模地已由自然植被和农田转化为以人工建筑物和道路，建成区内景观要素类型单一，景观生态系统异质性较差，系统稳定性和恢复能力较低，而且缺乏必要的绿色廊道，规划区镇区景观生态系统质量较差。

10.2 生态环境规划指标

10.2.1 生态环境规划目标

根据城镇生态环境现状和发展的要求，确定规划区镇区生态环境规划的目标是力争在 2015 年前使规划区镇区达到省级环境优美小城镇的标准，城镇生态环境质量得到明显改观；2020 年力争达到国家级环境优美小城镇标准。

10.2.2 生态环境规划指标

生态环境规划指标见表 10-1。

表 10-1　规划区镇区生态环境规划指标

类别	指标名称	单位	2010 年	2020 年
绿化指标	城镇绿地率	%	≥30	≥35
	城镇建成区绿化覆盖率	%	≥35	≥40
	人均公共绿地面积	m²/人	≥8.0	≥12.0
	主要街道绿化普及率	%	≥95	100
	园林式道路	条	1	2
居住生活环境指标	自来水普及率	%	100	100
	饮用水水源水质达标保证率	%	100	100
	居民清洁燃料使用率	%	80	90
	卫生状况		较好	良好

10.3 生态环境规划

10.3.1 绿地系统规划

规划区绿地系统规划包括公共绿地系统规划、防护绿地系统规划、生产绿地规划和附属绿地系统规划等。绿地系统规划布局的原则为：①均衡布局，形成完整的系统；②因地制宜，结合镇区自然环境特点；③近期与远期相结合；④绿地系统规划与其他用地规划相结合；⑤在布局形式上要"点线面结合、大中小结合、集中与分散结合、重点与一般结合"。

（1）绿地系统规划

至 2015 年规划人均公共绿地达到 8 m²，人口将达到 1.0 万人，公共绿地面积应达到 8 万 m²，需新增公共绿地面积 20 578 m²；2020 年达到人均公共绿地面积 12.0 m²，需要在 2015 年的基础上再新增公共绿地面积 6.4 万 m²，绿地总面积达到镇区总面积的 35%以上。

绿地建设要采用"点、线、面"相结合，中心公园、带状公园和一些小型公园结合方式进行，要围绕居住区、街道、旅游区规划布局。

（2）绿化林带规划

本规划在工业区与居住区之间设置 50～100 m 宽的防护绿化带，在市政公用设施周围设置不小于 15 m 宽的绿化带；利用镇区内现有坑塘、沟渠分布进行生态绿化美化，形成水面绿地景观和舒适宜人的休闲娱乐空间，达到合理利用土地资源和美化环境的目的。一般道路两侧 20 m 范围内栽种适宜的乔木和灌木，进行绿化和美化，形成绿色屏障，起到阻断和减轻灰尘污染环境的作用。

（3）工业企业绿地规划

考虑到工业区周围环境的影响，应在工业企业周围种植高大密集的防污林带，在各排污工厂车间外下风向种植防护绿地，如低灌木或草皮，并留出一定空间以利于有害废气和粉尘的稀释和扩散，避免危害企业职工的健康。

（4）道路绿化规划

考虑地形影响和用地功能，原则要求对于一级公路、外环路的外侧各种植宽不少于 50 m 的绿色景观走廊。沿镇区主干道、两侧道路绿带宽度占道路宽度的 50%，达到 15～20 m。次干道的绿带宽度不低于 10 m。2015 年以前主要干道绿化普及率达到 95%以上，2020 年道路和街道绿化普及率维持在 100%以上。

（5）公共设施绿化规划

在规划期内供水、供电、污水处理设施的绿地面积占用地面积的比例不低于 35%；宾馆、学校、医院的绿地率不低于 25%；行政办公、仓储、文化设施的绿地率不低于 30%。

（6）居住区绿化规划

在 2015 年前旧居住区的绿地建设要采取见缝插绿、拆墙透绿、破硬为绿、拆房建绿等方式，大力发展垂直绿化及建筑绿化，尽量扩大绿地面积，绿地率达到 25%以上；新建居住区绿地面积要占到总用地面积的 30%以上。新建居住区的绿地率一般都在 40%以上，小区内人均公共绿地面积不小于 3.5 m²。

（7）其他区域绿化规划

对于周围山坡、丘陵、荒地等难利用的土地，要积极开展绿化建设，2015 年以前上述土地绿化率应达到 60%，2020 年要达到 70%以上。

10.3.2 绿化实施措施

（1）发展苗木生产

（2）开展全社会义务植树活动

（3）因地制宜发展空间绿化

10.3.3 景观生态规划（略）

生态规划功能分区如图 10-1 所示。

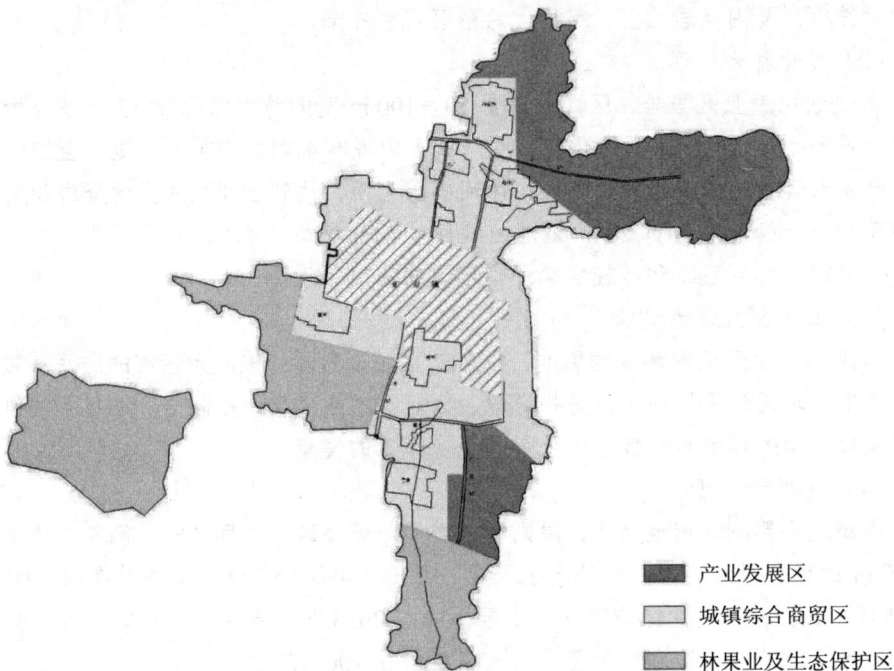

图 10-1　规划区生态功能区划图

10.4 生态建设投资估算

根据规划区生态建设规划，预计 2015 年前用于生态建设的资金约 230 万元，其中公共绿地建设需 50 万元，主、次干道绿化美化需 100 万元，绿化林带建设需 80 万元；2016—2020 年用于生态建设的资金约 360 万元，其中公共绿地建设需要 100 万元，主、次干道绿化美化需 120 万元，绿化林带建设需 140 万元。两个规划时段用于生态建设总投资约为 590 万元。

第十一章　环境规划实施的保障措施

11.1 建立综合决策机制，实施科学民主决策

协调区域经济、社会、环境、资源与人口的均衡持续发展。发挥城建系统、环境

保护系统和经济职能部门职责。

城建系统：保证城镇总体规划的实施，解决城镇建设中出现的问题，负责环境保护规划相关内容的实施。

环境保护系统：建立环境监测机构，对城镇环境进行系统监测，系统掌握环境变化趋势，及时为政府决策提供科学依据；监督、督促企业污染源的治理工程及市政公用设施的建设等，应在项目选址、资源配置和建设项目环境管理中充分发挥本行业的职能，为经济社会发展、综合宏观决策提供环境资源保障。

资源管理部门：土地资源及水资源的优化配置是该部门优先考虑的问题，把握水资源、土地资源变化趋势，为项目综合宏观决策提供资源保障。

经济职能部门：应积极配合环境规划的实施，为经济的持续发展、实施清洁生产、发展循环经济提供技术保障。

11.2 经济措施

积极开拓企业投资、民间投资或个人投资，解决资金问题。

（1）对待生产企业的污染治理，投资主体是企业，企业可通过技术改造，环境补助资金，政府贴息贷款，综合利用利润留成等渠道筹措资金。

（2）市政公用设施建设资金需求量大，资金来源筹集方式有：① 将一些市政基础设施建设纳入国民经济计划中，分阶段安排建设。② 市政基础设施企业化管理，根据《中华人民共和国环境保护法》的规定，可向排污者征收污染处理费用，如对排放废水的企业、宾馆、酒楼、饭店以及城镇居民定期收取排污费，对生活垃圾处理收取垃圾处理费等。这些收入应列为专项资金，专款专用，不得挪用。③ 积极推行 BOT 模式：即建设—运营—移交，该种方式是在政府给定政策的基础上，吸引民间和个人投资的一种管理模式。

规划区主要环保设施投资及占地区生产总值的比例分析见表 11-1。

表 11-1　主要环保投资估算及占地区生产总值的比例

项　目	投资/万元		占地区生产总值比例/%	
	2008—2010 年	2011—2020 年	2012—2015 年	2016—2020 年
环境空气	1 750	3 950	0.52	0.77
水环境	1 100	1 150	0.32	0.23
声环境	120	200	0.03	0.04
固体废物	150	150	0.04	0.03
生态环境	230	360	0.07	0.07
合计	3 350	5 810	0.98	1.14

由表 11-1 可见，规划期内环保投资重点是水环境、环境空气和生态环境治理工程。为较好地完成规划环保治理工程，须广泛开拓投资渠道，吸纳外部资金投入规划区镇区环境保护建设。

11.3 政策保障措施

贯彻环境保护法规、政策和制度，制定适应地方的具体环境保护政策。如排污收费制度的有关规定，奖励节水政策，鼓励中水回用政策，鼓励使用清洁能源政策，鼓励固体废物综合利用政策，鼓励单位进行污染治理和绿化政策等。

11.4 技术措施

（1）加强环境监测力度，建立现代化环境管理和监测系统，完善环境质量常规监测。定期进行污染源监督监测，严格"三同时"竣工验收监测，推进主要治理设施在线监测，建立污染事故应急监测能力。

（2）依据国家重点环境保护实用技术推广管理办法，积极推广环保实用技术，清洁生产工艺和污染物治理技术，为企业提供良好服务。

（3）加强环境保护科学研究，根据环境规划在实施过程中出现的问题，有针对性地加强环境保护科学研究工作，以最先进的成果保证环境规划的实施。

项目三
编写环境规划报告书

知识目标：弄清楚环境规划报告书的结构和编制程序，掌握环境规划的申报和审批程序。

能力目标：能够按照规范要求完成城镇环境规划报告书的编写，能够按照程序要求进行环境规划申报和审批。

任务 1 环境规划报告书编制及申报程序

编写环境规划的工作包括从任务下达到上报审批，直至纳入国民经济和社会发展规划的全过程。编制工作由管理部门组织，由专业技术组完成规划文本的编制。

一、环境规划编制步骤

环境规划的编制是一个动态的、不断反馈和协调的过程。一般包括如下步骤：

1. 接受任务与组织规划编制

上一级环保部门代表同级政府下达编制规划的任务，提出主要要求、时间进度，下一级环保部门代表同级政府组织规划编制组，编制工作计划和规划大纲。也可以由政府下达编制规划的任务，同级环保部门组织规划编制组。规划编制组一般分为领导组、协调组和技术组，人员由通晓规划对象的专家，具有一定环境学素养和规划理论、环境工程和经济学知识的科技人员，以及有关规划、计划管理部门，如各级计委和主要产业部门的人员组成；由对规划地域或领域具有决策权和协调能力的部门领导人担任指导。

2. 完成规划文本的编制

环境规划由专门组织的技术队伍（规划编制组）承担，这是规划编制的主要阶段，其编制技术程序见图 3-1。

```
        ┌──────────────┐          ┌────────────────────┐
        │ 环境现状调查与评价 │          │ 国民经济和社会发展规划 │◄────┐
        └──────┬───────┘          └─────────┬──────────┘     │
┌───┐          │          ┌─────────┐       │               │
│ 弄 │          └────►┌──────────┐◄──┘       ▼               │
│ 清 │               │ 环境预测 │    ┌──────────┐          │
│ 问 │               └────┬─────┘    │ 环保投资能力 │◄────────┤
│ 题 │                    │          └──────────┘          │
└─┬─┘                     ▼                                   │
  │               ┌──────────┐                               │
┌─┴─┐      ┌─────►│ 确定环境目标 │                               │
│ 确 │      │      └────┬─────┘                               │
│ 定 │      │           │                                     │
│ 环 │      │           ▼                                     │
│ 境 │      │   ┌────────────────┐                            │
│ 目 │      ├──►│ 计算污染物产生量和削减量 │                           │
│ 标 │      │   └───┬─────────┬──┘                           │
└─┬─┘      │       ▼         ▼                               │
  │        │ ┌────────────┐ ┌──────────────┐                 │
┌─┴─┐      │ │ 调整产业结构与合理布局 │ │ 提出污染防治方案和方案优化 │                 │
│ 制 │      │ └──────┬─────┘ └──────┬───────┘                 │
│ 定 │      │        │              │                         │
│ 最 │ ┌────┐│        ▼              ▼                         │
│ 小 │ │ 超过 ││  ┌──────────────────┐                         │
│ 费 │ └────┘└─►│ 是否超过环保投资能力 │─────────────────────────┘
│ 用 │          └─────────┬────────┘                           
│ 规 │ ┌──┐              │              ┌──┐                  
│ 划 │ │ 否 │             ▼             │ 否 │                  
└─┬─┘ └──┘   ┌──────────────────┐     └──┘                  
  │          │ 是否达到环境目标要求 │                            
  │          └─────────┬────────┘                            
  │                    ▼                                      
  │          ┌──────────────┐                                
  └──────────┤ 环境规划文本 │                                
             └──────────────┘                                
```

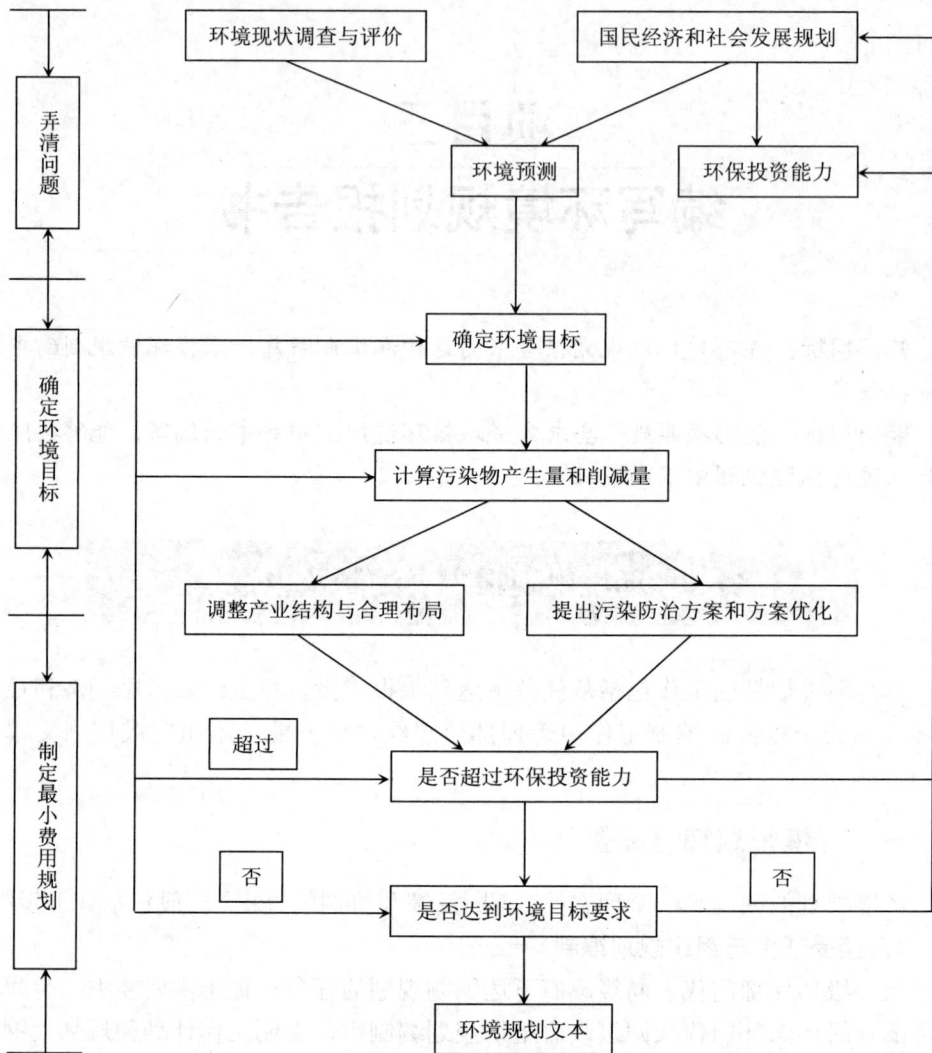

图 3-1 环境规划编制技术程序

二、环境规划申报与审批程序

环境规划的申报和审批是整个规划工作的有机组成部分。规划的申报和审批过程是沟通上下级思想、统一认识、协调环保部门与其他部门之间关系的过程，是将规划方案变为实施方案并纳入国民经济和社会发展规划的过程，同时也是环境规划管理工作的一项重要制度。

环境规划的申报审批采取自上而下、由下而上、上下结合，既有民主，又有集中，协调协商的原则。

1．规划初级申报和审核

规划编制单位在规划基本编制完成后，将文本报送同级政府和上一级环保部门初审，同级政府在其职权范围内，可对方案进行决策、批准、驳回或提出修改意见；上级环保部门在收到申报文本后，进行初审，在与有关部门取得协商意见后，对申报文本批准或提出修改意见。

规划的审批应在组织各行业专家进行评审和论证的基础上进行。

2．终级申报与审批

下级环保部门在得到初审意见后，要根据审批意见，对规划进行修改、完善或重新编制。若认为初审意见不合理，可提出申辩，对规划进行修改或重新编制后，再次申报给同级政府审批和上一级生态环境部门备案。

同级政府收到申报文本后，应予迅速批准，并将批准后的环境规划付诸实施。

环境规划的申报和审批应特别注意重大问题、跨区域和跨流域问题的协调与解决，并应申报上一级政府部门备案。

在规划实施过程中，若出现新的重大问题，确需对环境规划的指标或内容进行补充修改时，必须报请原审批机关同意。

3．环境规划文本

一次环境规划工作结束时，一般应有三类文本。

（1）技术档案文本

指将规划过程所收集的背景材料、调查或检测所采集的信息、规划编制过程的技术档案或记录进行整理而成的背景材料文本。此文本存放当地，供规划的核查、调整或下次编制规划时参考。

（2）环境规划文本

指正式的环境规划文本。它由环境规划管理部门管理，作为进行规划实施与管理的蓝本。

（3）环境规划报审文本

这是正式的环境规划文本的缩编文本或简编文本，主要用于申报、审批。简编文本内容应包括：自然环境特点；经济和社会简况；前期环境规划（或计划）执行简况；规划要解决的主要环境问题；规划目标（时空限定）；主要措施；主要工程项目及说明；投资预算及来源；主要困难及要求提供的条件等。

任务 2　编制城镇环境规划大纲

城镇环境规划大纲应根据调查和所收集的资料，对城镇自然生态环境、区位特点、资源开发利用的情况等进行分析，找出现有和潜在的主要生态环境问题，根据社会、经济发展规划和其他有关规划，预测规划期内社会、经济发展变化情况，以及相应的生态环境变化趋势，确定规划目标和规划重点。

规划大纲一般应包括以下内容：

1 总论

1.1 任务的由来

1.2 编制依据

1.3 指导思想与规划原则

1.4 规划范围与规划时限

1.5 技术路线

1.6 规划重点

2 基本概况

2.1 自然地理状况

2.2 经济、社会状况

2.3 生态环境现状

3 现状调查与评价

3.1 调查范围

3.2 调查内容

3.3 调查方法

3.4 评价指标和方法

4 预测与目标确定

4.1 社会经济与环境发展趋势预测方法

4.2 社会经济与环境指标及基准数据

4.3 环境保护目标和指标

5 环境功能区划分

5.1 原则

5.2 方法

5.3 类型

6 规划方案

6.1 措施

6.2 工程方案

6.3 方案比选方法

6.4 可达性分析

6.5 保障措施

7 工作安排

7.1 组织领导

7.2 工作分工

7.3 时间进度

7.4 经费预算

任务 3 编制城镇环境规划报告书

环境规划成果包括规划文本和规划附图。

一、规划文本

规划文本内容翔实、文字简练、层次清楚。基本内容包括：

1．总论

说明规划任务的由来、编制依据、指导思想、规划原则、规划范围、规划时限、技术路线、规划重点等。

2．基本概况

介绍规划地区自然和生态环境现状、社会、经济、文化等背景情况，介绍规划地区社会经济发展规划和各行业建设规划要点。

3．现状调查与评价

对规划区社会、经济和环境现状进行调查和评价，说明存在的主要生态环境问题，分析实现规划目标的有利条件和不利因素。

4．预测与规划目标

对生态环境随社会、经济发展而变化的情况进行预测，并对预测过程和结果进行详细描述和说明。在调查和预测的基础上确定规划目标（包括总体目标和分期目标）及其指标体系，可参照全国环境优美小城镇考核指标。

5．环境功能区划分

根据土地、水域、生态环境的基本状况与目前使用的功能、可能具有的功能，考虑未来社会经济发展、产业结构调整和生态环境保护对不同区域的功能要求，结合小城镇总体规划和其他专项规划，划分不同类型的功能区（如工业区、商贸区、文教区、居民生活区、混合区等），并提出相应的保护要求。要特别注重对规划区内饮用水水源地功能区和自然保护小区、自然保护点的保护。各功能区应合理布局，对在各功能区内的开发、建设提出具体的环境保护要求。严格控制在城镇的上风向和饮用水水源地等敏感区内建设有污染的项目（包括规模化畜禽养殖场）。

6. 规划方案制定

（1）水环境综合整治

在对影响水环境质量的工业、农业和生活污染源的分布、污染物种类、数量、排放去向、排放方式、排放强度等进行调查分析的基础上，制定相应措施，对镇区内可能造成水环境（包括地表水和地下水）污染的各种污染源进行综合整治。加强湖泊、水库和饮用水水源地的水资源保护，在农田与水体之间设立湿地、植物等生态防护隔离带，科学使用农药和化肥，大力发展有机食品、绿色食品，减少农业面源污染；按照种养平衡的原则，合理确定畜禽养殖的规模，加强畜禽养殖粪便资源化综合利用，建设必要的畜禽养殖污染治理设施，防治水体富营养化。有条件的地区，应建设污水收集和集中处理设施，提倡处理后的污水回用。重点水源保护区划定后，应提出具体保护及管理措施。

地处沿海地区的小城镇，应同时制定保护海洋环境的规划和措施。

（2）大气环境综合整治

针对规划区环境现状调查所反映出的主要问题，积极治理老污染源，控制新污染源。结合产业结构和工业布局调整，大力推广利用天然气、煤气、液化气、沼气、太阳能等清洁能源，实行集中供热。积极进行炉灶改造，提高能源利用率。结合当地实际，采用经济适用的农作物秸秆综合利用措施，提高秸秆综合利用率，控制焚烧秸秆造成的大气污染。

（3）声环境综合整治

结合道路规划和改造，加强交通管理，建设林木隔声带，控制交通噪声污染。加强对工业、商业、娱乐场所的环境管理，控制工业和社会噪声，重点保护居民区、学校、医院等。

（4）固体废物的综合整治

工业有害废物、医疗垃圾等应按照国家有关规定进行处置。一般工业固体废物、建筑垃圾应首先考虑采取各种措施，实现综合利用。生活垃圾可考虑通过堆肥、生产沼气等途径加以利用。建设必要的垃圾收集和处置设施，有条件的地区应建设垃圾卫生填埋场。制定残膜回收、利用和可降解农膜推广方案。

（5）生态环境保护

根据不同情况，提出保护和改善当地生态环境的具体措施。按照生态功能区划要求，提出自然保护小区、生态功能保护区划分及建设方案。制定生物多样性保护方案。加强对小城镇周边地区的生态保护，搞好天然植被的保护和恢复；加强对沼泽、滩涂等湿地的保护；对重点资源开发活动制定强制性的保护措施，划定林木禁伐区、矿产资源禁采区、禁牧区等。制定风景名胜区、森林公园、文物古迹等旅游资源的环境管理措施。

洪水、泥石流等地质灾害敏感和多发地区，应做好风险评估，并制定相应措施。

7．可达性分析

从资源、环境、经济、社会、技术等方面对规划目标实现的可能性进行全面分析。

8．实施方案

（1）经费概算

按照国家关于工程、管理经费的概算方法或参照已建同类项目经费使用情况，编制按照规划要求，实现规划目标所有工程和管理项目的经费概算。

（2）实施计划

提出实现规划目标的时间进度安排，包括各阶段需要完成的项目、年度项目实施计划，以及各项目的具体承担和责任单位。

（3）保障措施

提出实现规划目标的组织、政策、技术、管理等措施，明确经费筹措渠道。规划目标、指标、项目和投资均应纳入当地社会经济发展规划。

二、规划附图

1．规划附图的组成

（1）生态环境现状图

图中应注明包括规划区地理位置、规划区范围、主要道路、主要水系、河流与湖泊、土地利用、绿化、水土流失情况等信息。同时，该图应反映规划区环境质量现状。山区或地形复杂的地区，还应反映地形特点。

（2）主要污染源分布与环境监测点（断面）位置图

图中应标明水、气、固废、噪声等主要污染源的位置，主要污染物排放量，以及环境监测点（或断面）的位置。有规模化畜禽养殖场的，应同时标明畜禽种类和养殖规模等信息。生态监测站等有关自然与生态保护的观测站点也应标明。

（3）生态环境功能分区图

图中应反映不同类型生态环境功能区分布信息，包括需要重点保护的目标、环境敏感区（点）、居民区、水源保护区、自然保护小区、生态功能保护区，绿化区（带）的分布等。

（4）生态环境综合整治规划图

图中应包括城镇环境基础设施建设：如污水处理厂、生活垃圾处理（填埋）场、集中供热等设施的位置，以及节水灌溉、新能源、有机食品、绿色食品生产基地、农业废弃物综合利用工程等方面的信息。

（5）环境质量规划图

图中应反映规划实施后规划区环境质量状况。

（6）人居环境与景观建设方案图（选做）

图中应包括人居环境建设、景观建设项目分布等方面的信息。

2．规划附图编制的技术要求

① 规划图的比例尺一般应为 1/50 000～1/10 000。

② 规划底图应能反映规划涉及的各主要因素，规划区与周围环境之间的关系。规划底图中应包括水系、道路网、居民区、行政区域界线等要素。

③ 规划附图应采用地图学常用方法表示。

三、环境规划报告书内容案例

我国环境规划的理论体系和工作程序尚未统一，但其编制的基本内容有许多相近之处。应该主要有：① 环境现状评价；② 环境预测制定；③ 环境规划目标确定；④ 环境规划指标体系；⑤ 环境功能区划；⑥ 环境规划方案优化；⑦ 环境规划实施与管理。在编制具体环境规划时，可以依据其特点设计编制的基本程序和内容。下面是某地的环境规划报告的章节目录。

1 总论

1.1 规划范围及规划年限

1.2 规划依据

1.3 规划编制原则

1.3.1 规划编制的指导思想

1.3.2 规划原则

1.4 规划指标体系

1.4.1 环境质量指标

1.4.2 污染物总量控制指标

1.5 规划总体设计与技术路线

2 社会经济与环境的现状及变化趋势分析

2.1 自然情况概述

2.2 社会发展现状

9.2.3 矿山生态环境重建

10 环境保护规划方案的实施

10.1 环境规划实施的法规制度保证

10.2 环境规划实施的资金来源分析

10.3 主要政策措施

10.4 城市环境管理体系的建设与发展

11 环境保护工程技术方案

11.1 大气污染治理工程项目

11.2 水污染治理保护工程技术方案

11.3 固体废弃物治理工程

11.4 生态环境保护工程项目

复习思考题

1. 城市环境规划与城市总体规划的关系如何？
2. 城市环境规划的基本原则有哪些？
3. 小城镇环境规划的指导思想与基本原则是什么？
4. 完成小城镇环境规划大纲编制。
5. 环境规划申报和审批程序。

【阅读材料】

某小城镇环境规划总体方案

1 城市性质

泊头市是冀中东部地区物流和商贸中心，是以铸造、环保、汽车模具等机械制造业和梨枣生产与加工业为特色的综合型工贸城市。

2 城市规模

2002 年年末，泊头市城市人口为 14.5 万，市区城市建设用地为 17.1 km^2。至 2005 年年末，城市人口为 16.6 万，城市建设用地 19.5 km^2；至 2010 年，城市人口为 20.6 万，城市建设用地 22.6 km^2；到 2020 年规划期末，市区的城市人口发展到 30.9 万，城市建设用地增至 33.8 km^2。

3 环境规划的总体目标

3.1 规划总目标

以环境学原理为指导，以人与城市环境的和谐共生为导向，以环境承载力为依据，以环境基础工程为支撑，坚持可持续发展的原则，突出泊头市的产业特色，结合其区域环境特征，推动环境优美城市的建设进程，促进泊头市的社会、经济持续、快速、健康的发展，将泊头市建成环境优美、社会经济可持续发展的城市。

3.2 分阶段目标

近期目标：至 2005 年，用 2～3 年时间集中解决城市环境中存在的突出问题，使城市环境承载力得到明显提高，增强城市的可持续发展能力，建成一批环境优美的产业园区、生活小区、示范街区，实现环境优美城市部分指标的要求。

中期目标：至 2010 年，城市环境建设取得显著成就，实现产业布局进一步优化，工业生产企业向东部工业区集中、商贸服务业向中心区集中，基本上建设成为生态环境良好的优美城市。

远期目标：至 2020 年，城市环境建设取得巨大成就，实现产业结构优化，总体布局合理，成为环境质量良好、生态良性循环、可持续发展的优美城市。

3.3 环境质量目标、环境建设指标与总量控制指标

泊头市环境质量目标与环境建设指标见表 1 和表 2，总量控制指标见表 3。

表 1 环境质量目标

指标名称	功能区划	现状（2003 年）	规 划 目 标		
			2005 年	2010 年	2010 年
大气环境质量	Ⅱ类	210 天达标	240 天达标	300 天达标	330 天达标
水环境质量	南运河：Ⅲ类	超标	达标	达标	达标
	地下水	氟化物超标	达标（除氟化物外）	达标（除氟化物外）	达标（除氟化物外）
声环境质量（达标率）	居住区：1 类	65.2	75	100	100
	混合区：2 类	80.3	85	95	100
	工业区：3 类	71.4	80	95	100
	交通干道：4 类	—	70	85	100

表 2 环境建设指标

指标名称	现状（2003 年）	规 划 目 标		
		2005 年	2010 年	2020 年
城市气化率/%	70	72	80	90
城市集中供热率/%	—	0	70	90

指标名称	现状（2003年）	规 划 目 标		
		2005年	2010年	2020年
城市污水集中处理率/%	0	0	97	99
环境噪声达标区覆盖率/%	70	80	95	100
生活垃圾无害化处理率/%	—	50	90	100
工业固废综合利用率/%	100	100	100	100
城市人均公共绿地面积/m²	1.62	4.0	8.0	11.0
建成区绿化覆盖率/%	29.7	32	35	35
环保投入占GDP的比重/%	1.0	1.2	1.6	2.4

表3　总量控制指标　　　　　　　　　　　　　　　　单位：t/a

指标名称	规划目标		
	2005年	2010年	2020年
二氧化硫	1 801.3	1 909.4	2 161.6
烟尘	3 410.5	5 168.2	7 263.0
COD	3 927.04	1 399.75	1 741.60

4 环境功能分区

规划区范围内的环境空气质量功能区为Ⅱ类区；南运河为地表水Ⅲ类功能区，并与地下水作为饮用水水源保护区。

规划区内的声功能区划分为四类：1类区：南运河以西区域，规划区运河东岸的高级住宅区。上述区域规划用地性质以居住用地为主。2类区：南运河与铁路之间，京沪铁路以东、南北工业区之间的区域。规划用地性质以商业、居住用地为主。3类区：京沪铁路以东，南部和北部设置的两个工业园区以及在铁路沿线和火车站附近布置相应的仓储用地。4类区：城市主干道及铁路两侧区域。

5 环境要素规划方案

5.1 生态环境规划

建立以城市景观生态廊道干线、景观节点、区域生态踏板方式的景观生态体系，主要为绿化工程，以交通干道、河渠绿化为骨架，景观公园与街头绿地为节点，各功能区绿化为基础的生态绿化系统。

至2020年建成公共绿地400 hm²（四大公园占地122 hm²），防护绿地90 hm²。

5.2 大气环境保护规划

发展清洁能源，改善能源结构，实施天然气工程，鼓励用电，大力开发太阳能等。天然气工程总投资约3.1亿元。

加强点源治理，采取有效措施，防治工业污染，推广清洁生产技术。点源治理工程总投资约 1.1 亿元。

与建筑施工和道路扬尘治理结合,完善绿化系统,保护城市水环境,净化城市空气,增加空气湿度。

加强机动车尾气治理,推广使用节能高效的尾气净化装置。

优化产业结构,调整工业布局,运河以西的老工业迁往运河以东的工业园区。

发展集中供热,在东北工业区建设热电站一座。热电站建设总投资约 5.8 亿元。

5.3 水环境保护规划

保护饮用水水源,积极实施南水北调,增加可用水资源;对地下水的 F$^-$超标,使用除 F$^-$设备,使饮用水达标;在河西运河上游新建地表水厂,实施地表水饮水工程,逐步实施地下饮用水工程;完善城市排水管网,逐步实施雨污分流;实施河渠综合整治工程,保护地表水;建设城市污水集中处理厂,选用先进工艺,使其出水达到中水回用标准,用于市政绿化、景观用水、部分工业用水和农灌等;进一步加强工业点源治理,对高浓度、难降解废水进行预处理。

2006 年建设日处理能力分别为 2 万 t 的曾庄、双狮赵污水处理厂一期工程,投资约 9 800 万元。

2010 年扩建处理量为 5 万 t、占地 8 hm^2 的曾庄污水处理厂二期工程和处理量 5 万 t、占地 9 hm^2 的双狮赵污水处理厂二期工程。工程总投资约 12 400 万元。

2020 年扩建处理量为 7.5 万 t、占地 13 hm^2 的双狮赵污水处理厂三期工程。工程总投资约 6 000 万元。

5.4 固体废物综合防治规划

固体废物处理始终坚持"减量化、资源化、无害化、市场化"的原则,并逐步提高处理水平。生活垃圾通过加速城市能源结构调整、实现垃圾分类收集、处理实现减量化、资源化、无害化;建设卫生填埋场。工业固废通过综合利用和安全处置,实现循环利用。建筑垃圾单独填埋。危险固废实现安全处置。

张庄子垃圾卫生填埋场的规模,其有效容量为 158×10^4 m^3。建设可分两期,一期建设规模 80×10^4 m^3,投资约为 4 000 万元,2006 年年初完成;二期建设规模 78×10^4 m^3,投资约为 3 600 万元,2012 年完成。

5.5 噪声防治规划

优化城市布局,工业进园区,居民进小区,清理占道市场;建设城市环路,分流过境交通,优化交通格局;加强路旁绿化隔离带建设,规划期内逐步建成京沪铁路两侧的隔离带,环城路、过境交通干线等交通性主干道路和生产性道路,两侧应建设以乔灌木为主的绿化隔离带;城区工业集中整合,退二进三,关停并转;加强管理,禁止高噪声活动,综合整治。

6 城市功能区调整建议

泊头市区新编总体规划较为合理，但铁路以东的居住区位于工业园区之间，其环境质量必然受到工业污染的较大影响，不宜设置。

为解决集中供热，应在东部工业区建设一座热电站，取代总体规划中的六个供热站，以减少大气污染，提高总体效益。

从水和声环境功能来看，零星分布于市区的工业企业应向工业园区集中，散布于街道两侧的居民户应向居住小区集中，既有利于水环境保护，也可避免居民生活受交通噪声的影响。

7 规划实施的保证措施

7.1 管理措施

7.1.1 法规措施

依照有关环保法律法规，制定泊头市区环境规划实施办法，建立和完善规划管理制度。明确各级政府对本辖区环境质量负责的责任主体地位，将加强环境保护和生态建设作为各级政府的重要职责，把制定规划、各部门协调联动、总量控制和限期治理等工作摆上各级政府的议事日程。强化市环保局的环境保护统一监管职能，施行环境保护一票否决制度。

7.1.2 政策保证

把环境规划纳入国民经济和社会发展计划中。经济与环境相互依存、相互促进又相互制约，环境规划纳入国民经济和社会发展计划中，是协调环境与社会经济关系不可缺少的手段。

将环境规划目标及指标纳入国民经济和社会发展计划，并体现目标、指标的层次性、阶段性。

将环境保护资金纳入国民经济和社会发展计划，在国民经济和社会发展计划的投资中列入环境规划的环保投资计划，包括环保投资的比例和贷款份额。

将环境建设项目纳入国民经济和社会发展计划，在国民经济和社会发展计划的各类项目计划中包括环境建设项目。

环境技术政策实现 5 个转变，即：环境规划从经济制约型向经济环境协调型转变；污染控制方式从点源治理向点源治理与集中控制相结合转变；污染控制途径从末端治理向生产消费全过程控制转变；污染控制管理从浓度控制向污染物总量控制转变；环保工作从以污染控制为主向污染控制与保护、生态和环境建设并重方向转变。

7.1.3 行政措施

泊头市城区环境规划由泊头市环境保护局负责监督实施。泊头市环境保护局负责以环境规划为依据，编制环境保护年度计划，把规划中确定的环境保护任务、目标层层分解、落实，并定期进行检查和总结。环境规划按照法定程序审批下达后，在泊头市环境保护局的监督管理下，市各有关部门应根据规划中对本单位提出的任务要求，组织各方面力量，促使规划付诸实施。

泊头市环境保护局可充分利用我国现行的各项环境管理制度，强化环境管理，保证环境规划的顺利实施。主要的环境管理制度有以下几条。

环境影响评价制度：对拟建项目、区域开发计划及有关政策实施后可能对环境造成的影响进行预测评估，规定减缓环境影响的措施。

"三同时"制度：新建、扩建、改建项目和技术改造项目、自然开发项目，以及可能对环境造成损害的工程建设，其防治污染和其他公害的设施，必须与主体工程同时设计、同时施工、同时投产。

排污收费制度：对于向环境排放污染物或者超过国家排放标准排放污染物的排污者，根据规定收取一定的费用。

环境保护目标责任制：规定一个区域、一个部门、一个单位环境保护的主要责任者和责任范围，使执行环境保护基本国策、自觉落实环境规划成为各级领导的共识。

城市环境综合整治定量考核：施行城市环境综合整治定量考核制度，使城市环境综合整治工作定量化、规范化，促使环境规划落到实处。

排污许可证制度：以改善环境质量为目标，以污染物总量控制为基础，对排污的种类、数量、性质、去向、方式等做出具体规定。

污染集中控制制度：污染控制走集中与分散相结合，以集中控制为主的发展方向，以便充分发挥规模效应的作用。

污染限期治理制度：在污染源调查、评价基础上，以环境规划为依据，突出重点，分期分批对污染危害严重、群众反映强烈的污染源、污染物、污染区域采取限定治理时间、治理内容、治理效果的强制性措施。

本着污染治理与生态保护并重的原则，大力推行清洁生产，采取总量控制、以新带老、达标排放等管理措施，积极促进水土保持、绿化美化和生态建设，努力实现规划目标。

7.1.4 环保队伍建设

加强环保管理和执法队伍建设和培训，提高人员素质和执法水平，实行环境保护行政执法责任制和执法过错责任追究制。

7.2 经济措施

7.2.1 环保资金来源

实施环境规划的资金来源目前有三个渠道，一是各类建设项目的环保投资，二是城市基础设施建设资金，三是企业生产技术更新改造资金。

（1）各类建设项目的环保投资

各类建设项目的环保投资，主要包括"三同时"资金，企业扩改资金环保部分，环保补助资金，综合利用利润留成，企业自筹环保资金等。一切新建、扩建、改建工程项目，必须严格执行"三同时"规定，并把治理污染所需资金纳入固定资产投资计划。有关部门和企业所掌握的更新改造资金中，每年应拿出 7%用于污染治理，污染严重、治理任务重的，用于污染治理的资金比例可适当提高。企业缴纳的排污费，有80%要作为企业或主管部门治理污染源的补助资金。企业为防治污染、开展综合利用项目所生产产品实现的利润，可在 5 年内不上交，留给企业继续治理污染。企业消除污染、治理"三废"、开展综合利用项目的资金，可向银行申请优惠贷款，自筹一部分资金。

（2）城市基础设施建设资金

城市基础设施建设可以产生良好的环境效益，城市基础设施建设资金可以为实现环境目标提供保证，是实现环境规划资金来源的一个主要渠道。这部分资金一般主要用于以下几个方面：能源结构改造建设；集中供热；污水处理；垃圾处理；城区绿化；有害废物处理等。

（3）企业生产技术更新改造资金

企业生产技术更新改造资金可以从生产工艺过程中降低污染物的产生和排放量，企业通过节能、节水技术改造，淘汰落后工艺和设备，施行清洁生产，在产品换代、设备更新和工艺技术改造的同时，也伴随着污染源的治理和污染物的削减，该资金是实施环境规划的又一个重要资金来源。

泊头市可根据自身的情况，积极拓展环境保护资金来源的新渠道，如适当加大市财政对城镇基础设施建设及环境保护的投资力度，设立环境保护基金，专款专用；引入市场化运营机制，鼓励环保投资公司将资金投入环境保护事业，根据环境投资效益计算公司的收益；改善投资环境，积极吸引社会闲散资金（捐助等）、民间资金及海外投资，积极争取外国政府贷款和赠款；逐步征收生态环境补偿费，建立生态环境恢复专项基金；争取上级拨款；随着经济的发展，逐步开征环境税等。多渠道筹集环境保护资金，用于泊头市城区的环境保护和生态建设，增加环境规划实施的资金支持力度。

7.2.2 环保投资比例

环保投资比例是指环保投资占同期国民生产总值的比例。根据有关研究结果，污染治理投资占同期国民生产总值的比例为 1%时，可以控制环境污染发展的势头，基本维持环境现状。污染治理投资占同期国民生产总值的比例为 2%时，经济、社会和环境可协调的发展。生态环境部提出的控制环境污染发展的环保投资应占同期国民生产总值的1%，改善和解决环境问题的环保投资分别应占同期国民生产总值的1.6%和2.4%。

根据泊头市的经济实力和环境现状，其环境保护投资应达到生态环境部提出的比例，并随着经济的发展不断提高。具体目标为：近期 2005 年达到 1.2%，中期 2010 年达到 1.6%，远期 2020 年达到 2.4%。2003—2005 年累计环境基础设施投资约为 1.6 亿元，其中环保治理投资 0.3 亿元；2006—2010 年累计环境基础设施投资约为 5.0 亿元，其中环保治理投资 3.4 亿元；2010—2020 年累计环境基础设施投资约为 13.0 亿元，其中环保治理投资 1.3 亿元。即在规划期内环保治理总投资 5.0 亿元。

7.2.3 环保投资分配

环保投资分配依据以下原则：超标指数大者优先，危害权重大者优先，注重经济效益，采取综合防治措施，技术成熟且可行者优先。环保投资的效益指环保投资带来的社会、经济、环境综合效益，通过"费用—效益"分析，对城市环保投资决策得出有益的指导性结论。

7.3 技术措施

7.3.1 加强环境监测

在规划实施期间，泊头市环保监测机构应从机构设置、设备配置、人员培训等几方面加强自身能力建设。根据环境规划，调整其环境监测计划，增加市区河渠水监测断面 1～3 个，完成环境质量常规监测，定期进行污染源监督监测，严格"三同时"竣工验收监测，积极推进主要治理设施在线监测，及时进行污染事故应急监测和纠纷仲裁监测等。通过上述几个方面监测能力的建设，保证环境规划的实施。

7.3.2 推广国家重点环保实用技术

泊头市环保局应在环境管理中，依据国家重点环境保护实用技术推广管理办法的有关规定，鼓励企业优先选用先进的污染防治技术、资源综合利用技术、生态保护技术、清洁生产技术等，积极推广国家重点环保实用技术，可采用指令性、指导性、市场扩散三种方式。

7.3.3 加强环境保护科学研究

在环境规划实施过程中，泊头市环保局应根据规划实施中出现的问题，有针对性地加强环境保护科学研究工作，通过环保技术咨询、技术服务、技术推广、技术引进、技术开发等多种形式，从技术层面保证环境规划的实施。

城市环境质量全面达标规划审查技术要点

一、总体要求

1. 城市环境质量全面达标规划是城市环境保护规划的组成部分，是具有阶段性目标的环境保护专项规划。规划中应具有城市环境质量目标、污染物排放总量控制目标、环境建设和环境管理项目等内容，并对以上内容进行统筹考虑、统一协调。规划要从各地的实际情况出发，与城市发展总体规划、城市环境保护规划相吻合，申报国家环境保护模范城市的要与创模规划相协调，重点流域内的城市应与重点流域规划相协调。

2．重点城市环境质量全面达标规划目标为到 2010 年各城市环境质量按照功能区全面达标，规划基准年为 2002 年，规划近期为 2005 年，规划远期为 2010 年。

3．城市环境质量全面达标规划的规划范围为城市市区行政管辖区域，环境功能区达标的考核范围与规划范围一致；考核标准是《环境空气质量标准》（GB 3095）及 2000 年修改单、《地表水环境质量标准》（GB 3838）、《城市区域环境噪声标准》（GB 3096）和《海水水质标准》（GB 3079）。

4．规划中要明确各城市环境功能区划。环境功能区划要结合城市环境质量的现状、自然地理条件、环境使用功能、规划功能及其相应的国家标准进行分析、评价和可行性论证，经市政府批准划定噪声功能区、大气功能区，地面水环境功能区经省政府批准并报生态环境部备案，视为规划依据。

5．城市市区行政管辖区域的所有功能区均达标，即为该城市环境质量全面达标。所有环境功能区都必须有监测点位，没有监测点位的功能区按该功能区不达标计算。

6．达标规划中要有科学合理的功能区达标方案。规划达标方案的制定要结合城市环境质量目标、环境容量、污染物排放总量控制、生态环境保护、城镇环境基础设施建设、环境管理能力和规划实施的保障措施等方面加以分析，使规划制定建立在对城市社会、经济、环境等方面清晰、翔实的评价基础之上。

7．规划要提出保证规划目标得以实现的分阶段的重点工程和投资方案，工程设计要切实可行，具有较强的可操作性。规划中要提出保证规划实施的专门的管理制度和政策。

二、水环境质量达标规划审查技术要求

1．关于基础数据

规划使用的废水排放量、COD 排放量及氨氮排放量等基础数据必须和环境统计、排污申报登记等数据衔接，以确保数据的可靠性；

对于中小企业发达的地区，环统数据可能偏小，需利用用水量、工业产值等数据对环统数据进行修正；

排污数据必须分水环境功能区（对出于当地水环境管理需要而必须对水环境功能区进行整合的，排污数据需对应到整合后的水环境功能区）；

水质监测数据必须分水期采用单因子评价法进行评价。

2．水环境功能区的达标评定

按监测频次要求取得全部监测数据，经统计计算有大于 85% 的达标率，即为该点位达标；每个环境功能区中全部监测点位均达标，即为该类水环境功能区环境质量达标。

3．关于水环境容量计算结果

水环境容量计算结果必须与我局污控司正在进行的《全国水环境容量核定》工作衔接，技术要求如下：

水文参数：一般情况下，设计流量选择近 10 年最枯月流量；

模型选择：原则上推荐按照单因子、一维模型进行模拟计算；地处大江大河沿岸的地市必须采用二维模型进行水环境容量计算，明确计算采用的边界条件（如岸边污染带的长度、宽度等）；

容量计算结果：将水质模拟计算结果扣除面源份额等作为可利用水环境容量，以此作为污染物排放量分配的参考。

4．关于水环境保护目标

水质污染控制因子筛选及目标确定：地表水环境质量标准中规定的 29 个项目原则上均作为考核因子，重点指标是 pH 值、溶解氧、生化需氧量、高锰酸盐指数、氨氮、石油类、汞、铅、挥发酚（湖、库增加总磷、总氮两项指标）及该城市的特征污染物。各地区可根据当地的历年水质监测结果选择确定主要污染因子，并据此筛选水污染控制指标。主要污染因子是污染分担率占 90% 的污染因子（COD 和氨氮为必选项目，湖库增加总磷、总氮两项指标）。

将水环境功能区规定的水体使用功能对应的水质类别作为水环境保护的最终目标，并根据当地的水污染治理水平、经济发达程度、工业结构、水文及水资源特征等制定阶段目标，目标制定时必须考虑其可达性。

水污染物容量总量控制目标：在全国范围内将 COD 和氨氮作为主要污染物容量总量控制指标，各地区可根据实际情况，增加特征污染物因子及控制目标。

5．近岸海域功能区达标评定

每个监测点位指标 85% 监测项达标即为该测点该次监测达标，按监测频次要求，每次均达标，即为该点位达标；每个功能区中全部监测点位均达标，即为该类水功能区环境质量达标。

6．关于水污染治理项目

水污染治理项目的设计必须有针对性，应根据各水环境功能区的水环境问题去筛选。在开列水污染治理项目清单后，需根据其必要性和重要性进行排序，给出各项目的责任部门、资金筹措安排、完成时限等。

三、大气环境质量达标规划审查技术要求

1．关于基础数据

规划使用的污染源数据、环境质量监测数据、气象数据等，可利用容量核算工作的基础，但需给出必要的分析和论述。

如报告中要给出点、面、线（机动车污染较重城市）等污染源的划分原则和方法。

对点、面排放高度的划分不做硬性规定，但对于高于 30 m 的点源作为面源考虑时，需从源的性质、排放强度及与区域整体的关系方面作出合理的分析。

对于现状质量评价，根据现有监测数据，按照时间（四季）、空间分布评价 2002 年大气环境质量，分析近年来（至少从 2000—2002 年）环境质量变化发展趋势。

2. 空气功能区达标评定

所有国家认证的点位均应参加评价。对于全部为自动监测站的城市，二级及好于二级天数的比例大于 85%，即为该点位达标；对于无空气自动监测站或部分点位是自动监测站的城市，每个监测点位按监测频次要求取得全部监测数据，求得年日均值，达到《环境空气质量标准》，即为该点位达标；每个功能区中全部监测点位均达标，即为该大气功能区环境质量达标。

3. 关于大气环境容量计算结果

大气环境容量计算结果必须和我局污控司正在进行的《城市大气环境容量核定》工作衔接，计算模型的选择最好与其一致，技术要求如下：

对于可选用 A-P 值法计算容量的城市，除了用 A 值法计算大气环境容量外，还要用 P 值法对现状污染源的地面环境质量影响进行分析，并根据地面浓度进一步控制污染物排放量，得出允许排污总量。

对于选用多源模型计算容量的城市，要详细阐明所选用多源模式的技术特点和适用条件，阐明气象数据和污染源数据整理成模型所用数据的技术过程。要应用模型计算分析现状污染源布局的地面环境质量影响，根据地面环境质量达标的要求进一步控制污染物排放量，得出满足实际环境容量的总量。

4. 关于大气环境保护目标

大气污染物环境质量达标考核指标：PM_{10}（或 TSP）、SO_2、NO_2（或 NO_x）及该城市的特征污染物，超大城市增加 O_3。按照大气环境功能区划要求，将各项指标对应的国家环境质量标准作为大气环境保护的最终目标，并根据当地的大气污染治理水平、经济发达程度、工业结构、气象条件、地形地貌特征等条件制定阶段目标，目标制定时必须考虑其可达性。

5. 关于大气污染治理项目

大气污染治理项目的设计必须有针对性，在对点、面源削减进行综合考虑的基础上，应重点考虑点源的优化分配和布局，节能、清洁能源的使用等。在开列大气污染治理项目清单后，需根据其必要性和重要性进行排序，给出各项目的责任部门、资金筹措安排、完成时限等。

6. 其他

其他技术细节和步骤可参考《环境保护城市环境质量全面达标规划技术导则》中的城市空气环境质量达标规划章节。

四、固体废物规划审查技术要求

1．现状调查与问题分析

现状产生量调查是编制固体废物规划的基础性工作，需要获取可靠资料，尤其是对生活和医疗废物，很多地区没有做过系统调查，此次规划务必完成这项工作；在调查时要采用常住人口（五普人口）替代户籍人口，工业固体废物调查的范围要包括历年贮存量。

对于生活垃圾，现状调查还需要包括生活垃圾组成分析、环境卫生系统建设概况，垃圾处理设施的建设、运营情况（数量、规模、是否满足无害化处置要求）等内容。

对于工业固体废物，要列出当地工业固体废物产生的主要种类，影响工业固体废物综合利用率低下的主要原因。

对于危险废物，需要对目前危险废物的收集、运输、储存和处理处置等内容进行系统调查和评价。

2．产生量预测

产生量预测中，参数的取值要符合当地实际，避免未来产生量的预测出现过大或过小的情况。

3．目标与指标

规划指标中，必须包括工业固体废物处置利用率、生活垃圾无害化处理率、危险废物安全处置率指标；对于大城市需要增加工业固体废物资源化利用率、城镇生活垃圾分类收集率等。

4．建设任务

开列固体废物治理项目清单，根据项目的必要性和重要性进行排序，给出各项目的责任部门、资金筹措安排和完成时限等。

对于生活垃圾，要提出适合当地城市特征和垃圾特点的生活垃圾分类收集方案；根据各种生活垃圾处理方式的特点和当地生活垃圾产生特征，选择出适合于当地生活垃圾的处理方法，处理方案要强调综合处理和区域联合处理，以使垃圾处理设施建设满足规模化、合理化要求；同时规划中要强调对现有处理设施的无害化改造和逐步淘汰污染严重的小型处理设施。

对于工业固体废物，规划中要强调前端控制；提出推动工业固体废物综合利用开展的有效鼓励政策措施，尤其强调固体废物在建材行业、冶金行业和环保产业中的综合利用；提出建立一般工业固体废物安全处置中心的方案。

对于危险废物，工业危险废物要强调开展清洁生产和综合利用，鼓励集中处置；医疗废物强调采取建设集中处置设施来处理本市及所辖区县的医疗废物。

对于废旧电子电器，经济发达城市需要提出收集网点和资源化、无害化处理方案。

五、环境质量全面达标噪声规划审查技术要求

1. 现状调查与问题分析

规划中需要附上市政府批准的噪声功能区划方案。通过对交通干线噪声、工业噪声、建筑施工和社会噪声的调查以及根据环保的信访材料，找出当地主要噪声污染源。评价内容包括对噪声敏感区，主要噪声源种类、数量、受噪声影响的人口分布等情况进行分析。

2. 噪声功能区达标评定

每类功能区噪声监测结果，按昼夜等效声级（L_{dn}）分别达到相应功能区昼夜标准，即为本季度该类功能区噪声达标（同一功能区有多个测点时，按算术均值计）。按监测频次达标比例大于85%，即为该点位达标；所有功能区均达标，即为该市功能区噪声达标。

3. 规划目标与指标

根据噪声污染的预测和噪声污染控制功能分区的要求，确定规划期间噪声削减控制目标。对于交通噪声，提出交通干线在规划水平年达标率要求；对于环境噪声，提出各功能区环境噪声在规划水平年达标率要求。

4. 噪声污染控制方案

开列噪声污染控制治理项目清单，根据项目的必要性和重要性进行排序，给出各项目的责任部门、资金筹措安排、完成时限等。

对于交通噪声污染控制，需要提出声源控制和配套设施的改造方案，对未来道路建设和汽车管理提出具体要求。

对于工矿企业噪声污染控制，从技术措施和管理措施上提出具体改造和设计方案。

对于建筑施工噪声和社会生活噪声污染控制，提出有效的管理措施。

附　录

1 适用范围

本标准规定了环境空气质量功能区划分分类、标准分级、污染物项目、平均时间及浓度限值、监测方法、数据统计的有效性规定及实施与监督等内容。

本标准适用于环境空气质量评价与管理。

4 环境空气质量功能区分类和质量要求

4.1 环境空气功能区分类

环境空气功能区分为两类：一类区为自然保护区、风景名胜区和其他需要特殊保护的区域；二类区为居住区、商业交通居民混合区、文化区、工业区和农村地区。

4.2 环境空气功能区质量要求

一类区适用一级浓度限值，二类区适用二级浓度限值。一、二类环境空气功能区质量要求见表 1 和表 2。

表 1　环境空气污染物基本项目浓度限值

序号	污染物项目	平均时间	浓度限值		单位
			一级	二级	
1	二氧化硫（SO$_2$）	年平均	20	60	μg/m^3
		24 h 平均	50	150	
		1 h 平均	150	500	
2	二氧化氮（NO$_2$）	年平均	40	40	
		24 h 平均	80	80	
		1 h 平均	200	200	
3	一氧化碳（CO）	24 h 平均	4	4	mg/m^3
		1 h 平均	10	10	

序号	污染物项目	平均时间	浓度限值		单位
			一级	二级	
4	臭氧（O₃）	日最大 8 h 平均	100	160	μg/m³
		1 h 平均	160	200	
5	颗粒物（粒径小于等于 10 μm）	年平均	40	70	
		24 h 平均	50	150	
6	颗粒物（粒径小于等于 2.5 μm）	年平均	15	35	
		24 h 平均	35	75	

表 2　环境空气污染物其他项目浓度限值

序号	污染物项目	平均时间	浓度限值		单位
			一级	二级	
1	总悬浮颗粒物（TSP）	年平均	80	200	μg/m³
		24 h 平均	120	300	
2	氮氧化物（NOₓ）	年平均	50	50	
		24 h 平均	100	100	
		1 h 平均	250	250	
3	铅（Pb）	年平均	0.5	0.5	
		季平均	1	1	
4	苯并[a]芘（BaP）	年平均	0.001	0.001	
		24 h 平均	0.002 5	0.002 5	

附录二　地表水环境质量标准（GB 3838—2002）（摘录）

为贯彻《中华人民共和国环境保护法》和《中华人民共和国水污染防治法》，防治水污染，保护地表水水质，保障人体健康，维护良好的生态系统，制定本标准。

1 范围

1.2 本标准适用于中华人民共和国领域内江河、湖泊、运河、渠道、水库等具有使用功能的地表水水域执行相应的专业用水水质标准。

3 水域功能和标准分类

依据地表水水域环境功能和保护目标，按功能高低依次划分为五类：

Ⅰ类　主要适用于源头水、国家自然保护区；

Ⅱ类　主要适用于集中式生活饮用水地表水水源地一级保护区、珍稀水生生物栖息地、鱼虾类产卵场、仔稚幼鱼的索饵场等；

Ⅲ类　主要适用于集中式生活饮用水地表水水源地二级保护区、鱼虾类越冬场、洄游通道、水产养殖区等渔业水域及游泳区；

Ⅳ类　主要适用于一般工业用水区及人体非直接接触的娱乐用水区；

Ⅴ类　主要适用于农业用水区及一般景观要求水域。

对应地表水上述五类水域功能，将地表水环境质量标准基本项目标准值分为五类，不同功能类别分别执行相应类别的标准值。水域功能类别高的标准值严于水域功能类别低的标准值。同一水域兼有多类使用功能的，执行最高功能类别对应的标准值。实现水域功能与达功能类别标准为同一含义。

表1　地表水环境质量标准基本项目标准限值　　　　单位：mg/L

序号	项目　标准值　分类		Ⅰ类	Ⅱ类	Ⅲ类	Ⅳ类	Ⅴ类
1	水温/℃			人为造成的环境水温变化应限制在：周平均最大温升≤1　周平均最大温降≤2			
2	pH值（无量纲）		6～9				
3	溶解氧	≥	饱和率90%（或7.5）	6	5	3	2
4	高锰酸盐指数	≤	2	4	6	10	15
5	化学需氧量（COD）	≤	15	15	20	30	40
6	五日生化需氧量（BOD₅）	≤	3	3	4	6	10
7	氨氮（NH₃-N）	≤	0.15	0.5	1.0	1.5	2.0
8	总磷（以P计）	≤	0.02（湖、库0.01）	0.1（湖、库0.025）	0.2（湖、库0.05）	0.3（湖、库0.1）	0.4（湖、库0.2）
9	总氮（湖、库，以N计）	≤	0.2	0.5	1.0	1.5	2.0
10	铜	≤	0.01	1.0	1.0	1.0	1.0
11	锌	≤	0.05	1.0	1.0	2.0	2.0
12	氟化物（以F⁻计）	≤	1.0	1.0	1.0	1.5	1.5
13	硒	≤	0.01	0.01	0.01	0.02	0.02
14	砷	≤	0.05	0.05	0.05	0.1	0.1
15	汞	≤	0.00005	0.00005	0.0001	0.001	0.001
16	镉	≤	0.001	0.005	0.005	0.005	0.01
17	铬（六价）	≤	0.01	0.05	0.05	0.05	0.1
18	铅	≤	0.01	0.01	0.05	0.05	0.1

序号	项目 \ 标准值 \ 分类		I类	II类	III类	IV类	V类
19	氰化物	≤	0.005	0.05	0.2	0.2	0.2
20	挥发酚	≤	0.002	0.002	0.005	0.01	0.1
21	石油类	≤	0.05	0.05	0.05	0.5	1.0
22	阴离子表面活性剂	≤	0.2	0.2	0.2	0.3	0.3
23	硫化物	≤	0.05	0.1	0.2	0.5	1.0
24	粪大肠菌群/（个/L）	≤	200	2 000	10 000	20 000	40 000

5 水质评价

5.1 地表水环境质量评价应根据应实现的水域功能类别，选取相应类别标准，进行单因子评价，评价结果应说明水质达标情况，超标的应说明超标项目和超标倍数。

5.2 丰、平、枯水期特征明显的水域，应分水期进行水质评价。

5.3 集中式生活饮用水地表水源地水质评价的项目应包括表 1 中的基本项目、表 2 中的补充项目以及由县级以上人民政府环境保护行政主管部门从表 3 中选择确定的特定项目（表 2、表 3 略）。

7 标准的实施与监督

7.1 本标准由县级以上人民政府环境保护行政主管部门及相关部门按职责分工监督实施。

7.2 集中式生活饮用水地表水源地水质超标项目经自来水厂净化处理后，必须达到《生活饮用水卫生规范》的要求。

7.3 省、自治区、直辖市人民政府可以对本标准中未作规定的项目，制定地方补充标准，并报国务院环境保护行政主管部门备案。

附录三　城市区域环境噪声标准（GB 3096—2008）（摘录）

　　为贯彻《中华人民共和国环境噪声污染防治法》，防治噪声污染，保障城乡居民正常生活、工作和学习的声环境质量，制定本标准。

1 适用范围

　　本标准规定了五类声环境功能区的环境噪声限值及测量方法。

　　本标准适用于声环境质量评价与管理。

　　机场周围区域受飞机通过（起飞、降落、低空飞越）噪声的影响，不适用于本标准。

3 术语和定义

3.4 昼间 day time、夜间 night time

根据《中华人民共和国环境噪声污染防治法》，"昼间"是指 6:00 至 22:00 之间的时段；"夜间"是指 22:00 至次日 6:00 之间的时段。

县级以上人民政府为环境噪声污染防治的需要（如考虑时差、作息习惯差异等）而对昼间、夜间的划分另有规定的，应按其规定执行。

4 声环境功能区分类

按区域的使用功能特点和环境质量要求，声环境功能区分为以下五种类型：

0 类声环境功能区：指康复疗养区等特别需要安静的区域。

1 类声环境功能区：指以居民住宅、医疗卫生、文化教育、科研设计、行政办公为主要功能，需要保持安静的区域。

2 类声环境功能区：指以商业金融、集市贸易为主要功能，或者居住、商业、工业混杂，需要维护住宅安静的区域。

3 类声环境功能区：指以工业生产、仓储物流为主要功能，需要防止工业噪声对周围环境产生严重影响的区域。

4 类声环境功能区：指交通干线两侧一定距离之内，需要防止交通噪声对周围环境产生严重影响的区域，包括 4a 类和 4b 类两种类型。4a 类为高速公路、一级公路、二级公路、城市快速路、城市主干路、城市次干路、城市轨道交通（地面段）、内河航道两侧区域；4b 类为铁路干线两侧区域。

5 环境噪声限值

5.1 各类声环境功能区适用表 1 规定的环境噪声等效声级限值。

表 1　环境噪声限值　　　　　　　　　单位：dB（A）

声环境功能区类别		时段	
		昼间	夜间
0 类		50	40
1 类		55	45
2 类		60	50
3 类		65	55
4 类	4a 类	70	55
	4b 类	70	60

5.2 表 1 中 4b 类声环境功能区环境噪声限值，适用于 2011 年 1 月 1 日起环境影响评价文件通过审批的新建铁路（含新开廊道的增建铁路）干线建设项目两侧区域；

5.3 在下列情况下，铁路干线两侧区域不通过列车时的环境背景噪声限值，按昼间 70 dB（A）、夜间 55 dB（A）执行：

　　a）穿越城区的既有铁路干线；

　　b）对穿越城区的既有铁路干线进行改建、扩建的铁路建设项目。

　　既有铁路是指 2010 年 12 月 31 日前已建成运营的铁路或环境影响评价文件已通过审批的铁路建设项目。

5.4 各类声环境功能区夜间突发噪声，其最大声级超过环境噪声限值的幅度不得高于 15 dB（A）。

附录四　小城镇环境规划编制导则（环发〔2002〕82 号）

　　编制小城镇环境规划是搞好小城镇环境保护的一项基础性工作。为指导和规范小城镇环境规划的编制工作，国家环境保护总局和建设部制定了《小城镇环境规划编制导则》（以下简称《导则》）。《导则》适用于各地建制镇（含县、县级市人民政府所在地）环境规划的编制。

一、总则

1．编制依据

国家和地方环境保护法律、法规和标准

国家和地方"国民经济和社会发展五年计划纲要"

国家和地方"环境保护五年计划"

小城镇环境规划编制任务书或有关文件

2．指导思想与基本原则

编制小城镇环境规划的指导思想是：贯彻可持续发展战略，坚持环境与发展综合决策，努力解决小城镇建设与发展中的生态环境问题；坚持以人为本，以创造良好的人居环境为中心，加强城镇生态环境综合整治，努力改善城镇生态环境质量，实现经济发展与环境保护"双赢"。

编制小城镇环境规划应遵循以下原则：

（1）坚持环境建设、经济建设、城镇建设同步规划、同步实施、同步发展的方针，实现环境效益、经济效益、社会效益的统一。

（2）实事求是，因地制宜。针对小城镇所处的特殊地理位置、环境特征、功能定位，正确处理经济发展同人口、资源、环境的关系，合理确定小城镇产业结构和发展规模。

（3）坚持污染防治与生态环境保护并重、生态环境保护与生态环境建设并举。预防为主、保护优先，统一规划、同步实施，努力实现城乡环境保护一体化。

（4）突出重点，统筹兼顾。以建制镇环境综合整治和环境建设为重点，既要满足当代经济和社会发展的需要，又要为后代预留可持续发展空间。

（5）坚持将城镇传统风貌与城镇现代化建设相结合，自然景观与历史文化名胜古迹保护相结合，科学地进行生态环境保护和生态环境建设。

（6）坚持小城镇环境保护规划服从区域、流域的环境保护规划。注意环境规划与其他专业规划的相互衔接、补充和完善，充分发挥其在环境管理方面的综合协调作用。

（7）坚持前瞻性与可操作性的有机统一。既要立足当前实际，使规划具有可操作性，又要充分考虑发展的需要，使规划具有一定的超前性。

3．规划时限

以规划编制的前一年作为规划基准年，近期、远期分别按 5 年、15～20 年考虑，原则上应与当地国民经济与社会发展计划的规划时限相衔接。

二、规划编制工作程序

小城镇环境规划的编制一般按下列程序进行：

1．确定任务

当地政府委托具有相应资质的单位编制小城镇环境规划，明确编制规划的具体要求，包括规划范围、规划时限、规划重点等。

2．调查、收集资料

规划编制单位应收集编制规划所必需的当地生态环境、社会、经济背景或现状资料，社会经济发展规划、城镇建设总体规划，以及农、林、水等行业发展规划有关资料。必要时，应对生态敏感地区、代表地方特色的地区、需要重点保护的地区、环境污染和生态破坏严重的地区，以及其他需要特殊保护的地区进行专门调查或监测。

3．编制规划大纲

按照附录的有关要求编制规划大纲。

4．规划大纲论证

环境保护行政主管部门组织对规划大纲进行论证或征询专家意见。规划编制单位根据论证意见对规划大纲进行修改后作为编制规划的依据。

5．编制规划

按照规划大纲的要求编制规划。

6．规划审查

环境保护行政主管部门依据论证后的规划大纲组织对规划进行审查，规划编制单位根据审查意见对规划进行修改、完善后形成规划报批稿。

7．规划批准、实施

规划报批稿报送县级以上人大或政府批准后，由当地政府组织实施。

三、规划的主要内容

规划成果包括规划文本和规划附图。

1．规划文本（大纲）

规划文本内容详实、文字简练、层次清楚。基本内容包括：

（1）总论

说明规划任务的由来、编制依据、指导思想、规划原则、规划范围、规划时限、技术路线、规划重点等。

（2）基本概况

规划区自然和生态环境现状、社会、经济、文化等背景情况，介绍规划地区社会经济发展规划和各行业建设规划要点。

（3）现状调查与评价

对规划区社会、经济和环境现状进行调查和评价，说明存在的主要生态环境问题，分析实现规划目标的有利条件和不利因素。

（4）预测与规划目标

对生态环境随社会、经济发展而变化的情况进行预测，并对预测过程和结果进行详细描述和说明。在调查和预测的基础上确定规划目标（包括总体目标和分期目标）及其指标体系，可参照全国环境优美小城镇考核指标。

（5）环境功能区划分

根据土地、水域、生态环境的基本状况与目前使用功能、可能具有的功能，考虑未来社会经济发展、产业结构调整和生态环境保护对不同区域的功能要求，结合小城镇总体规划和其他专项规划，划分不同类型的功能区（如工业区、商贸区、文教区、居民生活区、混合区等），并提出相应的保护要求。要特别注重对规划区内饮用水水源地功能区和自然保护小区、自然保护点的保护。各功能区应合理布局，对在各功能区内的开发、建设提出具体的环境保护要求。严格控制在城镇的上风向和饮用水水源地等敏感区内建设有污染的项目（包括规模化畜禽养殖场）。

（6）规划方案制定

① 水环境综合整治

在对影响水环境质量的工业、农业和生活污染源的分布、污染物种类、数量、排放去向、排放方式、排放强度等进行调查分析的基础上，制定相应措施，对镇区内可能造成水环境（包括地表水和地下水）污染的各种污染源进行综合整治。加强湖泊、水库和饮用水水源地的水资源保护，在农田与水体之间设立湿地、植物等生态防护隔离带，科学使用农药和化肥，大力发展有机食品、绿色食品，减少农业面源污染；按照种养平衡的原则，合理确定畜禽养殖的规模，加强畜禽养殖粪便资源化综合利用，建设必要的畜禽养殖污染治理设施，防治水体富营养化。有条件的地区，应建设污水收集和集中处理设施，提倡处理后的污水回用。重点水源保护区划定后，应提出具体保护及管理措施。

地处沿海地区的小城镇，应同时制定保护海洋环境的规划和措施。

② 大气环境综合整治

针对规划区环境现状调查所反映出的主要问题，积极治理老污染源，控制新污染源。结合产业结构和工业布局调整，大力推广利用天然气、煤气、液化气、沼气、太阳能等清洁能源，实行集中供热。积极进行炉灶改造，提高能源利用率。结合当地实际，采用经济适用的农作物秸秆综合利用措施，提高秸秆综合利用率，控制焚烧秸秆造成的大气污染。

③ 声环境综合整治

结合道路规划和改造，加强交通管理，建设林木隔声带，控制交通噪声污染。加强对工业、商业、娱乐场所的环境管理，控制工业和社会噪声，重点保护居民区、学校、医院等。

④ 固体废物的综合整治

工业有害废物、医疗垃圾等应按照国家有关规定进行处置。一般工业固体废物、建筑垃圾应首先考虑采取各种措施，实现综合利用。生活垃圾可考虑通过堆肥、生产沼气等途径加以利用。建设必要的垃圾收集和处置设施，有条件的地区应建设垃圾卫生填埋场。制定残膜回收、利用和可降解农膜推广方案。

⑤ 生态环境保护

根据不同情况，提出保护和改善当地生态环境的具体措施。按照生态功能区划要求，提出自然保护小区、生态功能保护区划分及建设方案。制定生物多样性保护方案。加强对小城镇周边地区的生态保护，搞好天然植被的保护和恢复；加强对沼泽、滩涂等湿地的保护；对重点资源开发活动制定强制性的保护措施，划定林木禁伐区、矿产资源禁采区、禁牧区等。制定风景名胜区、森林公园、文物古迹等旅游资源的环境管理措施。

洪水、泥石流等地质灾害敏感和多发地区，应做好风险评估，并制定相应措施。

（7）可达性分析

从资源、环境、经济、社会、技术等方面对规划目标实现的可能性进行全面分析。

（8）实施方案

① 经费概算

按照国家关于工程、管理经费的概算方法或参照已建同类项目经费使用情况，编制按照规划要求，实现规划目标所有工程和管理项目的经费概算。

② 实施计划

提出实现规划目标的时间进度安排，包括各阶段需要完成的项目、年度项目实施计划，以及各项目的具体承担和责任单位。

③ 保障措施

提出实现规划目标的组织、政策、技术、管理等措施，明确经费筹措渠道。规划目标、指标、项目和投资均应纳入当地社会经济发展规划。

2．规划附图

（1）规划附图的组成

① 生态环境现状图

图中应注明包括规划区地理位置、规划区范围、主要道路、主要水系、河流与湖泊、土地利用、绿化、水土流失情况等信息。同时，该图应反映规划区环境质量现状。山区或地形复杂的地区，还应反映地形特点。

② 主要污染源分布与环境监测点（断面）位置图

图中应标明水、气、固废、噪声等主要污染源的位置、主要污染物排放量以及环境监测点（或断面）的位置。有规模化畜禽养殖场的，应同时标明畜禽种类和养殖规模等信息。生态监测站等有关自然与生态保护的观测站点，也应标明。

③ 生态环境功能分区图

图中应反映不同类型生态环境功能区分布信息，包括需要重点保护的目标、环境敏感区（点）、居民区、水源保护区、自然保护小区、生态功能保护区、绿化区（带）的分布等。

④ 生态环境综合整治规划图

图中应包括城镇环境基础设施建设：如污水处理厂、生活垃圾处理（填埋）场、集中供热等设施的位置，以及节水灌溉、新能源、有机食品、绿色食品生产基地、农业废弃物综合利用工程等方面的信息。

⑤ 环境质量规划图

图中应反映规划实施后规划区环境质量状况。

⑥ 人居环境与景观建设方案图（选做）

图中应包括人居环境建设、景观建设项目分布等方面的信息。

（2）规划附图编制的技术要求

① 规划图的比例尺一般应为 1/50 000～1/10 000。

② 规划底图应能反映规划涉及的各主要因素，规划区与周围环境之间的关系。规划底图中应包括水系、道路网、居民区、行政区域界线等要素。

③ 规划附图应采用地图学常用方法表示。

附录：规划大纲

规划大纲应根据调查和所收集的资料，对小城镇自然生态环境、区位特点、资源开发利用的情况等进行分析，找出现有和潜在的主要生态环境问题，根据社会、经济发展规划和其他有关规划，预测规划期内社会、经济发展变化情况，以及相应的生态环境变化趋势，确定规划目标和规划重点。

规划大纲一般应包括以下内容：

1 总论

1.1 任务的由来

1.2 编制依据

1.3 指导思想与规划原则

1.4 规划范围与规划时限

1.5 技术路线

1.6 规划重点

2 基本概况

2.1 自然地理状况

2.2 经济、社会状况

2.3 生态环境现状

3 现状调查与评价

3.1 调查范围

3.2 调查内容

3.3 调查方法

3.4 评价指标和方法

4 预测与目标确定

4.1 社会经济与环境发展趋势预测方法

4.2 社会经济与环境指标及基准数据

4.3 环境保护目标和指标

5 环境功能区划分

5.1 原则

附录五 《创建国家环境保护模范城市规划编制大纲》编制技术要求与说明[*]

1 创模基础分析

1.1 城市发展定位

阐述城市性质、类型和发展定位，分析创模对城市及所在区域、流域环境保护的重要意义。

1.2 自然地理状况概述

描述城市的地形、地貌、气候、水文、植被等自然地理特征。

1.3 社会经济状况分析

主要包括以下内容：

（1）分析社会发展状况，包括人口、教育、民族、文化等。

（2）分析城市建设发展状况，包括城镇化水平、城镇体系结构、城市空间布局、基础设施等。

（3）分析经济和产业结构现状，包括经济发展水平、经济结构、工业产业结构和布局、资源能源供给与利用状况。

---

[*] "《规划》各章节编制技术要求和说明"中内容是对编制单位提出的应注意的工作要求、应达到的目标、应达到的效果以及应重点关注的工作内容等，并非规划文本本身，编制过程中不得照搬"《规划》各章节编制技术要求和说明"中内容。

（4）识别主要污染来源。

1.4 生态环境现状评价

分析城市生态环境质量总体状况、基本特征和演变趋势。

1.5 污染防治与生态建设评价

（1）分析城市近几年污染防治和生态建设情况，主要包括以下内容：分析城市生活污水、垃圾、危险废物和医疗废物处理处置等环境基础设施建设和运营的情况。

（2）分析除环境基础设施以外城市各要素和领域污染防治情况，强化分析工业污染防治情况，分析工业企业污染排放达标状况。

（3）分析城市生态修复、水土流失治理、防风固沙和园林绿地建设的情况。

（4）分析城市环境综合整治定量考核年度考核情况。

1.6 环境管理现状评价

（1）分析环境保护目标责任制、环境影响评价等主要环境管理制度落实情况，环境宣教和公共参与的情况。

（2）分析环境保护能力建设情况，包括环境保护机构建设，监测、监察、信息化和标准化建设的情况。

（3）分析城乡环境卫生及管理的情况。

2 创模的压力与挑战

2.1 社会经济发展趋势分析

从经济发展、人口与城镇化发展、社会发展等方面，分析城市整个规划期内社会经济发展趋势。

2.2 资源环境压力分析

基于社会经济发展趋势，预测规划期内城市土地、水、煤炭等能源资源消耗以及主要污染物排放的增长情况，分析城市资源环境面临的主要压力。

2.3 与相关规划的协调性分析

分析规划与国家重点流域、区域、海域、危险废物处理等环境保护规划（或计划），本市及下辖区（县）、县级市城乡总体规划、土地利用总体规划和其他开发建设规划的协调性，重点分析规划时限、目标指标、主要内容等。

2.4 创模的机遇、压力、挑战的综合分析

从城市社会经济发展、资源能源消耗、环境基础设施改善、生态环境质量提升、环境管理水平提升、人与自然协调等方面，凝练分析创模面临的机遇、压力与挑战。

3 创模指标差距和原因分析

3.1 已经达标的指标情况

3.2 已经达标但存在不达标趋势的指标情况和原因分析

3.2 接近达标需努力改善的指标情况和原因分析

3.3 未达标需重点突破的指标情况和原因分析

此章节是规划文本的核心章节。要结合前两章内容，对照考核指标实施细则的有关要求，深刻体现创模指标内涵，逐项总结各项指标涉及的国家和地方环境保护法律、法规、规划、标准和规范，通过各项指标对应问题的分析，全面把握城市社会经济发展、环境质量改善、环境基础设施和生态建设、环境污染防治、环境安全保障以及环境人文建设等方面的具体差距。

其中：

环境质量指标的差距分析，要强化污染原因分析，明确污染的来源和构成，分析产业污染的特征和贡献度，结合未来社会经济发展形势与主要污染物排放预测，强化总量削减和质量改善的输入响应分析；

环境建设指标的差距分析，要系统分析污染物收集、处理处置设施建设、运营监管和投入保障等方面的差距；环境管理指标的差距分析，除了分析环境保护主管机构的能力差距，还要分析是否构建了政府牵头，环保部门统一监督管理、有关部门分工合作、全社会共同参与的工作机制，工业企业和建设项目环境管理有关制度是否执行到位等方面的差距；

污染防治差距分析，要全面分析各要素和各领域污染防治工作的差距，强化分析促进全社会节能降耗、工业企业在生产环节减少产污量以及污染排放稳定达标等方面的差距。

4 创模总体方案

4.1 编制依据

（1）国家和地方环境、资源、产业相关法律、法规和规定、要求；

（2）国家和地方国民经济和社会发展计划及中长期发展规划；

（3）国家和地方环境保护及生态建设规划；

（4）环境保护部《国家环境保护模范城市考核指标及其实施细则（第六阶段）》（环办〔2011〕3号）；

（5）环境保护部《国家环境保护模范城市创建与管理工作办法》（环办〔2011〕11号）；

（6）地方城乡总体规划、土地利用总体规划；

（7）其他相关法律、法规、规定和要求等。

以上文件以最新发布的版本为准。

4.2 规划范围

规划范围为全市域。

4.3 规划时限

规划基准年为规划编制的前一年，部分数据可用历史数据进行补充。

规划时限不低于 2 年。任务艰巨、时间较长的规划，可分近期、远期进行分阶段设计。

4.4 指导思想

指导思想要全面贯彻落实科学发展观，要把创模作为全面改善城市环境、提升城市发展水平的重要契机和平台。要根据不同城市的类型、发展阶段、面临的主要问题，以及创模的难点、重点、特点，提炼出符合城市特征的指导思想。

4.5 基本原则

规划应着眼于城市经济社会发展全过程，密切结合城市特征，努力解决影响城市可持续发展和长期难以解决的环境问题。一般需要考虑以下方面：

（1）因地制宜，便于操作。从本地实际出发，根据城市所处区域流域、规模类型、环境特征和发展特征的不同，探索富有地方特色的创模道路，找准重点和难点，科学制定目标指标，提出切实有效的任务措施，确保资金投入成效。

（2）全面推进，突出重点。在对创模指标差距进行系统科学分析的基础上，有针对性地谋划解决方案，集中力量持续改进未达标指标，同时巩固提升已达标指标，确保考核指标按照技术要求全面达标。

（3）统筹兼顾，共同参与。规划应统筹促进环境保护与经济社会发展，统筹提升环境治理、环境建设与环境监管水平，统筹改善环境质量与提升文化品位，统筹城乡环境保护。建立持续改进环境质量的长效机制，优化规划实施机制，设计政府牵头、环保部门统一监督管理、有关部门分工合作、全社会共同参与的模式。

4.6 目标指标

参见创模指标及实施细则，具体指标包括经济社会、环境质量、环境建设和环境管理等四类，列表表述规划时段和目标，并注意区分指标内涵中城区、市辖区与全市域的关系。

各地可结合当地实际情况，增加特征性的指标，补充指标主要考虑以创模为契机，紧扣国家环保重点工作，对推进城市全面可持续发展起关键作用的指标。

4.7 战略重点

基于以上分析，从宏观层面、系统角度，明确创模的基本思路、总体框架和战略导向，明确各项任务的优先序列，明确创模需要解决的突出问题、难点问题以及重大行动。

5 环境优化经济增长的主要任务

针对城市经济发展方式、产业结构、资源能源利用，提出环境保护参与综合决策，促进城市布局优化、经济结构战略性调整、产业结构和布局优化调整、节能降耗等方面的任务措施。

任务措施应至少包含以下重点内容：

5.1 促进优化城市发展布局

按照《环境影响评价法》及《规划环境影响评价条例》的要求，市级人民政府及其有关部门组织编制的各类开发建设规划中，应当开展环境影响评价的依法执行规划环境影响评价。

制定实施城市环境功能分区体系，引导城市功能、产业布局与环境功能分区相协调。

5.2 促进经济结构战略性调整

（1）社会经济发展模式契合本地资源环境承载能力，符合区域性、流域性发展要求。

（2）按照建设项目环境管理有关规定，严格执行环境影响评价和"三同时"制度。

（3）严格执行环境准入标准，淘汰落后产能，促进循环经济发展。

（4）推行排污许可证制度。

5.3 降低资源能源消耗

（1）节约土地资源，调整优化能源结构，建设节能节水型社会。

（2）提高工业固体废物综合利用和处置水平，有完备的设施和充足的能力，处理过程符合环保标准规范要求。

5.4 确保工业企业稳定达标排放

（1）严格执行重点行业国家污染物排放标准、清洁生产相关标准，制定和实施地方重点行业污染物排放标准，确定规划期内年度实施计划，确保规划期内完成全市重点企业（双超双有）强制性清洁生产审核。

（2）提高企业治污设施、厂区内部环境和污染源自动监控设施的监督管理水平。建立及时有效处理环保信访和上访事件的机制，着力解决集中、多次信访事件。

6 综合整治提升环境质量的主要任务

与现状评价、趋势预测和差距分析相对应，针对各要素突出环境问题，提出加强综合治理，改善环境质量的任务措施。任务措施应至少包含以下重点内容：

6.1 确保饮用水安全

规范化划定、建设和保护城市饮用水水源地，全面清理整顿保护区内不合乎规范的项目、活动和设施，建立与城市集中饮用水需求量相匹配的备用水源地。

保障饮用水安全，开展饮用水水源地水质全指标监测分析，制定水源地污染事故应急处置预案，严格监管路经水源地的运输活动。

6.2 改善水环境质量

针对水质较差或者达不到功能区划水质要求的重点水体，从影响水质的主要污染源和生产生活活动入手，实施综合整治，改善水质。

对采取一般性措施水质仍然无法达标的水体，可提出人工湿地生态修复等深度治理的任务措施。

6.3 改善大气环境质量

对应城市大气污染特征，采取有针对性的措施，并加强尘污染、有毒有害废气等污染防治，改善大气环境质量。

环境监测结果要客观全面地反映城市空气质量现状，空气质量评价结果要与公众直观感受相一致。将 $PM_{2.5}$ 和臭氧纳入监测、评价与控制范围，要在 1～2 个现有空气监测点位中开展 $PM_{2.5}$ 监测。有条件的城市应按照《环境空气质量标准》逐步开展全指标监测，并提出开展臭氧等新型污染物控制和多污染物协同控制的任务措施。

按照《关于推进大气污染联防联控工作改善区域空气质量的指导意见》（国办发〔2010〕33 号）要求，对属重点区域的城市，要严格开展大气污染联防联控工作。要注重本地区区域大气污染联防联控规划内容和本规划的衔接与统一。

6.4 降低噪声污染

与城市建设扩张速度相适应，同步建设完备的城市区域和交通干线环境噪声监测体系。

政府出台相关监管规定并采取有效措施，有效治理建筑施工、交通、商业等噪声。

6.5 改善土壤环境

开展土壤污染调查，严格监管工矿企业等场地环境污染，开展企业搬迁遗留场地和城市改造场地污染评估。

确定城市周边、重污染工矿企业、集中治污设施周边、饮用水水源地周边、废弃物堆存场地等地的重点治理对象，制定并实施污染场地土壤治理修复计划，对责任主体灭失等历史遗留场地土壤污染也确定治理修复计划。

7 完善城市环境基础设施的主要任务

针对城市污水、垃圾、危险废物和医疗废物无害化处理处置等环境基础设施建设和运营以及生态建设等方面的问题，提出建设环境基础设施和提升设施运营水平以及促进生态建设的任务措施。任务措施应至少包含以下重点内容：

7.1 提高城市生活污水处理水平

逐个对应污水处理厂，提出以下具体任务措施。

建设新城区污水收集配套管网和改造老城区管网，实行雨污分流，采取技术和管理措施切实防止工业污水未经处理排入管网。

新建或完善现有污水处理设施，提高脱氮除磷水平。

在污泥产生、收集、转运、处理的全过程实现规范化管理，全部污泥按处置工艺满足对应的控制标准要求，提高无害化处理水平。

实施严格的运营监管，污水处理厂安装在线监测并确保正常运转，污水处理厂排放的废水、废气及产生的噪声满足排放标准要求。

提高再生水利用率，再生水水质满足城市污水再生利用系列标准要求。

7.2 提高城市生活垃圾处理水平

在生活垃圾产生、收集、转运、处理的全过程实现规范化管理。

建设城镇生活垃圾处理设施，对城乡接合部和周边生活垃圾进行收集处理。建设垃圾渗滤液污染处置工程。严格监管，确保设施稳定运行。

制定并推行包括经费保障在内的长效机制。

积极有效促进垃圾减量化、无害化和资源化。

7.3 促进危险废物和医疗废物依法安全处置

实施危险废物全过程规范化管理。实施完善的申报登记制度；产生、收集、贮存、运输、利用、处置废物的技术、条件符合国家和地方标准规范要求；制定意外事故防范措施和应急预案，涉及跨境运输的，还应有运输路线监控措施。

辖区所有危险废物（含历史遗留危险废物）100%进行综合利用和安全处置，建立完备的管理制度，确保危险废物去向明确并有台账和运行处理记录资料支撑，处置场所污染排放和监测检测符合标准要求。

建设医疗废物无害化处置设施，确保稳定达标运行并有应急处置措施。

制定并推行包括经费保障在内的长效机制。

7.4 加强生态保护、治理、修复和绿地建设

规范化建设和管理自然保护区，保护生物多样性。

严格监管大型建设工程，对重大基础设施工程的不良生态影响进行治理和修复。

建设城市生态廊道，保护生态敏感点。

建设城市绿地系统，提高建成区绿化覆盖率。

在生态建设过程中，要特别注重自然和生态条件，尽可能保留天然林草、河湖水系、滩涂湿地、自然地貌及野生动物等自然遗产，努力维护城市生态平衡；在生态修复过程中，要重视生态的自然恢复和修复，优先保护天然植被，不得以生态建设为名，无视自然生态规律，人为植树造林或毁林造林从而破坏生态。

8 保障城市环境安全的主要任务

按照全防全控的思想，针对本市环境安全涉及的领域和对象，提出加强风险防范，提高污染防治水平的任务措施。

8.1 建立全防全控的环境风险防范体系

调查并确定排放重金属、危险废物、持久性有机污染物和生产使用危险化学品的企业，识别出重点环境风险源、环境敏感点、敏感区域和敏感行业，建立信息动态更新的管理机制。

落实企业防范风险主体责任，从源头提高企业环境事故防范处置能力。建立管理机制，重点突出对重点风险源、重要和敏感区域定期进行专项检查，对高风险企业采取挂牌督办、限期整改、搬迁，以及关停等措施。

建立完善的环境风险应急响应体系，构建政府主导、部门协调、分级负责、属地为主、全社会共同参与的环境应急管理机制，要包括制定完善环境应急预案，提升应急指挥和应急救援能力等内容。

8.2 加强重金属污染防治

此部分工作内容包括开展深度处理、提标升级、行业整合、园区化管理等方式综合防治重金属污染。推动含重金属废弃物减量化和循环利用。逐步解决重金属污染历史遗留问题。提升重金属污染源监管水平。将涉重金属企业纳入重点污染源，建立并实施完善的监管制度，提高重金属监管能力，建立健全重金属污染事件应急预案体系。

8.3 加强危险化学品风险防控

调查城市使用的主要危险化学品，建立管控清单，制定严格限制并逐步淘汰高毒、高残留、对环境和人体健康危害严重的物质生产、销售和使用的措施。若有化工园区的城市，要制定化工园区环境监管与风险防范的措施。

制定严格执行危险化学品生产、储存、运输的相关监管制度，提高危险化学品环境风险评估、安全监管和应急处理能力的措施方案。

8.4 加强放射性物质污染防治

根据城市具体情况，制定确保废旧放射源、放射性废物依法安全处置的方案。提高运输、储存和使用中的监管水平，制定意外事故的防范措施和应急预案。有核设施和重金属污染企业的城市，还应提出相应任务措施。

9 提升环境监管服务水平的主要任务

针对城乡环境保护能力建设、主要环境管理制度落实等方面的问题，提出统筹加强城乡环境管理，完善监管能力，严格落实主要环境管理制度，鼓励全民参与社会行动，提高公众对环境保护工作满意率的任务措施。任务措施应至少包含以下重点内容：

9.1 加强环境保护能力建设

城市及所辖区域内区（县）、县级市建立健全独立的环境保护行政机构，并落实职能、编制和经费。

环境保护监察、监测、信息、宣教等能力建设按照原国家环保总局及环境保护部颁发的标准化建设要求（包括基本要求和专项要求），根据城市实际需要制定规划。市及其所属县均达到分级建设要求。

9.2 落实环境和卫生管理制度

要落实环境保护目标责任制，环境指标纳入党政领导干部政绩考核，建立环保部门统一监督管理，有关部门分工负责的工作机制，评优创先活动实行环保一票否决。

按期完成隶属本地负责实施的国务院批准的国家重点流域、区域、海域、危险废物处理等环境保护规划（或计划）以及国家环境保护、污染防治计划中规定各项国家重点环保项目的保障计划。

创建并获得国家卫生城市称号，未获得该称号的需获得省级卫生城市称号并向全国爱卫会推荐申报国家卫生城市，市容环境卫生达到《城市容貌标准》。

制定有效措施，切实预防城区污染向城乡接合部及所辖县、乡镇地区转移，切实预防并妥善处理由环境卫生或环境污染问题引起的群体性事件。

9.3 推动全社会参与创模

通过媒体主动公布环境保护法律、法规、规章，定期公布有关环境保护目标指标，发布城市空气质量实时数据，以及城市噪声、饮用水水源水质、流域水质、近岸海域水质等环境信息，及时发布污染事故信息。

在当地主流媒体开设创模长期专栏，并以标语、公益广告等形式广泛宣传创模，向群众传达包括当地环境变迁在内的相关信息。

环境教育正式纳入地方中小学课程，满足课时量和学校普及率要求。在学校开展多种形式的环保活动。

倡导绿色消费，城市"限塑令"等相关制度宣传到位，执行到位。

10 创模重大工程及投资方案

10.1 重大工程

要素与领域相结合，从节能减排、各要素污染防治、生态建设，宣传教育和能力建设等方面，凝炼重大工程。各类工程要明确规模、实施期限。已建、在建、拟建项目，国家和地方项目，要明确标明。

10.2 投资估算

根据重大工程的规模、工艺水平（不能明确工艺水平的采用当前比较先进的工艺）、测算依据，分项分类测算投资需求。

10.3 投资渠道

分析工程投资渠道和来源，提出资金筹措方案。

11 创模可达性分析

11.1 可行性分析

11.2 可达性分析

11.3 风险分析

11.4 效益分析

要素与领域相结合，考虑主要风险和不可控因素的影响，采用定性与定量相结合的方法，分析创模主要任务和重大工程的可行性、目标指标的可达性以及规划实施的社会、经济、环境效益。

12 规划实施保障措施

12.1 组织领导

建立并实施市委把握大局、政府狠抓落实、人大监督保障、政协建言献策的工作模式。成立市委、市政府主要领导牵头的创模领导小组，设立创模办公室，通过实施定期协调调度制度，会商、约谈、问责等机制推进创模。

12.2 分解实施

制定创模规划和年度实施方案，分解落实到各个部门和区县政府，签订目标责任状、责任到人，明确阶段进度安排。

12.3 评估考核

建立规划实施的评估考核机制，在年初公布年度实施方案，年底实施评估考核，每年向社会公布包括考核结果在内的工作进展情况。

附表：

附表 1：规划目标指标

附表 2：规划重点工程

表中应注明重点工程的规模、投资、主要工程内容和工程来源。

附表 3：重点任务分工

表中应注明任务的负责部门、单位以及阶段进度安排。

附图：

（1）规划附图的组成

附图 1：区位与行政区划图

附图 2：生态环境现状图

图中应注明包括规划区地理位置、规划区范围、主要道路、主要水系、河流与湖泊、土地利用、绿化、水土流失情况等信息。同时，该图应反映规划区环境质量现状。山区或地形复杂的地区，还应反映地形特点。

附图 3：主要污染源分布与环境监测点（断面）位置图

图中应标明水、气、固废、噪声等主要污染源的位置、主要污染物排放量以及环境监测点（或断面）的位置。有规模化畜禽养殖场的，应同时标明畜禽种类和养殖规模等信息。生态监测站等有关自然与生态保护的观测站点，也应标明。

附图 4：环境功能分区图

图中应反映不同要素的环境功能区分布信息和属性等方面的信息。

附图 5：环境质量目标图

图中应反映规划实施后规划区环境质量状况。

附图 6：环境基础设施建设规划图

图中应包括城镇环境基础设施的位置和属性等方面的信息。

附图 7：区域生态体系规划图等

图中应反映不同类型生态区分布信息，包括需要重点保护的目标、环境敏感区（点）、自然保护区、生态功能保护区，绿化区（带）的分布等。

（2）规划附图编制的技术要求

① 规划图的比例尺一般应为 1/100 000～1/50 000。城区规划图件比例尺一般应为 1/50 000～1/10 000。

② 规划底图应能反映规划涉及的各主要因素，规划区与周围环境之间的关系。规划底图中应包括水系、道路、居民区、行政区域界线等要素。

③ 规划附图应采用地图学常用方法表示。

附录六　环境空气质量功能区划分原则与技术方法
（HJ 14—1996）

前　言

根据《中华人民共和国环境保护法》和《中华人民共和国大气污染防治法》，为配合《环境空气质量标准》（GB 3095—1996）的实施，统一全国环境空气质量功能区划分原则与技术方法，使全国同类环境空气质量功能区的监测数据具有可比性，制定本标准。

本标准从 1996 年 10 月 1 日起实施。

本标准由国家环保总局污染控制司提出。

本标准由国家环保总局负责解释。

1 范围

本标准的适用范围与《环境空气质量标准》一、二、三类环境空气质量功能区相对应，规定了环境空气质量功能区划分原则与技术方法。

本标准适用于全国范围环境空气质量功能区的划分。

2 引用标准

下列标准所包含的条文，通过在本标准中引用而构成为本标准的条文。在标准出版时，所示版本均为有效。

GB 3095—1996 环境空气质量标准

GB/T 14529—93 自然保护区类型与级别划分原则

3 定义

本标准采用下列定义：

3.1 环境空气质量功能区

指为保护生态环境和人群健康的基本要求而划分的环境空气质量保护区。

按 GB 3095—1996 的规定，环境空气质量功能区分为一类环境空气质量功能区、二类环境空气质量功能区和三类环境空气质量功能区。

3.1.1 一类环境空气质量功能区（一类区）

指自然保护区、风景名胜区和其他需要特殊保护的地区。

3.1.2 二类环境空气质量功能区（二类区）

指城镇规划中确定的居住区、商业交通居民混合区、文化区、一般工业区和农村地区，以及一、三类区不包括的地区。

3.1.3 三类环境空气质量功能区（三类区）

指特定工业区。

3.2 自然保护区；风景名胜区

指县级以上人民政府划定的自然保护区、风景名胜区。

自然保护区：按 GB/T 14529—93 的规定，对有代表性的自然生态系统、珍稀濒危动植物物种的天然集中分布区，有特殊意义的自然遗迹等保护对象所在陆地、陆地水体或者海域，依法划出一定面积予以特殊保护和管理的区域。

风景名胜区：指具有观赏、文化或科学价值、自然景物、人文景物比较集中，环境优美，具有一定规模和范围，可供人们游览、休息或进行科学、文化活动的地区。

3.3 需要特殊保护的地区

指因国家政治、军事和为国际交往服务需要，对环境空气质量有严格要求的区域。

3.4 特定工业区

指冶金、建材、化工、矿区等工业企业较为集中，其生产过程排放到环境空气中的污染物种类多、数量大，且其环境空气质量超过三级环境空气质量标准的浓度限值，并无成片居民集中生活的区域，但不包括 1988 年后新建的任何工业区。

3.5 一般工业区

指特定工业区以外的工业企业集中区以及 1998 年 1 月 1 日后新建的所有工业区。

4 环境空气质量功能区划分原则

环境空气质量功能区以保护生活环境和生态环境，保障人体健康，及动植物正常生存、生长和文物古迹为宗旨。划分环境空气功能区应遵循以下原则。

4.1 环境空气质量功能区的划分应充分利用现行行政区界或自然分界线。

4.2 环境空气质量功能区划分宜粗不宜细，严格限制三类区。

4.3 环境空气质量功能区划分时既要考虑环境空气质量现状，又要兼顾城市发展规划。

4.4 不能随意降低原已划定的功能区的类别。

5 环境空气质量功能区划分的方法

环境空气质量功能区的划分应在区域或城市环境功能区（或城市性质）的基础上，根据环境空气质量功能区划分的原则以及地理、气象、政治、经济和大气污染源现状分布等因素的综合分析结果，按环境空气质量标准的要求将区域或城市环境空气划分为不同的功能区域。其划分方法如下。

5.1 分析区域或城市发展规划，确定环境空气质量功能区划分的范围并准备工作底图。

5.2 根据调查和监测数据，以及环境空气质量功能区类别的定义、划分原则等进行综合分析，确定每一单元的功能类别。

5.3 把区域类型相同的单元连成片，并绘制在底图上；同时将环境空气质量标准中例行监测的污染物和特殊污染物的日平均值等值线绘制在底图上。

5.4 根据环境空气质量管理和城市总体规划的要求，依据被保护对象对环境空气质量的要求，兼顾自然条件和社会经济发展，将已建成区与规划中的开发区等所划区域最终边界的区域功能类型进行反复审核，最后确定该区域的环境空气功能区划分的方案。

5.5 对有明显人为氟化物排放源的区域，其功能区应严格按《环境空气质量标准》中的有关条款进行划分。

6 环境空气质量功能区划分的要求

6.1 一、二类功能区不得小于 4 km^2。

6.2 三类区中的生活区，应根据实际情况和可能，有计划地分期分批从三类区迁出。

6.3 三类区不应设在一、二类功能区的主导风向的上风向。

6.4 一类区与三类区之间，一类区与二类区之间，二类区与三类区之间设置一定宽度的缓冲带。缓冲带的宽度根据区划面积、污染源分布、大气扩散能力确定，一般情况下一类区与三类区之间的缓冲带宽度不小于 500 m，其他类别功能区之间的缓冲带宽度不小于 300 m。缓冲带内的环境空气质量应向要求高的区域靠。

6.5 位于缓冲带内的污染源，应根据其对环境空气质量要求高的功能区的影响情况，确定该污染源执行排放标准的级别。

7 标准的实施

7.1 环境空气质量监测点位应依据不同类别空气质量功能区的分布而合理布置。

7.2 环境空气质量功能区由地级市以上（含地级市）环境保护行政主管部门划分，并确定环境空气质量功能区达标的期限，报同级人民政府批准，报上一级环境保护行政主管部门备案。

7.3 本标准由县级以上（含县级）环境保护行政主管部门监督实施。

附录七　一般工业固体废物贮存、处置场污染控制标准（GB 18599—2001）（摘录）

前　言

为贯彻《中华人民共和国固体废物污染环境防治法》，防治一般工业固体废物贮存、处置场的二次污染，制定本标准。

本标准规定了一般工业固体废物贮存、处置场的选址、设计、运行管理、关闭与封场，以及污染控制与监测等内容。

1 主题内容与适用范围

1.1 主题内容

本标准规定了一般工业固体废物贮存、处置场的选址、设计、运行管理、关闭与封场，以及污染控制与监测等要求。

1.2 适用范围

本标准适用于新建、扩建、改建及已经建成投产的一般工业固体废物贮存、处置场的建设、运行和监督管理；不适用于危险废物和生活垃圾填埋场。

2 引用标准（略）

3 定义

本标准采用下列定义：

3.1 一般工业固体废物

系指未被列入《国家危险废物名录》或者根据国家规定的 GB 5085 鉴别标准

和 GB 5086 及 GB/T 15555 鉴别方法判定不具有危险特性的工业固体废物。

3.2 第 I 类一般工业固体废物

按照 GB 5086 规定方法进行浸出试验而获得的浸出液中，任何一种污染物的浓度均未超过 GB 8978 最高允许排放浓度，且 pH 值在 6～9 范围之内的一般工业固体废物。

3.3 第 II 类一般工业固体废物

按照 GB 5086 规定方法进行浸出试验而获得的浸出液中，有一种或一种以上的污染物浓度超过 GB 8978 最高允许排放浓度，或者是 pH 值在 6～9 范围之外的一般工业固体废物。

3.4 贮存场

将一般工业固体废物置于符合本标准规定的非永久性的集中堆放场所。

3.5 处置场

将一般工业固体废物置于符合本标准规定的永久性的集中堆放场所。

3.6 渗滤液

一般工业固废物在贮存、处置过程中渗流出的液体。

3.7 渗透系数

水力坡降为 1 时，水穿过土壤、岩石或其他防渗材料的渗透速度，以 cm/s 计。

3.8 防渗工程

用天然或人工防渗材料构筑阻止贮存、处置场内外液体渗透的工程。

4 贮存、处置场的类型

贮存、处置场划分为 I 和 II 两个类型。

堆放第 I 类一般工业固体废物的贮存、处置场为第一类，简称 I 类场。

堆放第 II 类一般工业固体废物的贮存、处置场为第二类，简称 II 类场。

5 场址选择的环境保护要求

5.1 I 类场和 II 类场的共同要求

5.1.1 所选场址应符合当地城乡建设总体规划要求。

5.1.2 应依据环境影响评价结论确定场址的位置及其与周围人群的距离，并经具有审批权的环境保护行政主管部门批准，并可作为规划控制的依据。

在对一般工业固体废物贮存、处置场场址进行环境影响评价时，应重点考虑一般工业固体废物贮存、处置场产生的渗滤液以及粉尘等大气污染物等因素，根据其所在地区的环境功能区类别，综合评价其对周围环境、居住人群的身体健康、日常生活和生产活动的影响，确定其与常住居民居住场所、农用地、地表水体、高速公路、交通主干道（国道或省道）、铁路、飞机场、军事基地等敏感对象之间合理的位置关系。

5.1.3 应选在满足承载力要求的地基上，以避免地基下沉的影响，特别是不均匀或局部下沉的影响。

5.1.4 应避开断层、断层破碎带、溶洞区，以及天然滑坡或泥石流影响区。

5.1.5 禁止选在江河、湖泊、水库最高水位线以下的滩地和洪泛区。

5.1.6 禁止选在自然保护区、风景名胜区和其他需要特别保护的区域。

5.2 Ⅰ类场的其他要求

应优先选用废弃的采矿坑、塌陷区。

5.3 Ⅱ类场的其他要求

5.3.1 应避开地下水主要补给区和饮用水水源含水层。

5.3.2 应选在防渗性能好的地基上。天然基础层地表距地下水位的距离不得小于1.5 m。

6 贮存、处置场所设计的环境保护要求

6.1 Ⅰ类场和Ⅱ类场的共同要求

6.1.1 贮存、处置场的建设类型，必须与将要堆放的一般工业固体废物的类别相一致。

6.1.2 建设项目环境影响评价中应设置贮存、处置场专题评价；扩建、改建和超期服役的贮存、处置场，应重新履行环境影响评价手续。

6.1.3 贮存、处置场应采取防止粉尘污染的措施。

6.1.4 为防止雨水径流进入贮存、处置场内，避免渗滤液量增加和滑坡，贮存、处置场周边应设置导流渠。

6.1.5 应设计渗滤液集排水设施。

6.1.6 为防止一般工业固体废物和渗滤液的流失，应构筑堤、坝、挡土墙等设施。

6.1.7 为保障设施、设备正常运营，必要时应采取措施防止地基下沉，尤其是防止不均匀或局部下沉。

6.1.8 含硫量大于 1.5%的煤矸石，必须采取措施防止自燃。

6.1.9 为加强监督管理，贮存、处置场应按 GB 15562.2 设置环境保护图形标志。

6.2 Ⅱ类场的其他要求

6.2.1 当天然基础层的渗透系数大于 1.0×10^{-7} cm/s 时，应采用天然或人工材料构筑防渗层，防渗层的厚度应相当于渗透系数 1.0×10^{-7} cm/s 和厚度 1.5 m 的黏土层的防渗性能。

6.2.2 必要时应设计渗滤液处理设施，对渗滤液进行处理。

6.2.3 为监控渗滤液对地下水污染，贮存、处置场周边至少应设置三口地下水质监控井。一口沿地下水流向设在贮存、处置场上游，作为对照井；第二口沿地下水流向设在贮存、处置场下游，作为污染监视监测井；第三口设在最可能出现扩散

影响的贮存、处置场周边，作为污染扩散监测井。

当地质和水文地质资料表明含水层埋藏较深，经论证认定地下水不会被污染时，可以不设置地下水质监控井。

7 贮存、处置场的运行管理环境保护要求

7.1 Ⅰ类场和Ⅱ类场的共同要求

7.1.1 贮存、处置场的竣工，必须经原审批环境影响报告书（表）的环境保护行政主管部门验收合格后，方可投入生产或使用。

7.1.2 一般工业固体废物贮存、处置场，禁止危险废物和生活垃圾混入。

7.1.3 贮存、处置场的渗滤液水质达到 GB 8978 标准后方可排放，大气污染物排放应满足 GB 16297 无组织排放要求。

7.1.4 贮存、处置场的使用单位，应建立检查维护制度。定期检查维护堤、坝、挡土墙、导流渠等设施，发现有损坏可能或异常，应及时采取必要措施，以保障正常运行。

7.1.5 贮存、处置场的使用单位，应建立档案制度。应将入场的一般工业固体废物的种类和数量以及下列资料，详细记录在案，长期保存，供随时查阅。

　　a．各种设施和设备的检查维护资料；

　　b．地基下沉、坍塌、滑坡等的观测和处置资料；

　　c．渗滤液及其处理后的水污染物排放和大气污染物排放等的监测资料。

7.1.6 贮存、处置场的环境保护图形标志，应按 GB 15562.2 规定进行检查和维护。

7.2 Ⅰ类场的其他要求

　　禁止Ⅱ类一般工业固体废物混入。

7.3 Ⅱ类场的其他要求

7.3.1 应定期检查维护防渗工程，定期监测地下水水质，发现防渗功能下降，应及时采取必要措施。地下水水质按 GB/T 14848 规定评定。

7.3.2 应定期检查维护渗滤液集排水设施和渗滤液处理设施，定期监测渗滤液及其处理后的排放水水质，发现集排水设施不通畅或处理后的水质超过 GB 8978 或地方的污染物排放标准，需及时采取必要措施。

8 关闭与封场的环境保护要求

8.1 Ⅰ类场和Ⅱ类场的共同要求

8.1.1 当贮存、处置场服务期满或因故不再承担新的贮存、处置任务时，应分别予以关闭或封场。关闭或封场前，必须编制关闭或封场计划，报请所在地县级以上环境保护行政主管部门核准，并采取污染防治措施。

8.1.2 关闭或封场时，表面坡度一般不超过 33%。标高每升高 3～5 m，需建造一个台阶。台阶应有不小于 1 m 的宽度、2%～3% 的坡度和能经受暴雨冲刷的强度。

8.1.3 关闭或封场后，仍需继续维护管理，直到稳定为止。以防止覆土层下沉、开裂，致使渗滤液量增加，防止一般工业固体废物堆体失稳而造成滑坡等事故。

8.1.4 关闭或封场后，应设置标志物，注明关闭或封场时间，以及使用该土地时应注意的事项。

8.2 Ⅰ类场的其他要求

为利于恢复植被，关闭时表面一般应覆一层天然土壤，其厚度视固体废物的颗粒度大小和拟种植物种类确定。

8.3 Ⅱ类场的其他要求

8.3.1 为防止固体废物直接暴露和雨水渗入堆体内，封场时表面应覆土两层，第一层为阻隔层，覆 20～45 cm 厚的黏土，并压实，防止雨水渗入固体废物堆体内；第二层为覆盖层，覆天然土壤，以利植物生长，其厚度视栽种植物种类而定。

8.3.2 封场后，渗滤液及其处理后的排放水的监测系统应继续维持正常运转，直至水质稳定为止。地下水监测系统应继续维持正常运转。

9 污染物控制与监测（略）

附录八 固体废物处理处置工程技术导则
（HJ 2035—2013）（摘录）

1 适用范围

本标准规定了固体废物处理处置工程设计、施工、验收和运行维护的通用技术要求。

本标准适用于除危险废物处理处置以及废物再生利用以外的固体废物处理处置工程。

本标准可作为固体废物处理处置工程环境影响评价、设计、施工、环境保护验收及建成后运行与管理的技术依据。

对于有相应的工艺技术规范或重点污染源技术规范的固体废物处理处置工程，应同时执行本标准和相应的技术规范。

3 术语和定义

下列术语和定义适用于本标准。

3.1 固体废物 solid waste

在生产、生活和其他活动中产生的丧失原有利用价值或者虽未丧失利用价值但被抛弃或者放弃的固态、半固态和置于容器中的气态的物品、物质以及法律、行政法规规定纳入固体废物管理的物品、物质。本标准所指的固体废物不包括危险废物。

3.2 生物处理 biological treatment

通过微生物的好氧或厌氧作用，使固体废物中可降解有机物转化为稳定产物的处理技术。

3.3 好氧堆肥 areobic composting

在充分供氧的条件下，利用好氧微生物分解固体废物中有机物质的过程。

3.4 厌氧消化 anaerobic digestion

在无氧或缺氧条件下，利用厌氧微生物的作用使废物中可生物降解的有机物转化为甲烷、二氧化碳和稳定物质的生物化学过程。

3.5 热处理 heat treatment

以高温使有机物分解并深度氧化而改变其物理、化学或生物特性和组成的处理技术。

3.6 焚烧 incineration

以一定量的过剩空气与被处理的有机废物在焚烧炉内进行氧化燃烧反应，废物中的有毒有害物质在高温下氧化、热解而被破坏的高温热处理技术。

3.7 热解 pyrolysis

固体废物在无氧或缺氧的条件下，高温分解成燃气、燃油等物质的过程。

3.8 填埋 landfill

按照工程理论和土工标准将固体废物掩埋覆盖，并使其稳定化的最终处置方法。

4 总体要求

4.1 固体废物处理处置应遵循减量化、资源化、无害化的原则，对固体废物的产生、运输、贮存、处理和处置应实施全过程控制。

4.2 有条件的地区应建设固体废物集中处置设施，以提高规模效益。

4.3 固体废物处理处置工程的建设和运行应由具有国家相应资质的单位承担，满足该项目环境影响评价报告书、审批文件及本标准的要求。

4.4 固体废物处理处置过程中应避免和减少二次污染。对产生的二次污染应执行国家和地方环境保护法规和标准的有关规定，治理后达标排放。二次污染的治理方案宜充分利用企业已有资源。

4.5 固体废物处理处置工程应按照国家相关规定安装自动连续监测装置。

4.6 固体废物处理处置工程应满足《建设项目环境保护管理条例》和《建设项目竣工环境保护验收管理办法》的要求。

4.7 固体废物处理处置工程的建（构）筑物、电气系统、给排水、暖通等主要辅助工程应符合国家相关标准的规定。

5 厂（场）址选择与总图布置

5.1 一般规定

5.1.1 厂（场）址的选择应符合城市总体规划、区域环境保护专业规划、环境卫生专业规划及国家有关标准的要求，应符合当地的大气污染防治、水资源保护和自然生态保护要求，并通过环境影响评价。

5.1.2 厂（场）址选择应综合考虑固体废物处理处置厂（场）的服务区域、地理位置、水文地质、气象条件、交通条件、土地利用现状、基础设施状况、运输距离及公众意见等因素，经至少两个方案比选后确定。

5.1.3 固体废物处理处置厂（场）界与居民区的距离，应根据污染源的性质和当地的自然、气象条件等因素，通过环境影响评价确定。

5.1.4 固体废物处理处置厂（场）的总图布置应根据厂（场）址所在地区的自然条件，结合生产、运输、环境保护、职业卫生与劳动安全、职工生活，以及电力、通讯、热力、给排水、防洪和排涝等设施，经多方案综合比较后确定。

5.2 厂（场）址选择

5.2.1 焚烧厂选址

5.2.1.1 应具备满足工程建设要求的工程地质条件和水文地质条件。焚烧厂不应建在受洪水、潮水或内涝威胁的地区，必须建在上述地区时，应有可靠的防洪、排涝措施。

5.2.1.2 应有可靠的电力供应和供水水源。

5.2.1.3 应考虑焚烧产生的炉渣及飞灰的处理处置和污水处理及排放条件。

5.2.2 填埋场选址

5.2.2.1 填埋场场址应处于相对稳定的区域，并符合相关标准的要求。

5.2.2.2 填埋场场址应尽量设在该区域地下水流向的下游地区。

5.2.2.3 填埋场应有足够大的可使用容积，以保证填埋场建成后使用期不低于8～10年。

5.2.2.4 填埋场场址的标高应位于重现期不小于50年一遇的洪水位之上。

5.2.3 堆肥场选址

应统筹考虑服务区域，结合已建或拟建的固体废物处理设施，充分利用已有基础设施，合理布局。

5.2.4 厌氧消化厂选址

5.2.4.1 厌氧消化厂应避免建在地质不稳定及易发生坍塌、滑坡、泥石流等自然灾害的区域。

5.2.4.2 厌氧消化厂选址应尽量靠近发酵原料的产地和沼气利用地区。

5.2.4.3 应有较好的供水、供电及交通条件。

5.2.4.4 厌氧消化厂选址应结合已建或拟建的垃圾处理设施，充分利用已有基础设施，合理布局，利于实现综合处理。

5.2.4.5 应便于污水、污泥的处理、排放与利用。

5.3 总图布置

5.3.1 固体废物处理处置厂（场）人流和物流的出入口设置应符合城市交通有关要求，实现人流和物流分离，方便废物运输车进出，尽量减少中间运输环节。

5.3.2 固体废物物流的出入口以及接收、贮存、转运、处理处置场所等应与办公和生活服务设施隔离建设，易产生污染的设施宜设在办公区和生活区的常年主导风向下风向。

5.3.3 固体废物处理处置厂（场）应以主要设施为主进行布置，其他各项设施应按处理流程合理安排。

5.3.4 固体废物处理处置工程的生产附属设施和生活服务设施等辅助设施应根据社会化服务原则统筹考虑，避免重复建设。

5.3.5 固体废物处理处置厂（场）周围应设置围墙或防护栅栏等隔离设施，防止家畜和无关人员进入，并应在填埋场、堆肥场边界周围设置防飞扬设施、安全防护设施及防火隔离带。

5.3.6 固体废物处理处置厂（场）的车辆清洗设施宜设在卸料设施和处理处置厂（场）出口附近，以便于及时清洗卸料后的车辆。

附录九　国家级生态乡镇建设指标（试行）

一、基本条件

1．机制健全。建立了乡镇环境保护工作机制，成立以乡镇政府领导为组长，相关部门负责人为成员的乡镇环境保护工作领导小组。乡镇设置了专门的环境保护机构或配备了专职环境保护工作人员，建立了相应的工作制度。

2．基础扎实。达到本省（区、市）生态乡镇（环境优美乡镇）建设指标一年以上，且80%以上行政村达到市（地）级以上生态村建设标准。编制或修订了乡镇环境保护规划，并经县级人大或政府批准后组织实施两年以上。

3．政策落实。完成上级政府下达的主要污染物减排任务。认真贯彻执行环境保护政策和法律法规，乡镇辖区内无滥垦、滥伐、滥采、滥挖现象，无捕杀、销售和食用珍稀野生动物现象，近3年内未发生较大（Ⅲ级）以上级别环境污染事件。基本农田得到有效保护。草原地区无超载过牧现象。

4. 环境整洁。乡镇建成区布局合理，公共设施完善，环境状况良好。村庄环境无"脏、乱、差"现象，秸秆焚烧和"白色污染"基本得到控制。

5. 公众满意。乡镇环境保护社会氛围浓厚，群众反映的各类环境问题得到有效解决。公众对环境状况的满意率≥95%。

二、建设指标

类别	序号	指标名称	指标要求		
			东部	中部	西部
环境质量	1	集中式饮用水水源地水质达标率/%	100		
		农村饮用水卫生合格率/%	100		
	2	地表水环境质量	达到环境功能区量或环境规划要求		
		空气环境质量			
		声环境质量			
环境污染防治	3	建成区生活污水处理率/%	80	75	70
		开展生活污水处理的行政村比例/%	70	60	50
	4	建成区生活垃圾无害化处理率/%	≥95		
		开展生活垃圾资源化利用的行政村比例/%	90	80	70
	5	重点工业污染源排放达标率/%	100		
	6	饮食业油烟达标排放率/%**	≥95		
	7	规模化畜禽养殖场粪便综合利用率/%	95	90	85
	8	农作物秸秆综合利用率/%	≥95		
	9	农村卫生厕所普及率/%	≥95		
	10	农用化肥施用强度/[折纯，kg/（hm²·a）]	<250		
		农药施用强度/[折纯，kg/（hm²·a）]	<3.0		
生态保护与建设	11	使用清洁能源的居民户数比例/%	≥50		
	12	人均公共绿地面积/（m²/人）	≥12		
	13	主要道路绿化普及率/%	≥95		
	14	森林覆盖率/（%，高寒区或草原区考核林草覆盖率）*	山区、高寒区或草原区 ≥75		
			丘陵区 ≥45		
			平原区 ≥18		
	15	主要农产品中有机、绿色及无公害产品种植（养殖）面积的比重/%	≥60		

注："*"指标仅考核乡镇、农场，"**"指标仅考核涉农街道。

三、指标说明

（一）基本条件

1. 机制健全。建立了乡镇环境保护工作机制，成立以乡镇政府领导为组长，相关部门负责人为成员的乡镇环境保护工作领导小组。乡镇设置了专门的环境保护机构或配备了专职环境保护工作人员，建立了相应的工作制度。

指标解释：要求乡镇政府成立生态乡镇建设工作领导小组，由主要领导牵头，有关部门领导参加，下设建设工作办公室，建设工作有组织、有计划、有方案，措施得力，定期检查落实；乡镇环境保护目标责任制得到落实；乡镇党委、政府将环境保护工作纳入重要议事日程，每年研究环保工作不少于两次。要求乡镇配备专职环境保护工作人员；建立相应的工作制度和污染源档案等。

考核要求：查看近1年内当地党委、政府研究环境保护工作的会议纪要或会议记录、印发的有关文件和污染源档案等资料。查看乡镇环境保护资金使用的有关文件、记录。查看各级环保项目下达、建设、验收和管理文件。查看设立环境保护机构或配备环境保护人员的有关文件、档案、现场检查。

2．基础扎实。达到本省（区、市）生态乡镇（环境优美乡镇）建设指标一年以上，且80%以上行政村达到市（地）级以上生态村建设标准。编制或修订了乡镇环境保护规划，并经县级人大或政府批准后组织实施两年以上。

指标解释：达到本省（区、市）生态乡镇（环境优美乡镇）建设指标一年以上，并获省（区、市）环境保护厅（局）命名或公告；80%以上行政村达到市（地）级以上生态环境部门制定的生态村指标，并获命名或公告。按照国家环境保护总局、建设部关于印发《小城镇环境规划编制导则（试行）》的通知（环发〔2002〕82号），编制或修订完成乡镇环境规划，经县级人大或政府批准后组织实施两年以上。

考核要求：查看省（区、市）、市（地）环境保护厅（局）的命名文件或公告文件；所辖行政村数量的证明文件；乡镇环境规划的文本及有关批准文件。

3．政策落实。完成上级政府下达的主要污染物减排任务。认真贯彻执行环境保护政策和法律法规，乡镇辖区内无滥垦、滥伐、滥采、滥挖现象，无捕杀、销售和食用珍稀野生动物现象，近三年内未发生较大（Ⅲ级）以上级别环境污染事件。基本农田得到有效保护。草原地区无超载过牧现象。

指标解释：有节能减排任务的乡镇，要按有关要求完成上级政府下达的能源消耗降低、主要污染物减排的指标任务。严格执行建设项目环境管理有关规定；工业污染源稳定达标排放；工业固体废物得到适当处置并无危险废物排放，执行《一般工业固体废物贮存、处置场污染控制标准》（GB 18599—2001）；镇域内无"十五小""新六小"等国家明令禁止的重污染企业；无大于25°坡地开垦、任意砍伐山林、破坏草原、开山采矿及乱挖中草药资源等现象；无随意捕杀、销售、食用国家珍稀野生动物现象；近三年内没有发生过较大（Ⅲ级）以上级别环境污染事件，判断标准参照2006年国务院颁布《国家突发环境事件应急预案》关于环境污染事件的分级规定。划定的基本农田保护区数量和等级不变或有所提高。"草原地区无超载过牧现象"，是指乡镇辖区内牲畜养殖不得超过国家草原载畜量标准。

考核要求：查看上级政府下达的能源消耗降低、主要污染物减排指标的相关文件或任务书；查看指标完成情况证明材料；查看建设项目环境管理的有关档案资料；查看所有工业企业名单及工业企业达标验收有关材料；现场抽查企事业单位烟尘治理设施安装及运行情况；抽查企业污染物排放及污染治理设施运行情况；现场察看是否存在滥垦、滥伐、滥采、滥挖、滥牧的现象。

4. 环境整洁。乡镇建成区布局合理，公共设施完善，环境状况良好。村庄环境无"脏、乱、差"现象，秸秆焚烧和"白色污染"基本得到控制。

指标解释："乡镇建成区布局合理"，是指严格按规划要求，有合理的功能分区布局，有良好的居住小区和基本完善的工业小区。"公共设施完善"，是指城镇建成区自来水、排水管网、道路、卫生厕所、通信设施、文化体育活动场所、医疗机构、适龄儿童入学、防洪等符合国家相关标准的要求。"环境状况良好"，是指街道路面平整，排水通畅，无污水溢流、无暴露垃圾，无冒黑烟、水体黑臭现象；街道卫生状况良好，主要街道有卫生设施，垃圾箱（果壳箱）箱体整洁，周围无暴露垃圾、无蝇蛆；有专门保洁队伍，镇区建筑垃圾和生活垃圾日清日运，无垃圾乱堆乱倒现象，无直接向江河湖泊排放污水和倾倒垃圾的现象；城镇建成区内应禁止散养家禽；危险废物、医疗废物和放射性废物得到安全处置。"村庄环境无'脏乱差'现象"，是指城镇所辖村庄主要道路平整，两侧无暴露垃圾，无乱搭乱建，无露天粪坑，无污水横流现象，基本做到垃圾定点堆放；绿化、美化好；有良好的感官和视觉效果。"秸秆焚烧和'白色污染'基本得到控制"，主要是指无秸秆焚烧和一次性餐盒、塑料包装袋、废弃农膜随意丢弃现象。

考核要求：现场检查、考核。

5. 公众满意。乡镇环境保护社会氛围浓厚，群众反映的各类环境问题得到有效解决。公众对环境状况的满意率≥95%。

指标解释：要求乡镇及其所辖街道和各村有环保宣传的标语或橱窗，主要街道每公里不少于一个。12369 环境投诉处理满意率要求达到 95% 以上。"公众对环境状况的满意率"指公众对环境保护工作及环境质量状况的满意程度。

考核要求：现场检查是否有环保宣传标语或橱窗。查看环境投诉记录及处理情况。采取对乡镇辖区各职业人群进行抽样问卷调查的方式获取数据，随机抽样人数不低于乡镇总人口的 0.5%。问卷在"满意""不满意"二者之间进行选择。各职业人群应包括以下四类，即机关（党委、人大、政府或政协）工作人员、企业（工业、商业）职工、事业（医院、学校等）单位工作人员、城镇居民、村民。

（二）考核指标

1. 集中式饮用水水源地水质达标率、农村饮用水卫生合格率

指标解释：集中式饮用水水源地水质达标率，是指在乡镇辖区内，根据国家有关规定，划定了集中式饮用水水源保护区，其地表水水源一级、二级保护区内监测认证点位（指经乡镇所在县级以上环保局认证的监测点，下同）的水质达到《地表水环境质量标准》（GB 3838—2002）或《地下水质量标准》（GB/T 14848—1993）相应标准的取水量占总取水量的百分比。

农村饮用水卫生合格率，指在乡镇辖区内，以自来水厂或手压井形式取得饮用水的村镇人口占总人口的百分率；雨水收集系统和其他饮水形式的合格与否需经检测确定，其饮用水水质需符合国家生活饮用水卫生标准的规定。

数据来源：环保、卫生、建设等部门。

2. 地表水环境质量、空气环境质量、声环境质量

指标解释：地表水环境质量达到环境功能区或环境规划要求，是指乡镇辖区内主要河流、湖泊、水库等水体的认证点位监测结果，在已经划定环境功能区的乡镇，要达到环境功能区要求；在未划定环境功能区的乡镇，要达到乡镇环境规划以及所在流域和区域环境规划对相关水体水质的要求。

空气环境质量达到环境功能区或环境规划要求，是指乡镇建成区内大气的认证点位监测结果，在已经划定环境功能区的乡镇，要达到环境功能区要求；在未划定环境功能区的乡镇，要达到乡镇环境规划以及流域和区域环境规划对大气环境质量的要求。

声环境质量达到环境功能区或环境规划要求，是指乡镇建成区内声环境的认证点位监测结果，在已经划定环境功能区的乡镇，要达到环境功能区要求；在未划定环境功能区的乡镇，要达到乡镇环境规划对声环境质量的要求。

数据来源：县级以上环保部门。

3. 建成区生活污水处理率、开展生活污水治理的行政村比例

指标解释：建成区生活污水处理率，是指乡镇建成区（中心村）经过污水处理厂或其他处理设施处理的生活污水量占生活污水排放总量的百分比。污水处理厂包括一级、二级集中污水处理厂，其他处理设施包括氧化塘、氧化沟、净化沼气池，以及湿地处理工程等。离城市较近乡镇生活污水要纳入城市污水收集管网，其他地区根据经济发展水平、人口规模和分布情况等，因地制宜选择建设集中或分散污水处理设施；位于水源源头、集中式饮用水水源保护区等需特殊保护地区或处于水体富营养化严重的平原河网地区的乡镇，生活污水处理必须采取有效的脱氮除磷工艺，满足水环境功能区要求。

开展生活污水处理的行政村，是指通过采取符合当地实际的处理方式对生活污水进行处理，且受益农户达 80%以上的行政村。

数据来源：县级以上建设部门、环保部门。

4. 建成区生活垃圾无害化处理率、开展生活垃圾资源化利用的行政村比例

指标解释：建成区生活垃圾无害化处理率，是指乡镇建成区经无害化处理的生活垃圾数量占生活垃圾产生总量的百分比。生活垃圾无害化处理，是指卫生填埋、焚烧和资源化利用（如制造沼气和堆肥）。卫生填埋场应有防渗设施，或达到有关环境影响评价的要求（包括地点及其他要求）。执行《生活垃圾填埋场污染控制标准》（GB 16889—2008）和《生活垃圾焚烧污染控制标准》（GB 18485—2001）等垃圾无害化处理的有关标准。

开展生活垃圾资源化利用的行政村比例，是指乡镇非建成区开展生活垃圾资源化利用的行政村占非建成区行政村总数的比例。生活垃圾资源化利用，是指在开展垃圾"户分类"的基础上，对不能利用的垃圾定期清运并进行无害化处理，对其他垃圾通过制造沼气、堆肥或资源回收等方式，按照"减量化、无害化"的原则实现生活垃圾资源化利用。其中，开展生活垃圾资源利用的行政村其生活垃圾资源化利用率不低于 60%。

数据来源：县级以上城建（环卫）部门、统计部门。

5. 重点工业污染源排放达标率

指标解释：指乡镇辖区内实现稳定达标排放的重点工业污染源数量占所有重点工业污染源总数的比例。重点工业污染源包括废水排放和废气排放两类污染源。"重点工业污染源"是指乡镇辖区内分别按废水、废气中主要污染物排污量从高到低，累计排放量占乡镇排污总量 85%的工业污染源。"排放达标"是指浓度稳定达到排放标准，执行排污许可证的规定，不超过排污总量指标要求，未发生污染事故。

"工业废水排放达标率"是指乡镇范围内的重点工业企业，经其所有排污口排到企业外部并稳定达到国家或地方排放标准的工业废水总量占外排工业废水总量的百分比。

"工业废气排放达标率"是指乡镇范围内的重点工业企业，在燃料燃烧和生产工艺过程中稳定达到排放标准的工业烟尘、工业粉尘和工业二氧化硫排放量分别占其排放总量的百分比。

数据来源：县级以上环保部门。

6. 饮食业油烟达标排放率

指标解释：（该项指标仅考核街道；涉农街道是指辖区内存在基本农田的街道。）指街道辖区内油烟废气达标排放的饮食业单位占所有排放油烟废气的饮食业

单位总数的百分比。执行《饮食业油烟排放标准（试行）》（GB 18483—2001）。饮食业项目环保审批和验收合格率要求达到 100%。

数据来源：县级以上环保部门。数据收集采用抽样监测的方法，抽样比例不得低于街道辖区内排放油烟废气的饮食业单位总数的 20%。

7. 规模化畜禽养殖场粪便综合利用率

指标解释：指乡镇辖区内畜禽养殖场综合利用的畜禽养殖粪便与产生总量的比例。按照《畜禽养殖污染防治管理办法》（国家环境保护总局令第 9 号），规模化畜禽养殖场，是指常年存栏量为 500 头以上的猪、3 万羽以上的鸡和 100 头以上的牛的畜禽养殖场，以及达到规定规模标准的其他类型的畜禽养殖场。规模以下畜禽养殖场分级标准及畜禽养殖废弃物综合利用要求，由省级环境保护行政主管部门做出规定。畜禽养殖粪便综合利用主要包括用作肥料、培养料、生产回收能源（包括沼气）等。规模化畜禽养殖场应执行《畜禽养殖业污染物排放标准》（GB 18596—2001）的相关规定。

数据来源：县级以上环保部门、农业部门。

8. 农作物秸秆综合利用率

指标解释：指乡镇辖区内综合利用的农作物秸秆数量占农作物秸秆产生总量的百分比。秸秆综合利用主要包括粉碎还田、过腹还田、用作燃料、秸秆气化、建材加工、食用菌生产、编织等。乡镇辖区全部范围划定为秸秆禁烧区，并无农作物秸秆焚烧现象。

数据来源：县级以上环保部门、农业部门。

9. 农村卫生厕所普及率

指标解释：指乡镇辖区内使用卫生厕所的农户数占农户总户数的比例。卫生厕所标准执行《农村户厕卫生标准》（GB 19379—2003）。

数据来源：县级以上卫生、建设部门。

10. 农用化肥施用强度、农药施用强度

指标解释：农用化肥施用强度指乡镇辖区内实际用于农业生产的化肥施用量（包括氮肥、磷肥、钾肥和复合肥）与播种总面积之比。化肥施用量要求按折纯量计算。农药施用强度指实际用于农业生产的农药施用量与播种总面积之比。

数据来源：县级以上农业、统计部门。

11. 使用清洁能源的居民户数比例

指标解释：指乡镇辖区内使用清洁能源的居民户数占居民总户数的百分比。清洁能源指消耗后不产生或很少产生污染物的可再生能源（包括水能、太阳能、沼气等生物质能、风能、核电、地热能、海洋能）、低污染的化石能源（如天然气），以及采用清洁能源技术处理后的化石能源（如清洁煤、清洁油）。

数据来源：县级以上统计、经贸、能源、农业、环保等部门。统计范围包括乡镇建成区和所辖行政村。

12．人均公共绿地面积

指标解释：人均公共绿地面积指乡镇建成区（中心村）公共绿地面积与建成区常住人口的比值。公共绿地，是指乡镇建成区内对公众开放的公园（包括园林）、街道绿地及高架道路绿化地面，企事业单位内部的绿地、乡镇建成区周边山林不包括在内。

数据来源：县级以上城建部门。

13．主要道路绿化普及率

指标解释：指乡镇建成区（中心村）主要街道两旁栽种行道树（包括灌木）的长度与主要街道总长度之比。

数据来源：县级以上城建部门、园林部门。

14．森林覆盖率

指标解释：指乡镇辖区内森林面积占土地面积的百分比。森林，包括郁闭度0.2以上的乔木林地、经济林地和竹林地。同时，依据国家特别规定的灌木林地、农田林网以及村旁、路旁、水旁、山旁、宅旁林木面积折算为森林面积的标准计算。高寒区或草原区考核林草覆盖率，具体指标值参照山区森林覆盖率标准执行。

数据来源：县级以上统计、林业部门。

15．主要农产品中有机、绿色及无公害产品种植（养殖）面积的比重

指标解释：指乡镇辖区内，主要农（林）产品、水（海）产品中，认证为有机、绿色及无公害农产品的种植（养殖）面积占总种植（养殖）面积的比例。其中，有机农、水产品种植（养殖）面积按实际面积两倍统计，总种植（养殖）面积不变。有机、绿色及无公害农、水产品种植（养殖）面积不能重复统计。

数据来源：县级以上农业、林业、环保、质检、统计部门。

附录十　水功能区管理办法

（水利部水资源〔2003〕233号）

第一条　为规范水功能区的管理，加强水资源管理和保护，保障水资源的可持续利用，依据《中华人民共和国水法》等有关法律、法规，制定本办法。

第二条　本办法适用于全国江河、湖泊、水库、运河、渠道等地表水体。

本办法所称水功能区，是指为满足水资源合理开发和有效保护的需求，根据

水资源的自然条件、功能要求、开发利用现状，按照流域综合规划、水资源保护规划和经济社会发展要求，在相应水域按其主导功能划定并执行相应质量标准的特定区域。

本办法所称水功能区划，是指水功能区划分工作的成果，其内容应包括水功能区名称、范围、现状水质、功能及保护目标等。

第三条　水功能区分为水功能一级区和水功能二级区。

水功能一级区分为保护区、缓冲区、开发利用区和保留区四类。

水功能二级区在水功能一级区划定的开发利用区中划分，分为饮用水水源区、工业用水区、农业用水区、渔业用水区、景观娱乐用水区、过渡区和排污控制区七类。

第四条　国务院水行政主管部门负责组织全国水功能区的划分，并制订《水功能区划分技术导则》。

长江、黄河、淮河、海河、珠江、松辽、太湖七大流域管理机构（以下简称流域管理机构）会同有关省、自治区、直辖市水行政主管部门负责国家确定的重要江河、湖泊以及跨省、自治区、直辖市的其他江河、湖泊的水功能一级区的划分，并按照有关权限负责直管河段水功能二级区的划分。

前款规定以外的水功能二级区和其他江河、湖泊等地表水体的水功能区，由县级以上地方人民政府水行政主管部门组织划分。

第五条　长江、黄河、淮河、海河、珠江、松辽、太湖七大流域以及跨省、自治区、直辖市的其他江河、湖泊的水功能区划，由国务院水行政主管部门审核后，编制形成全国水功能区划，经征求国务院有关部门和有关省、自治区、直辖市人民政府意见后报国务院批准。

县级以上地方人民政府水行政主管部门，应在上一级水功能区划的基础上组织编制本地区的水功能区划，经征求同级人民政府有关部门意见后，报同级人民政府批准，并报上一级水行政主管部门备案。

第六条　经批准的水功能区划是水资源开发、利用和保护的依据。

水功能区划经批准后不得擅自变更。社会经济条件和水资源开发利用条件发生重大变化，需要对水功能区划进行调整时，县级以上人民政府水行政主管部门应组织科学论证，提出水功能区划调整方案，报原批准机关审查批准。

第七条　国务院水行政主管部门对全国水功能区实施统一监督管理。

县级以上地方人民政府水行政主管部门和流域管理机构按各自管辖范围及管理权限，对水功能区进行监督管理。具体范围及权限的划分由国务院水行政主管部门另行规定。

取水许可管理、河道管理范围内建设项目管理、入河排污口管理等法律法规已明确的行政审批事项，县级以上地方人民政府水行政主管部门和流域管理机构应结合水功能区的要求，按照现行审批权限划分的有关规定分别进行管理。

第八条　经批准的水功能区划应向社会公告。县级以上地方人民政府水行政主管部门和流域管理机构应按管辖范围在水功能区的边界设立明显标志。标志式样由国务院水行政主管部门统一制定，并负责监制。

第九条　水功能区的管理应执行水功能区划确定的保护目标。

保护区禁止进行不利于功能保护的活动，同时应遵守现行法律法规的规定。

保留区作为今后开发利用预留的水域，原则上应维持现状。

在缓冲区内进行对水资源的质和量有较大影响的活动，必须按有关规定，经有管辖权的水行政主管部门或流域管理机构批准。

开发利用活动，不得影响开发利用区及相邻水功能区的使用功能。具体水质目标按水功能二级区划分类分别执行相应的水质标准。

第十条　国务院水行政主管部门定期对水功能区的水资源开发利用状况、水资源保护情况进行检查和考核，并公布结果。

第十一条　县级以上地方人民政府水行政主管部门或流域管理机构应当按照水功能区对水质的要求和水体的自然净化能力，审核该水域的纳污能力，向环境保护行政主管部门提出该水域的限制排污总量意见，同时抄报同级人民政府和上级水行政主管部门。

经审定的水域纳污能力和限制排污总量意见是县级以上地方人民政府水行政主管部门和流域管理机构对水资源保护实施监督管理以及协同环境保护行政主管部门对水污染防治实施监督管理的基本依据。

第十二条　县级以上地方人民政府水行政主管部门和流域管理机构应组织对水功能区的水量、水质状况进行统一监测，建立水功能区管理信息系统，并定期公布水功能区质量状况。发现重点污染物排放总量超过控制指标的，或者水功能区水质未达到要求的，应当及时报告有关人民政府采取治理措施，并向环境保护行政主管部门通报。

第十三条　新建、改建、扩建的建设项目，进行可能对水功能区有影响的取水、河道管理范围内建设等活动的，建设单位在向有管辖权的水行政主管部门或流域管理机构提交的水资源论证报告书或申请文件中，应分析建设项目施工和运行期间对水功能区水质、水量的影响。

第十四条　县级以上地方人民政府水行政主管部门或流域管理机构应对水功能区内已经设置的入河排污口情况进行调查。入河排污口设置单位，应向有管辖权的水行政主管部门或流域管理机构登记。水行政主管部门或流域管理机构应按照水功能区保护目标和水资源保护规划要求，编制入河排污口整治规划，并组织实施。

新建、改建或者扩大入河排污口的，排污口设置单位应征得有管辖权的水行政主管部门或流域管理机构同意。

第十五条 县级以上地方人民政府水行政主管部门和流域管理机构应当按照有关规定对进行取水、河道管理范围内建设，以及新建、改建或者扩大入河排污口的单位进行现场检查。被检查单位应当如实反映情况，并提供必要的资料。检查机关有责任为被检查单位保守技术秘密和业务秘密。

第十六条 县级以上地方人民政府水行政主管部门或流域管理机构的工作人员在水功能区管理工作中玩忽职守、滥用职权、徇私舞弊的，由其所在单位或者上级机关给予行政处分；构成犯罪的，依法追究刑事责任。

第十七条 各省、自治区、直辖市人民政府水行政主管部门和流域管理机构，可以根据本办法的规定，结合本地区或本流域的实际情况，制定具体实施细则。

第十八条 本办法由国务院水行政主管部门负责解释。

第十九条 本办法自 2003 年 7 月 1 日起施行。

附录十一　生态功能区划暂行规程（摘录）

1 主题内容与适用范围

1.1 主题内容

本规程规定了生态功能区划的一般原则、方法、程序、内容和要求，目的是指导有关部门组织制订生态功能区划，明确区域生态系统服务功能重要性与生态环境敏感性，确定区域生态功能分区，为制定生态环境保护与建设规划、维护区域生态安全、促进社会经济可持续发展提供科学依据，为环境管理和决策部门提供管理信息和管理手段。

1.2 适用范围

本规程主要适用于省域生态服务功能和生态敏感性评价及生态功能分区，对于非省域地区可以参考本规程执行。

2 引用标准

2.1 地表水环境质量标准（GB 3838—2002）

2.2 环境空气质量标准（GB 3095—1996）

2.3 水土保持技术规范（SD 238—87）

2.4 土壤侵蚀分类分级标准（SL 190—96）

3 术语和定义

下列术语定义适用于本规程。

3.1 生态环境问题：由于人类活动引起的自然生态系统退化、环境质量恶化及由此衍生的不良生态环境效应，包括土壤侵蚀、沙漠化、酸雨、土壤盐渍化、草地退化、生物多样性丧失与水环境污染等。

3.2 生态服务功能：指生态系统及其生态过程所形成的有利于人类生存与发展的生态环境条件与效用，例如森林生态系统的水源涵养功能、土壤保持功能、气候调节功能、环境净化功能等。

3.3 生态过程：指生态系统中物质、能量、信息的输入、输出、流动、转化、储存与分配。包括食物链、生态系统演替、能量流动、物质循环、反馈控制等过程。

3.4 生态环境敏感性：指生态系统对人类活动反应的敏感程度，用来反映产生生态失衡与生态环境问题的可能性大小。

3.5 生态功能区划：根据区域生态环境要素、生态环境敏感性与生态服务功能空间分异规律，将区域划分成不同生态功能区的过程。其目的是为制定区域生态环境保护与建设规划、维护区域生态安全，以及资源合理利用与工农业生产布局、保育区域生态环境提供科学依据，并为环境管理部门和决策部门提供管理信息与管理手段。

4 总则

4.1 生态功能区划目标

4.1.1 明确区域生态系统类型的结构与过程及其空间分布特征。

4.1.2 明确区域主要生态环境问题、成因及其空间分布特征。

4.1.3 评价不同生态系统类型的生态服务功能及其对区域社会经济发展的作用。

4.1.4 明确区域生态环境敏感性的分布特点与生态环境高敏感区。

4.1.5 提出生态功能区划，明确各功能区的生态环境与社会经济功能。

4.2 生态功能区划原则

根据生态功能区划的目的，区域生态服务功能与生态环境问题形成机制与区域分异规律，生态功能区划应遵循以下原则：

4.2.1 可持续发展原则：生态功能区划的目的是促进资源的合理利用与开发，避免盲目的资源开发和生态环境破坏，增强区域社会经济发展的生态环境支撑能力，促进区域的可持续发展。

4.2.2 发生学原则：根据区域生态环境问题、生态环境敏感性、生态服务功能与生态系统结构、过程、格局的关系，确定区划中的主导因子及区划依据。

4.2.3 区域相关原则：在空间尺度上，任一类生态服务功能都与该区域，甚至更大范围的自然环境与社会经济因素相关，在评价与区划中，要从全省、流域、全国甚至全球尺度考虑。

4.2.4 相似性原则：自然环境是生态系统形成和分异的物质基础，虽然在特定区域内生态环境状况趋于一致，但由于自然因素的差别和人类活动影响，使得区域内生态系统结构、过程和服务功能存在某些相似性和差异性。生态功能区划是根据区划指标的一致性与差异性进行分区的。但必须注意这种特征的一致性是相对一致性。不同等级的区划单位各有一致性标准。

4.2.5 区域共轭性原则：区域所划分的对象必须是具有独特性，空间上完整的自然区域。即任何一个生态功能区必须是完整的个体，不存在彼此分离的部分。

4.3 生态功能区划应包括以下内容

  （1）生态环境现状评价

  （2）生态环境敏感性评价

  （3）生态服务功能重要性评价

  （4）生态功能分区方案

  （5）各生态功能区概述

4.4 生态功能区划可以按以下工作流程开展（略）

5 生态环境现状评价

5.1 评价要求

  （1）现状评价是在区域生态环境调查的基础上，针对本区域的生态环境特点，分析区域生态环境特征与空间分异规律，评价主要生态环境问题的现状与趋势。

  （2）评价生态环境现状应综合考虑如下几个方面：

  自然环境要素：地质、地貌、气候、水文、土壤、植被等方面。

  社会经济条件：人口、经济发展、产业布局等方面。

  人类活动及其影响：土地利用、城镇分布、污染物排放、环境质量状况等方面。

  （3）现状评价必须明确区域主要生态环境问题及其成因，要分析该地区生态环境的历史变迁，突出地区重点问题。

5.2 评价内容

  生态环境现状评价要针对目前主要生态环境问题的形成和演变过程，评价内容应包括：

  （1）土壤侵蚀

  （2）沙漠化

  （3）盐渍化

  （4）石漠化

  （5）水资源和水环境

（6）植被与森林资源

（7）生物多样性

（8）大气环境状况和酸雨问题

（9）滩涂与海岸带

（10）与生态环境保护有关的自然灾害，如泥石流、沙尘暴、洪水等

（11）其他环境问题，如土壤污染、河口污染、赤潮、农业面源污染和非工业点源污染等

5.3 评价方法

生态环境现状分析可以应用定性与定量相结合的方法进行。在评价中应利用遥感数据、地理信息系统技术等先进的方法与技术手段。

（1）土壤侵蚀：可以用土壤侵蚀模数法或土壤水蚀调查法评价，具体方法、指标与分级标准参见附件 B1。

（2）沙漠化：可用风蚀侵蚀模数法或土壤风蚀调查法评价，具体方法与指标参见附件 B2。

（3）盐渍化：土壤盐渍化是指干旱、半干旱、亚湿润干旱区由于旱地灌溉而形成的土壤次生盐渍化，可用土壤含盐量评价土壤盐渍化程度，具体指标参见附件 B3。

（4）石漠化：可根据土壤侵蚀程度、岩石裸露情况、植被覆盖度、坡度、土层厚度等因素的综合特征进行评价，具体指标参见附件 B4。

（5）水资源和水环境状况：水资源状况可通过分析地表水、地下水、过境水资源，以及水资源总量与可用水资源量等，比较人均水资源量及单位土地面积水资源量及变化趋势。

水环境状况评价参考《地表水环境质量标准》（GB 3838—2002）中的有关方法与标准。

（6）植被与森林资源变化：主要依据植被图和森林资源详查的结果，分析重要植被类型，尤其是当地天然植被的变化情况与演变趋势。比较分析不同时期森林资源的组成与变化趋势。

（7）生物多样性：生物多样性包括生态系统多样性、物种多样性和遗传多样性。现状评价可以侧重在生态系统多样性和物种多样性两方面。

生态系统多样性可用生态系统类型、面积、分布范围及其代表性评价。

物种多样性可用区域内国家级与省级保护对象及其数量评价。同时，还可对重要农作物的种质资源进行分析。

（8）大气环境状况和酸雨问题：大气环境状况评价参考《环境空气质量标准》（GB 3095—1996）中的有关方法与标准。

酸雨推荐使用降水酸度来评价酸雨的现状和程度，具体指标参见附件 B5。必要时可综合考虑酸雨频度。

（9）滩涂与海岸带：主要考虑其受损害与受污染状况，尤其要关注具有重要生态功能的海岸带、滩涂与近海区生态环境状况。

（10）与生态环境保护有关的自然灾害，如泥石流、沙尘暴、洪水等。应分析与评价泥石流、沙尘暴、洪水等自然灾害发生的特点，发生频率，发生面积，成灾面积，经济损失及人员伤亡情况等。分析灾害的发生、损失与生态环境退化的关系。

（11）其他环境问题，如土壤污染、河口污染、赤潮、农业面源污染和非工业点源污染等。可根据土壤污染、河口污染、赤潮、农业面源污染和非工业点源污染的特点，参照国家有关标准分析这些环境问题的发生情况，分布范围，污染程度、危害以及形成机制。

6 生态环境敏感性评价

6.1 评价要求

（1）敏感性评价应明确区域可能发生的主要生态环境问题类型与可能性大小。

（2）敏感性评价应根据主要生态环境问题的形成机制，分析生态环境敏感性的区域分异规律，明确特定生态环境问题可能发生的地区范围与可能程度。

（3）敏感性评价首先针对特定生态环境问题进行评价，然后对多种生态环境问题的敏感性进行综合分析，明确区域生态环境敏感性的分布特征。

6.2 评价内容

（1）土壤侵蚀敏感性

（2）沙漠化敏感性

（3）盐渍化敏感性

（4）石漠化敏感性

（5）酸雨敏感性

6.3 评价方法

6.3.1 敏感性一般分为 5 级，为极敏感、高度敏感、中度敏感、轻度敏感、不敏感。如有必要，可适当增加敏感性级数。

6.3.2 应运用地理信息系统技术绘制区域生态环境敏感性空间分布图。制图中，应对所评价的生态环境问题划分出不同级别的敏感区，并在各种生态环境问题敏感性分布的基础上，进行区域生态环境敏感性综合分区。

6.3.3 生态环境敏感性评价

生态环境敏感性评价可以应用定性与定量相结合的方法进行。在评价中应利用遥感数据、地理信息系统技术及空间模拟等先进的方法与技术手段。

（1）土壤侵蚀敏感性：建议以通用土壤侵蚀方程（USLE）为基础，综合考虑降水、地貌、植被与土壤质地等因素，运用地理信息系统来评价土壤侵蚀敏感性及其空间分布特征。具体方法、步骤与指标参见附件C1。

（2）沙漠化敏感性：可以用湿润指数、土壤质地及起沙风的天数等来评价区域沙漠化敏感性程度。具体指标与分级标准参见附件C2。

（3）盐渍化敏感性：土壤盐渍化敏感性是指旱地灌溉土壤发生盐渍化的可能性。可根据地下水位来划分敏感区域，再采用蒸发量、降雨量、地下水矿化度与地形等因素划分敏感性等级。具体指标与分级标准参见附件C3。

（4）石漠化敏感性：可以根据评价区域是否为喀斯特地貌、土层厚度以及植被覆盖度等进行评价。具体指标与分级标准参见附件C4。

（5）酸雨敏感性：可根据区域的气候、土壤类型与母质、植被及土地利用方式等特征来综合评价区域的酸雨敏感性。具体指标与分级标准参见附件C5。

7 生态服务功能重要性评价

7.1 评价要求

（1）生态服务功能重要性评价是针对区域典型生态系统，评价生态系统服务功能的综合特征。

（2）生态服务功能评价应根据评价区生态系统服务功能的重要性，分析生态服务功能的区域分异规律，明确生态系统服务功能的重要区域。

7.2 评价内容

（1）生物多样性保护

（2）水源涵养和水文调蓄

（3）土壤保持

（4）沙漠化控制

（5）营养物质保持

（6）海岸带防护功能

7.3 评价方法

7.3.1 生态服务功能重要性共分4级，分为极重要、中等重要、较重要、不重要。

7.3.2 生态服务功能重要性评价是对每一项生态服务功能按照其重要性划分出不同级别，明确其空间分布，然后在区域上进行综合。

7.3.3 生态服务功能重要性评价

明确回答区域各类生态系统的服务功能及其对区域可持续发展的作用与重要性，并依据其重要性分级。

（1）生物多样性保护：主要是评价区域内各地区对生物多样性保护的重要性。重点评价生态系统与物种的保护重要性。优先保护生态系统与物种保护的热点地区均可作为生物多样性保护具有重要作用的地区。具体评价方法参见附件 D1。

（2）水源涵养和水文调蓄：区域生态系统水源涵养的生态重要性在于整个区域对评价地区水资源的依赖程度及洪水调节作用。因此，可以根据评价地区在所处的地理位置，以及对整个流域水资源的贡献进行评价。具体评价方法参见附件 D2。

（3）土壤保持：土壤保持的重要性评价要在考虑土壤侵蚀敏感性的基础上，分析其可能造成的对下游河床和水资源的危害程度与范围。评价指标与分级标准参见附件 D3。

（4）沙漠化控制：在评价沙漠化敏感程度的基础上，通过分析该地区沙漠化所造成的可能生态环境后果与影响范围，以及该区沙漠化的影响人口数量来评价该区沙漠化控制作用的重要性。评价指标与分级标准参见附件 D4。

（5）营养物质保持：从面源污染与湖泊湿地的富营养化问题的角度考虑，评价区域的营养物质保持重要性。其重要性主要根据评价地区 N、P 流失可能造成的富营养化后果与严重程度。评价指标与分级标准参见附件 D5。

（6）海岸带防护功能：重点评价海岸防侵蚀区、防风暴潮区，红树林、珊瑚礁和其他重要陆生与海洋生物分布与繁殖区，以及其他对维护当地生态环境安全的重要海岸带、滩涂与近海区等。评价指标与分级标准参见附件 D6。

8 生态功能区划

8.1 生态功能分区

生态功能分区是依据区域生态环境敏感性、生态服务功能重要性以及生态环境特征的相似性和差异性而进行的地理空间分区。

8.2 区划依据和分区等级

8.2.1 分区等级

生态功能区划分区系统分三个等级。为了满足宏观指导与分级管理的需要，必须对自然区域开展分级区划。首先从宏观上以自然气候、地理特点划分自然生态区；然后根据生态系统类型与生态系统服务功能类型划分生态亚区；最后根据生态服务功能重要性、生态环境敏感性与生态环境问题划分生态功能区。

8.2.2 区划依据

生态功能区划的依据，即划分各级生态功能区划单位的根据。不同层次的生态功能区划单位，其划分依据应是不同的。

生态功能区划进行 3 级分区。

一级区划分：以中国生态环境综合区划三级区为基础（参看附件 E），各省市可根据管理的要求及生态环境特点，做适当调整。

二级区划分：以主要生态系统类型和生态服务功能类型为依据。城市及城市近郊区可以作为二级区。

三级区划分：以生态服务功能的重要性、生态环境敏感性等指标为依据。

8.3 分区方法

一般采用定性分区和定量分区相结合的方法进行分区划界。边界的确定应考虑利用山脉、河流等自然特征与行政边界。

（1）一级区划界时，应注意区内气候特征的相似性与地貌单元的完整性。

（2）二级区划界时，应注意区内生态系统类型与过程的完整性，以及生态服务功能类型的一致性。

（3）三级区划界时，应注意生态服务功能重要性、生态环境敏感性等的一致性。

8.4 分区命名

依据3级分区分别命名，每一生态功能区的命名由3部分组成。

8.4.1 一级区命名要体现出分区的气候和地貌特征，由地名＋特征＋生态区构成。

气候特征包括湿润、半湿润、干旱、半干旱、寒温带、温带、暖温带、（南、中、北）亚热带、热带等，地貌特征包括平原、山地、丘陵、河谷等。命名中择其重要或典型者用之。

8.4.2 二级区命名要体现出分区的生态系统与生态服务功能的典型类型，由地名＋类型＋生态亚区构成。

生态系统类型包括森林、草地、湿地、荒漠、河口、滩涂、农田、城市等。命名中择其重要或典型者用之。

8.4.3 三级区命名要体现出分区的生态服务功能重要性、生态环境敏感性的特点，由地名＋生态服务功能特点（或生态环境敏感性特征）＋生态功能区构成。

生态服务功能特点包括荒漠化控制、生物多样性保护、水源涵养、水文调蓄、土壤保持、海岸带保护等。生态环境敏感性特征包括土壤侵蚀、沙漠化、石漠化、盐渍化、酸雨敏感性等，命名中择其重要或典型者用之。

8.5 生态功能分区概述

生态功能分区概述结果应包括对每个分区的区域特征描述，包括以下内容：

（1）自然地理条件和气候特征，典型的生态系统类型。

（2）存在的或潜在的主要生态环境问题，引起生态环境问题的驱动力和原因。

（3）生态功能区的生态环境敏感性及可能发生的主要生态环境问题。

（4）生态功能区的生态服务功能类型和重要性。

（5）生态功能区的生态环境保护目标，生态环境建设与发展方向。

8.6 生态功能分区的图件和数据库

生态功能分区的结果必须用图件表示，采用计算机制图编制。同一地区各种图件的比例尺要保持一致，各省应根据省域范围与生态环境地域复杂情况确定合适的比例尺。所有图件和基础数据要汇编成数据库。

8.6.1 基础图件应包括地形图、气候资源图、植被图、土壤图、土地利用现状图、行政区划图、人口分布图等。

8.6.2 备选图件应包括自然区划图、气候区划、农业区划图等。

8.6.3 成果图件应包括生态环境现状图、生态环境敏感性分布图、生态服务功能重要性分布图、生态功能区划图等。

附件（略）